"十三五"应用型本科院校系列教材/机械工程类

主　编　孙立峰　韩　蓉
副主编　毕经毅　杨德云　褚文君

金工实习

（第2版）

Metalworking Practice

哈爾濱工業大學出版社

内 容 简 介

全书共分为两部分。第一部分为实习教材内容，由热加工、冷加工和数控技术三大部分组成，包括焊接、热处理、铸造、锻压、车工、钳工、铣工与刨工、磨削、数控加工技术共 10 章。重点介绍了传统制造工艺和先进的制造技术，以及综合创新实践。并针对具体的实习内容，结合实例介绍理论，力求内容简单明了，易于短时间了解掌握。让学生掌握基本的理论知识，同时在指导教师的指导下掌握传统的制造技术和一些现代制造技术的基本技能。第二部分是练习题内容，与相应的章节和工种对应，在实习结束后完成练习题内容，进一步加强理论基础。

本书可作为高等院校理工科学生的实习教材，也可作为相同或相近专业的成人教育及大中专院校学生实习教材，还可作为机械行业的工人及工程技术人员的培训教材。

图书在版编目(CIP)数据

金工实习/孙立峰，韩蓉主编. —2 版. —哈尔滨：哈尔滨工业大学出版社，2017.8(2024.1 重印)
ISBN 978-7-5603-6198-7

Ⅰ.①金… Ⅱ.①孙…②韩… Ⅲ.①金属加工-实习-高等学校-教材 Ⅳ.①TG-45

中国版本图书馆 CIP 数据核字(2016)第 224061 号

策划编辑 杜 燕 赵文斌
责任编辑 范业婷
封面设计 卞秉利
出版发行 哈尔滨工业大学出版社
社 址 哈尔滨市南岗区复华四道街 10 号 邮编 150006
传 真 0451-86414749
网 址 http://hitpress.hit.edu.cn
印 刷 哈尔滨久利印刷有限公司
开 本 787mm×1092mm 1/16 印张 16.5 字数 378 千字
版 次 2012 年 8 月第 1 版 2017 年 8 月第 2 版
2024 年 1 月第 2 次印刷
书 号 ISBN 978-7-5603-6198-7
定 价 29.80 元

序

哈尔滨工业大学出版社策划的《"十三五"应用型本科院校系列教材》即将付梓,诚可贺也。

该系列教材卷帙浩繁,凡百余种,涉及众多学科门类,定位准确,内容新颖,体系完整,实用性强,突出实践能力培养。不仅便于教师教学和学生学习,而且满足就业市场对应用型人才的迫切需求。

应用型本科院校的人才培养目标是面对现代社会生产、建设、管理、服务等一线岗位,培养能直接从事实际工作、解决具体问题、维持工作有效运行的高等应用型人才。应用型本科与研究型本科和高职高专院校在人才培养上有着明显的区别,其培养的人才特征是:①就业导向与社会需求高度吻合;②扎实的理论基础和过硬的实践能力紧密结合;③具备良好的人文素质和科学技术素质;④富于面对职业应用的创新精神。因此,应用型本科院校只有着力培养"进入角色快、业务水平高、动手能力强、综合素质好"的人才,才能在激烈的就业市场竞争中站稳脚跟。

目前国内应用型本科院校所采用的教材往往只是对理论性较强的本科院校教材的简单删减,针对性、应用性不够突出,因材施教的目的难以达到。因此亟须既有一定的理论深度又注重实践能力培养的系列教材,以满足应用型本科院校教学目标、培养方向和办学特色的需要。

哈尔滨工业大学出版社出版的《"十三五"应用型本科院校系列教材》,在选题设计思路上认真贯彻教育部关于培养适应地方、区域经济和社会发展需要的"本科应用型高级专门人才"精神,根据前黑龙江省委书记吉炳轩同志提出的关于加强应用型本科院校建设的意见,在应用型本科试点院校成功经验总结的基础上,特邀请黑龙江省9所知名的应用型本科院校的专家、学者联合编写。

本系列教材突出与办学定位、教学目标的一致性和适应性,既严格遵照学科体系的知识构成和教材编写的一般规律,又针对应用型本科人才培养目标及与之相适应的教学特点，精心设计写作体例，科学安排知识内容，围绕应用讲授理论，做到“基础知识够用、实践技能实用、专业理论管用”。同时注意适当融入新理论、新技术、新工艺、新成果，并且制作了与本书配套的PPT多媒体教学课件，形成立体化教材，供教师参考使用。

《“十三五”应用型本科院校系列教材》的编辑出版，是适应“科教兴国”战略对复合型、应用型人才的需求，是推动相对滞后的应用型本科院校教材建设的一种有益尝试，在应用型创新人才培养方面是一件具有开创意义的工作，为应用型人才的培养提供了及时、可靠、坚实的保证。

希望本系列教材在使用过程中，通过编者、作者和读者的共同努力，厚积薄发、推陈出新、细上加细、精益求精，不断丰富、不断完善、不断创新，力争成为同类教材中的精品。

第2版前言

随着高等教育的不断发展和教育教学改革的不断深入,我国高等教育由重视知识传授向重视知识、能力、素质和创新思维综合发展的方向迈进,人才的培养模式由知识型向能力型转化,各高等工科院校比以往任何时候都更加重视工程实践教学,普遍成立了工程训练中心或校内实践教学基地,加大了工程训练经费和先进教学设施投入,给金工实习教学提供了新的教学内容,也提出了新的教学要求。金工实习要紧跟现代制造技术的发展,为培养掌握先进制造技术的高素质的应用型人才打下坚实基础。

金工实习是高等院校理工科学生实践性较强的技术基础课,也是学生在学习金属工艺学、机械制造工艺学等专业理论课之前通过实际操作体验,获得机械制造感性知识的必修课,并给今后的实验、实训课打基础。本书由热加工、冷加工和数控技术三大部分组成,包括焊接、热处理、铸造、锻压、车工、钳工、铣工与刨工、磨削、数控加工技术共10章。不仅介绍了主要的传统制造工艺,也介绍了先进的制造技术,还包括综合创新实践。针对具体的实习内容进行安排,结合实例介绍理论,力求内容简单明了,易于短时间了解掌握。让学生掌握基本的理论知识,同时在指导教师的指导下掌握传统的制造技术和一些现代制造技术的基本技能。

参加编写的人员主要是各高校多年从事金工实习的指导教师和长期从事金工理论教学的教师。本书由孙立峰、韩蓉担任主编,毕经毅、杨德云和褚文君担任副主编。本教材第1章、第2章由哈尔滨华德学院杨德云编写;第3章、第4章4.3和4.4节由哈尔滨剑桥学院褚文君编写;第5章、第6章由哈尔滨华德学院孙立峰编写,第9章、第10章由哈尔滨华德学院毕经毅编写;第7章、第8章、第4章4.1和4.2节由哈尔滨石油学院韩蓉编写;附录由哈尔滨远东理工学院边玉昌、栾德昱和黑龙江东方学院田素玲编写。

本书可作为高等院校理工科学生的实习教材,也可作为相同或相近专业的成人教育及大中专院校学生实习教材,还可作为机械行业的工人及工程技术人员的培训教材。

本教材由哈尔滨华德学院关晓冬副教授主审,在此表示感谢。本书的编写工作也得到了其他兄弟院校相关人员的大力支持,在此,编者向他们表示衷心的感谢!

由于编者水平有限,教材中难免有疏漏或不当之处,恳请读者提出批评和建议。

编　者

2016年6月

目　　录

第 1 章　焊接技术

1.1　概　　述

焊接是通过加热或加压(或两者并用),并且用(或不用)填充材料,使焊件形成原子间结合的一种连接方法。如图1.1所示,与铆接相比,焊接具有节省金属材料、接头密封性好、设计和施工较容易、生产率较高以及劳动条件较好等优点。在许多工业部门中应用的金属结构,如建筑结构、船体、机车车辆、管道及压力容器等,几乎全部采用了焊接结构。在机械制造工业中,不少用整体铸造或锻造生产大型毛坯,也采用了焊接结构。此外,焊接还常用于铸、锻件缺陷和损坏零件的修复。

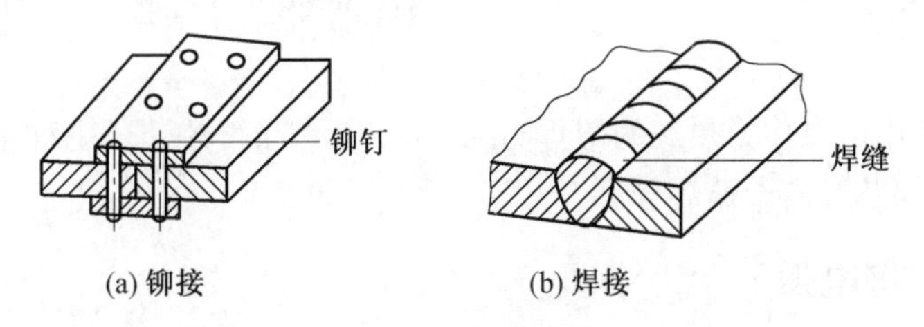

图1.1　铆接和焊接

在工业生产中应用的焊接方法很多,按焊接过程特点的不同,可分为熔焊、压焊和钎焊三大类。

熔焊是将焊件连接处局部加热到熔化状态,然后冷却凝固成一体,不加压力完成焊接。熔焊的焊接接头如图1.2所示。被焊接的材料统称母材(或称为基本金属)。焊接过程中局部受热熔化的金属形成熔池,熔池金属冷却凝固后形成焊缝。近缝区的母材受加热影响而引起金属内部组织和力学性能发生变化的区域,称为焊接热影响区。在焊接接头的截面上,焊缝和焊接热影响区的分界线称为熔合线。焊缝、熔合线和焊接热影响区构成焊接接头。焊缝各部分的名称如图1.3所示。

压焊是一种不管加热与否,必须在压力下完成焊接的方法,常见的有电阻焊、摩擦焊、高频焊、冷压焊等。

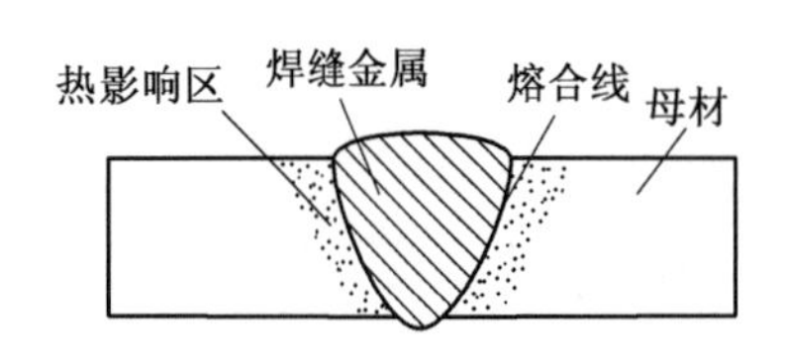

图 1.2　熔焊焊接接头

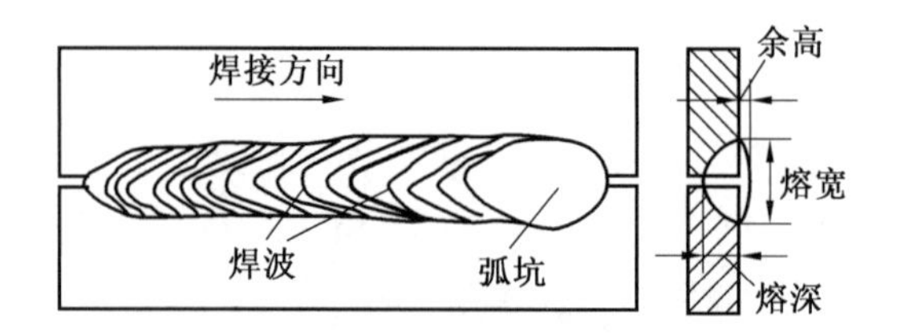

图 1.3　焊缝各部分的名称

钎焊是采用熔点比母材熔点低的填充材料（钎料）受热熔化并借助毛细作用填满母材间的间隙，冷凝后形成牢固的接头的一种焊接方法，其基本特点是整个焊接过程，母材并不熔化。无论熔焊、压焊还是钎焊，每类焊接方法都可以进一步分成许多具体的焊接方法，具体分类情况详见表 1.1。

表 1.1　焊接方法的分类

熔焊								压焊										钎焊	
气焊	电弧焊				电渣焊	电子束焊接	激光焊	高频焊	爆炸焊	冷压焊	摩擦焊	电阻焊			超声波焊接	扩散焊	锻焊	硬钎焊	软钎焊
	焊条电弧焊	埋弧焊	气体保护焊	等离子弧焊								点焊	缝焊	对焊					

1.2　手工电弧焊

电弧焊是利用电弧作为热源的熔焊方法，可分为焊条电弧焊（也称手工电弧焊）、埋弧焊、气体保护焊及等离子弧焊等。

1.2.1　焊接电弧

电弧是一种由焊接电源供给、在工件与焊条两极间产生强烈而持久的气体放电现象。产生电弧的电极可以是钨丝、碳棒、焊条或其他金属丝及焊件等，气体介质通常是空气。焊接电弧的组成如图 1.4 所示，当引燃电弧后，弧柱中充满高温电离气体，并放出大量的热能和强烈的弧光。电流越大，电弧产生的总热量就越多。电弧由阴极区、阳极区和弧柱区三部分组成。一般阳极区会产生较多的电弧热量，占总热量的 43% 左右；阴极区因放出大量电子消耗了能量，所以生成的热量较少，占总热量的 36% 左右；弧柱区产生热量占总热量的 21% 左右。焊条电弧焊只有 65% ~85% 的热量用于加热和熔化金属，其余的热量则损失在电弧周围和飞溅的金属液滴中。电弧中阴极区和阳

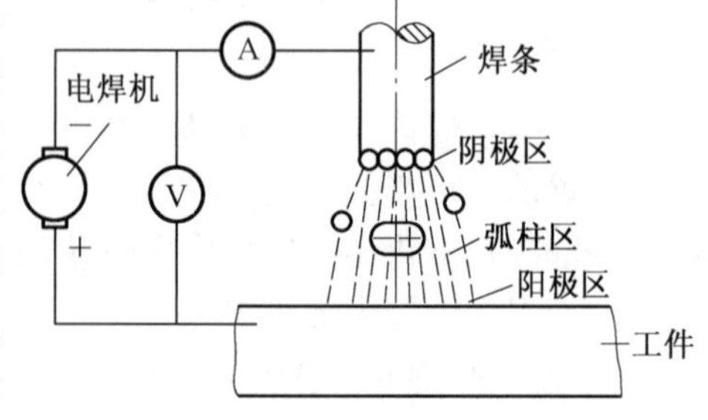

图 1.4　焊接电弧

极区温度与电极材料有关。当两极均为低碳钢时,阴极区温度约为2 400 K,阳极区温度约为2 600 K,弧柱区中心温度最高,可达6 000~8 000 K。

由于阴极区和阳极区产生的热量不同,因此在使用直流电源焊接时,有正、反两种接线方法。焊件接电源正极,焊条接电源负极的接线方法称为正接;反之,焊件接电源负极,焊条接电源正极的接线方法称为反接。正、反接线方式如图1.5所示。

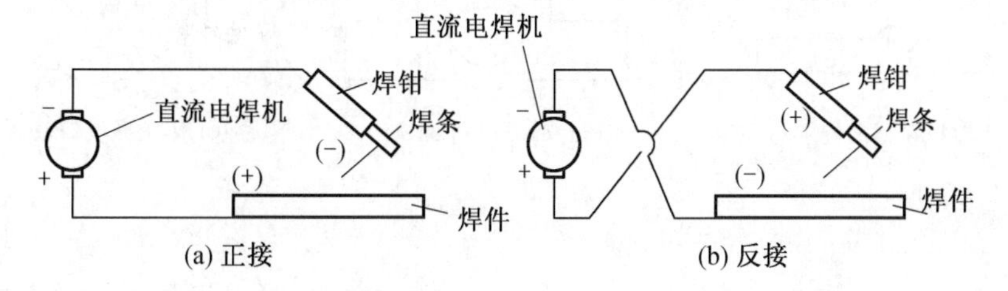

图1.5 直流电源焊接时的正接与反接

1.2.2 接头与坡口形式

平板焊接接头的形式有:对接接头、搭接接头、角接接头和T形接头四种形式,如图1.6所示。接头形式的选取决定于焊接结构件的作用和性能。

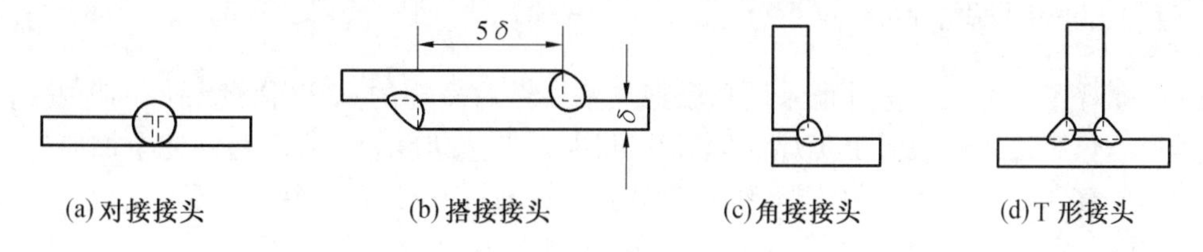

图1.6 平板焊接常用接头形式

坡口是指根据设计或工艺需要,在焊件待焊部位加工成一定形状的沟槽。对接接头是各种焊接结构中采用最多的一种接头形式。当被焊工件较薄时,在工件接头处只要留一定的间隙就能保证焊透;而工件较厚时,为了保证焊透,则需要开坡口。对接接头常见的坡口形式如图1.7所示。

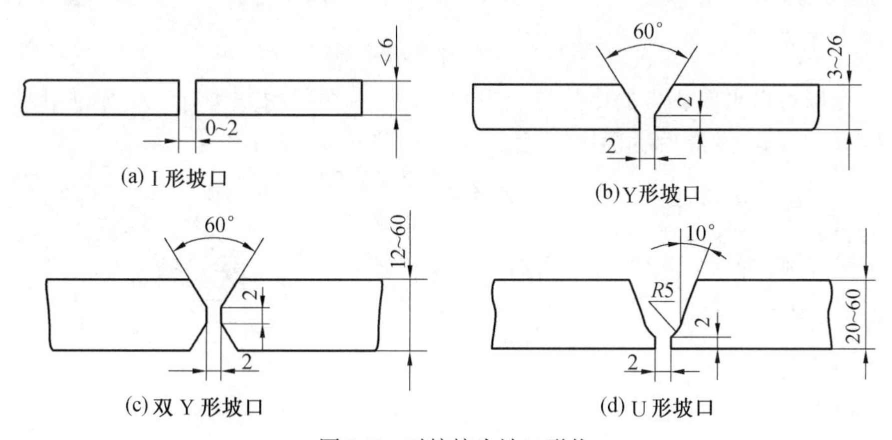

图1.7 对接接头坡口形状

加工坡口时,通常在焊件厚度方向留有直边,其作用是为了防止烧穿。接头组装时往往留有间隙,这是为了保证焊透。在焊接时,对于 I 形、Y 形和 U 形坡口,均可根据实际情况采用单面焊或双面焊,但对双 Y 形坡口则必须采用双面焊,如图 1.8 所示。焊接较厚焊件时,为了焊满坡口,应采用多层焊或多层多道焊,如图 1.9 所示。

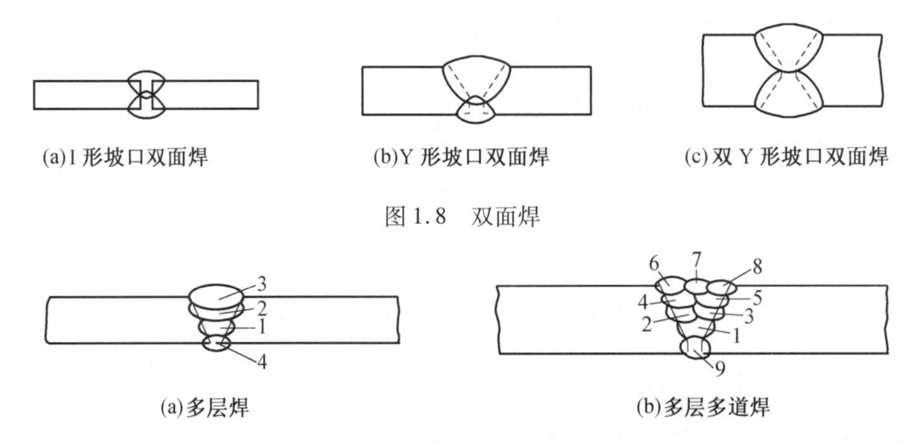

(a)I 形坡口双面焊　(b)Y 形坡口双面焊　(c)双 Y 形坡口双面焊

图 1.8　双面焊

(a)多层焊　(b)多层多道焊

图 1.9　对接平板多层多道焊接

1.2.3　焊接变形

电弧焊工艺都无一例外地采用高温加热金属然后冷却的方式,因此焊件都会发生不同程度的热胀冷缩现象。由于焊件的形状、尺寸及散热速度等参数不可能完全均匀一致,因此焊件存在严重的不均匀收缩现象,就导致了焊件产生变形。焊件变形的基本形式如图 1.10 所示。

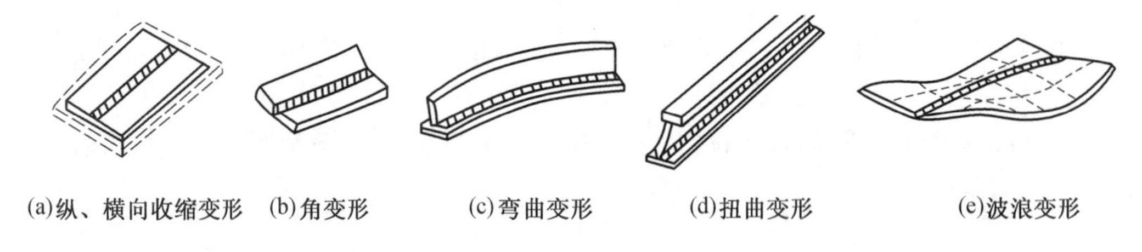

(a)纵、横向收缩变形　(b)角变形　(c)弯曲变形　(d)扭曲变形　(e)波浪变形

图 1.10　焊件变形基本形式

焊接变形可以采取适当的措施进行预防,生产中常用的方法有反变形法、刚性固定法、焊接次序控制法及焊后矫正法等,如图 1.11 ~ 图 1.14 所示。

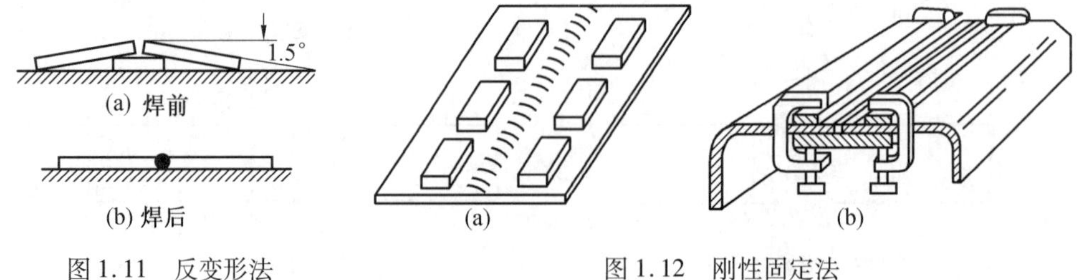

(a) 焊前

(b) 焊后

图 1.11　反变形法

(a)　(b)

图 1.12　刚性固定法

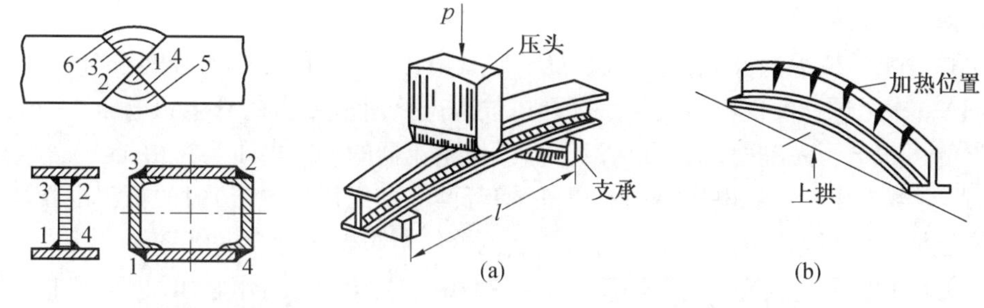

图1.13　焊接次序控制法　　图1.14　焊后矫正法

1.2.4　焊条电弧焊

利用焊件和焊条之间产生的电弧作为焊接热源的熔焊方法,也称手工电弧焊,简称手弧焊。其焊接过程如图1.15所示,电弧在焊条和焊件之间产生。在电弧热量作用下,焊条和焊件的局部金属同时熔化形成熔池,随着电弧沿焊接方向移动,熔池后部金属迅速冷却,凝固后形成焊缝。焊条电弧焊所需设备简单,操作方便、灵活,适应性强。它适用于厚度2 mm以上的低碳钢、铸铁、铸钢等材料和各种形状结构的焊接,特别适用于结构形状复杂,焊缝短小、弯曲或各种空间位置焊缝的焊接。其焊接接头可与母材工件的强度相近,目前是焊接生产中应用最广的一种方法。焊条电弧焊的主要缺点是生产率较低、焊接质量不稳定以及对操作者的技术水平要求较高等。

1. 弧焊机

焊条电弧焊所用的设备称为弧焊机,一般分为交流弧焊机(也称弧焊变压器)和直流弧焊机(也称弧焊整流器)两种。交流弧焊机实质是一种降压变压器,它具有结构简单、价格便宜、使用方便、噪声较小以及维护容易等优点,但电弧稳定性较差。图1.16所示为BX1-300小型交流弧焊机。

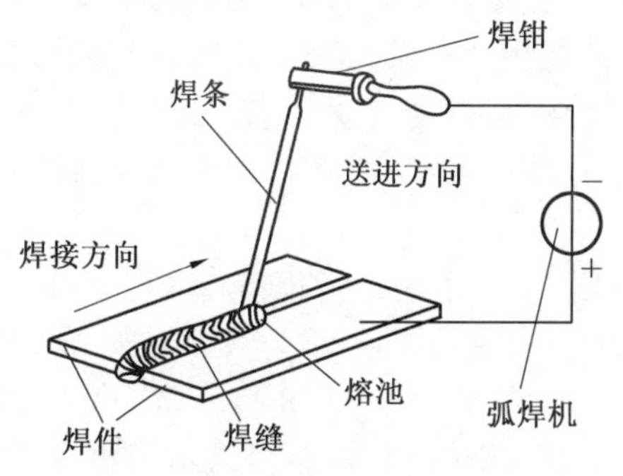

图1.15　焊条电弧焊过程

图1.16　BX1-300小型交流弧焊机外形图

直流弧焊机主要由三相降压变压器、磁饱和电抗器、整流器组、输出电抗器、通风机组及控制系统等组成。与交流弧焊机相比,直流弧焊机的电弧稳定性好、使用时噪声小,但价格较贵。使用直流弧焊机时,要注意区分接线方式。焊接厚板时应采用正接,这是因为电弧正极温度和热量比负极高,故焊接熔深大、生产率高;焊接薄板时,为了防止焊穿,宜采用反接。

2. 焊接工艺参数

手弧焊机的技术参数主要有一次电压、空载电压、工作电压及额定焊接电流等。

(1)一次电压。一次电压是指手弧焊机接入网路时所要求的外电源电压。一般弧焊变压器的一次电压为单相380 V或220 V,弧焊整流器的一次电压为三相380 V。

(2)空载电压。空载电压指手弧焊机没有负载(即无焊接电流)时的输出电压。一般弧焊变压器的空载电压为50~80 V;弧焊整流器的空载电压为55~90 V。

(3)工作电压。手弧焊机在焊接时的两端输出电压称为工作电压,也可把它看作电弧两端的电压(称为电弧电压)。一般手弧焊机的工作电压为20~30 V。

(4)额定焊接电流。额定焊接电流是指手弧焊机在额定负载持续率时的许用焊接电流。

1.2.5 电焊条

电焊条是涂有药皮的供手弧焊用的熔化电极。它由药皮和焊芯两部分组成,如图1.17所示。

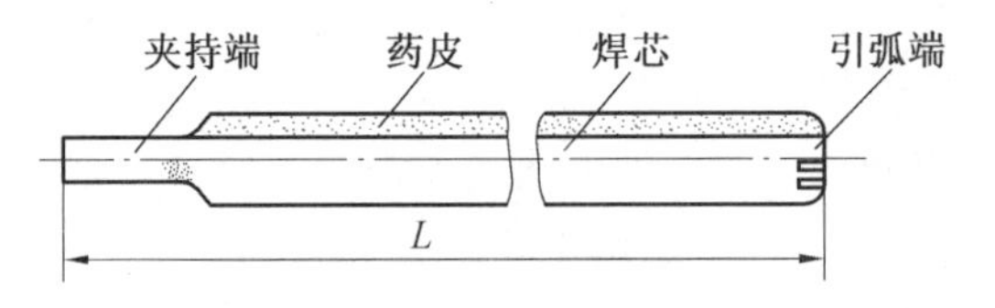

图1.17 电焊条

1. 电焊条的组成

(1)焊芯。焊芯用来做电弧的电极和焊缝的填充金属,焊芯是含碳、硫、磷较低的专用焊条钢经轧制、拉拔后切成的金属丝棒。

(2)药皮。药皮是压涂在焊芯表面上的涂料层,它由许多矿石粉、易电离物质、铁合金粉和黏结剂等原料按一定比例配制而成。药皮的作用是稳弧、造渣、造气、向焊缝过渡合金及脱氧去硫和磷。在焊接过程中,它既能改善焊接焊条工艺性能,又能保证焊缝质量。

2. 电焊条的分类

按电焊条药皮熔化后形成的熔渣性质不同,可分为两大类:酸性焊条和碱性焊条。药皮熔化后形成的熔渣以酸性氧化物(SiO_2、TiO_2、FeO_3)为主的焊条,称为酸性焊条,常用牌号有J422(E4303)、J502(E5003)等;熔渣以碱性氧化物(CaO、FeO、MnO_2、Na_2O)为主的焊条,称为碱性焊条,常用的牌号有J427(E4315)、J507(E5015)等,括号表示国家标准型号。焊条牌号中的“J”表示结构钢焊条。前两位数字“42”、“50”表示焊缝金属抗拉强度等级分别为420 MPa和500 MPa。第三位数字表示药皮类型和焊接电源的种类:“2”表示酸性焊条(钛钙型药皮),用交流或直流电源均可;“7”表示碱性焊条(低氢钠型药皮),用直流电源。

1.2.6 焊接位置

熔焊时,焊件接缝所处的空间位置称为焊接位置。可用焊缝倾角和焊缝转角来表示,焊缝轴线与水平面之间的夹角称为焊缝倾角;通过焊缝轴线的垂直面与坡口的等分平面之间的夹角称为焊缝转角。根据焊缝倾角和焊缝转角大小的不同数值,焊接位置可分为平焊、立焊、横焊和仰焊等。

(1)平焊。焊缝倾角为0°~5°,焊缝转角为0°~10°的焊接位置称为平焊位置,在平焊位置进行的焊接就称为平焊。

(2)立焊。焊缝倾角为80°~90°、焊缝转角为0°~180°的焊接位置称为立焊位置,在立焊位置进行的焊接就称为立焊。

(3)横焊。焊缝倾角为0°~5°,焊缝转角为70°~90°的焊接位置称为横焊位置,在横焊位置进行的焊接就称为横焊。

(4)仰焊。焊缝倾角为0°~15°,焊缝转角为165°~180°的焊接位置称为仰焊位置,在仰焊位置进行焊接就称为仰焊。

(5)全位置焊。管子水平固定对接焊时,因同时包含仰、立、平三种焊接位置,所以称为全位置焊,也称管子的水平固定焊。

对接接头的各种焊接位置如图1.18所示。平焊操作生产率高、劳动条件好以及焊接质量容易保证,因此,焊接时应尽量采用平焊位置。

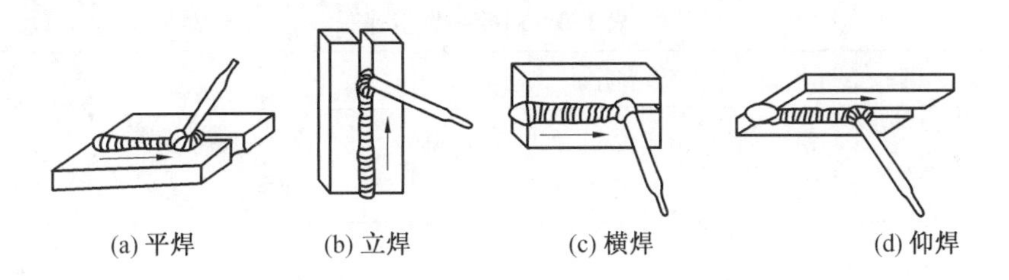

图1.18　焊接位置

1.2.7　手弧焊的基本操作技术

1. 基本操作技术

引弧是指引燃焊接电弧的短暂过程。引弧时,首先将焊条末端与工件表面接触形成短路,然后迅速将焊条向上提起2~4 mm,电弧即被引燃。引弧方法一般有两种,敲击法和划擦法,如图1.19所示。电弧引燃后,为了维持电弧的稳定燃烧,应不断向下送进焊条。送进速度应和焊条熔化速度相同,以保持电弧长度基本不变。

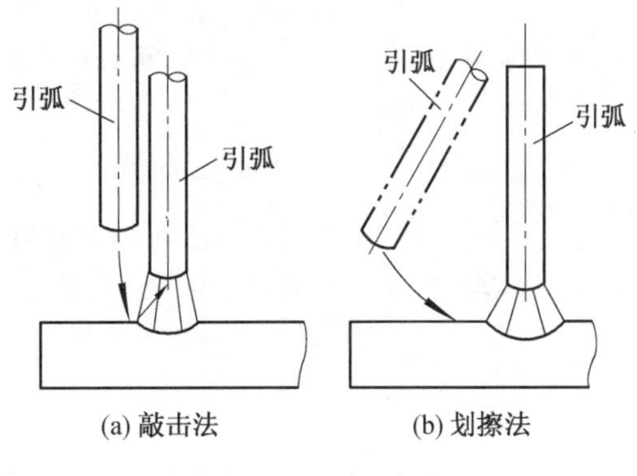

图1.19　引弧方法

2. 平堆焊

平堆焊是在平焊位置的焊件上堆敷焊缝,这是手弧焊最基本的操作。初学者进行操作练习时,在选择合适的焊接电流后,应着重注意掌握好焊条的角度,控制电弧长度和焊接速度。

(1)焊条角度。平焊的焊条角度如图 1.20 所示。

(2)电弧长度。沿焊条中心线均匀地向下送进焊条,保持电弧长度约等于焊条直径。

(3)焊接速度。均匀地沿焊接方向向前移焊条,使焊接过程中熔池宽度保持基本不变(与所要求的焊缝熔宽相一致),如图 1.21 所示。

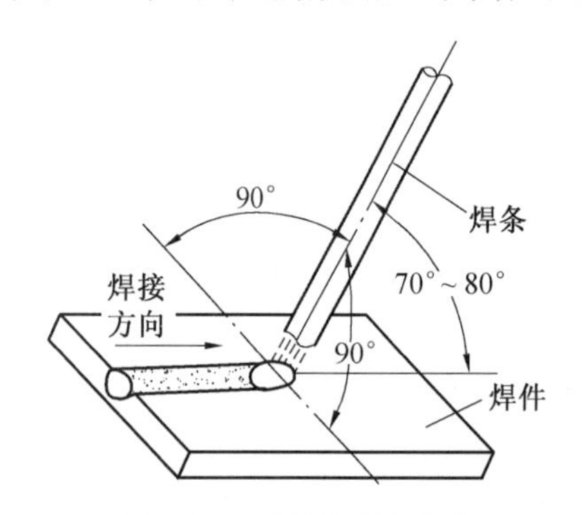

图 1.20　平焊的焊条角度

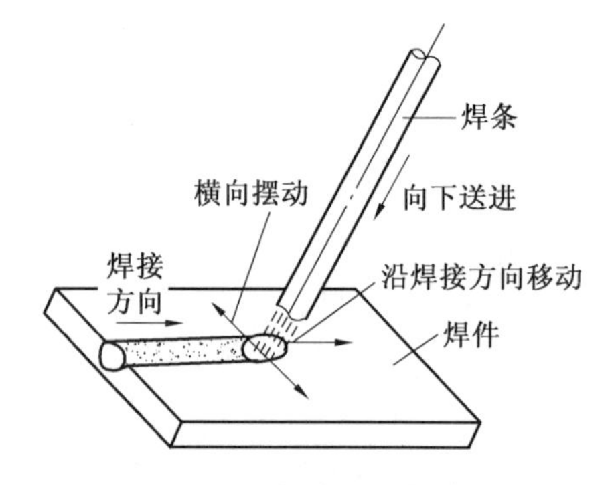

图 1.21　手弧焊的基本动作

对接平焊在生产中最常用。厚度为 4 ~6 mm 钢板的对接平焊步骤见表 1.2。

表 1.2　对接平焊步骤

序号	步　骤	说　明	附　图
1	备料	划线,用剪切或气割方法下料,调直钢板	
2	坡口准备	钢板厚 4 ~6 mm,可采用 I 形坡口双面焊,接口必须平整	第二面 第一面
3	焊前清理	将焊件坡口表面、坡口两侧 20 ~30 mm范围内的油污、铁锈和水分清除干净	上平面 坡口平面 20~30 下平面
4	装配	将两板水平放置、对齐并留 1 ~2 mm 间隙,注意防止产生错边,错边的允许值应小于板厚的 10%	1~2
5	点固	用焊条点固,固定两工件的相对位置。点固后除渣。如工件较长,可每隔 300 mm 左右点固一次	30 10~35 30

续表1.2

序号	步　骤	说　明	附　图
6	焊接	选择合适的规范,先焊点固面的反面,使溶深大于板厚的一半,并注意焊后除渣。翻转工件,焊另一面	
7	焊后清理	用钢丝刷等工具把焊件表面的渣壳和飞溅物等清除干净	
8	检验	用外观方法检查焊缝质量,若有缺陷,应尽可能修补	

1.2.8　手弧焊的安全规则

1. 保证设备安全

(1)线路各连接点必须接触良好,防止因松动接触不良而发热。

(2)任何时候焊钳都不得放在工作台上,以免长时间短路烧坏焊机。

(3)发现焊机出现异常时,应立即停止工作,切断电源。

2. 防止触电

(1)焊前检查焊机外壳接地是否良好。

(2)焊钳和焊接电缆的绝缘必须良好。

(3)焊接操作前应穿好绝缘鞋,带好绝缘手套。

(4)人体不要同时触及焊机输出两端。

(5)发生触电时,应先立即切断电源。

3. 防止弧光伤害

(1)穿好工作服,戴好电焊面罩,以免弧光伤害皮肤。

(2)施焊时必须使用面罩(焊帽),保护眼睛和脸部。

(3)挂好挡光帘或放置屏风,以免弧光伤害他人。

4. 防止烫伤

(1)清渣时要注意渣的飞出方向,防止渣烫伤眼睛和脸部。

(2)焊接后应该用火钳夹持焊接件,不准直接用手拿。

5. 防止烟尘中毒

手弧焊的工作场所应采取良好的通风除尘措施。

6. 防火、防爆

手弧焊工作场地周围不得放有易燃易爆物品。工作完毕应检查周围有无火种。

1.3 气焊与气割

1.3.1 气 焊

1. 乙炔瓶、氧气瓶

气焊是利用气体燃烧火焰作为热源的焊接方法,常用可燃气体为乙炔(C_2H_2)和氧气(O_2)混合形成的氧乙炔焰,该混合气体燃烧温度可达 3 150 ℃。氧乙炔焰在燃烧时产生大量的 CO_2 和 CO 气体,这些气体包围着熔化的金属熔池,排开空气并使熔融的金属与空气中的氧气相隔离,起到保护金属的作用。

气焊如图 1.22 所示。和焊条电弧焊相比,气焊更易于控制和调节、灵活性强且不需要电源。但气焊火焰加热范围大、热影响区较宽、焊接变形也比较大,其保护效果差、接头质量不高,因而气焊一般应用于 3 mm 以下的低碳钢薄板、铸铁件和管子的焊接。不锈钢、铝和铜及其合金焊接时,在质量要求不高的情况下,也可采用气焊方法。

使用乙炔瓶的气焊设备及管路系统如图 1.23 所示,该气焊系统由乙炔瓶、氧气瓶、回火防止器、减压器、焊炬及连接胶管等部分组成。乙炔瓶是一种储存和运输乙炔用的容器,其内部结构如图 1.24 所示。在乙炔瓶内装有浸满丙酮的多孔性填料,该填料能使乙炔稳定而又安全地储存在瓶内。使用时,溶解在丙酮内的乙炔流出,而丙酮仍留在瓶内,以便溶解再次压入的乙炔。乙炔瓶阀下面的长孔内放着石棉,其作用是帮助乙炔从多孔性填料中分解出来。乙炔瓶的工作压力为 1.5 MPa。

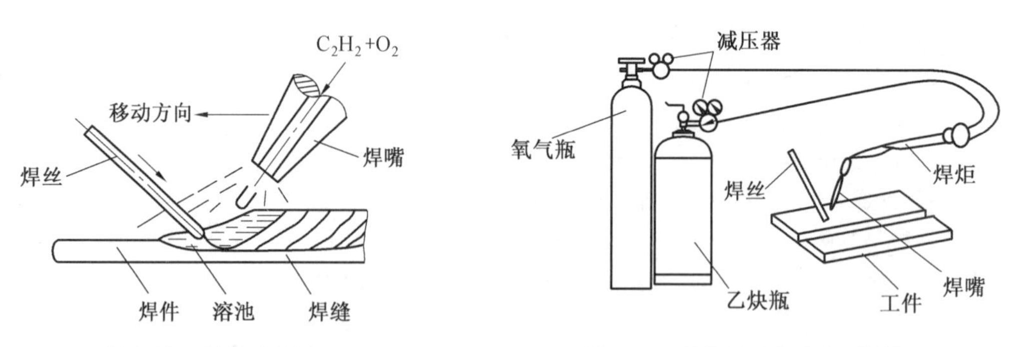

图 1.22 气焊示意图　　图 1.23 使用乙炔瓶的气焊设备

氧气瓶是储存和运输氧气的高压容器,其结构原理与乙炔瓶类似。回火防止器是装在燃料气路上的防止燃气管路或气源回火的保险装置。在气焊或气割时,如果气体压力不正常或焊嘴堵塞,就会发生火焰进入乙炔瓶并产生爆炸的严重后果,所以在乙炔瓶的输出管路上必须装设回火防止器。当回火发生时,燃烧气体产生的高压顶开泄压阀,回火防止器内的微孔阻火管能使火焰扩散的速度迅速趋于零。同时,燃烧气体产生的高压作用于逆止阀,使逆止阀切断气源。

回火防止器能有效地防止气焊操作中由于回火而引起的燃烧、爆炸等事故的发生,是安全生产不可缺少的装置。减压器是将气体高压降为低压的调节装置。气焊时氧气压力通常要求为0.2~0.4 MPa,但氧气瓶的工作压力却为15 MPa,因此使用时必须将氧气瓶内输出的气体减压后才能使用。

减压器不但能降低气体压力,而且还能保证降压后的气体压力稳定不变,同时还能调节输出气体压力的大小。常用氧气减压器的结构和工作原理如图1.25所示。调压时松开调压手柄,阀门弹簧将阀门关闭,减压器不工作,从氧气瓶来的高压气体停留在高压室;当拧入调压手柄,阀门弹簧受压,减压器开始工作,阀门被顶开,高压气体进入低压室;高压气体进入低压室后气体体积膨胀,使气体压力降低,低压表可显示出低压气体压力。随着高压气体的不断进入,低压室中气体压力逐渐增加,调压薄膜及阀门弹簧使阀门的开启度逐渐减小。当低压室的气体压力达到一定数值时,就会将阀门关闭。控制调压手柄的拧入程度,可以改变低压室的气体压力。在进行焊接操作时,低压氧气从出口通往焊炬,低压室内压力降低,这时调压薄膜上鼓,使阀门重新开启,高压气体进入低压室,以补充输出气体。当输出的气体增多或减少时,阀门的开启程度也会相应增大或减小,自动维持输出气体压力的稳定。

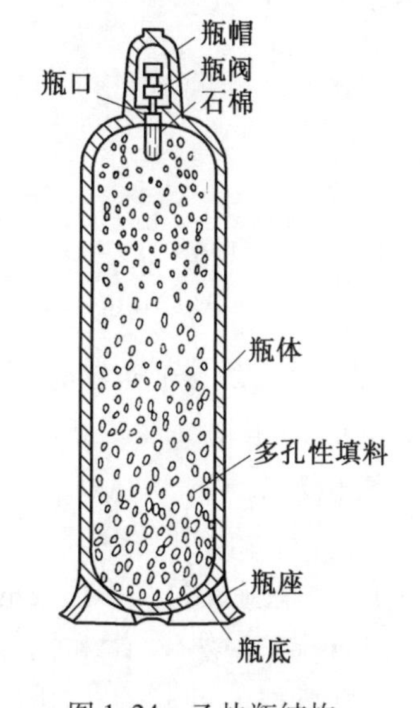

图1.24 乙炔瓶结构

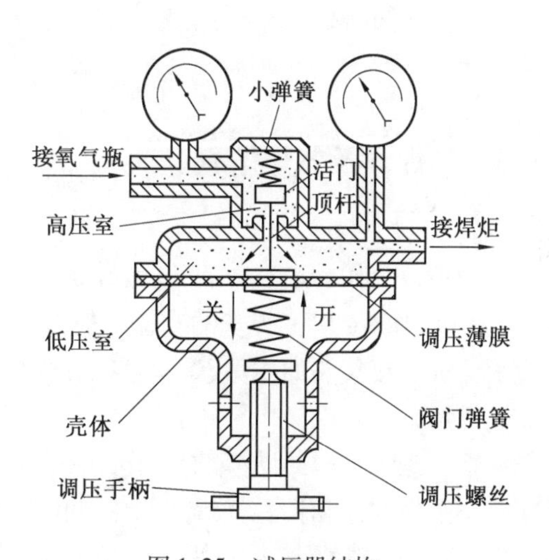

图1.25 减压器结构

焊炬是气焊时用于控制气体混合比、流量及火焰大小并进行焊接的工具。乙炔和氧气按一定比例均匀混合后由焊嘴喷出,点火燃烧产生气体火焰,如图1.26所示。各种型号的焊炬均配有3~5个大小不同的焊嘴,以便焊接不同厚度的焊件。

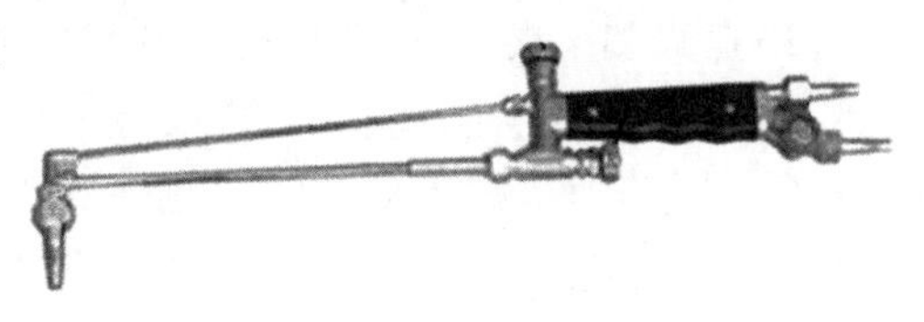

图1.26 射吸式焊炬

2. 氧乙炔焰

改变氧和乙炔的混合比例,可获得三种不同性质的火焰。

(1)中性焰。氧和乙炔的混合比例为1∶1~1∶2时燃烧所形成的火焰称为中性焰。它由焰心、内焰和外焰三部分组成(图1.27(a))。焰心呈尖锥状,色白明亮,轮廓清晰;内焰呈蓝白色,轮廓不清晰,与外焰无明显界限;外焰由里向外逐渐由淡紫色变为橙黄色。中心焰在距离焰心前面 2 ~4 mm 处温度最高,可达 3 150 ℃左右。中心焰适用于焊接低碳钢、中碳钢、普通低合金钢、不锈钢、紫铜、铝及铝合金等金属材料。

(2)碳化焰。碳化焰是指氧气与乙炔的混合比例小于 1.2 时燃烧所形成的火焰。由于氧气不足,燃烧不完全,过量的乙炔分解为碳和氢,故碳会渗到熔池中造成焊缝渗碳。碳化焰比中性焰长(图 1.27(b)),适用于焊接高碳钢、铸铁和硬质合金等材料。

(3)氧化焰。氧与乙炔的混合比例大于 1.2 时燃烧所形成的火焰称为氧化焰。氧化焰比中性焰短,分为焰心和外焰两部分(图 1.27(c))。由于火焰中有过量的氧,故对熔池金属有强烈的氧化作用,一般气焊不宜采用。只有在气焊黄铜、镀锌铁板时才用轻微氧化焰,以利用其氧化性,在熔池表面形成一层氧化物薄膜,以减少低沸点锌的蒸发。

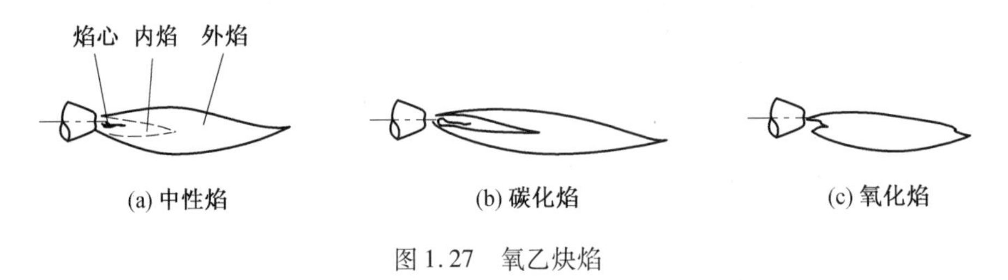

图 1.27　氧乙炔焰

1.3.2　焊丝及气焊熔剂

1. 焊丝

气焊的焊丝只作为填充金属,与熔化的母材一起组成焊缝。焊接低碳钢时,常用的焊丝牌号有 H08、H08A 等。焊丝的直径一般为 2 ~4 mm,气焊时根据焊件厚度选择焊丝直径。为了保证焊接接头的质量,焊丝直径和焊件厚度不宜相差太大。

2. 气焊熔剂

气焊熔剂是气焊时的助溶剂,其作用是保护熔池金属,去除焊接过程中形成的氧化物和增加液态金属的流动性。气焊溶剂主要供气焊铸铁、不锈钢、耐热钢、铜和铝等金属材料时使用,气焊低碳钢时不必使用气焊熔剂。我国气焊熔剂的牌号有 CJ101、CJ201、CJ301 及 CJ401 四种。其中,CJ101 为不锈钢和耐热钢气焊熔剂,CJ201 为铸铁气焊熔剂,CJ301 为铜和铜合金气焊熔剂,CJ401 为铝和铝合金气焊熔剂。

3. 气焊基本操作

(1)点火和灭火。点火时,先微开氧气阀门,再打开乙炔阀门,然后将焊嘴靠近明火点燃。开始练习时会出现连续的“放炮”声,其原因是乙炔不纯,这时可放出不纯的乙炔,再重新点火;有时火焰不易点燃,其原因大多是氧气量过大,这时应微开氧气阀门。灭火时,先关闭乙炔阀门,再关闭氧气阀门。

(2)调节火焰。调节火焰包括调节火焰的种类和大小。首先,根据焊件材料确定应采用哪种氧乙炔焰。通常点火后,得到的火焰多为碳化焰,若要调成中性焰,则应逐渐开大氧气阀门,加大氧气的供应量。调成中性焰后,若继续增加氧气,就会得到氧化焰。反之,若增加乙炔或减少氧气,则可得到碳化焰。

火焰的大小根据焊件厚度选定，同时操作者应考虑其技术熟练程度。一般调节时，若要减小火焰，应先减少氧气，后减少乙炔；若要增大火焰，应先增加乙炔，后增加氧气。

(3)气焊。气焊时，一般用右手握焊炬，左手拿焊丝，焊炬指向待焊部位，从右向左移动(称为左向焊)。当焊件厚度较大时，可采用右向焊，即焊炬指向焊缝，从左向右移动。气焊操作时的要领主要是：

①焊嘴的倾斜角度。焊嘴轴线的投影应与焊缝重合。焊嘴与焊缝的夹角 α 在焊接过程中应不断变化(图 1.28)。开始加热时 α 应大些，以便能够较快地加热焊件，迅速形成熔池；正常焊接时，一般保持在 30°～50°，焊件较厚时，α 应较大；在结尾阶段，为了更好地添满尾部焊坑，避免烧穿，α 应适当地减小。

②加热温度。如前所述，中性焰的最高温度在距焰心 2～4 mm 处(图 1.29)。用中性焰焊接时，应利用内焰的这部分火焰加热焊件。气焊开始时，应将焊件局部加热到熔化后再加焊丝。要把焊丝端部插入熔池，使其熔化。焊接过程中，要控制熔池温度，避免熔池下塌。

③焊接速度。气焊时，焊炬沿焊接方向移动的速度(即焊接速度)应保证焊件的熔化并保持熔池具有一定的大小。

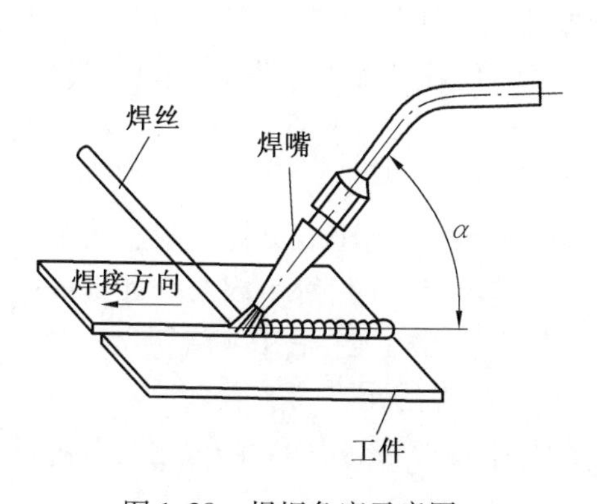

图 1.28 焊炬角度示意图

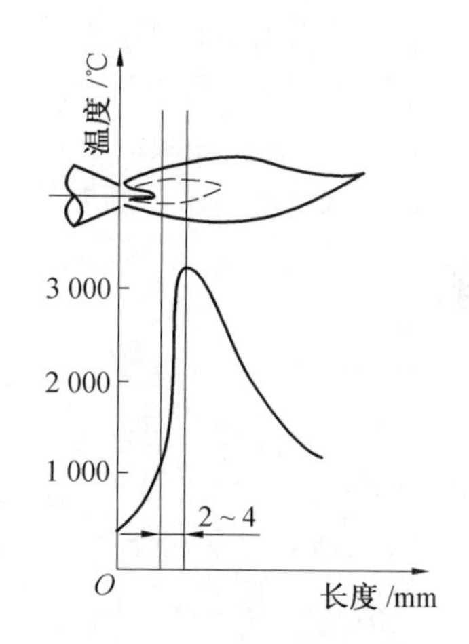

图 1.29 中性焰的温度分布

1.3.3 气 割

气割又称氧气切割，它是利用某些金属在纯氧中燃烧的原理来实现金属切割的方法，其过程如图 1.30 所示。气割开始时，用气体火焰将待切割处附近的金属预热到燃点，然后打开切割氧阀门，纯氧射流使高温金属燃烧生成的金属氧化物被燃烧热熔化，并被氧气流吹掉。金属燃烧产生的热量和预热火焰同时又把邻近的金属预热到燃点，沿切割线以一定速度移动割炬，便形成了切口。

在整个气割过程中，割件金属没有熔化，因此，金属气割过程实质上是金属在纯氧中的燃烧过程。

气割时所需的设备中，除用割炬代替焊炬外，其他设备与气焊时相同。割炬的外形如图 1.31 所示。常规的割炬型号有 G01-30 和 G01-100 等。各种型号的割炬配有几个不同大小的割嘴,用于切割不同厚度的割件。

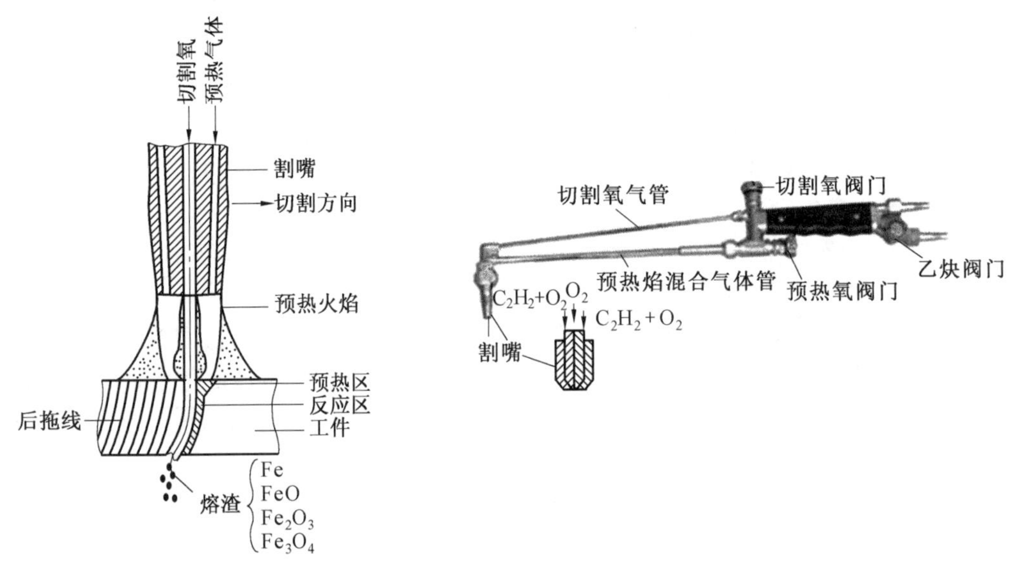

图 1.30　气割过程原理图　　　　图 1.31　割炬

对金属材料进行气割时,必须具备下列条件:

(1)金属的燃点必须低于其熔点,这样才能保证金属气割过程是燃烧过程,而不是熔化过程。如低碳钢的燃点约 1 350 ℃,而熔点约 1 550 ℃,完全满足了气割条件。碳钢中,随含碳量的增加,燃点升高而熔点降低。含碳量为 0.7% 的碳钢,其燃点比熔点高,所以不能采用气割。

(2)氧化物的熔点应低于金属本身的熔点,同时流动性要好;否则,气割过程中形成的高熔点金属氧化物会阻碍下层金属与切割射流的接触,使气割发生困难。如铝的熔点(660 ℃)低于三氧化二铝的熔点(2 050 ℃),铬的熔点(1 550 ℃)低于三氧化二铬的熔点(1 990 ℃),所以铝及铝合金、高铬或铬镍钢都不具备气割条件。

金属燃烧时能放出大量的热,而且金属本身的导热性要低,这样才能保证气割处的金属具有足够的预热温度,使气割过程能继续进行。

满足上述条件的金属材料有纯铁、低碳钢、中碳钢和低合金结构钢,而铸铁、不锈钢和铜、铝及其合金不能气割。

1.3.4　气焊、气割安全技术

气焊与气割的主要危险是火灾与爆炸,因此,防火、防爆是气焊、气割的主要任务,必须遵守安全操作规程。

(1)氧气瓶、溶解乙炔气瓶(乙炔瓶)应避免放在受阳光曝晒,或受热源直接辐射及受电击的地方。

(2)氧气瓶、乙炔瓶不应放空,气瓶内必须留有 98 ~ 196 kPa 表压的余气。

(3)氧气瓶、乙炔瓶均应稳固竖立放置,或装在专用的胶轮车上使用。

(4)气瓶、管道、仪表等连接部位应采用涂抹肥皂水方法检漏,严禁使用明火检漏。

(5)乙炔瓶搬运、装卸、使用时都应竖立放稳,严禁在地面上卧放并直接使用。

(6)一旦要使用已经卧放的乙炔瓶,必须直立后静止 20 min,再连接减压器后使用。

(7)开启乙炔瓶阀时应缓慢,不要超过一转半,一般情况只开启 3/4 转。

(8)严禁让粘有油脂的手套、棉丝和工具等同氧气瓶、瓶阀、减压器及管路等接触。

(9)操作时,氧气瓶与乙炔瓶的间距不得小于 3 m,与明火、热源间距不得小于 5 m。

(10)气焊与气割中使用的氧气胶管为黑色,乙炔胶管为红色,它们不能相互换用。不能用其他胶管代替。禁止使用回火烧损的胶管。

(11)乙炔管路中必须接入干式回火防止器。

气焊、气割操作时,点火与熄火的顺序为:气焊点火时先微开氧气阀,后开乙炔阀点火,然后,调节到所需火焰大小;气割点火与气焊点火相同。气焊熄火时先闭乙炔阀,后闭氧气阀;气割熄火时先闭高压氧阀,后闭乙炔阀,最后关闭预热氧阀。

减压器卸载的顺序是:先关闭高压气瓶阀,然后放出减压器内的全部余气,放松压力调节杆使表针降到零点。

焊工在使用焊炬、割炬前应检查焊炬、割炬的气路是否畅通,射吸能力、气密性等技术性能是否合格,并应定期检查维护。

作业完毕,应关闭气路所有阀门,检查并处理好安全隐患后方可离开。

1.4 其他常见焊接方法

1.4.1 埋弧自动焊

埋弧自动焊是电弧在焊剂层下燃烧,利用机械自动控制焊丝送进和电弧移动的一种焊接方法。

1. 焊接过程

埋弧自动焊焊缝形成过程如图 1.32 所示。焊丝端部与焊件之间产生电弧之后,电弧热量使焊丝和焊件熔化形成熔池,并使焊剂熔化和燃烧,产生的气体形成一个封闭的包围电弧和熔池的空腔,隔绝外界空气,保护熔池。电弧向前移动,熔池后部边缘开始冷却凝固形成焊缝。熔渣浮在熔池表面,冷却后形成渣壳。埋弧自动焊焊接时,引弧、送丝、弧长调节及电弧前移全部由焊机自动完成。

2. 埋弧自动焊机

埋弧自动焊机由焊接电源、控制箱和焊车三部分组成。常用的埋弧自动焊机 MZ-1000 如图 1.33 所示。焊接电源可用弧焊变压器,也可用弧焊整流器或直流电焊机。焊接电源输出端的两极分别接焊件和焊车上的导电嘴。控制箱内装有控制焊接程序和调节焊接工艺参数的各种电器元件,它可控制整个焊接过程自动进行。焊车由机头、控制盘、焊剂漏斗和焊车等部分组成,靠立柱和横梁将各部分连接成整体。焊车载有焊丝、焊剂等,以调定的速度沿焊接方向前进。焊接工艺参数的调节、设备的启动和停止运行,均由控制盘来实现。

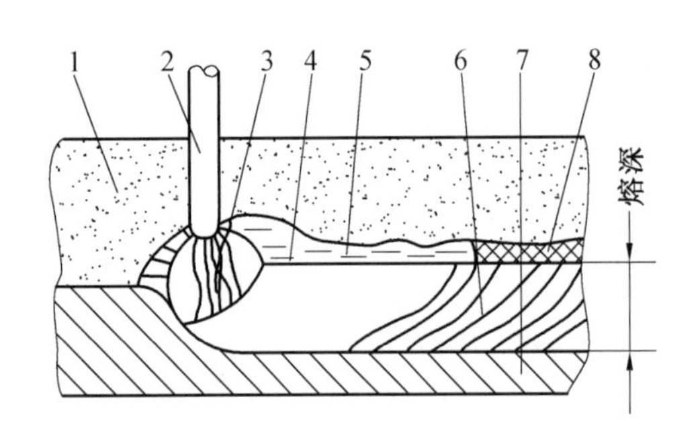

图 1.32　埋弧自动焊焊缝形成过程

1—焊剂;2—焊丝;3—电弧;4—熔池;5—熔渣;
6—焊缝;7—焊件;8—渣壳

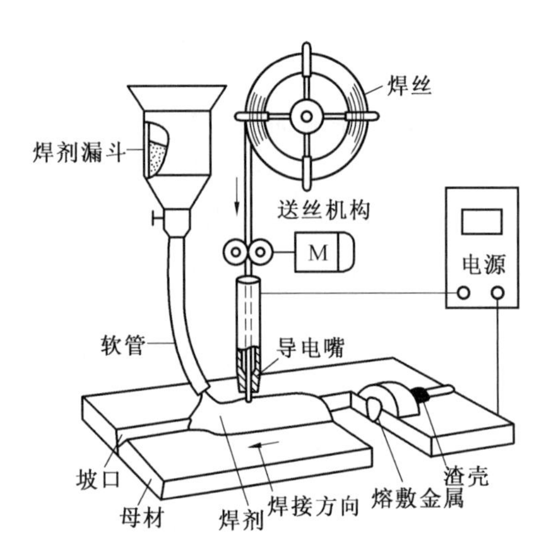

图 1.33　埋弧自动焊机示意图

3. 特点

和手工电弧焊相比,埋弧自动焊具有下面几个特点:

(1)生产率高。埋弧自动焊可以采用比手工电弧焊大 6 ~ 8 倍的电流强度进行焊接,电流强度高达 1 000 A;自动送进的焊丝每卷长达 1 000 m,焊接过程中节省了大量更换焊条的时间。一般情况下,埋弧自动焊的生产率比手工电弧焊高 5 ~ 10 倍。

(2)焊缝质量高。埋弧自动焊焊剂由漏斗大量供给,同时焊接电流强度也较大,因此会形成体积较大的液态熔池(一般为 20 cm^3),在焊缝凝固成固体前熔池中的非金属杂质和气体有充分的时间浮出;另外,焊丝移动速度、倾斜角度及焊接电流等焊接工艺参数由自动焊机自动调整,焊缝平直且质量稳定。

(3)节约材料。埋弧自动焊电流强度大且热量集中,熔深可达 20 ~ 25 mm,因此厚度小于 25 mm 的工件可不开坡口焊接;和焊条相比,焊丝长时间连续送进,没有焊条接头的浪费;充足的焊剂把熔池严密地覆盖起来,大大减小了液态金属的飞溅。

(4)环境污染少。由于焊剂的严密覆盖,因此埋弧自动焊过程中看不到弧光。这样既可以减少对人眼睛的刺激,又可以减少对周围环境中光电控制设备的影响。另外,自动焊接也大大减少了人的体力劳动量。

由于埋弧自动焊具有上述几个优点,因此已在焊接生产中得到了广泛应用。埋弧自动焊尤其适合于很长的直线焊缝、大直径环形焊缝及批量生产的厚板工件焊接。但埋弧自动焊也有缺点,如设备价格较高、焊接工艺复杂及焊接准备时间长等。

1.4.2　气体保护焊

气体保护焊是利用外加气体作为电弧介质并保护电弧和熔融金属的电弧焊。常用的气体保护焊有两种:氩弧焊和 CO_2 气体保护焊,它们所使用的保护气体分别为氩气

和 CO_2。

1. 氩弧焊

用氩气作为保护气体的气体保护焊称为氩弧焊。氩气是惰性气体,可保护电极和熔池金属不受空气的影响。即使在高温下,氩气也不与金属发生化学反应,而且氩气也不溶于金属,因此氩弧焊焊缝质量比较高。氩弧焊按所用电极的不同,可分为不熔化极氩弧焊和熔化极氩弧焊两种。

不熔化极氩弧焊如图 1.34(a)所示,以高熔点的铈钨棒作为电极。焊接时,铈钨棒不熔化,只起导电与产生电弧作用,容易实现机械化和自动化焊接。但电极所能通过的电流有限,因此只适合焊接厚度在 6 mm 以下的工件。焊接时,在钨极和焊件之间产生电弧,填充焊丝从一侧送入。在电弧热的作用下,填充金属与焊件熔融在一起,形成金属熔池。从喷嘴流出的氩气在电弧及熔池周围形成连续封闭的气流,起到保护作用。随着电弧前移,熔池金属冷却凝固形成焊缝。

熔化极氩弧焊的焊接过程如图 1.34(b)所示。焊接 3 mm 以下薄件时,常采用弯边接头直接熔合。焊接钢材时,多用直流电源正接,以减少钨极的烧损。焊接铝、镁及其合金时,要用直流反接或交流电源,因为电极间正离子撞击工件熔池表面可使氧化膜破碎,有利于焊件金属熔合和保证焊接质量。图 1.35 为交直流两用 YC-300WP 型氩弧焊机外型图。

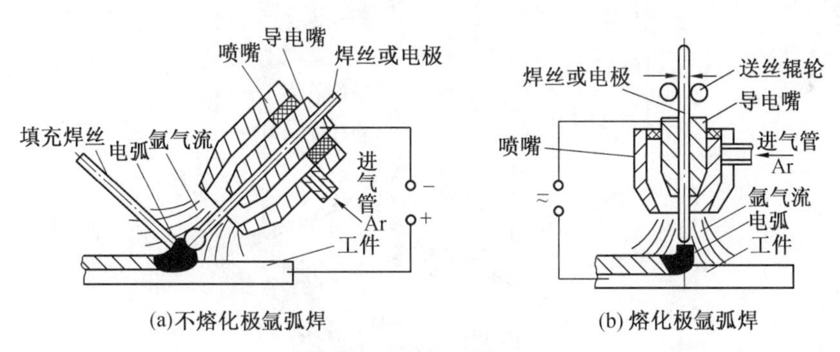

图 1.34 氩弧焊示意图

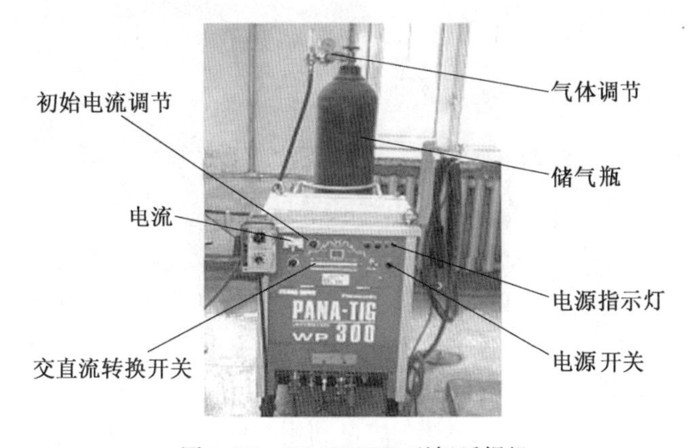

图 1.35 YC-300WP 型氩弧焊机

氩弧焊具有以下特点:由于氩气是惰性气体,它既不与金属发生化学反应使被焊金属和合金元素受到损失,又不溶解于金属形成气孔,因而是一种理想的保护气体,能使焊件获得高质量的焊缝;氩气的导热系数小,且是单原子气体,高温时不分解吸热,电弧热量损失小,所以氩弧一旦引燃,电弧就很稳定;明弧焊接,便于观察熔池,进行控制。因此,它可以进行各种空间位置的焊接,且易于实现自动控制。但氩气价格高,所以焊接成本高,而且氩弧焊设备比较复杂,维修较为困难。

目前,氩弧焊主要适用于焊接易氧化的有色金属(如铝、镁、钛及合金)、高强度合金钢以及某些特殊性能钢(如不锈钢、耐热钢)等。

2. CO_2 气体保护焊

CO_2 气体保护焊是利用 CO_2 作为保护气体的气体保护焊,简称 CO_2 焊。它用焊丝做电极并兼做填充金属,以自动或半自动方式进行焊接。目前应用较多的是半自动 CO_2 焊,它由焊接电源、焊枪、送丝机构、供气系统和控制系统组成,如图 1.36 所示。

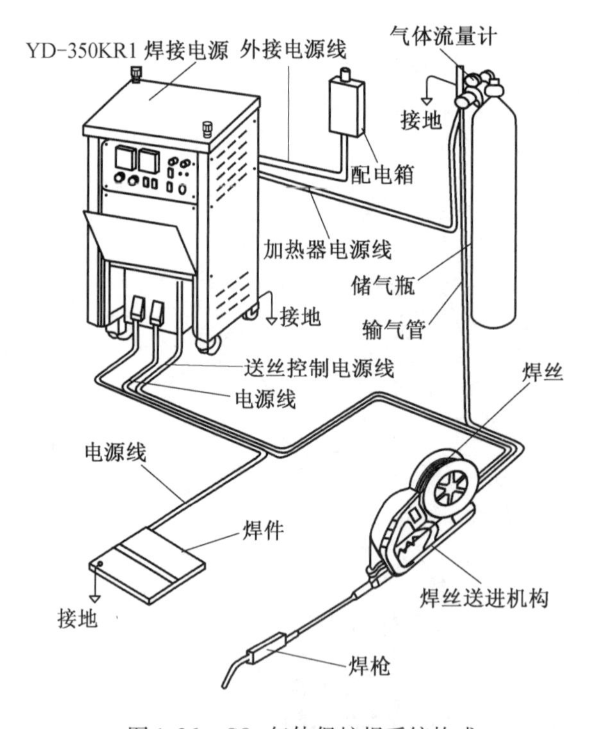

图 1.36　CO_2 气体保护焊系统构成

CO_2 气体保护焊可采用旋转式直流电源或整流式电源。供气系统由 CO_2 气瓶、预热器、高压和低压干燥器、减压表、流量计以及电磁阀等组成。按照焊丝直径不同,CO_2 气体保护焊可分为细丝焊和粗丝焊两类。细丝焊丝直径为 0.6 ~ 1.2 mm,用于焊接 0.8 ~ 4 mm厚的薄板焊件;粗丝焊丝直径为 1.6 ~ 5.0 mm,用于焊接 3 ~ 25 mm 厚的焊件。在实际生产中,直径大于 2 mm 的粗丝采用较少。CO_2 焊与手工电弧焊、埋弧自动焊相比,其优点是:保护气体成本低,电流密度大,电弧热量利用率较高;焊后不需清渣,生产率高;电弧加热集中,焊件受热面积小,焊接变形小;焊缝抗裂性较好,焊接质量较高;明弧焊接,易于控制,操作灵便,适宜于各种空间位置的焊接,且易于实现机械化和自动化焊接。CO_2气体保护焊的缺点是:焊缝表面成形较差、飞溅较多。此外,由于CO_2在高温时会分解,使电弧气氛具有强烈的氧化性,导致合金元素氧化烧损,故不能用于焊接有色金属和高合金钢。

CO_2焊通常用于碳钢和低合金钢的焊接。除了适用于焊接结构的生产外,它还适用于耐磨零件的堆焊、铸钢件的补焊等。

1.4.3　电阻焊

焊件组合后,通过电极施加压力,利用电流通过接头的接触面及邻近区域产生的电阻热进行焊接的方法称为电阻焊。

电阻焊的基本形式有点焊、缝焊和对焊三种,如图1.37所示。

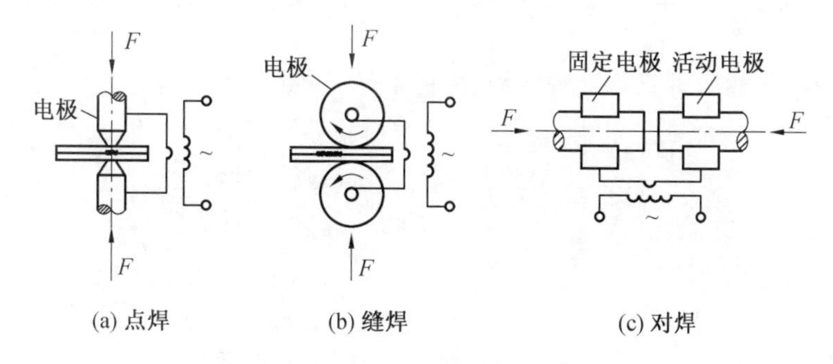

图1.37　电阻焊的基本形式

电阻焊生产率高,不需要填充金属,焊接变形小以及操作简单,易于实现机械化和自动化。电阻焊时,焊接电压很低(几伏),但焊接电流很大(几千安至几万安),故要求电源功率大。电阻焊的设备较复杂、投资较多,通常适用于大批量生产。

点焊主要适用于薄板搭接结构、金属网和交叉钢筋构件等;缝焊主要适用于有密封性要求的薄壁容器;对焊广泛应用于焊接杆状和管状零件,如钢轨、刀具、钢筋及管道等。

1.4.4　钎　焊

钎焊是采用熔点低于工件金属的低熔点合金作为填充金属的一种焊接方法。焊接时,把填充金属加热到熔化状态而工件金属依然处于固体状态,冷却后固体工件被填充材料连接在一起。

钎焊接头多以搭接形式装配。钎焊接头间隙一般选为0.05~0.2 mm为宜,如图1.38所示。

钎焊的分类方法如下:

(1)按照钎料的熔点分为软钎焊和硬钎焊:钎料的熔点低于450 ℃时,称为软钎焊;高于450 ℃时称为硬钎焊。

(2)按照钎焊温度的高低分为高温钎焊、中温钎焊和低温钎焊。对于不同材料钎焊而言,其分类温度均有差异。

(3)按照热源种类和加热方式分为火焰钎焊、炉中钎焊、感应钎焊、电阻钎焊、烙铁钎

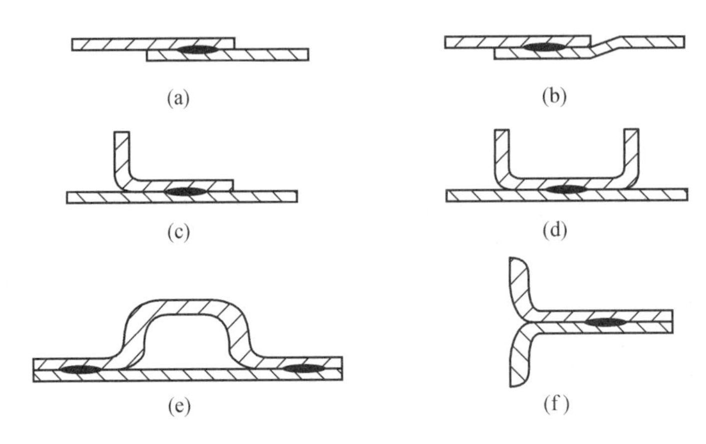

图 1.38　钎焊接头搭接形式装配

焊等。

工程上常用的软钎焊钎料有焊锡线、焊锡条等，如图 1.39 所示。

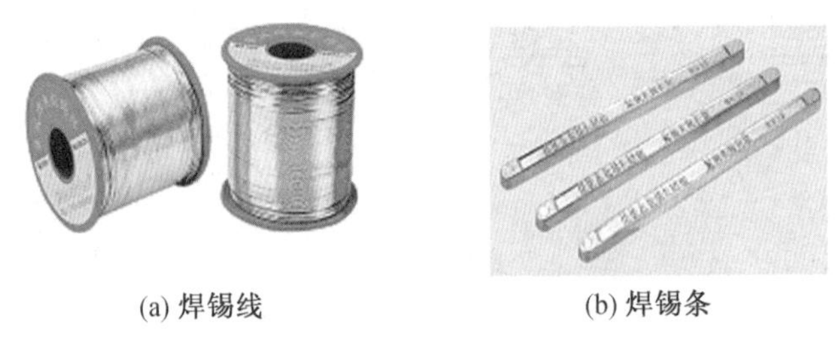

图 1.39　常用软钎料

铜、银及镍等金属具有较高的强度、较好的导电性和耐腐蚀性，而且熔点也相对较低，因此常被用硬钎焊的钎料。工程上常用的硬钎焊钎料有铜基钎料、银基钎料、磷铜钎料等，如图 1.40 所示。

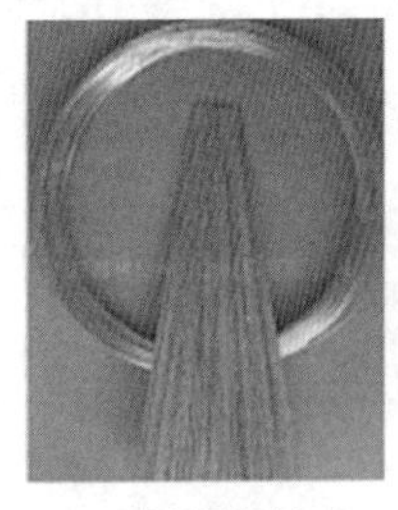
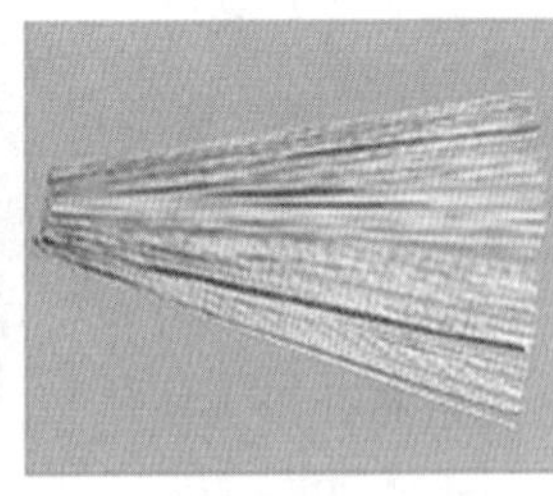

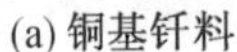

(a) 铜基钎料　(b) 银基钎料　(c) 磷铜钎料

图 1.40　常用硬钎料

工程上常用的软钎焊设备有普通电烙铁、调温电烙铁及电软钎焊机等，如图 1.41 所示。常用硬钎焊设备有高频自动钎焊机、银钎焊机及火焰自动钎焊机等，如图 1.42 所示。

与其他连接技术相比，钎焊具有如下优点：

(1)具有很高的生产率，多条接缝可一次完成。

(2)可完成高精度、复杂零件的连接；对于空间不可达的接缝，可由钎焊方法来完成。

(3)具有广泛的适用性，不但可钎焊大多数金属，也能实现对某些非金属(如陶瓷、玻

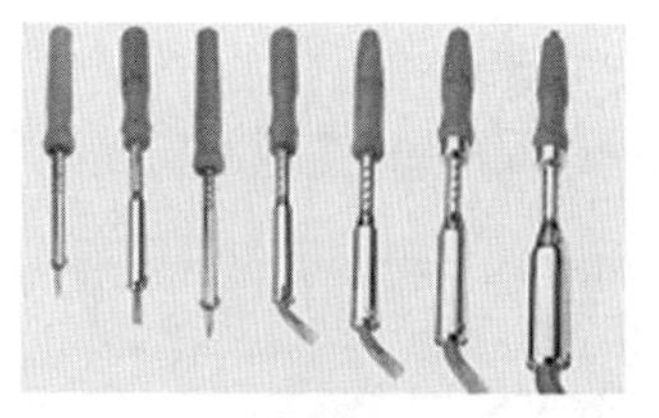
(a) 普通电烙铁

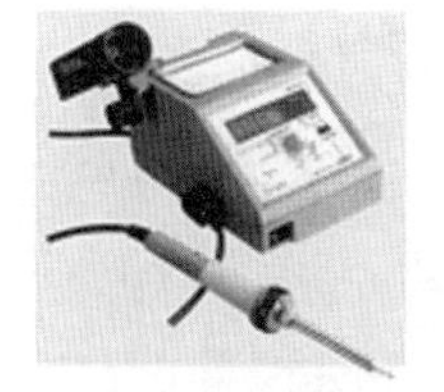
(b) 调温电烙铁

(c) 电软钎焊机

图 1.41 常用的软钎焊设备

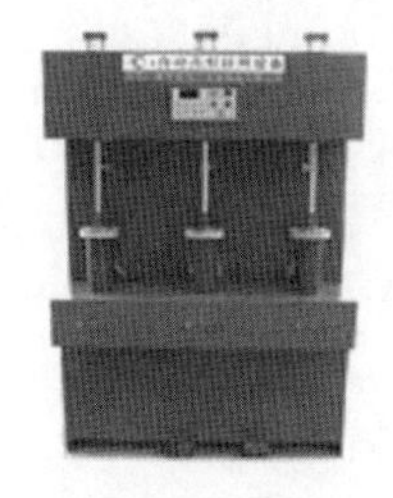
(a) 高频自动钎焊机

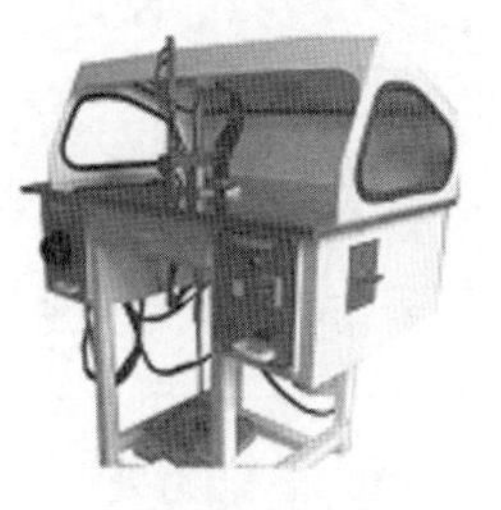
(b) 银钎焊机

(c) 火焰自动钎焊机

图 1.42 常用硬钎焊设备

璃、石墨及金刚石等)的连接。

其缺点是:钎焊接头的强度比较低;耐热性较差;由于较多地采用了搭接接头,增加了母材的消耗量。

钎焊技术在机械加工、汽车和拖拉机、轻工、家电、电工电子、航空航天、原子能、兵器等行业中应用得十分广泛。

1.5 焊接检验

迅速发展的现代焊接技术,已能在很大程度上保证其产品的质量,但由于焊接接头为性能不均匀体,应力分布又复杂,制造过程中亦做不到绝对的不产生焊接缺陷,更不能排除产品在役运行中出现新缺陷。因而为获得可靠的焊接结构(件)还必须走第二条途径,即采用和发展合理而先进的焊接检验技术。

1.5.1 常见焊接缺陷

1. 焊接变形

工件焊后一般都会产生变形,如果变形量超过允许值,就会影响使用。焊接变形的几个例子如图 1.43 所示。产生的主要原因是焊件不均匀地局部加热和冷却。因为焊接时,焊件仅在局部区域被加热到高温,离焊缝越近,温度越高,膨胀也越大。但是,加热区域的金属因受到周围温度较低的金属阻止,却不能自由膨胀;而冷却时又由于周围金属的牵制不能自由地收缩。结果这部分加热的金属存在拉应力,而其他部分的金属则存在与之平衡的压应力。当这些应力超过金属的屈服极限时,将产生焊接变形;当超过金属的强度极限时,则会出现裂缝。

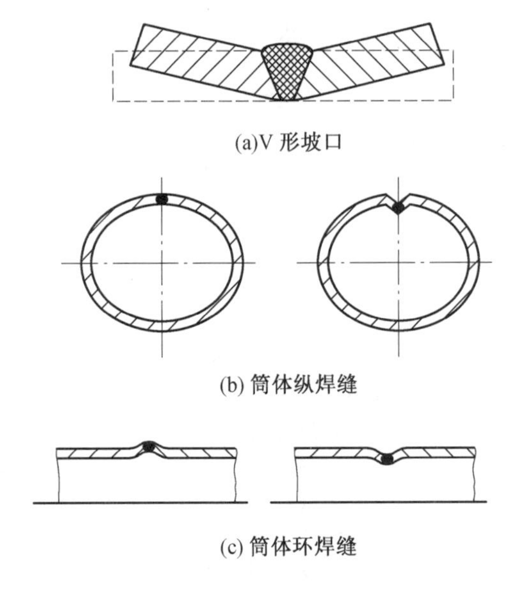

(a)V 形坡口

(b) 筒体纵焊缝

(c) 筒体环焊缝

图 1.43　焊接变形示意图

2. 焊缝的外部缺陷

(1)焊缝增强过高。如图 1.44 所示,当焊接坡口的角度开得太小或焊接电流过小时,均会出现这种现象。焊件焊缝的危险平面已从 *M*-*M* 平面过渡到熔合区的 *N*-*N* 平面,由于应力集中易发生破坏,因此,为提高压力容器的疲劳寿命,要求将焊缝的增强高铲平。

(2)焊缝过凹。如图 1.45 所示,因焊缝工作截面的减小而使接头处的强度降低。

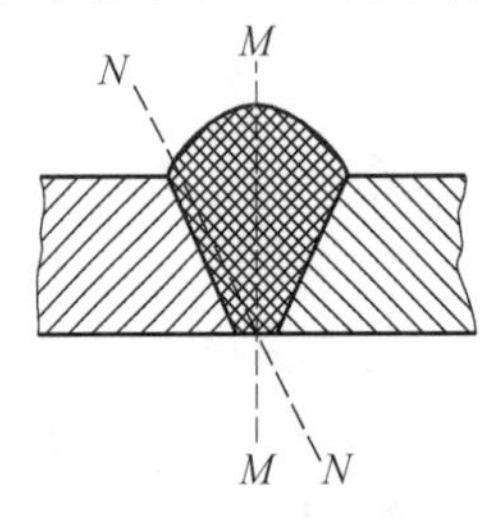

图 1.44　焊缝增强过高

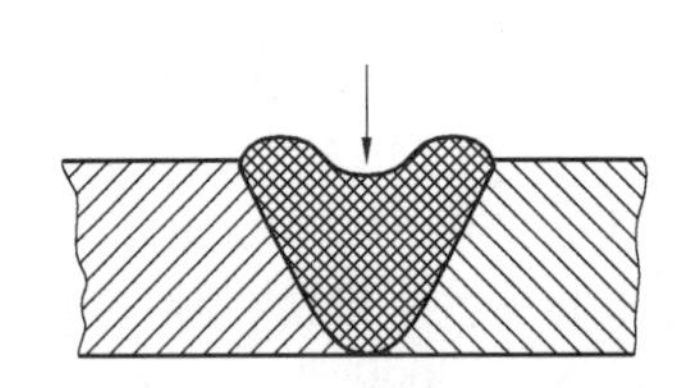

图 1.45　焊缝过凹

(3)焊缝咬边。在工件上沿焊缝边缘所形成的凹陷称为咬边,如图 1.46 所示。它不仅减少了接头工作截面,而且在咬边处造成严重的应力集中。

(4)焊瘤。熔化金属流到熔池边缘未熔化的工件上,堆积形成焊瘤,它与工件没有熔合,如图 1.47 所示。焊瘤对静载强度无影响,但会引起应力集中,使动载强度降低。

(5)烧穿。烧穿是指部分熔化金属从焊缝反面漏出,甚至烧穿成洞,它使接头强度下降,如图 1.48 所示。

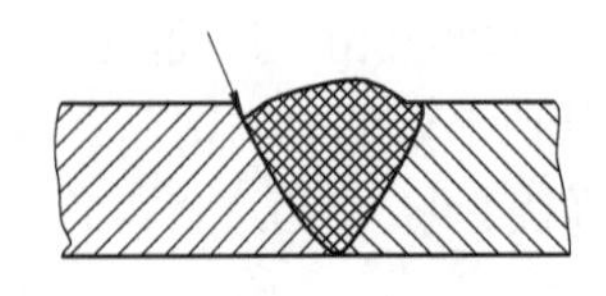

图 1.46　焊缝的咬边

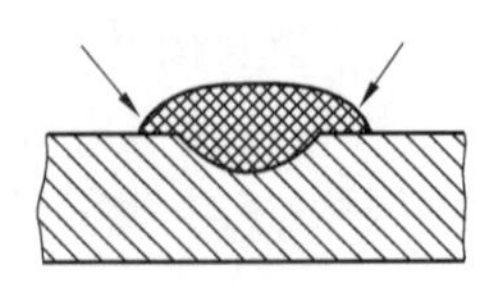

图 1.47　焊瘤

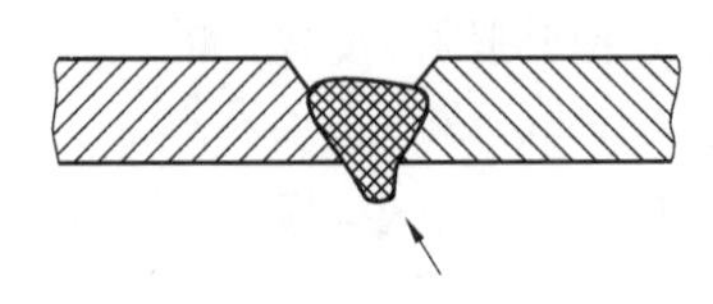

图 1.48　烧穿

以上五种缺陷存在于焊缝的外表,肉眼就能发现,并可及时补焊。如果操作熟练,一般是可以避免的。

3. 焊缝的内部缺陷

(1)未焊透。未焊透是指工件与焊缝金属或焊缝层间局部未熔合的一种缺陷。未焊透减弱了焊缝工作截面,造成严重的应力集中,大大降低接头强度,它往往成为焊缝开裂的根源。

(2)夹渣。焊缝中夹有非金属熔渣,即称夹渣。夹渣减少了焊缝工作截面,造成应力集中,会降低焊缝强度和冲击韧性。

(3)气孔。焊缝金属在高温时,吸收了过多的气体(如 H_2)或由于熔池内部冶金反应产生的气体(如 CO),在熔池冷却凝固时来不及排出,而在焊缝内部或表面形成孔穴,即为气孔。气孔的存在减少了焊缝有效工作截面,降低接头的机械强度。若有穿透性或连续性气孔存在,会严重影响焊件的密封性。

(4)裂纹。焊接过程中或焊接以后,在焊接接头区域内所出现的金属局部破裂称为裂纹。裂纹可能产生在焊缝上,也可能产生在焊缝两侧的热影响区。有时产生在金属表面,有时产生在金属内部。通常按照裂纹产生的机理不同,可分为热裂纹和冷裂纹两类。

①热裂纹。热裂纹是在焊缝金属中由液态到固态的结晶过程中产生的,大多产生在焊缝金属中。其产生原因主要是焊缝中存在低熔点物质(如 FeS,熔点 1 193 ℃),它削弱了晶粒间的联系,当受到较大的焊接应力作用时,就容易在晶粒之间引起破裂。焊件及焊条内含 S、Cu 等杂质多时,就容易产生热裂纹。热裂纹有沿晶界分布的特征。当裂纹贯穿表面与外界相通时,则具有明显的氢化倾向。

②冷裂纹。冷裂纹是在焊后冷却过程中产生的,大多产生在基体金属或基体金属与焊缝交界的熔合线上。其产生的主要原因是由于热影响区或焊缝内形成了淬火组织,在高应力作用下,引起晶粒内部的破裂,焊接含碳量较高或合金元素较多的易淬火钢材时,最易产生冷裂纹。焊缝中融入过多的氢,也会引起冷裂纹。

裂纹是最危险的一种缺陷,它除了减少承载截面之外,还会产生严重的应力集中,在使用中裂纹会逐渐扩大,最后可能导致构件的破坏。所以焊接结构中一般不允许存在这种缺陷,一经发现须铲去重焊。

1.5.2 焊接质量检验

对焊接接头进行必要的检验是保证焊接质量的重要措施。因此,工件焊完后应根据产品技术要求对焊缝进行相应的检验,凡不符合技术要求所允许的缺陷,需及时进行返修。焊接质量的检验包括外观检查、无损探伤和机械性能试验三个方面,这三者是互相补充的,而以无损探伤为主。

1. 外观检查

外观检查一般以肉眼观察为主,有时用 5 ~ 20 倍的放大镜进行观察。通过外观检查,可发现焊缝表面缺陷,如咬边、焊瘤、表面裂纹、气孔、夹渣及焊穿等。焊缝的外形尺寸还可采用焊口检测器或样板进行测量。

2. 无损探伤

无损探伤指隐藏在焊缝内部的夹渣、气孔、裂纹等缺陷的检验。目前使用最普遍的是采用 X 射线检验，还有超声波探伤和磁力探伤。X 射线检验是利用 X 射线对焊缝照相，根据底片影像来判断内部有无缺陷、缺陷多少和类型，再根据产品技术要求评定焊缝是否合格。超声波探伤的基本原理如图 1.49 所示。

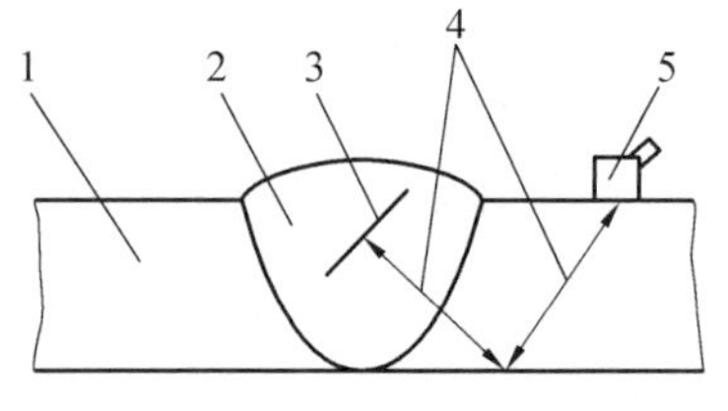

图 1.49　超声波探伤原理示意图
1—工件；2—焊缝；3—缺陷；
4—超声波束；5—探头

超声波束由探头发出，传到金属中，当超声波束传到金属与空气界面时，它就折射而通过焊缝。如果焊缝中有缺陷，超声波束就反射到探头而被接收，这时荧光屏上就出现了反射波。根据这些反射波与正常波比较、鉴别，就可以确定缺陷的大小及位置。超声波探伤比 X 光照相简便得多，因而得到广泛应用。但超声波探伤往往只能凭操作经验作出判断，而且不能留下检验根据。

对于离焊缝表面不深的内部缺陷和表面极微小的裂纹，还可采用磁力探伤。

3. 水压试验和气压试验

对于要求密封性的受压容器，需进行水压试验和（或）气压试验，以检查焊缝的密封性和承压能力。其方法是向容器内注入 1.25 ~ 1.5 倍工作压力的清水或等于工作压力的气体（多数用空气），停留一定的时间，然后观察容器内的压力下降情况，并在外部观察有无渗漏现象，根据这些可评定焊缝是否合格。

4. 焊接试板的机械性能试验

无损探伤可以发现焊缝内在的缺陷，但不能说明焊缝热影响区金属的机械性能如何，因此有时对焊接接头要做拉力、冲击、弯曲等试验，这些试验由试验板完成。所用试验板最好与圆筒纵缝一起焊成，以保证施工条件一致，然后将试板进行机械性能试验。实际生产中，一般只对新钢种的焊接接头进行这方面的试验。

1.6　焊接实习内容与考核要求

1.6.1　实习目的

手工电弧焊与气焊是焊接操作人员的基本技能，通过实际操作，使学员初步领会焊接操作的基本要领，并为深入了解焊接技术打下基础。

1.6.2　实习内容

本次实际操作以手工电弧焊为主，辅以气焊、气割练习。具体内容如下：

（1）平焊位置焊条电弧焊（为主）。

（2）立焊位置焊条电弧焊。

（3）平焊位置手工气焊。

（4）手工气割（观摩）。

(5)观看“焊接方法”录像片、“焊接技术概论”幻灯片。

1.6.3 考核要求

板对接水平固定焊,具体要求是:

(1)采用直径为2.5 mm(或3.2 mm)的J422(E4303)焊条;焊接电源采用ZX7-250系列直流弧焊机。

(2)平焊焊缝长度为150 mm,缝宽为9~10 mm。

(3)要求缝直、缝宽一致;焊缝表面平整,焊波细密,无气孔、夹渣、咬边等缺陷;弧坑填满。

第 2 章

钢的热处理工艺

2.1 概　　述

在机械零件制造过程中，要经过热、冷加工多道工序，其中经常安排有热处理工序。热处理是采用适当的方式对固态金属合金进行加热、保温和冷却，以获得所需要的组织结构与性能的工艺。通常可用温度-时间曲线图表示，称为热处理工艺曲线，如图2.1所示。任何一种热处理工艺要求都具备三个步骤：

(1) 根据工件的材质和某种热处理工艺要求，把工件加热到预定的温度范围。

(2) 在此温度下保温一定的时间，使工件全部热透。

(3) 在某种介质下把工件冷却到室温。

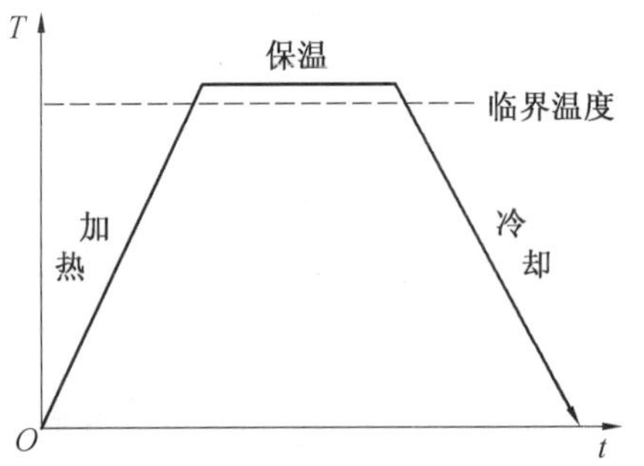

图2.1　热处理工艺曲线

根据热处理目的、要求和冷却方式的不同，可将热处理分为普通热处理、表面热处理及其他热处理，见表2.1。

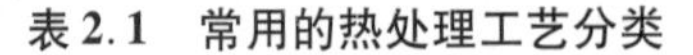
表2.1　常用的热处理工艺分类

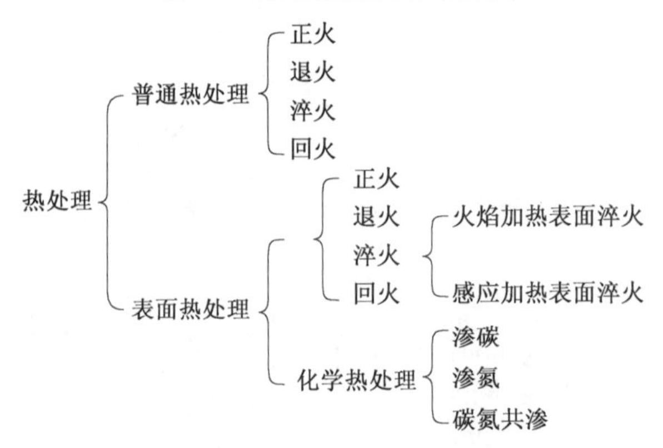

钢的热处理在机械制造生产过程中占有重要位置，在零件的制造工艺中是一道重要的工序，如在汽车、拖拉机制造中，有 70% ~80% 的零件都要经过热处理。运用热处理工艺，在零件设计中可实现同一种材质，由于经过不同的热处理而形成不同的组织，具有不同的性能，来满足特定工作条件下对零件的特殊要求。例如发动机上的曲轴，其轴径表面要求有较高的硬度且耐磨损，而其轴径内心要求强度高、韧性好，这样一种综合力学性能只有借助热处理工艺在一种材质上才能达到。又例如钻头、铣刀和冲头等工、模具零件，必须有较高的硬度和耐磨性才能保持锋利，以用来加工其他金属或保持较长的使用寿命，这也需要采用热处理工艺方可达到。热处理过的零件如图 2.2 所示。

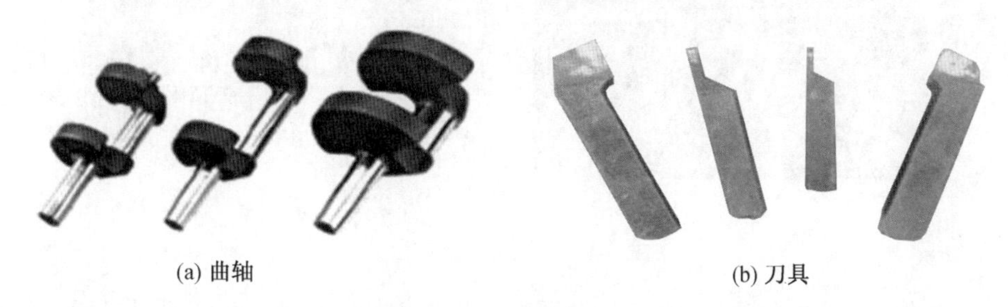

(a) 曲轴　　(b) 刀具

图 2.2　热处理件

2.2　钢的普通热处理

2.2.1　退　火

钢的退火是将工件加热到适当的温度（一般为 780 ~ 900 ℃），保持一定时间，然后缓缓冷却（随炉冷却）的热处理工艺。在生产中，退火工艺应用很广泛。根据工件要求退火的目的不同，退火的工艺规范有多种，常用的有以下几种。

（1）完全退火。完全退火是将钢件或毛坯加热到 A_{c3} 以上 20 ~ 30 ℃，保温一定时间，使钢中组织完全奥氏体化后随炉冷却到 500 ~ 600 ℃ 出炉，然后在空气中冷却的热处理方式。

适用于碳的质量分数为 0.25% ~0.77% 的亚共析成分碳钢、合金钢、工程铸件、锻件及热扎型材。过共析钢不宜采用完全退火，因为过共析钢在奥氏体化后缓慢冷却时，二次渗碳体会以网状沿奥氏体晶界析出，使钢的强度、塑性和冲击韧性大大下降。45#钢锻造后与完全退火后力学性能比较见表 2.2。

表 2.2　45#钢锻造后与完全退火后力学性能比较

状态	σ_b/MPa	σ_s/MPa	δ/%	ψ/%	α_k/(kJ · m^{-2})	HB
锻造	650 ~ 750	300 ~ 400	5 ~ 15	20 ~ 40	200 ~ 400	230
完全退火	600 ~ 700	300 ~ 350	15 ~ 20	40 ~ 50	400 ~ 600	200

可以看出，完全退火后强硬度有所下降，而塑韧性较大幅度提高。

（2）等温退火。等温退火是将钢加热到 A_{c1} ~ A_{c3}（亚共析钢）或 A_{c1} ~ A_{ccm}（过共析钢），

保温缓慢冷却,以获得接近平衡组织的热处理工艺。

适用于制作大型制件及合金钢制件,可大大缩短退火周期。

(3)球化退火。通常加热到A_{c1}以上20~30 ℃,使片状渗碳体转变为球状或粒状。

适用于碳素工具钢、合金弹簧钢以及合金工具钢等共析钢和过共析钢,如图2.3所示。

(a)

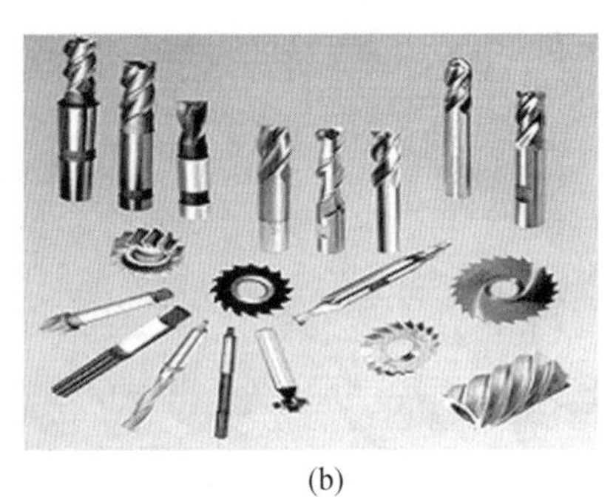

(b)

图2.3 轴承和刀具

(4)扩散退火(均匀化退火)。扩散退火是指将钢加热到A_{c3}或A_{ccm}以上150~300 ℃,长时间保温,然后随炉缓冷的热处理工艺。

一般碳钢的加热温度为1 100~1 200 ℃,合金钢为1 200~1 300 ℃,适用于合金钢铸锻件,消除成分偏析和组织的不均匀性。但成本高,一般很少采用。

(5)再结晶退火。再结晶退火是将钢加热至再结晶温度以上150~250 ℃,一般是采用650~700 ℃,适当保温后缓冷的一种操作工艺。

适用于冷拔、冷拉和冲压等冷变形钢件,使冷变形被拉长、破碎的晶粒重新生核和长大成为均匀的等轴晶粒,从而消除形变强化状态和残余应力,为其他工序做准备,属于中间退火。

上述可以看出,退火目的为:

①改善组织和使成分均匀化,以提高钢的性能,例如,组织不均匀、晶内偏析等。

②消除不平衡的强化状态,例如,内应力或加工硬化等。

③细化晶粒、改善组织,为最终热处理作好组织上的准备。

④退火可在电阻炉或煤、油、煤气炉中进行,最常用的是电阻炉。电阻炉利用电流通过电阻丝产生热量加热工件,同时用热电偶等电热仪表控制温度,操作简单、温度准确。常用的有箱式电阻炉和井式电阻炉。

加热时温度控制应准确,温度过低达不到目的,温度过高又会造成过热、过烧、氧化及脱碳等缺陷。操作时还应注意零件的放置方法,当退火的主要目的是为了消除内应力时更应注意。如对于细长工件的稳定尺寸退火,一定要在井式炉中垂直吊置,以防止工件由于自身重力所引起的变形。操作时还应注意不要触碰电炉丝,以免短路。为保证安全,电炉丝应安装炉门开启断电装置,以便装炉和取出工件时能自动断电。

2.2.2 正 火

钢的正火对于中碳、低碳钢工件,一般是将其加热到一定温度(一般为800~

970 ℃),保温适当时间后,在静止的空气中冷却的热处理工艺。

(1)正火的目的。

与退火基本相似,但正火的冷却速度比退火稍快,故可得到细密的组织,力学性能较退火好;然而正火后的钢硬度比退火高。对于低碳钢的工件,这将更具有良好的切削加工性能;而对中碳合金钢和高碳钢的工件,则因正火后硬度偏高,切削加工性能变差,故采用退火为宜。正火难以完全消除内应力,为防止工件的裂纹和变形,对大工件和形状复杂件仍采用退火处理。从经济方面考虑,正火比退火的生产周期短、设备利用率高、节约能源、降低成本以及操作简便,所以在可能的条件下,应尽量以正火代替退火。

正火时,装炉方式和加热速度的选择以及保温时间的控制等方面与退火相类同,所不同的是加热温度和冷却方式。一般正火温度比退火温度稍高些,如碳素结构钢为840~920 ℃,合金结构钢为820~970 ℃。

(2)正火和退火的选择。

两者相同之处是对同种类型钢进行热处理后得到近似的组织,只是正火冷速快些,转变温度低些,获得的组织更细小。对于它们的选择原则如下:

①正火。对于低碳钢,为了改善切削加工性能和零件形状简单时,一般选用正火处理。

②退火。对于中、高碳钢,为了改善切削加工性能和零件形状复杂时,可选择退火处理。

在生产上,因为正火比退火的生产周期短,可节省时间、操作简便、成本低,所以在一般情况下尽量用正火代替退火。

2.2.3 淬 火

钢的淬火是将工件加热到760~860 ℃,保持一定时间,然后以较大的冷却速度冷却获得马氏体组织的热处理工艺。淬火的主要目的是提高钢的强度和硬度,增加耐磨性,并在回火后获得高强度与一定韧性相配合的性能。

淬火的冷却介质称为淬火剂。常用的淬火剂有水和油。水是最便宜而且冷却力很强的淬火剂,适用于一般碳钢零件的淬火。向水中溶入少量的盐类,还能进一步提高其冷却能力。油也是应用较广的淬火剂,它的冷却能力较低,可以防止工件产生裂纹等缺陷,适用于合金钢的淬火。

淬火操作时,除注意加热质量(与退火相似)和正确选择淬火剂外,还要注意淬火工件浸入淬火剂的方式。如果浸入淬火剂方式不正确,则可能因工件各部分的冷却速度不一致而造成极大的内应力,使工件发生变形和裂纹或产生局部淬火不硬等缺陷。例如,厚薄不匀的工件,厚的部分应先浸入淬火剂中;细长的工件(钻头、轴等),应垂直地浸入淬火剂中;薄而平的工件(圆盘铣刀等),不能平着放入淬火剂中;薄壁环状工件,浸入淬火剂时,它的轴线必须垂直于液面;截面不均匀的工件应斜着放下去,使工件各部分的冷却速度趋于一致等。

在生产上淬火常用的冷却介质有水、盐水、碱水、油和熔盐碱等,详见表2.3和表2.4。

表 2.3　常用淬火冷却介质的冷却特点

淬火冷却介质	冷却能力/(℃·s^{-1})	
	650～550	300～200
水（18 ℃）	600	270
水（26 ℃）	500	270
水（50 ℃）	100	270
水（74 ℃）	30	200
10%食盐水溶液(18 ℃)	1 100	300
10%苛性钠水溶液(18 ℃)	1 200	300
10%碳酸钠水溶液(18 ℃)	800	270
肥皂水	30	200
矿物机油	150	30
菜籽油	200	35

表 2.4　热处理常用盐浴的成分、熔点

熔盐	成　分	熔点/℃
碱浴	KOH(80%)+NaOH(20%)+H_2O(6%,外加)	130
硝盐	KNO_3(55%)+$NaNO_2$(45%)	137
硝盐	KNO_3(55%)+$NaNO_3$(45%)	218
中性盐	KCl (30%)+NaCl(20%)+ $BaCl_2$(50%)	560

热处理车间的加热设备和冷却设备之间，不得放置任何妨碍操作的物品，淬火操作时，还必须穿戴防护用品，如工作服、手套及防护眼镜等，以防止淬火剂飞溅伤人。有些零件使用时只要求表面层坚硬耐磨，而心部仍希望保持原有的韧性，这时可采用表面淬火。按照加热方法不同，表面淬火分为火焰表面淬火和高频感应加热表面淬火(简称高频淬火)。火焰表面淬火简单易行，但不易保证质量。高频淬火质量好、生产率高，可以使全部淬火过程机械化、自动化，适用于成批及大量生产。

2.2.4　回　火

将淬火后的钢重新加热到某一温度范围(大大低于退火、正火和淬火时的加热温度)，经过保温后在油中或空气中冷却的操作称为回火。回火的目的是减小或消除工件在淬火时所形成的内应力，降低淬火钢的脆性，使工件获得较好的强度和韧性等综合力学性能。

根据回火温度不同，回火操作可分为低温回火、中温回火和高温回火。

1. 低温回火

低温回火温度为 150～250 ℃。低温回火可以部分消除淬火造成的内应力，适当地降低钢的脆性，同时工件仍保持硬度。工具、量具多用低温回火。

2. 中温回火

中温回火温度为300～450 ℃。淬火工件经过中温回火后，可消除大部分内应力，硬度有显著地下降，但是仍具有一定的韧性和弹性。它一般用于处理热锻模、弹簧等。

3. 高温回火

高温回火温度为500～650 ℃。高温回火可以消除内应力，使零件具有较高强度和韧性等综合力学性能。淬火后再经过高温回火的工艺，称为调质处理。一般要求具有较高综合力学性能的重要零件，都要经过调质处理。

2.3　钢的表面热处理

很多零件，如常见的主轴、齿轮、曲轴、凸轮及活塞销等在工作状态零件表面要承受比零件心部更高的应力且受到更大的磨损。因而，要求零件的表面层具有高强度、高硬度、高耐磨及高抗疲劳性能，而心部则应保持相对较好的塑性和韧性，能够承受重载荷作用和传递大的扭矩。为了实现同一个零件各部性能不同的要求，对其表面进行处理是行之有效的手段。

钢的表面热处理就是为了改变钢件表面的组织和性能而对其表面进行的热处理工艺。在工业生产中，最常用的处理方法就是表面淬火。钢的表面淬火是不改变表层化学成分，只改变表层组织的处理方法。这种方法就是快速加热工件使其表层奥氏体化，不等心部组织发生变化，立即快速冷却，表层起到淬火的作用，其结果是表层获得马氏体组织，而心部仍保持塑性、韧性都好的组织，使工件各部性能都能满足使用要求。表面淬火只适用于中碳钢和中碳合金钢。

表面淬火的方法很多，如火焰加热表面淬火、感应加热表面淬火、电接触加热表面淬火、激光加热表面淬火等，但生产中常用的方法主要是火焰加热和感应加热两种。

2.3.1　火焰加热表面淬火

用高温火焰，一般应用氧乙炔（或其他可燃气体）的火焰，对工件表面进行快速加热并随后快速冷却的一种工艺方法，如图2.4所示。火焰淬火的淬硬层深度一般为2～6 mm。这种方法的特点是：加热温度及淬硬层深度不易控制，且易产生过热和加热不均匀的现象，淬火质量不稳定。但这种方法不需要特殊的设备，操作方便灵活，故适用于单件或小批量生产。

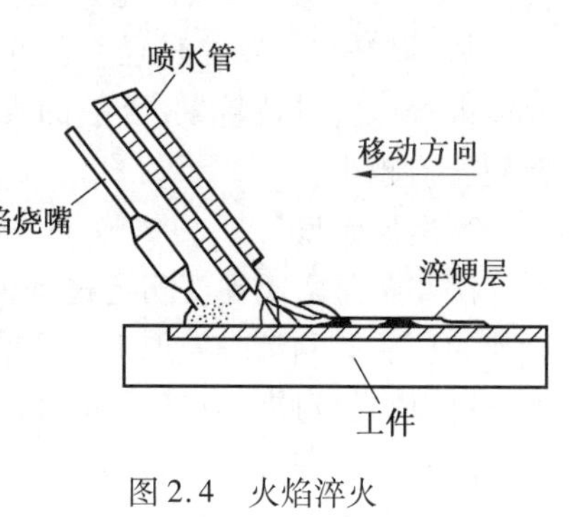

图2.4　火焰淬火

2.3.2　感应加热表面淬火

把工件置于通有一定频率电流的感应器中，使工件需要处理的表面快速升温达到淬火的温度，随即进行快速冷却的淬火工艺。其原理是，工件在感应器产生的交变磁场中，会形成涡流而加热工件。通入感应器的电流频率越高,感应电流越向工件表面集中(这种现象被称为集肤现象)。被加热的金属层厚度越小,淬火后的淬硬层深度越小。感应设备如图 2.5 所示。

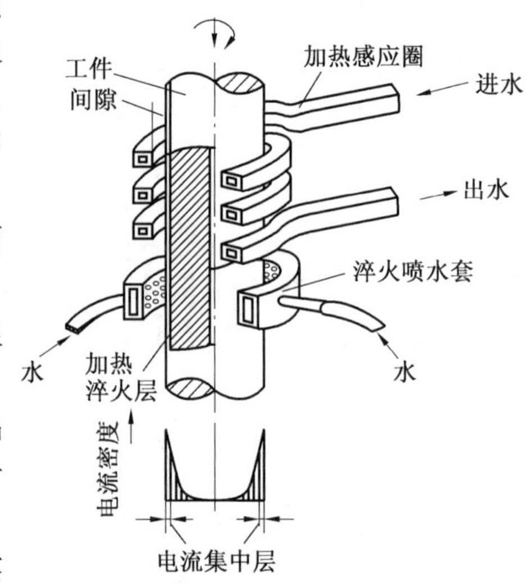

图 2.5　感应加热表面淬火示意图

与火焰加热表面淬火相比,感应加热表面淬火具有以下特点:

(1)加热速度快,零件由室温加热到淬火温度通常只需几秒到十几秒的时间。

(2)淬火质量好,由于加热迅速,奥氏体晶粒不易长大,淬火后表层可获得细针状(或隐针状)的马氏体,硬度比普通淬火高 HRC2 ~3。

(3)淬硬层深度易于控制,淬火操作易于实现机械化和自动化,但所用设备较复杂、成本高,故适于大批量生产。

2.3.3　硬度的测定

热处理的质量,通常用测量硬度的方法来检验。硬度的表示方法很多,使用最多的是布氏硬度(以 HB 表示)和洛氏硬度(以 HRC 表示)。

1. 布氏硬度

图 2.6 是布氏硬度测定原理示意图。将一个一定直径(D)的硬钢球,在一定载荷 F 作用下压入所试验的金属材料表面,并保持数秒以保证达到稳定状态,然后将载荷卸除。

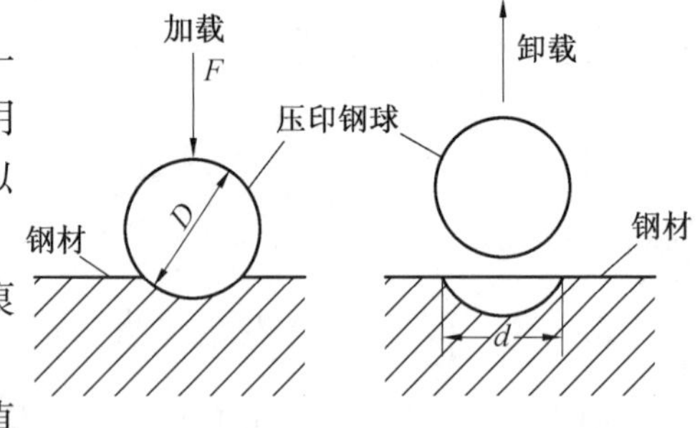

图 2.6　布氏硬度测定原理示意图

用带有标尺的低倍显微镜测量表面的压痕直径 d,再从硬度换算表上换算成布氏硬度值。

材料越硬,压痕的直径就越小,布氏硬度值就越大;反之,材料越软,压痕的直径就越大,布氏硬度值越小。

2. 洛氏硬度

图 2.7 是洛氏硬度测定过程的示意图。测定方法是用一个顶角为 120°的金刚石圆锥作为压头。测量时先加 100 N 的载荷,使压头与工件的表面接触良好,同时将硬度计上的刻度盘指针对准零点(图 2.7(a)),再加上 1 400 N 的主载荷(与初载荷共为 1 500 N),使金刚石圆锥压入工件表面(图 2.7(b)),停留一定时间后将主载荷卸去,材料会回弹少许(图 2.7(c))。此时的压痕深度 $h=h_2-h_1$,就是测量硬度的依据。为方便起见,将洛氏硬度值定为 HRC=$(100-h)/0.002$(表盘上每一格相当于 0.002 mm 深度)。实际测量时,这一数值可以由刻度表上直接读出,非常方便,洛氏硬度种类及应用见表 2.5。

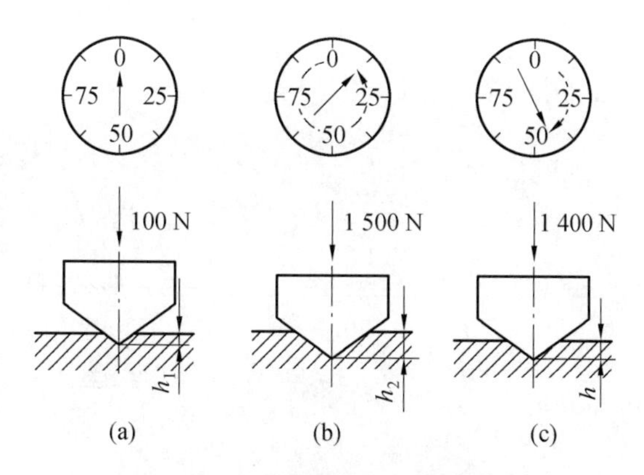

图 2.7　洛氏硬度测定过程示意图

表 2.5　洛氏硬度种类及应用

符号	压头	载荷/kg	适用范围
HRC	120°金刚石锥体	150	淬火钢等
HRB	淬火钢球 ϕ1.59 mm	100	退火及有色金属
HRA	120°金刚石锥体	60	薄板或硬脆材料

第3章

铸　造

铸造是将液态金属充填铸型腔并冷却凝固的过程，它是金属材料液态成型的一种重要方法。

铸造具有以下优点：能够制造锻造及切削加工不能完成的复杂外形的零件，生产成本低廉，铸件尺寸和质量不受限制。小到几克的硬币，大到几吨的机床或轮船壳体，都是铸造的杰作。但铸造也存在缺点：铸件废品率较高，因为影响铸件质量的因素较多，铸造生产过程难以控制；铸件的力学性能稍差，因为铸件容易出现如缩孔、缩松、浇不足、夹渣、气孔、裂纹等缺陷。

铸造是机械制造应用最广的一种工艺方法，在各种机器设备中，如汽车、火车、拖拉机、轮船、飞机等，金属铸件所占比例高达70%～80%。即使在最先进的计算机设备中，也有相当数量的铸造零件，总之，现代机器制造离不开铸造工艺。生产生活中常见的铸件如图3.1所示。

(a)下水道盖

(b)水泵外壳

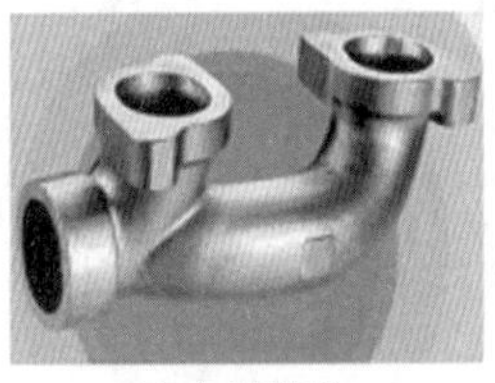
(c)水管接头

(d)冲压模具

图3.1　铸件

3.1　铸造工艺基础

铸造工艺基础包括很多内容，其中液态合金充型能力、铸件收缩及铸件缺陷三个内容最为重要。

3.1.1　液态合金的充型能力

液态合金充填铸型，获得形状完整、轮廓清晰铸件的能力。不同合金具有不同的充型能力。合金的充型能力差，将会导致浇不足、冷隔等缺陷。浇不足会使铸件形状改变，甚至形成废品;冷隔虽然不直接影响铸件外形,但铸造内部存在连接强度低的垂直接缝,力学性能大大下降。

影响合金充型能力的因素主要有:流动性、浇注条件及铸型条件。

1. 流动性

流动性指液态合金的流动能力。合金的流动性越好,充型能力越强,浇注出的铸件轮廓就越清晰;反之,铸件容易出现浇不足、冷隔等缺陷。液态合金的流动性常用螺旋形试样来测定。将金属液浇入螺旋形铸型型腔中,冷却凝固后,形成螺旋形试件,如图 3.2 所示。在相同铸型及浇注条件下,浇注出的螺旋形试样越长,合金的流动性越好。表 3.1 是实验得出的常用铸造合金螺旋形试样长度。

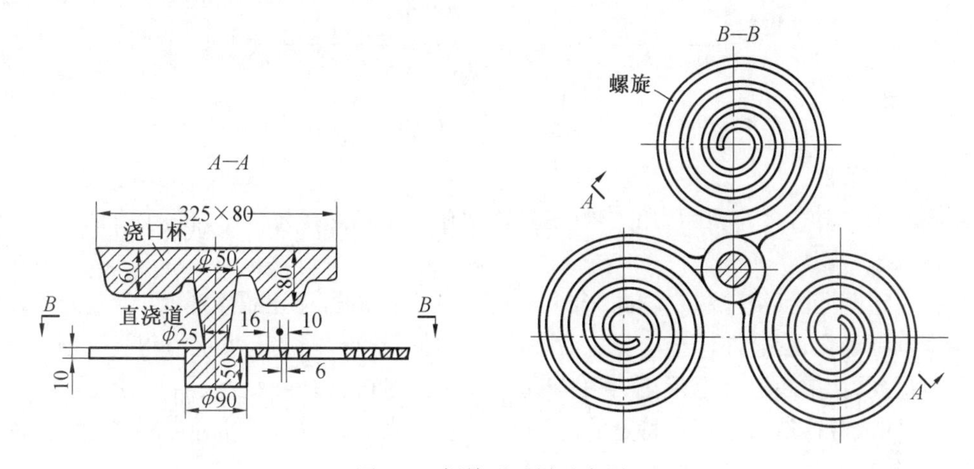

图 3.2 螺旋形试样示意图

表 3.1 常用铸造合金的螺旋形试件长度

合金种类	合金元素	铸型	浇注温度/ ℃	螺旋线长度/mm
铸铁	w(C+Si)= 6.2%	砂型	1 300	1 800
铸钢	w(C)= 0.4%	砂型	1 600	100
铝硅合金	Al、Si	金属型(300 ℃)	700	750
镁合金	Al、Zn	砂型	700	500
锡合金	w(Sn)= 10% ,w(Zn)= 2%	砂型	1 040	420
硅黄铜	w(Si)= 1.5% ~4.5%	砂型	1 100	1 000

从表 3.1 可以看出,铸铁、硅黄铜螺旋形试样最长,说明这两种合金的流动性最好;相反,铸钢试样最短,说明它的流动性最差。合金化学成分是影响合金流动性的主要因素,其中碳对铁碳合金流动性的影响如图 3.3 所示,共晶成分合金凝固温度最低,在相同浇注初始温度条件下,合金处于液态的温度范围最宽,在铸型中以液态形式流动的时间最长,因此铸出的螺旋形试件也最长,合金流动性最好。除共晶成分合金外,其他合金成分越远离共晶点,结晶开始温度越高,在相同初始温度条件下,合金处于液态的温度范围越窄,在铸型中以液态形式流动的时间越短,因此铸出的试样长度越短,流动性也越差。由图 3.3

可知,亚共晶生铁随碳的质量分数增加流动性提高,越接近共晶成分,流动性越好,越容易铸造。

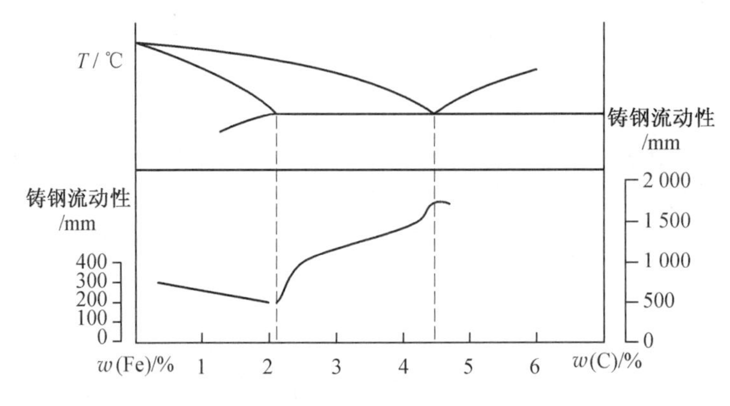

图 3.3　铁碳合金流动性与碳的质量分数关系

2. 浇注条件

浇注条件对合金充型能力的影响主要体现在浇注温度和充型压力两个方面。

(1)浇注温度。

在一定范围内,浇注温度越高,合金流动性越好。初始浇注温度越高,合金处于液态的温度范围越宽,合金在铸型中保持液态流动的时间越长,因此充型能力越强。但浇注温度不能过高,如果超过一定范围,铸件将产生缩孔、缩松、粘砂、吸气、氧化、粗晶等缺陷。因此,不同成分铸造合金都有特定的浇注温度范围,表 3.2 列出了几种常用合金浇注温度范围。

表 3.2　几种常用铸造合金浇注温度范围

合金种类	灰铸铁	其他铸铁	铸钢	铝合金
浇注开始温度/ ℃	1 380	1 450	1 620	780
浇注结束温度/ ℃	1 200	1 230	1 520	680

(2)充型压力。

充型压力越大,液态合金在流动方向上的驱动力就越大,充型能力也越好。生产中常利用增加直浇道高度或人工加压方式,来提高合金充型能力。

3. 铸型条件

主要影响因素包括铸型蓄热能力、预热温度及透气性。

(1)铸型蓄热能力。

铸型从金属中吸收和储存热量的能力称为铸型蓄热能力。铸型蓄热能力与铸型材料有关。铸型材料导热系数越小,传递热量的速度越慢,铸型内液态合金保温效果越好,流动时间越长,充型能力也越强;反之,充型能力越差。

(2)预热温度。

把铸型预热到适当温度,可以减少铸型和液体合金之间的温差,从而减缓合金冷却速度,提高合金充型能力。高温液体合金浇入铸型时,巨大热量会使铸型中的气体膨胀。

(3)透气性。

型砂中的少量水分还会汽化,煤粉、木屑或其他有机物会燃烧产生大量气体。这些气体会使型腔中的压力急剧升高,从而阻碍液态合金流动,降低合金充型能力。因此,铸型需要良好的透气性。生产上常采用在远离浇口的最高部位开设出气口的方法来提高铸型透气性。

3.1.2 铸件收缩

铸造合金从液态冷却至室温的过程中,其体积及尺寸减小的现象称为收缩,收缩量的大小用体收缩率或线收缩率来表示。当铸造合金温度由开始温度 t_0 降到结束温度 t_1 时,其体(或线)收缩率用单位体积(或单位长度)的相对变化量来表示。即

$$\delta_v = \frac{V_0 - V_1}{V_0} \times 100\% = K_v(t_0 - t_1) \times 100\% \tag{3.1}$$

$$\delta_l = \frac{l_0 - l_1}{l_0} \times 100\% = K_l(t_0 - t_1) \times 100\% \tag{3.2}$$

式中 δ_v, δ_l—— 合金体收缩率、线收缩率;

V_0, V_1—— 合金在 t_0、t_1 时的体积;

K_v, K_l—— 合金体收缩系数、线收缩系数;

l_0, l_1—— 合金在 t_0、t_1 时的长度。

合金收缩过程可分为液态收缩、凝固收缩及固态收缩三个阶段。

1. 液态收缩

液态收缩是指从浇注开始温度冷却到凝固开始温度(即液相线温度)液态合金的收缩。由式(3.1)可知,浇注温度差越高,体收缩越大。

2. 凝固收缩

凝固收缩是指从凝固开始温度(即液相线温度)冷却到凝固终止温度(即固相线温度)合金的收缩。

3. 固态收缩

固态收缩是指从凝固终止温度冷却到室温合金的收缩。它表现为铸件外形尺寸的减小,通常用线收缩率 δ_l 表示。线收缩是铸造应力、变形和裂纹等铸件缺陷产生的重要原因。

合金的实际收缩量为上述三种收缩的总和。

3.1.3 铸件缺陷及其防止措施

收缩是铸造合金重要的工艺性能,它对铸件质量有很大影响,同时也给铸造工艺带来许多困难。如果在实际生产中没有采取相应的工艺措施,将会使铸件产生缩孔、缩松、铸造应力、变形及裂纹等许多缺陷。

1. 缩孔与缩松

在液态合金结晶过程中,液态收缩和凝固收缩都会引起铸件体积收缩。如果由体积收缩产生的孔洞得不到材料及时补充,就会在铸件内部产生缩孔或缩松缺陷。

缩孔是由合金收缩产生的集中在铸件上部或最后凝固部位容积较大的孔洞。缩孔一

般呈倒圆锥形(类似心形),内表面比较粗糙。缩孔形成过程及铸件中的缩孔如图 3.4 所示。

(a) 缩孔形成过程　　(b) 铸件中的缩孔

图 3.4　缩孔

缩松是由合金收缩产生的分散在铸件某区域内的细小缩孔,分为宏观缩松和显微缩松两种。能用肉眼或放大镜看出的缩松称宏观缩松,分布在铸件中心轴线处或缩孔下方;只能用显微镜才能观察出来的缩松称为显微缩松,分布在晶粒之间。这种缩松分布面积更为广泛,甚至遍及整个截面。显微缩松一般不作为缺陷对待。缩松形成过程如图 3.5 所示。

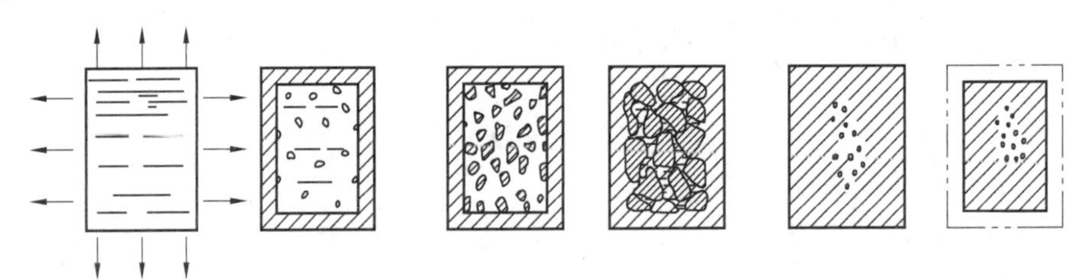

图 3.5　缩松

影响缩孔、缩松的因素包括金属成分、铸型、浇注条件及铸件结构。凝固温度范围越窄的合金,越容易产生缩孔;凝固温度范围越宽的合金,越容易产生缩松。缩孔、缩松与相图及合金成分的关系如图 3.6 所示。金属型比砂型冷却能力强,冷却速度也较快,使凝固区域变窄,缩松减少。浇注温度越高,合金总体积收缩和缩孔倾向越大。生产中防止出现缩孔、缩松行之有效的方法是按照顺序凝固原则浇注。

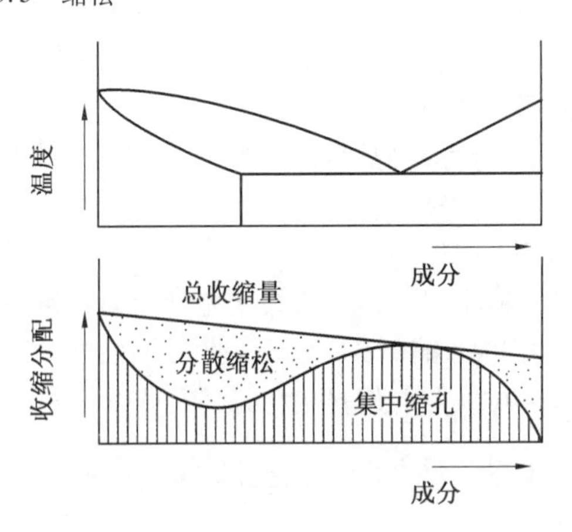

图 3.6　缩孔、缩松与相图及合金成分关系

顺序凝固原则就是在铸件上可能出现缩孔的厚大部位安放冒口,使铸件上远离冒口的部位先凝固(图 3.7 中的Ⅰ部分),然后是靠近冒口的部位顺次凝固(图 3.7 中的Ⅱ、Ⅲ部分),最后才是冒口本身的凝固,实现由远离冒口部分向冒口方向的顺序凝固。这样铸件上各部分的收缩都能得到稍后凝固部分合金液体的补充,缩孔则产生在最后凝固的冒口内。冒口为铸件多余部分,切除后便得到无缩孔的致密铸件。

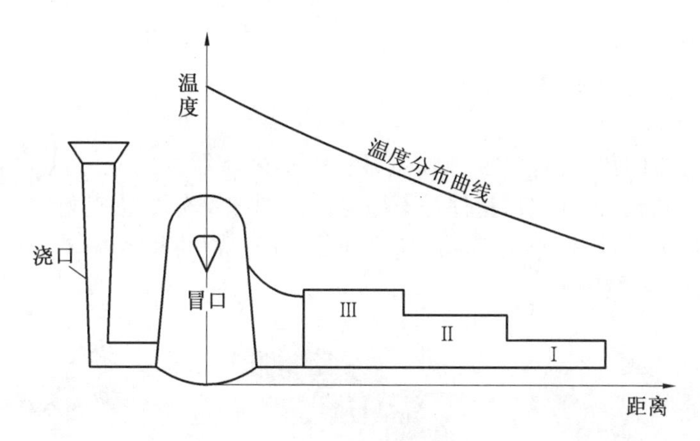

图3.7 顺序凝固

2. 铸造应力

铸件凝固后继续冷却,其固态收缩若受到阻碍,铸件内部将产生应力。这些铸造应力可能是在冷却过程中暂时存在的,当引起应力的原因消除后,应力随之消失,称临时应力;也可能是长期存在的,在铸件内部一直保留到室温,称残余应力。铸造应力是铸件产生变形和裂纹的主要原因。按应力产生的原因,铸造应力又可分为热应力和机械应力两种。

(1)热应力。

由于铸件壁厚不均匀、各部分材料冷却速度不同,导致铸件内各部分材料收缩不一致而引起的内应力称为热应力。铸件落砂后热应力仍然存在,是一种残余应力。

(2)机械应力。

铸件冷却到弹性状态后,受到铸型、型芯及浇、冒口的机械阻碍而产生的应力称为机械应力,如图3.8所示。机械应力一般都是受拉引起的弹性力,当形成弹性力的原因一经消除后,机械应力也随之消失,因此机械应力是一种临时应力。但机械应力在铸型中可与热应力共同起作用,可以在某一瞬间增大某些部位的拉应力,如果拉应力超过了铸件的强度极限,铸件将产生裂纹。

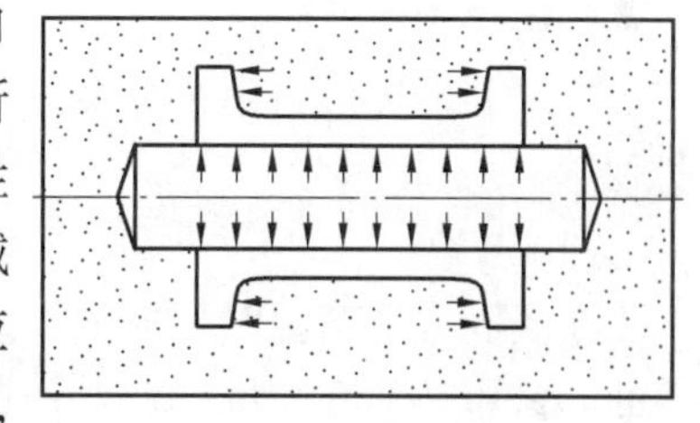

图3.8 机械应力

无论是热应力,还是机械应力,不但能使铸件精度和使用寿命大大降低,还会使铸件发生翘曲变形或裂纹等缺陷,甚至还能降低铸件的耐腐蚀性。因此在实际生产中应尽量减小铸造应力。常用方法有三种:同时凝固、调整结构和时效处理。

①同时凝固是尽量减少铸件各部位间的温度差,使其均匀冷却。在铸造工艺中,采用同时凝固原则,可最大限度地减小和消除各部位间的温差,但这却违反了顺序凝固原则。因此该方法主要适用于灰铸铁、锡青铜等缩孔、缩松倾向较小的铸造合金。

②调整结构是使铸件各部分要能自由收缩,尽量避免能产生牵制收缩的结构。如壁厚要均匀、壁与壁之间要均匀过渡、采用热节小而分散的结构等。

③时效处理分自然时效和人工时效两种。将铸件置于露天场地半年以上,使内应力自然释放,这种方法称自然时效;将灰铸铁中、小件加热到550~660 ℃的塑性状态,保温3~6 h后缓慢冷却,也可消除铸件中的残余应力,这种方法称人工时效或去应力退火。

生产中的人工时效常常是在铸件粗加工后进行的，这样可以将原有铸造内应力和粗加工后产生的热应力一并消除。

3. 铸件变形

具有残余应力的铸件，将自发地通过某种变形来减缓其内应力，以达到一种稳定状态。除非有外力约束，否则这种铸件是不稳定的。厚壁部分受拉应力，将产生压缩变形；薄壁部分受压应力，将产生伸长变形。这样才能使铸件中的残余内应力减少或消除，如图3.9所示铸件变形示意图。

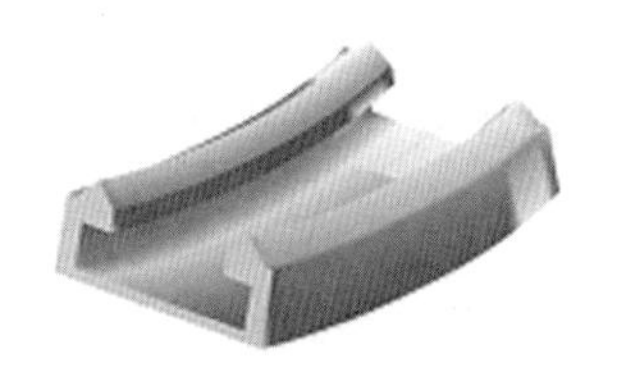

(a) 车床床身变形

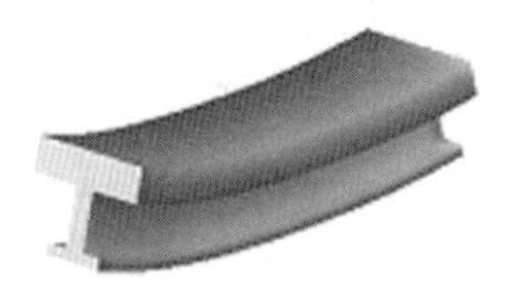

(b) 工字钢铸件变形

(c) 平板铸件变形

图 3.9　铸件变形示意图

生产中，常用下面几种方法来防止铸件变形：

①设计铸件时，尽可能使铸件壁厚均匀、形状对称。

②浇注铸件时，应采取同时凝固方法，尽量使铸件均匀冷却。

③采用反变形法，在模样上做出与翘曲量相等、但方向相反的预变形来消除铸件的变形。

④对具有一定塑性的铸件，变形后可用机械方法矫正。

4. 铸件裂纹及防止

如果铸造内应力超过合金的强度极限，则会产生裂纹。裂纹可分为热裂纹和冷裂纹两种。

(1) 热裂。

在凝固末期高温时形成的裂纹称热裂纹，主要是合金的收缩受到机械阻碍作用而产生的。常用铸造合金中，铸钢、铸铝、可锻铸铁产生裂纹的可能性较大。铸型及型芯的退让性越好，机械应力越小，形成热裂纹的可能性也越小。

防止热裂纹的主要措施是除了合理设计铸件结构之外，还应合理选用型砂或芯砂的黏结剂，以改善其退让性；大的型芯可采用中空结构或内部填以焦炭；严格限制铸钢和铸铁中的硫元素含量；选用收缩率小的合金等。

(2) 冷裂纹。

冷裂纹是铸件在低温处于弹性状态时产生的裂纹。不同的铸造合金具有不同冷裂倾向，灰铸铁、白口铸铁、高锰钢等塑性较差的合金容易产生冷裂纹；若铸钢中的含磷量大于0.1%，铸铁的含磷量大于0.5%时，冷裂纹倾向明显增加。因此，凡是能减少铸造内应力或者降低合金脆性的因素，都能防止冷裂纹的形成。同时，在铸钢和铸铁中要严格控制合金中磷的质量分数。

3.2 砂型铸造

砂型铸造是利用模样和砂型制造铸型获得铸件的工艺方法。特点是:适应性强、技术灵活性大;不受铸件形状、大小、复杂程度及铸造金属的种类限制;生产设备简单、成本低。

3.2.1 砂型与型砂及铸造工艺

1. 砂型与型砂

砂型一般由上型、下型、型腔、砂芯、浇注系统等部分组成。铸型的各组成部分名称如图3.10所示。上、下型的接合面称为分型面。上、下型的定位可用泥记号(单件、小批生产)或定位销(成批、大量生产)。

型砂和芯砂组合做成了砂型,且它们都是由原砂、黏结剂、水和附加物按一定比例配置而成的。黏结剂是能使砂粒相互黏结的物质,如黏土、膨润土、矿物油、合成树脂等,不同的黏结剂可以配制成性能不同的型砂。由于黏土、膨润土价格低廉,所以应用最广。黏土砂结构如图3.11所示。型砂中常加入的附加物有煤粉、木屑等。煤粉在高温熔融金属作用下燃烧形成气膜,隔离熔融金属与砂型型腔直接作用,使铸件表面光洁,防止铸件粘砂;加入木屑能改善型砂的透气性和退让性。

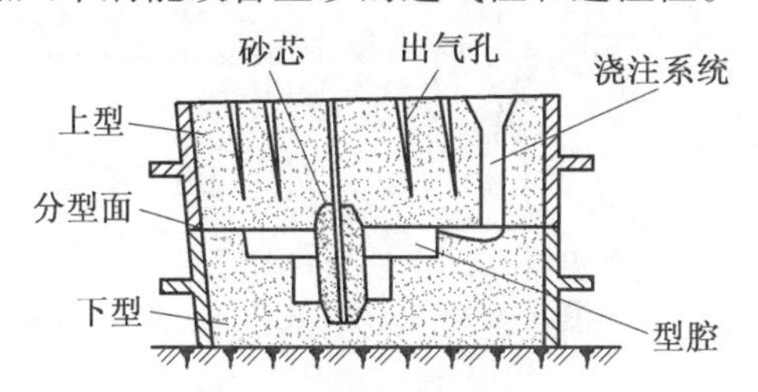

图3.10 铸型的组成

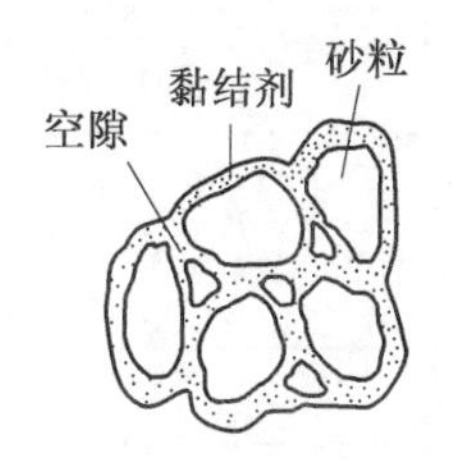

图3.11 黏土砂结构示意图

2. 砂型铸造基本工艺

砂型铸造基本工艺过程如图3.12所示。

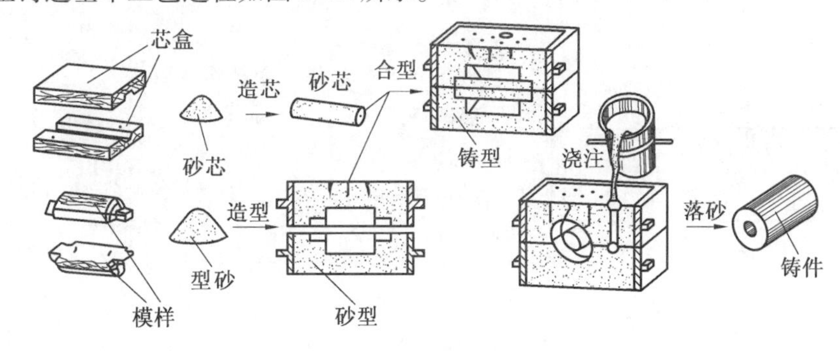

图3.12 套筒砂型铸造过程

首先根据产品零件制作成适当的模样,然后用模样和配制好的型砂制作成砂型,接着将熔化的金属浇注进砂型制成的型腔内。待液态金属冷却凝固后,打碎砂型(落砂),从中取出铸件。最后清理铸件表面附着物,经过检验,获得所需铸件。

3.2.2 造型方法

利用型砂、木模、铁丝等材料制造铸型的过程称为造型。造型是砂型铸造中最基本、最重要的工序,分为手工造型、机器造型及造型生产线等三种方法。

1. 手工造型

手工造型是操作工人以手工完成的造型方法,其劳动强度大、生产效率低。常用的手工造型方法、特点及应用见表3.3。

表3.3 手工造型方法、特点及应用

造型方法	简图	特点	适用范围
整模造型		其模样为一整体,分型面为平面,铸型型腔全部在下砂箱内,其造型简单,铸件不会产生错型缺陷	适用于铸件最大截面靠一端,且为平面的铸件
挖砂造型		模型虽然是整体的,但铸件的分型面为曲面。为能取出模型,造型时用手工挖去妨碍起模的型砂。其造型费工、生产率低	用于单件、小批生产且分型面不是平面的铸件
假箱造型		为克服挖砂造型的缺点,在造型前预先作出底胎代替底板(即假箱),然后,再在底胎上作下箱,由于底胎并未参加浇注,故称假箱。假箱造型比挖砂造型操作简单,且分型面整齐	用于成批生产需要挖砂的铸件
分模造型		将模型沿截面最大处分为两半,使型腔位于上、下两个半型内,其造型简便,节省工时	常用于最大截面在中部的铸件
活块造型		铸件上有妨碍起模的小凸台、肋条等,制模时将这些作成活动部分,起模时先起出主体模型,再从侧面取出活块。其造型费时,要求工人技术水平高,且铸件精度差	主要用于单件、小批生产带有凸出部分、难以起模的铸件
刮板造型		用刮板代替木模造型,它可大大降低木模成本、节约木材,缩短生产周期,但造型生产率低,要求工人技术水平高	用于有等截面或回转体的大、中型铸件,适用于单件、小批生产

2. 机器造型

(1)常用的机器造型方法及特点。

新型造型方法都采用了机器造型，具体分为震压造型、微震压实造型、高压造型、射压造型、空气冲击造型及抛砂造型等。常用的机器造型方法、特点及应用见表3.4。

表3.4　机器造型方法、特点及应用

砂型铸造方法		主要特点	铸件精度	设备成本	生产周期	应用范围
机器造型	震压式造型	造型机振动或震击加压压实型砂，铸型截面硬度分布均匀。但噪声大，生产效率低	CT8～CT10；Ra25～100 μm	中等	适中	用于成批或大量生产中、小型铸件，如轮盘、轴瓦
	压实造型	通过紧实使型砂压实，机器结构简单、噪声低、生产效率高		较低	适中	用于成批或大量生产形状简单、扁、薄的小型铸件叶片、压环等
	抛砂造型	采用抛砂的方式填砂和紧实型砂，生产效率低		中等	适中	用于单件或者批量生产中、大型铸件、如基座、工作台等
	多触头式	型砂紧实度高，无噪声，机器结构复杂，对砂箱的刚度要求高	CT7～CT9；Ra25～85μm	较高	长	用于成批或者大量生产中型铸件，如泵体、壳体等
	射压式造型	采用射砂方式填充和紧实型砂，无噪声，生产率高，机器结构复杂，对砂箱的刚度要求高		较高	长	用于大量成批生产的中、小型铸件，如叶轮、端盖等
	无箱射压造型	采用射砂方式填充和紧实型砂，高压压实后将脱箱，生产率高		中等	适中	用于大批量生产形状简单、型芯较少的小型铸件，如拨杆、惰轮等
	气冲式造型	用高压高速气流充填并紧实型砂，紧实度高，无噪声、生产率高，机器结构复杂，生产灵活性较大		较高	长	用于大量成批生产的各类中、小型铸件，如管接头、截门、管件等

下面主要介绍震压造型法。

图3.13为震压造型机工作过程。图3.13(a)为填砂，向震压造型机上的砂箱填满型砂。图3.13(b)为震击压实，压缩空气由进气口进入震击活塞底部，顶起震击活塞及其以上部分；在震击活塞上升过程中关闭进气口，打开排气口，重力使震击活塞下落，并与压实

活塞发生碰撞;如此反复多次,砂箱内的型砂逐渐被震实。图 3.13(c)为紧实,进气口通入压缩空气顶起压实活塞及其以上部分,在压板压力作用下砂型被进一步压实;排出压缩空气,压实活塞落下复原。图 3.12(d)为起模,起模液压缸升起起模顶杆并平稳顶起砂箱使砂型与底板分离。图 3.14 为 Z124C 脱箱震压造型机外形图。震压造型法具有机器结构简单、价格低廉、应用范围较广等特点。

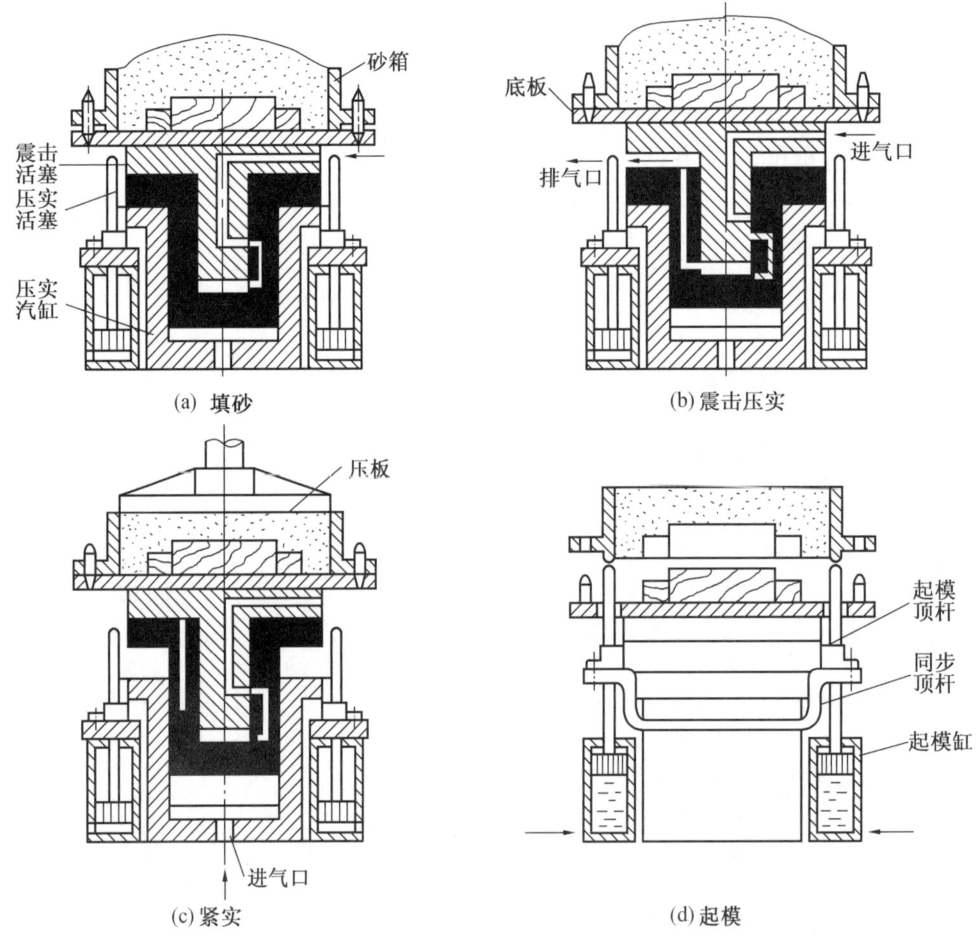

图 3.13 震压造型机工作过程

(2)造型生产线。

根据铸造工艺流程,将造型机、翻转机、下芯机、合型机、落砂机等设备,用铸型输送机或辊道等运输设备连接起来,并采用一定控制方法所组成的机械化、自动造型生产系统称为造型生产线,图 3.15 为自动造型生产线示意图。

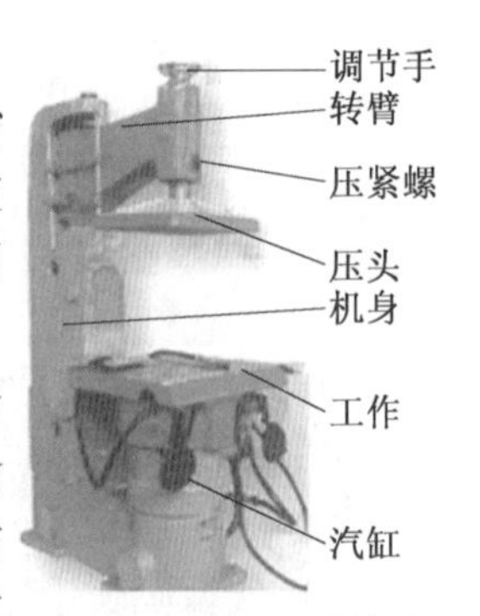

图 3.14 Z124C 脱箱震压造型机

上箱浇注冷却后,在卸箱工位被卸下并送到落砂工位,落砂后的铸件跌落到专用输送带上并被送至清理工段,型砂则由另一输送带送往砂处理工段。落砂后的下箱被送往自动造型机处,上箱则被送往另一造型机,模板用小车更换。自动造型机制作好的下型用翻转机翻转 180°,并于上线工位处被放置到输送带的平车上,被运至合型机,平车预先用特制的刷子清理干净。自动造型机制作好的上型顺辊道运至合型机,与下型装配在一起。合型后的铸型沿输送带移至浇注工段进行浇注。浇注后的铸型沿交叉的双水平线冷却后再输送到卸箱工位下线落砂。下芯操作是在铸型从上线工位移至合型机中完成的。自动造型生产线极大地提高了砂型铸造的生产效率。

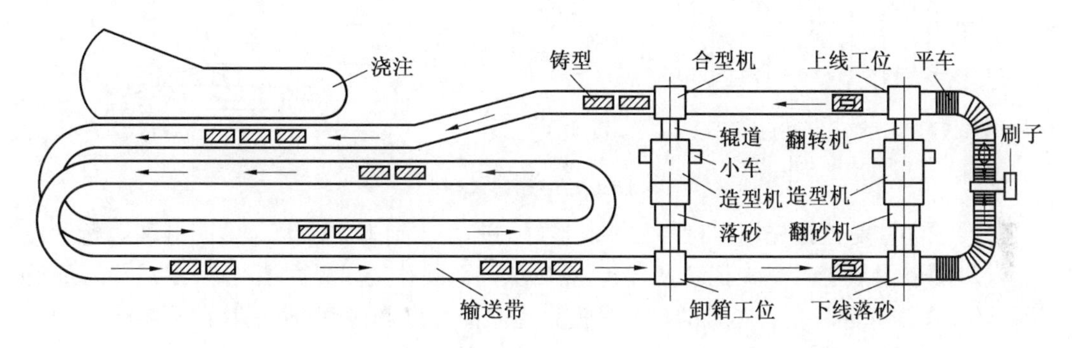

图3.15 自动造型生产线

3.2.3 造 芯

对于带有内孔的铸件,砂型铸造除了需要成型外形所必需的砂型以外,还需要成型内孔的型芯,又称为砂芯。

1. 型芯形式

常见的型芯形式如图3.16所示。

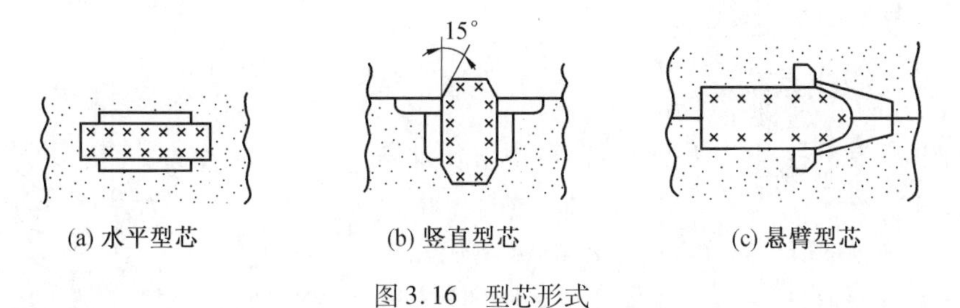

图3.16 型芯形式

2. 制芯方法

根据硬化方法不同,树脂砂芯的制造一般分为热芯盒制芯和冷芯盒制芯两种方法。

(1)热芯盒法制芯。通常以呋喃树脂为芯砂黏结剂,其中还加入潜硬化剂(如氯化铵)。制芯时,使芯盒保持在200~300 ℃。芯砂射入芯盒中后,氯化铵在较高的温度下与树脂中的游离甲醛反应生成酸,从而使型芯很快硬化。建立脱模强度约需10~100 s。用热芯盒法制芯,型芯的尺寸精度比较高,但工艺装置复杂而昂贵,能耗多,排出有刺激性的气体,工人的劳动条件也很差。

(2)冷芯盒法制芯。是用尿烷树脂作为芯砂黏结剂,芯盒不加热,向其中吹入胺蒸汽几秒就可使型芯硬化。这种方法在能源、环境、生产效率等方面均优于热芯盒法。

3. 制芯过程

图 3.17 为制取型芯的过程,可分成放芯盒、填砂及放芯骨、扎气孔、敲芯盒、取型芯、刷涂料及烘干几个步骤。

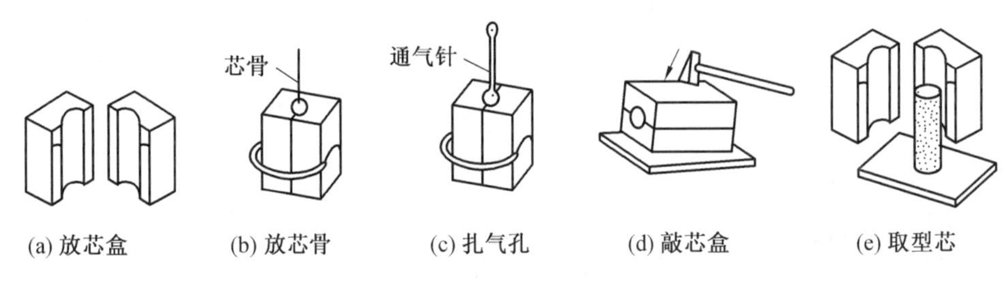

图 3.17　制芯过程

(1)放芯盒是把预先用木材等材料制造好的芯盒放到工作台上,如图 3.17(a)所示。

(2)填砂及放芯骨是先把芯盒合起,然后从侧面圆孔处向里面填芯砂,最后穿入细长的铁丝或铸铁棒芯骨。放芯骨的目的是提高型芯的强度和刚度,防止其在金属浇注过程中损坏,如图 3.17(b)所示。

(3)扎气孔是用细长的铁制通气针扎通气孔,如图 3.17(c)所示。

(4)敲芯盒是把芯盒水平放置,用小锤轻轻敲打芯盒,使砂芯和芯盒脱开,如图 3.17(d)所示。

(5)取型芯是把芯盒打开,取出砂芯,如图 3.17(e)所示。

(6)刷涂料是在型芯表面刷石墨或石英涂料,以提高其耐火度,防止铸件粘砂。

(7)烘干是将型芯放入 250 ~ 300 ℃的加热炉中烘干,以提高其强度和透气性,减少其在铸造过程中的发气量。

3.2.4　浇注系统

为将液态金属引入铸型型腔而在铸型内开设的通道称为浇注系统。

浇注系统包括以下几个部分:浇口杯,承接浇包倒进来的金属液,也称外浇口;直浇口,连接外浇口和横浇口,将金属液由铸型外面引入铸型内部;横浇口,连接直浇口,分配由直浇口来的金属液流;内浇口,连接横浇口,向铸型型腔灌输金属液;冒口,储存多余的液体金属以便对收缩的铸件进行补充并形成缩孔空间。典型的铸件浇注系统如图 3.18 所示。

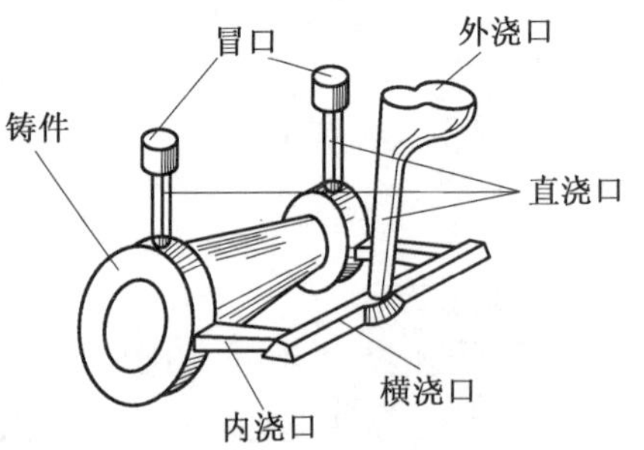

图 3.18　铸件浇注系统

3.2.5　铸造工艺设计

铸造必须首先根据零件结构特点、技术要求、生产批量和生产条件等来确定铸造工艺,并绘制铸造工艺图。铸造工艺设计主要包括确定浇注位置、分型面位置、加工余量、收缩率、起模斜度、型芯结构、浇注系统、冒口及冷铁布置等工艺参数。

1. 确定浇注位置

浇注位置是指金属浇注时铸件所处的空间位置,它对铸件质量、造型方法、砂箱尺寸、加工余量等都有很大影响。选择浇注位置时应以保证铸件质量为主,一般应注意以下几个原则。

(1)重要加工面朝下是铸件的正确浇注位置,如果有些铸件表面难以做到朝下,则应尽量使其位于侧面。如图3.19表示圆锥齿轮的浇注位置,应将要求高并需要机械加工的轮齿置于铸型的下面。图3.20为一起重机卷扬筒浇注位置示意图,它的圆周表面质量要求高,不允许有明显的铸造缺陷。

(2)铸件薄壁应朝下、厚壁应朝上。薄壁部分朝下可增加金属液体的流动性,避免产生浇不足或冷隔等缺陷;厚壁部分朝上可防止产生缩孔缺陷,也便于安放冒口进行补缩。

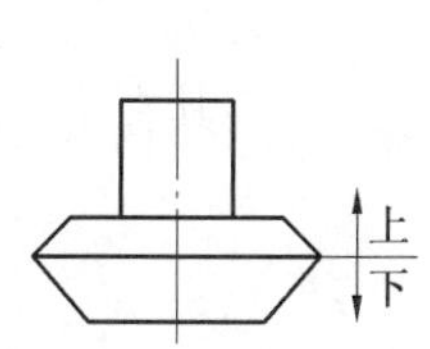

图3.19　圆锥齿轮的浇注位置

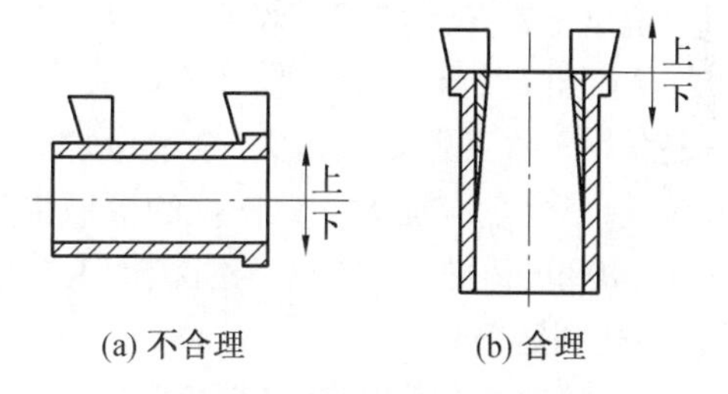

图3.20　起重机卷扬筒浇注位置

2. 选择分型面

分型面是指两半铸型相互接触的表面。分型面选择合理与否,对铸件质量以及制模、造型、制芯、合箱或清理等工序复杂程度有很大影响。应注意考虑如下原则:

(1)铸件分型面应选在最大横截面处,这样才能保证模样顺利取出。图3.21所示为一铸造圆球分型面选择示意图,左图方案分型面为圆球最大横截面处,上下铸型能顺利分型;右图方案分型面不是最大横截面处,模样不能从砂型中顺利取出。

(2)分型面应尽量平直,这样可以降低模板制造费用。图3.22为起重臂分型面选择示意图,图3.22(a)方案选取过主视图中的轴线平面为分型面,是合理的方案;而图3.22(b)方案则选取俯视图中过弯曲轴线的弯曲面作为分型面,需要挖砂或假箱造型,是不合理的方案。

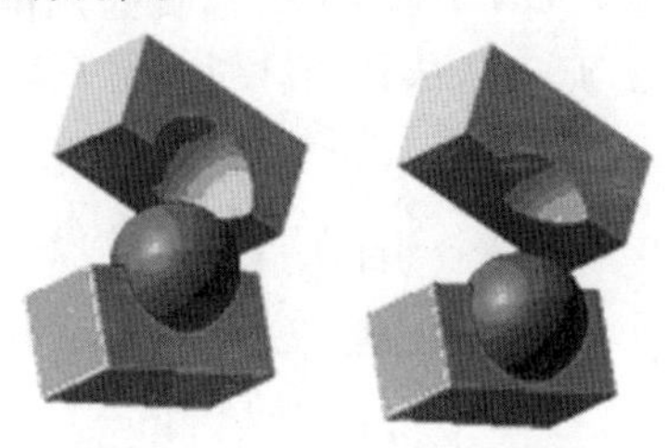

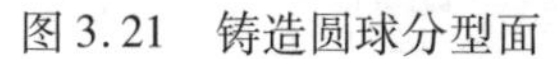

图3.21　铸造圆球分型面

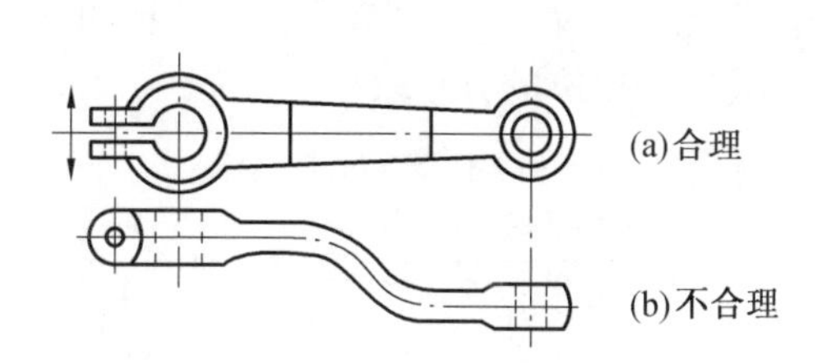

图3.22　起重臂分型面

(3)分型面数量应尽量少,这样可以简化造型工艺,也可以减少因错型造成的铸件误差。

(4)应尽可能减少活块和型芯的数量,注意减少砂箱高度。这样可以简化制模及造型工艺,便于起模和修型。

（5）尽量使铸件全部或大部分在同一个砂箱内，这样可以减少因错型造成的误差，还可以使铸件基准面与加工面在同一砂箱内，充分保证铸件的位置精度。

分型面的选择对具体铸件而言很难十全十美，有时甚至会互相矛盾。因此，进行分型面选择时，必须抓住主要问题，进行全面考虑。

3. 主要工艺参数的确定

铸造生产的工艺方案确定以后，还应根据产品零件图的形状、尺寸和技术要求，选定好各种铸造工艺参数，以保证铸件的形状和尺寸等符合要求。

铸造工艺参数是由金属种类和铸造方法等特点确定的，其内容包括铸造收缩率、机械加工余量、起模斜度、铸造圆角和芯头尺寸等，有时还要考虑工艺补正量。

（1）机械加工余量。

机械加工余量是指在铸件加工表面上留出的、准备切去的金属层厚度。机械加工余量取决于铸件生产批量、合金的种类、铸件的大小、加工面与基准面的距离等。机器造型铸件精度高，余量小；手工造型误差大，余量应加大。灰铸铁件表面平整，加工余量小；铸钢件表面粗糙，加工余量应加大。铸铁件的机械加工余量通常取为 3 ~ 15 mm，具体可参阅 GB/T 6414—1999《铸件尺寸公差与机械加工余量》。

（2）最小铸孔和铸槽。

为节约金属材料及减少切削加工，铸件上较大的孔、槽应当铸出，这样也可以减少铸件出现热节的可能性。表 3.5 为最小铸出孔的孔径。

表 3.5　铸件的最小铸出孔的孔径

生产批量	最小铸出孔直径/mm	
	灰铸铁件	铸钢件
大量生产	12 ~ 15	—
成批生产	15 ~ 30	30 ~ 50
单件、小批生产	30 ~ 50	50

（3）起模斜度。

为了使模样从砂型中顺利取出，在模样上所有和起模方向平行的侧壁上，都必须留出一定斜度，该斜度称起模斜度，起模斜度的选取如图 3.23 所示，分别采取增加壁厚、加减壁厚及减小壁厚的方法取得。

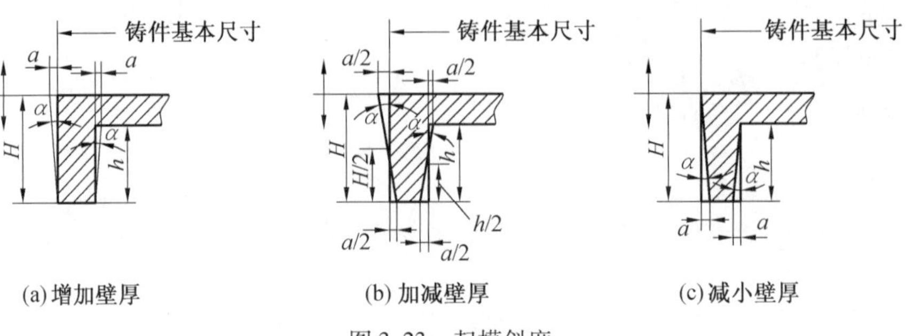

图 3.23　起模斜度

起模斜度的大小取决于侧壁高度、造型方法、模型材料等因素。侧壁越高，斜度越小；机器造型比手工造型斜度小，金属模样比木模样斜度小。铸件外壁起模斜度一般为0.5°～3°，铸件内壁为3°～10°。形状简单、起模无困难的模样可不加起模斜度；零件上具有结构斜度时，可不加起模斜度。表3.6列出了砂型铸造的起模斜度

表3.6 砂型铸造时模样外表面的起模斜度(摘自GB/T 5105—91)

测量面高度 H /mm	起模斜度≤			
	金属模样、塑料模样		木模样	
	α	a/mm	α	a/mm
≤10	2°20′	0.4	2°55′	0.6
10～40	1°10′	0.8	1°25′	1.0
40～100	0°30′	1.0	0°40′	1.2
100～160	0°25′	1.2	0°30′	1.4
160～250	0°20′	1.6	0°25′	1.8
250～400	0°20′	2.4	0°25′	3.0
400～630	0°20′	3.8	0°20′	3.8
630～1 000	0°15′	4.4	0°20′	5.8

(4)收缩率。

由于合金的线收缩，铸件冷却后的尺寸将比型腔尺寸略为缩小。为保证铸件的应有尺寸，模样尺寸必须比铸件尺寸大一个该合金的收缩量。不同的铸造合金，其收缩率大小不同。通常灰铸铁的收缩率为0.7%～1.0%，铸钢为1.6%～2.0%，非铁金属为1.0%～1.5%。

(5)型芯结构。

为了支承固定型芯，模样比铸件应多出一个突出部分，这部分称为型芯头。由型芯头在铸型中形成的空腔称为型芯座。型芯头的尺寸和形状要根据型芯在铸型中安放是否平稳、下芯是否方便而定，型芯头与型芯座之间应有1～4 mm间隙，这样才能顺利安放型芯。型芯头可分为自带型芯、水平型芯、竖芯、悬臂型芯、外型芯及悬吊型芯等几种形式，如图3.24所示。

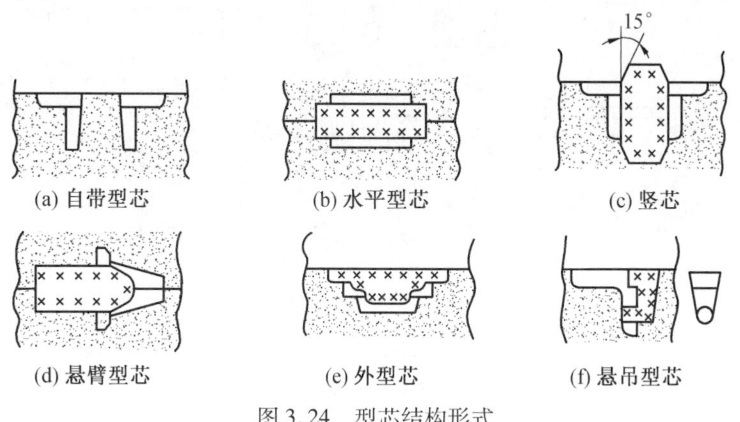

图3.24 型芯结构形式

(6)冒口及冷铁的布置。

为了实现顺序凝固,在安放冒口的同时,经常需要在铸件的厚大部位(也称热节)增设冷铁,如图3.25(a)所示。该铸件在底部有一处厚大部位,若在顶部安放冒口,则底部厚大部位收缩的液体将得不到足够的补充,因此在底部热节处安放一个冷铁。冷铁加快了该处液态合金的冷却速度,使热节处的液体反而最先凝固,从而实现了自下而上的顺序凝固,防止了底部热节处缩孔、缩松的产生。冷铁、石墨冷铁、钢及铜等金属材料制成,一般安放在产生缩孔的热节处,如图3.25(b)所示。

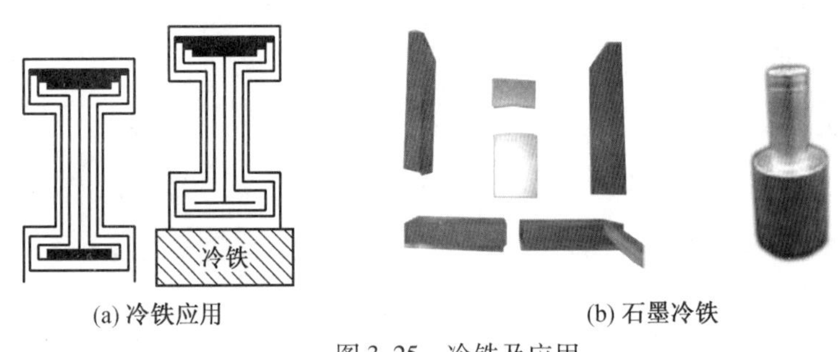

(a) 冷铁应用　　(b) 石墨冷铁

图3.25　冷铁及应用

3.3 特种铸造

3.3.1 熔模铸造

熔模铸造是用易熔蜡料代替木材制成模样,然后在模样上涂挂耐火材料,待耐火材料结壳硬化后,将易熔的模样熔化排出,硬化后的外壳就形成了无分型面的铸型。然后利用该铸型浇注液态合金,待其冷却凝固后获得铸件。这种特种铸造方法就称为熔模铸造,或失蜡铸造。熔模铸造工艺过程可分为蜡模制造、结壳、脱模、焙烧、填砂、浇注、落砂及清理等工序,如图3.26所示。

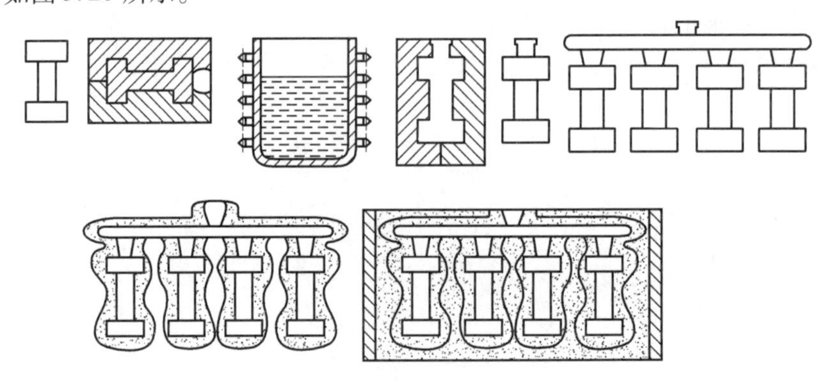

图3.26　熔模铸造工艺过程

(1)蜡模制造要首先制造压型,压型是用来制造蜡模的专用模具,一般用钢、铜或铝经切削加工制成,也可采用低熔点合金、塑料或石膏制造。然后压制蜡模,用压力把糊状蜡料压入压型,待其冷却、凝固后取出。制造蜡模的材料有石蜡、硬脂酸、松香等,常用含50%石蜡和50%硬脂酸的混合料,蜡模实物如图3.27所示。为提高生产率,常将相同蜡模粘接在一起,形成蜡模组。

图3.27 蜡模

(2)结壳是在蜡模表面涂挂耐火材料形成坚固型壳的过程。主要包括下面几道工序:浸涂料,把蜡模放在由石英粉、黏结剂(水玻璃、硅酸乙酯等)组成的糊状混合物中浸泡;撒砂,将浸泡过的蜡模均匀黏附一层较粗的石英砂以形成较厚的一层型壳;硬化,为加固已形成的型壳而进行的干燥或化学硬化。为使型壳具有较高的强度,上述结壳过程要重复多次,以便形成5~10 mm厚的硬化耐火型壳。撒砂时,第一、二层所用砂的粒度较细,后面几层所用砂的粒度较粗。

(3)脱蜡是将蜡模材料从型壳中去除的过程。将结壳后的蜡模浇口朝上浸泡在热水中(一般85~95 ℃),使其中的蜡料熔化,浮在水面;或将型壳浇口朝下放在高压釜内,向釜内通入0.2~0.5 MPa的高压蒸汽,使蜡料熔出。

(4)焙烧是将型壳加热的操作,将脱蜡后的型壳送入加热炉内,加热到800~1 000 ℃进行焙烧,以去除型壳中的水分、残余蜡料及其他杂质,焙烧还能增大型壳强度。

(5)填砂是将脱蜡后的型壳置于铁箱中,周围用粗砂填实的过程。

(6)浇注是熔模铸造关键的一步,为提高铸造合金的充型能力,同时也防止浇不足、冷隔等缺陷,要在焙烧出炉后趁热(600~700 ℃)浇注。

(7)落砂及清理也是必要的一步。铸件冷却凝固之后,将型壳破坏取出铸件,然后用氧乙炔焰切除浇、冒口。

和砂型铸造相比,熔模铸造具有如下特点:结壳材料耐火度高,可浇注高熔点合金及难切削合金如高锰钢等;铸型精密、没有分型面,型腔表面极为光洁,故铸件精度及表面质量好;铸型在预热后浇注,可生产出形状复杂的薄壁件,最小壁厚可达0.7 mm;生产批量不受限制,既可成批生产,又可单件生产;原材料价格昂贵,工艺过程复杂,生产周期长;难以实现机械化和自动化,铸件重量有限。

熔模铸造主要用于汽轮机叶片、泵叶轮、复杂切削刀具、汽车及摩托车、纺织机械、仪表、机床及兵器等行业小型复杂零件生产。熔模铸造制造出的涡轮、叶片及其他熔模铸造典型零件如图3.28所示。

图3.28 熔模铸造典型零件

3.3.2 金属型铸造

将液态合金浇入金属铸型获得铸件的方法。和砂型铸造相比,金属型可重复多次使用,故又称永久型铸造。金属型一般用铸铁、铸钢、低碳钢及低合金钢制成。分两个半型,以铰链连接、销钉定位,一半固定,另一半可开可合。按分型面的方位,金属型可分为整体式、水平分型式、垂直分型式和复合分型式四种类型。在工业生产中应用最广的是垂直分型式,它便于开设浇口和取出铸件,也易于实现机械化生产。图 3.29 为铸造铝活塞金属型结构示意图。铸件冷却凝固后,先向两侧拔出金属型芯,然后向上抽出中型芯,再把左、右型芯向中间拼拢并抽出,最后水平分开左、右半型。图 3.30 为复合分型式金属型,金属型的内腔可用金属型芯或砂芯来制造。通常,砂芯用于黑色金属,金属型芯用于有色金属。

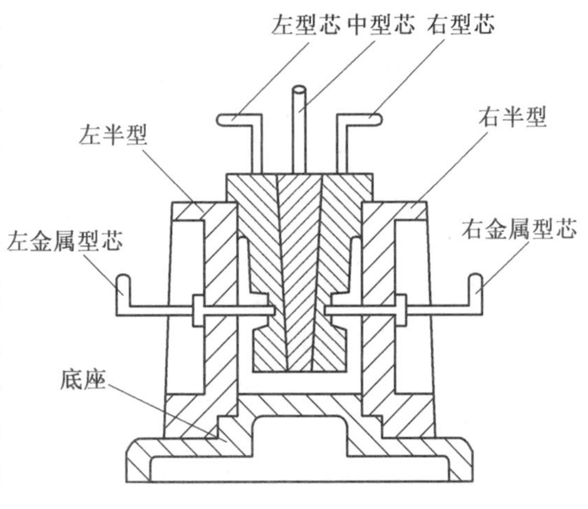

图 3.29 铸造铝活塞金属型图

和砂型相比,金属型有导热快、无退让性和无透气性等缺点。为了获得合格的铸件,必须采用喷刷涂料、预热铸型、控制开型时间和浇注温度、控制铸件厚等工艺措施来保证铸件质量。

金属型铸造具有许多优点:可一型多铸,便于自动化生产,大大提高了生产率;节省造型材料,减少了粉尘污染;铸件精度和表面质量比砂型铸造显著提高;冷却速度快,铸件晶粒细小,力学性能好,如铸铝件的屈服强度平均提高了 20%,抗拉强度平均提高了 25%。目前金属型主要用于生产大批量有色金属铸件,如铝合金活塞、汽缸体、汽缸盖、水泵壳体及铜合金轴瓦、轴套等。典型金属型铸件如图 3.31 所示。

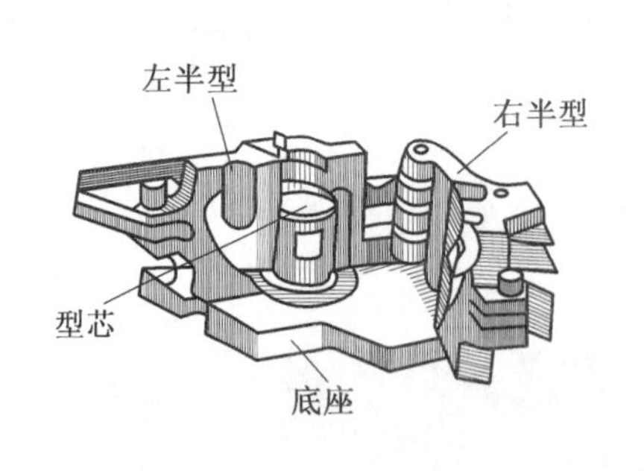

图 3.30 复合分型式金属型

图 3.31 典型金属型铸件

3.3.3 压力铸造

压力铸造简称压铸,是通过压铸机将熔融金属以高速压入金属铸型,并使金属在压力作用下结晶的铸造方法。压铸机常用压力为 5 ~ 150 MPa,充填速度为 0.5 ~ 50 m/s,充填时间为0.01~0.2 s,分为热压室式和冷压室式两大类。

热压室式压铸机压室与合金熔化炉成一体或压室浸入熔化的液态金属中,用顶杆或压缩空气产生压力进行压铸。图3.32为热压室式压铸机结构示意图。热压室式压铸机压力较小,压室易被腐蚀,一般只用于铅、锌等低熔点合金的压铸,生产中应用较少。冷压室式压铸机压室和熔化金属的坩埚是分开的,根据压室与铸型的相对位置不同,可分为立式和卧式两种。图3.33为J1113G型卧式冷室压铸机外形图,其具体参数见表3.7。

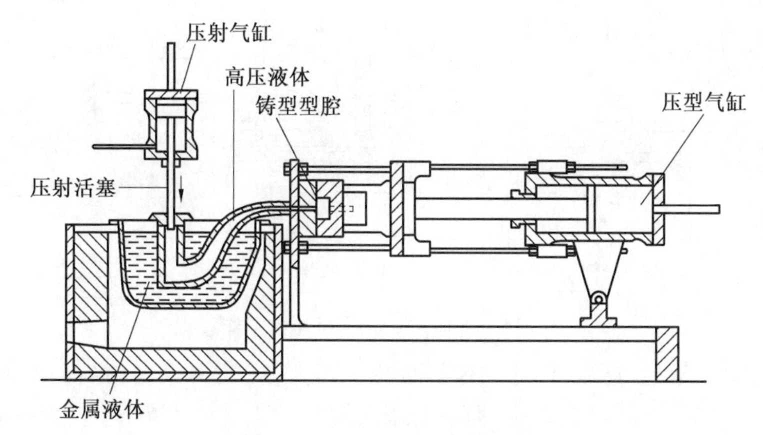

图3.32 热压室式压铸机结构

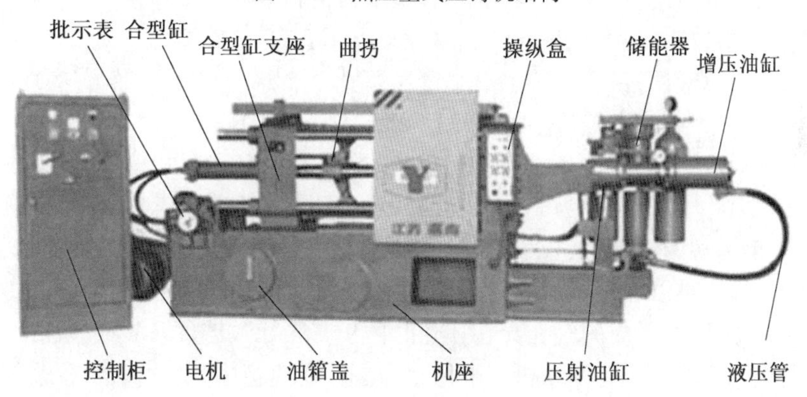

图3.33 J1113G型卧式冷室压铸机

表3.7 J1113G型卧式冷室压铸机规格和参数

名 称	参 数	名 称	参 数
合型力	1 350 kN	动型板尺寸	650 mm×650 mm
拉杆内间距	420 mm×420 mm	压型厚度	250 mm×250 mm
顶出行程	80 mm	顶出力	100 kN
最大压射力	157 kN	一次金属浇入量	1.8 kg
压室直径	40 mm、50 mm、60 mm	最大铸件投影面积	409 mm^2
最大压射比压	125 MPa	压射行程	350 mm
管路工作压力	12 MPa	电动机功率	11 kW
机器质量	4 500 kg	机器外形尺寸(长×宽×高)	4 550 mm×1 110 mm×1 800 mm

压铸工艺过程分成合型与浇注、压射、开型及顶出铸件几道工序，如图 3.34 所示。合型与浇注是先闭合压型，然后用手工将定量勺内金属液体通过压射室上的注液孔向压射室内注入，如图 3.34(a)所示；压射是将压射冲头向前推进，将金属液压入到压型中，如图 3.34(b)所示；开型及顶出铸件是待铸件凝固后，抽芯机构将型腔两侧芯同时抽出，动型左移开型，铸件借冲头的前伸动作被顶离压室，如图 3.34(c)所示。

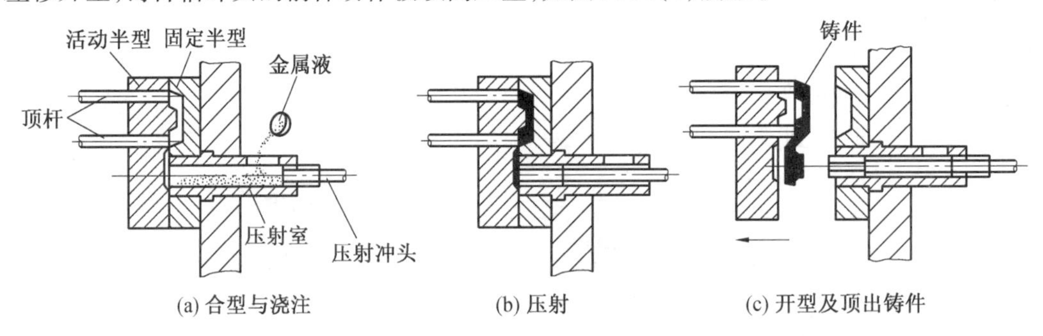

图 3.34　冷压室式卧式压铸机工作过程

和砂型铸造相比，压铸工艺具有下面几个特点：生产率极高，最高可达每小时压铸 500 件，是生产率最高的铸造方法，而且便于实现自动化。铸件精度高、表面质量好，铸件不用切削加工即可使用。铸件力学性能高，压型内金属液体冷却速度快，并且在高压下结晶，因此铸件组织致密、强度硬度高。铸件平均抗拉强度比砂型铸造高 25% ~30% 。可铸出形状复杂的薄壁件，铅合金铸件最小壁厚可达 0.5 mm，最小孔径可达 0.7 mm，螺纹最小螺距可达 0.75 mm，齿轮最小模数可达 0.5，便于铸出镶嵌件。

压铸工艺不足之处为：设备投资大，一台压铸机国产为 10 ~ 12 万元/台，进口为 10 ~ 20 万美元/台，压型制造成本为 2 ~ 10 万元，因此只有在大批量生产条件下经济上才合算；不适合于钢、铸铁等高熔点合金，目前多用于低熔点的有色金属铸件；冷却速度太快，液态合金内的气体难以除尽，致使铸件内部常有气孔和缩松；不能通过热处理方法来提高铸件性能，因为高压下形成的气孔会在加热时体积膨胀导致铸件开裂或表面起泡。

压铸生产的零件主要有发动机气缸体、气缸盖、变速箱体、发动机罩、仪表和照相机壳体、支架、管接头及齿轮等。典型压铸件如图 3.35 所示。

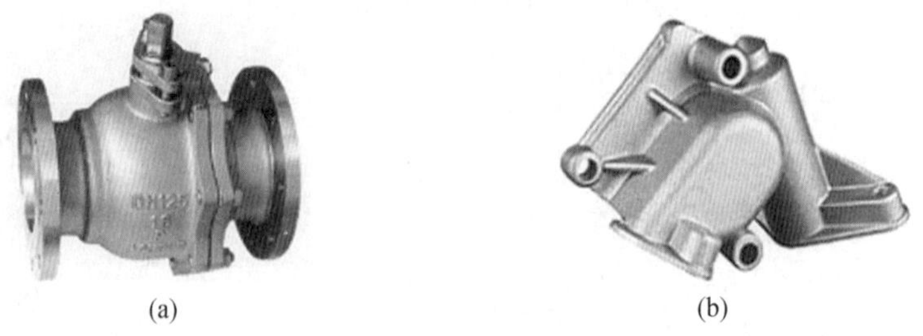

图 3.35　典型压铸件

3.3.4　低压铸造

低压铸造是介于重力铸造(如砂型、金属型铸造)和压力铸造之间的一种铸造方法。

它是使液态合金在压力作用下，自下而上地充填型腔，并在压力下结晶形成铸件的工艺过程。所用压力较低，一般为0.02～0.06 MPa。

图3.36为低压铸造工作原理示意图。密闭的保温坩埚用于熔炼与储存金属液体，升液管与铸型垂直相通，铸型可用砂型、金属型等，其中金属型最为常用，但金属型必须预热并喷刷涂料。浇注时，先缓慢向坩埚通入压缩空气，使金属液在升液管内平稳上升，注满铸型型腔。升压到所需压力并保压，直到铸件凝固。撤压后升液管和浇口中未凝固的金属液体在重力作用下流回坩埚内。最后由气动装置开启上型，取出铸件。

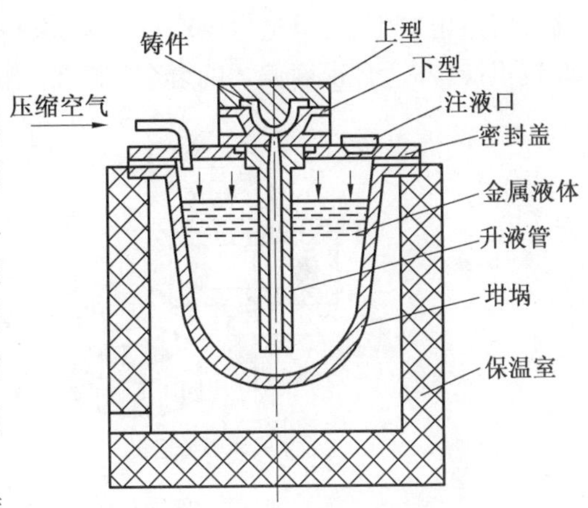

图3.36 低压铸造工作原理示意图

低压铸造特点为：充型时的压力和速度便于控制和调节，充型平稳，液体合金中的气体较容易排出，气孔、夹渣等缺陷较少；低压作用下，升液管中的液态合金源源不断地补充铸型，弥补了因收缩引起的体积缺陷，有效防止了缩孔、缩松的出现，尤其是克服了铝合金的针孔缺陷；省掉了补缩冒口，使金属利用率提高到90%～98%；铸件组织致密、力学性能好；压力提高了液态合金的充型能力，有利于形成轮廓清晰、表面光洁的铸件，尤其有助于大型薄壁件的铸造。

目前低压铸造主要用于质量要求较高的铝、镁合金铸件的大批量生产，如气缸、曲轴、高速内燃机活塞、纺织机零件等。典型低压铸造铸件如图3.37所示。

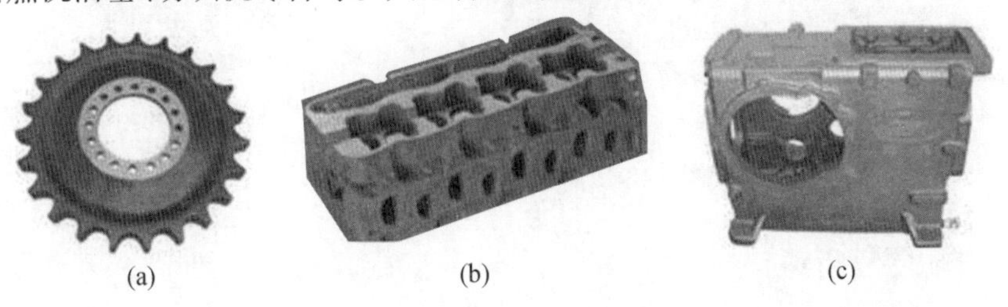

图3.37 低压铸造铸件

3.3.5 离心铸造

离心铸造是将液态金属浇入高速旋转(250～1 500 r/min)的铸型中，使金属液体在离心力作用下充填铸型并结晶的铸造方法。离心铸造的铸型主要使用金属型，也可以用砂型。按旋转轴的空间位置，离心铸造机可分为立式和卧式两类。立式离心铸造机绕垂直轴旋转，主要用于生产高度小于直径的圆环铸件；卧式离心铸造机绕水平轴旋转，主要用于生产长度大于直径的管类和套类铸件。图3.38所示为离心铸造原理图。

离心铸造具有下面几个特点：铸件组织致密，无缩孔、缩松、夹渣等缺陷。因为在离心力作用下，密度大的金属液体自动移向外表面，而密度小的气体和熔渣自动移向内表面，铸件由外向内顺序凝固；铸造圆管形铸件时，可节省型芯和浇注系统，简化生产过程，降低生产成本;合金充型能力在离心力作用下得到了提高,因此可以浇注流动性较差的合金铸件和薄壁铸件,如涡轮、叶轮等;便于制造双金属件,如轧辊、钢套、镶铜衬、滑动轴承等。离心铸造也有不足:只适合生产回转体铸件;由自由表面形成的内孔尺寸偏差较大,内表面较粗糙;不适合密度偏大的合金(如铅青铜等)和轻合金(如镁合金等)。

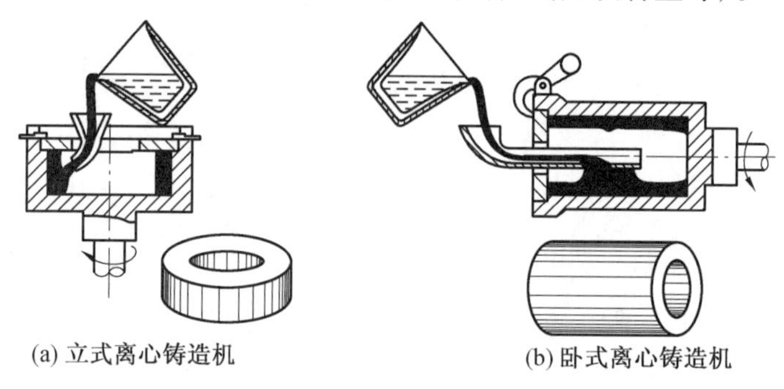

图 3.38　离心铸造

离心铸造主要用于生产铸铁管、气缸套、铜套、双金属轴承等铸件,也可用于生产耐热钢辊道、特殊钢的无缝管坯、造纸机烘缸等铸件,铸件最大质量可达十多吨。离心铸造典型零件如图 3.39 所示。

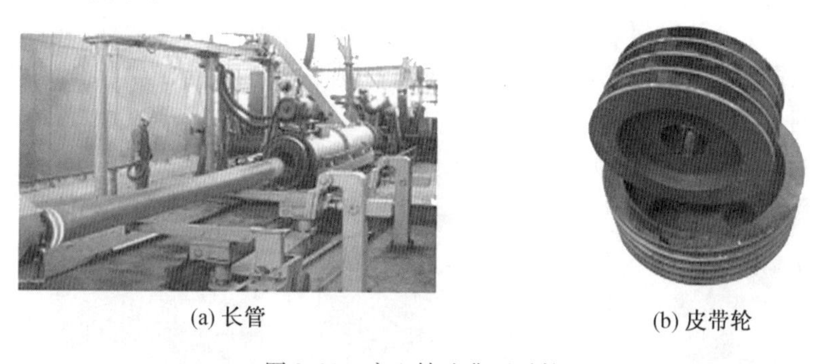

图 3.39　离心铸造典型零件

3.3.6　陶瓷型铸造

陶瓷型铸造是把砂型铸造和熔模铸造相结合,发展形成的一种精密铸造工艺。陶瓷型铸造工艺分两种:一种是全部采用陶瓷浆料制铸型,另一种是采用砂套作为底套表面,再灌注陶瓷浆料制作陶瓷型。生产中后一种方法用得比较多。陶瓷型铸造主要工序包括:砂套造型、灌浆与硬化、起模与喷烧、焙烧与合箱、浇注与凝固。

砂套造型能够节约昂贵的陶瓷材料,提高铸型的透气性。先用水玻璃砂制出砂套。制作砂套的木模 B 比制作铸件的木模 A 大一个陶瓷料厚度,如图 3.40(a)所示,然后制造砂套,如图 3.40(b)所示。灌浆与硬化是将铸件木模固定于平板上,刷上分型剂,扣上砂套。把陶瓷浆由浇口注满,如图 3.40(c)所示,几分钟后陶瓷浆开始结胶变硬,形成陶瓷面层。陶瓷浆由刚玉粉(耐火材料)、硅酸乙酯(黏结剂)、氢氧化钙(催化剂)及过氧化氢(透气剂)等组成。起模与喷烧是在灌浆约十几分钟后,在浆料尚有一定弹性时起出模型,然后用明火喷烧整个型腔以加速固化,如图 3.40(d)所示。焙烧与合箱是在浇注前把陶瓷型加热到350~550 ℃焙烧几个小时，去除残留在陶瓷型中的乙醇及水分，进一步提高铸型强度，然后把上、下箱合在一起，如图3.40(e)所示。最后进行浇注与凝固，浇注时温度要略高，冷却凝固后获得成形好的铸件，如图3.40(f)所示。

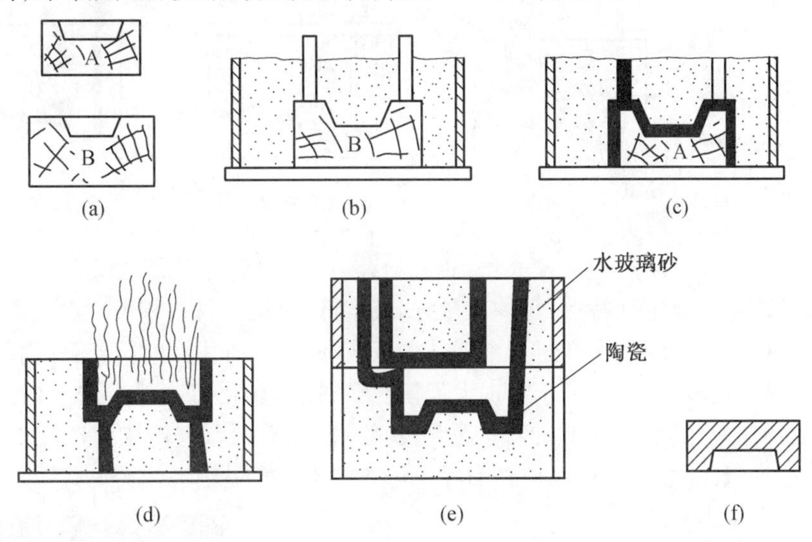

图3.40 陶瓷型铸造工艺过程

陶瓷型铸造具有以下几个明显优点：陶瓷材料耐高温，故可浇注高熔点合金；铸件大小不受限制，最大质量可达几吨，而熔模铸件最大仅几十千克；和熔模铸造相比，尺寸精度和表面粗糙度较高；对单件、小批量铸件，其工艺简单、投产快、生产周期短。陶瓷型铸造缺点是：陶瓷浆材料价格昂贵，不适合大批量铸件的生产，生产工艺难以实现自动化。常用的陶瓷型如图3.41所示。

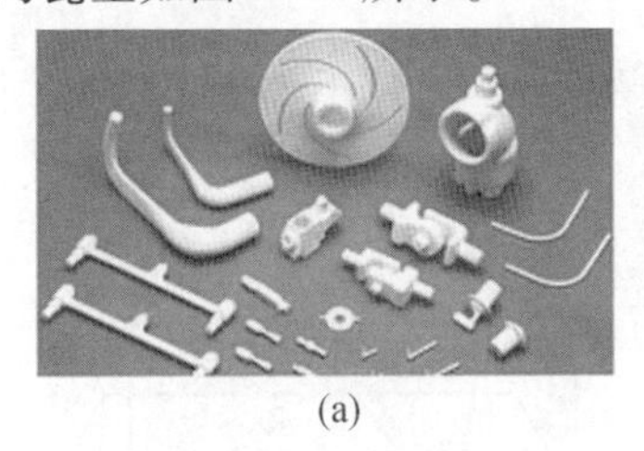

(a)

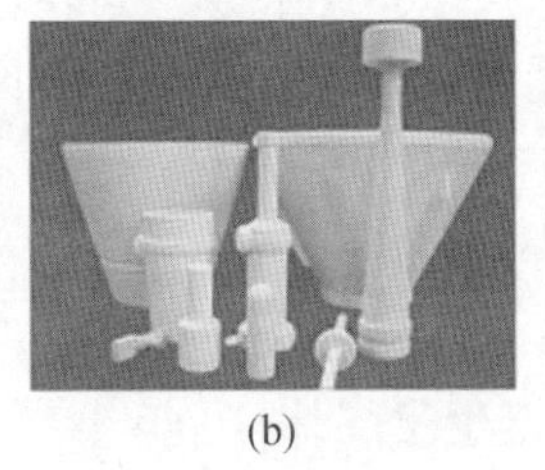

(b)

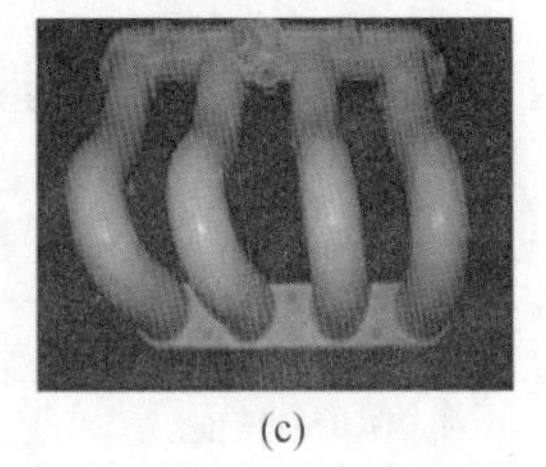

(c)

图3.41 常用陶瓷型

3.3.7 消失模铸造

采用聚苯乙烯发泡塑料模样代替普通模样，造好型后不取出模样就浇入金属液。在金属液的作用下，塑料模样燃烧、气化、消失，金属液最后完全取代原来塑料模所占据的空间位置，冷却凝固后获得所需铸件的铸造方法。

消失模铸造工艺过程如图3.42所示。将与铸件尺寸形状相似的泡沫塑料模型黏结组合成模型簇，然后在其表面刷涂耐火涂料并烘干，如图3.42(a)所示；把烘干好的模型簇埋在干石英砂中振动造型，如图3.42(b)所示；加好压板及压铁，如图3.42(c)所示；在负压下开始浇注，如图3.42(d)所示。高温金属液体一接触泡沫塑料模型马上使模型气化，金属液体占据泡沫模型原来的空间，冷却凝固后形成铸件。

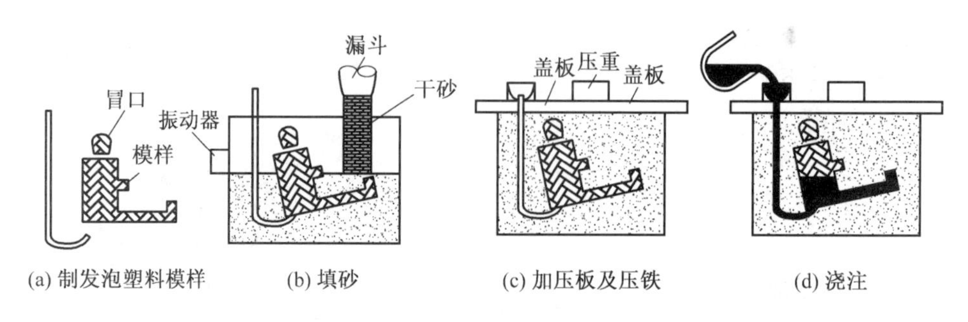

图 3.42　消失模铸造工艺过程

消失模铸造具有下列特点：铸件质量好，成本低；对铸件材料和尺寸没有限制；铸件尺寸精度高，表面比较光洁；生产过程中能减少工艺环节，节省生产时间；铸件内部缺陷大大减少，铸造组织比较致密；有利于实现大规模生产，使自动化流水线方式进行铸造生产成为可能；改善作业环境、降低工人劳动强度及减少能源消耗。与传统铸造技术相比，消失模铸造技术具有巨大的优越性，被誉为绿色铸造技术。常见消失模铸件如图 3.43 所示。

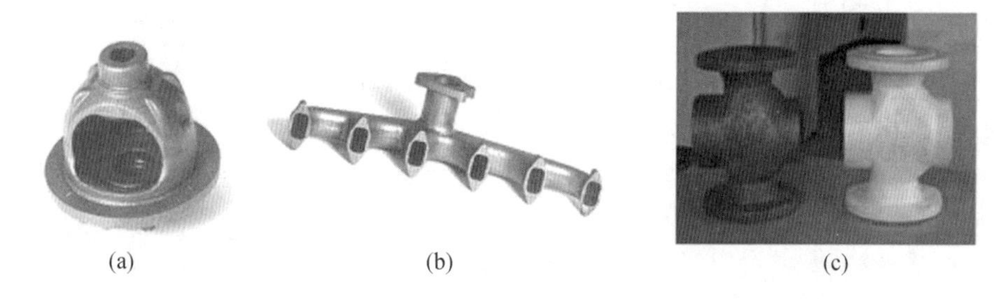

图 3.43　消失模铸造典型零件

消失模铸造主要应用于铝合金铸件和铸铁铸件中的生产中，铸钢件应用较少，尤其不适用于低碳钢铸造。

3.3.8　磁型铸造

20 世纪 60 年代磁型铸造诞生于国外，70 年代才传入我国。它是用磁型代替砂型，用磁场代替黏结剂，以气化模样代替木模的一种新型铸造工艺。其具体工艺过程包括：制模、造型、浇注及落丸几道工序。磁型铸造原理如图 3.44 所示，制模是将聚苯乙烯发泡后制成气化模，它不需要从铸型中取出，浇注时可自行气化燃烧掉。气化模表面涂挂涂料，并留出浇口位置。

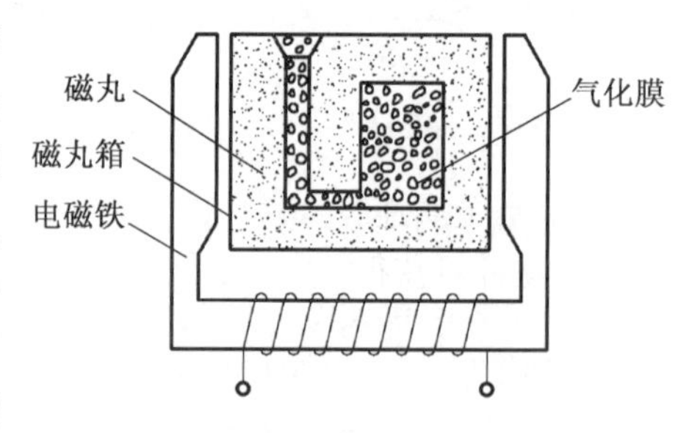

图 3.44　磁型铸造原理

造型是用 $\phi0.5 \sim 1.5$ mm 的磁丸（铁丸）代替型砂，把气化模埋入磁丸箱，并轻微振动紧实磁丸。激磁，将磁丸箱推入马蹄形电磁铁中，通电后，马蹄形电磁铁产生的磁场把磁丸磁化。在磁力作用下，磁丸相互吸引，形成磁丸组成的铸型。这种铸型既有一定强度，又有良好的透气性。浇注是把高温的金属液体顺浇口注入磁型型腔，高温的金属液将气化模烧掉气化，液体金属注满整个型腔。落丸是在当铸件冷却凝固后，切断电源使磁场力消失，磁丸自动落下的过程，此时铸件自行脱出。落下的磁丸经净化后可反复使用。

磁型铸造有许多优点：不用型砂，无粉尘造成的危害，造型材料可反复使用；设备简单，占地面积小，大幅度减轻了造型、清理等操作的劳动强度；不需起模，无分型面造成的披缝，铸件表面质量好。磁型铸造缺点是：只适用于中、小类型的简单零件，气化模燃烧会污染空气，容易使铸钢件表层增碳。

磁型铸造已成功地运用在机车车辆、拖拉机、兵器、采掘、动力、轻工、化工等机器制造领域，主要适合中、小型铸钢件的大批量生产。铸件质量范围为0.25～150 kg，铸件最大壁厚可达80 mm。

3.3.9　真空吸铸

真空吸铸是借助真空泵，在结晶器（铸型）内造成负压，吸入液态合金生产棒形铸件的方法。真空吸铸基本原理如图3.45所示。将和真空泵相连的结晶器浸入液体金属中，真空泵通过真空吸管在结晶器内造成负压，吸入液体金属。结晶器为中空圆筒形状，侧壁可以通循环的冷却水。液态金属由于结晶器内筒的负压沿结晶器内壁向上充型，待液体上升到一定高度后停止升压，保压使筒内液体金属由外向内顺序凝固。待凝固的固体层达到一定尺寸后，断开与真空泵的连接，停止真空状态。圆柱中心未凝固的液体金属由于自重流回坩埚，凝固部分则形成中空的筒形铸件。

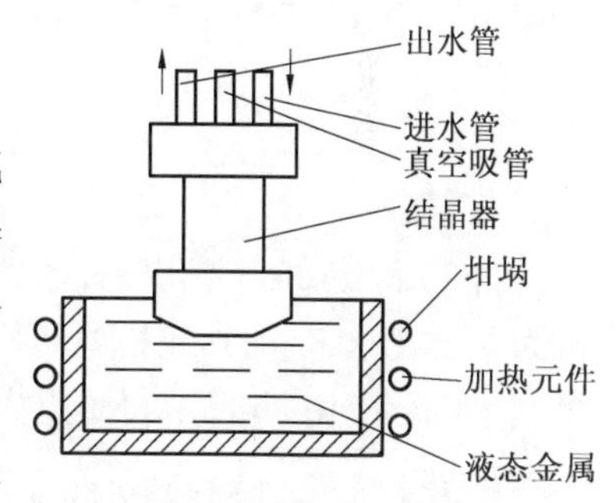

图3.45　真空吸铸原理

真空吸铸具有如下几个优点：结晶器内气压较低，可减少易吸气合金充型时吸气的可能性；有冷却系统，液态金属冷却速度较快，故结晶金属晶粒细小，铸件力学性能高；铸件由外向内顺序凝固，无气孔、砂眼等缺陷；不用冒口，可减少金属浪费；易于实现自动化，生产效率高，减轻了工人劳动强度。真空吸铸的缺点是不能铸造形状复杂的铸件，铸件内表面尺寸精度和表面质量均不高。真空吸铸常用于制造铜合金轴套、铝合金锭坯等。

3.3.10　连续铸造

将液态金属连续不断地注入结晶器内，凝固的铸件也连续不断地从结晶器的另一端被拉出，这种可获得任意长度铸件的方法称为连续铸造。连续铸造一般在连续铸造机上进行，生产中常用的卧式连续铸造机如图3.46所示。保温炉中的液态金属在重力作用下，连续不断地注入结晶器的型腔中。循环冷却水通过冷却套使结晶器保持冷却，液态金属在结晶器内遇冷逐渐凝固。当铸锭移出结晶器时，已完全凝固成固体。铸锭在横向外力作用下，滚过拉出滚轮、剪床和切断砂轮，这些工具能截取任意长度的铸锭。

与普通铸造相比，连续铸造有以下几个优点：冷却速度快，液体补缩及时，铸件晶粒组织致密，力学性能好，无缩孔等缺陷；无浇注系统和冒口，铸锭轧制时不必切头去尾，节约了大量金属并提高了材料利用率；可实现连铸连轧，节约能源；容易实现自动化。

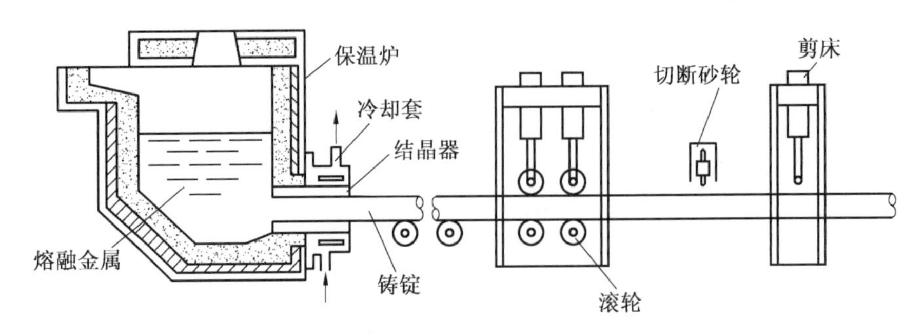

图 3.46　卧式连续铸造机

连续铸造主要用于自来水管、煤气管等长管,或连续铸锭等产品制造。也可和轧制工艺连用,生产壁厚小于 2.2 mm 的铸铁管。

3.4　铸造新技术

自 20 世纪 80 年代以来,各种用于铸造工艺的新技术、新工艺不断涌现,其中以计算机为主导技术,带动其他相关新技术不断应用于铸造工艺,使新技术在铸造研究及生产中得到了广泛应用,并已取得了重大经济效益和社会效益。

3.4.1　计算机辅助技术

计算机技术目前已在铸造行业获得了广泛应用,无论是铸造工艺及设备,还是造型、熔化、清理及热处理等一系列工艺过程的控制,还是生产过程、设备、质量、成本、库存管理等工作,都和计算机技术密不可分。

1. 铸造合金的计算机辅助设计

在研制新合金时,采用科学的定量计算方法,在计算机上使用相应的软件进行复杂的计算,并通过优化设计出符合要求的合金成分。目前,合金计算机辅助设计主要采用两种方法:数学回归设计法和理论设计方法。铸造合金设计经历了成分调整的经验设计阶段、数学回归试验设计阶段和组织性能设计阶段,现已进入到微观结构设计阶段。其中,成分调整的经验设计试验工作量大、周期长、成本高、盲目性大,必须采用计算机设计。狭义的铸造工艺计算机辅助设计仅包含在计算机上设计浇注系统、冒口、冷铁及型芯等,并用计算机绘出铸造工艺图;完整的铸造工艺计算机辅助设计描述应包括工艺设计和工艺优化(即充型过程数值模拟)两个方面,详见图 3.47。

计算机辅助设计技术需要数据库的支持。完整的铸造数据库应包括合金材料数据库、造型材料数据库以及工艺参数数据库等。铸造数据库技术在国外铸造生产中得到了广泛应用,实现了铸造数据的科学管理、有效应用和充分共享。铸造数据库在国内铸造生产中应用较少。

除了数据库技术外,专家系统也是计算机辅助技术必不可少的。铸造专家系统是把众多铸造专家的知识储存在计算机中,使计算机能像专家一样思考、分析和处理铸造技术问题。目前国内外都已研制出灰铸铁铸件中气孔和缩孔缺陷诊断的专家系统、球铁件质

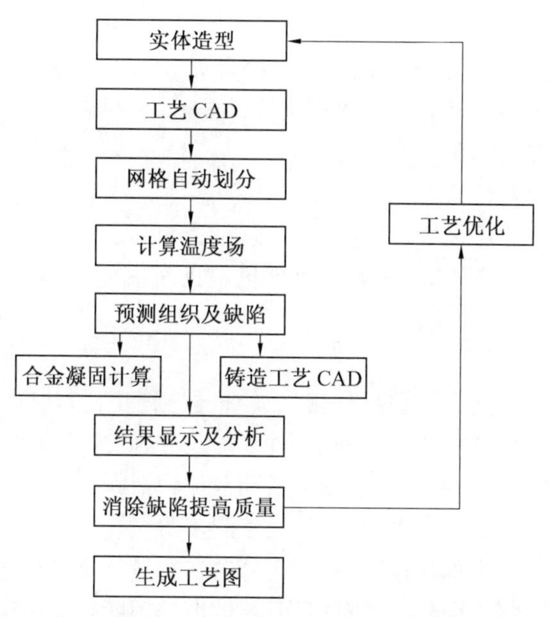

图 3.47 铸造工艺计算机辅助设计系统组成及流程

量预测专家系统以及造型材料专家系统等,并已部分应用到实际生产中。但受计算机本身内存、速度等指标的限制,目前铸造专家系统还不能像人一样具体分析所有技术问题,也不具备人的创造性思维。

应用计算机辅助铸型设计,可大大减轻设计人员工作量、降低设计成本、缩短铸件试制周期以及明显提高经济效益。铸件形状越复杂,计算机辅助设计效果越明显。

2. 铸造充型过程数值模拟

充型过程数值模拟是在对铸件成形系统(铸件、型芯及铸型等)进行几何有限离散的基础上,采用适当的数学模型运用计算机通过数值计算来显示、分析及研究铸件充型过程,并结合有关的判据及方法来研究铸造合金充型凝固理论,预测及控制铸件质量的一种技术。铸件充型过程包括描述液态金属充型过程的流场、反映铸件温度变化的温度场、揭示铸件凝固过程应力、应变和裂纹的应力场以及阐述铸件凝固过程合金元素偏析的质量场等。自从 1962 年丹麦学者 Fursund 用有限差分法首次进行了铸件凝固过程温度场的计算以后,美国、日本、德国等学者也相继开展了铸造充型过程物理场数值模拟的试验研究、软件开发及应用推广等工作,并取得了良好的效果。现在国外已经开发出了多种大型的实用商品化软件,如美国的 ProCAST、日本的 Soldia、英国的 Solstar、德国的 Magma、法国的 Simulor 及澳大利亚的 Flow-3D 软件等,专门用来分析铸件充型过程,可适用于铸钢、铸铁、铸铜、铸铝等几乎所有铸造合金,以及砂型铸造、金属型铸造、低压铸造、压力铸造、熔模铸造、离心铸造、磁型铸造、连续铸造等十几种铸造方法,而且模拟结果和实验结果吻合得较好。我国在这方面的研究尚处于起步阶段,所开发的应用软件距商品化和实用化差距较大。

3. 自动测试与控制

目前国外已广泛采用计算机技术进行自动控制,如美国已能够对 16 吨电弧炉熔炼过程进行计算机自动控制,并采用了人工智能技术,效果非常好。国内清华大学也对铸造过程的自动测试与控制进行了研究,实现了铸造型砂处理的自动控制,沈阳铸造研究所实现了冲天炉熔炼自动测试与控制。但与国外相比,国内计算机在铸造测试与控制方面的应用水平和普及程度仍存在差距。

4. 铸造车间计算机管理

铸造车间管理中可广泛采用计算机技术,包括人事、财务、计划、工具、原材料、成品、生产进度、质量、成本以及销售管理等。计算机辅助车间管理能使生产效率提高、成本降低。

5. 敏捷制造技术

充分利用互联网上的共享资源,快速完成的机器制造工艺被称为敏捷制造技术。国外依赖于互联网的敏捷制造技术已得到了广泛应用。国内铸造企业也部分拥有了自己的网站,而且近几年铸造企业的网上电子商务活动也比较活跃,但真正利用网上技术资源实现的敏捷制造在实际生产中应用得很少,只处于起步阶段。

随着计算机及相关技术的快速发展,国内外铸造行业计算机应用水平将会越来越高。铸造充型过程数值模拟技术会随着计算机容量、速度的不断提高越来越实用化;铸造计算机辅助设计与制造技术也将日益完善;新一代的专家系统会更加集成化、智能化;网络技术将以更快的速度在铸造行业普及。

3.4.2 快速成型技术

快速成型技术是20世纪80年代后期发展起来的集计算机技术、激光技术、自动控制技术、信息技术和材料科学于一身的先进制造技术,是一种全新概念的制造加工方法。与传统制造方法相比,快速成型技术具有如下优点:极大地缩短了产品开发时间;产品制造成本低;产品造价与批量、复杂程度无关;可实现零件的少、无切削加工;整个零件制造过程都是数字化控制,零件可大可小;可完成各种组合件的一次成型;可预先模拟成型,零件的缺陷可以暴露和消除在设计阶段;可以快速优化设计,使误差降到最低;能提高产品的内在质量。

由于快速成型技术具有这些独特的优点,因此该方法在短短几年内就得到了迅猛的发展。目前能够实用的快速成型方法主要有以下几种。

1. 立体平版印刷法(SL法)

成型原理如图3.48所示,基本工序如下:

(1)用CAD系统在计算机上进行零件的三维立体造型,建立实体模型。

(2)选择合适的摆放位置,必要时设计支撑。

(3)将三维实体模型转换格式并传送给造型机的计算机控制系统;利用分层软件选择参数,将模型分层,得到每一薄层的平面图形及相关数据。

(4)造型机的三维数控机构根据分层参数控制激光束扫描液池中的光硬化树脂液体;激光照射到的液面立即硬化,并黏附在已固化的下层树脂层上面。

(5)升降台下降一个层厚,容器中的树脂液均匀覆盖已固化的层面;按照下一层平面形状数据所给定的轨迹,控制激光束照射液池中的光硬化树脂液,使其硬化并堆积在下一

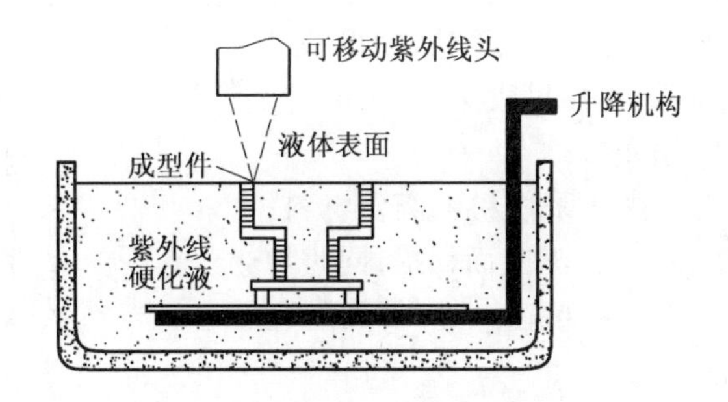

图 3.48 立体平版印刷法

层固化的树脂上;如此反复,直到完成整体造型。

(6)升降台升出液面,取下并检验模样;造型结束后,用强紫外线照射模样,使之完全硬化;去除模样层与层间的台阶,必要时可进行喷砂处理。

立体平版印刷法工艺稳定,尺寸精度较高(达±2%)。模样制造时间为 5 ~30 h。

2. 分层激光烧结法(SLS 法)

分层激光烧结法的工艺过程、装置几乎和立体平版印刷法(SL 法)相同,区别在于 SL 法中的液态光硬化树脂被换成在激光照射下可烧结成型的粉末烧结材料。

工艺过程为:用红外线将粉末烧结材料加热至恰好低于烧结点的温度;然后用计算机控制激光束,按零件截面形状扫描平台上的粉末烧结材料,使其受热熔化烧结;平台下降一个层厚,如此反复,逐层烧结成型。SL 法当粉末粒度为 0.1 mm 以下时,成型后的模型精度可达±1%。

3. 逐层轮廓成型法(LOM 法)

逐层轮廓成型法使用薄片材料,如纸、金属箔、塑料薄膜等,由计算机控制激光束按模样每层的内外轮廓线切割薄片材料,得到该层的平面形状;逐层叠放薄片材料,层与层间用黏结剂粘牢,就得到零件原型。LOM 法制模,激光不必照射整个断面,所以成型速度快;成型精度可达±0.1%;模样不需支撑,制造成本低。

4. 光掩膜法(SGC 法)

如图 3.49 所示,光掩膜法是 SL 法的变形,让激光束通过一个可编程的光掩膜,照在光硬化树脂液体上。光掩膜上的图形可以用掩膜机改变形状,每个图形的参数都是来自计算机的实体模型分层参数。通过光掩膜上的图形改变取代 SL 法中的激光头的移动。SGC 法模样精度可达±0.1%,成型速度快,可省去支撑结构。

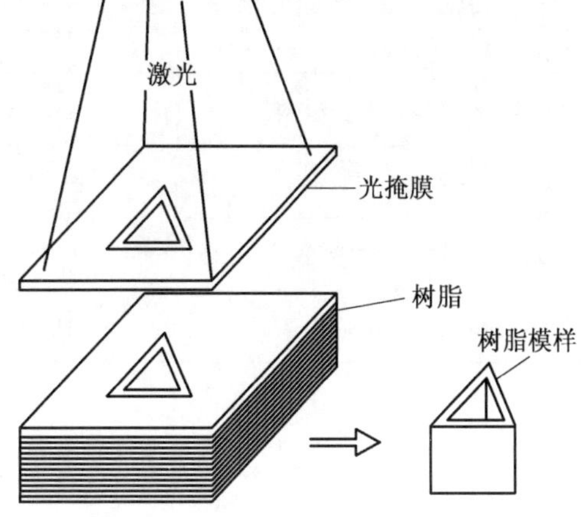

图 3.49 SGC 法成型原理

5. 熔化堆积法(FDM 法)

熔化堆积法是用一个加热头将塑性材料细丝加热成液态,并根据片层参数控制加热头沿模样断层扫描,同时控制细小液体流量,使液体均匀地铺撒在断面层上。由于液流非常细小,固化十分迅速,液体不会发生流淌现象,如图 3.50 所示。FDM 法成型速度快,制得石蜡模样可直接用作精铸蜡模,但精度较低。

6. 陶瓷壳法(DSPC 法)

和 SLS 法相近,陶瓷壳法采用粉末陶瓷材料,用黏结剂喷头代替激光头沿模型断面扫描;同时均匀地喷撒黏结剂,使粉末材料粘在一起,得到陶瓷壳;烧结后可用于浇注。

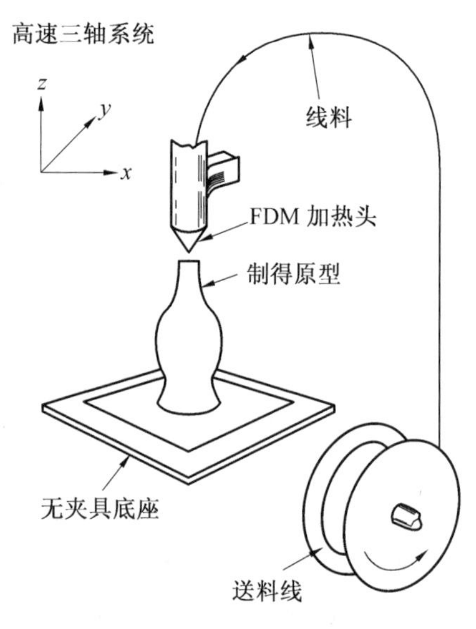

图 3.50 FDM 法成型原理

快速成型技术与铸造工艺相结合可使两个工艺的优点得到最充分的发挥。快速成型技术生产周期短、成本低,可制造复杂形状的零件及可预先消除缺陷;而铸造可成型任何一种金属,并不受形状、大小的限制,成本低廉,但制作模样、铸型及浇注周期较长。这两个工艺正好可以扬长避短,使设计、修改及制造这一过程大大简化和缩短。砂型铸造、金属型铸造、压力铸造、熔模铸造和磁型铸造均可与快速成型技术结合使用,快速成型为它们提供合格的模样、熔模、陶瓷型甚至压型及金属型等。

表 3.8 列出了快速成型所用材料、制造精度、成本及适用的铸造方法。从表中看出,各种快速成型方法与精密铸造结合最密切。国外现在精密铸造生产用的蜡模(或熔模)快速成型技术已经很成熟,并且已用于生产中。

快速成型技术在铸造中的应用范围是十分广泛的。它的应用将大大促进铸造技术的进步,而且对铸造产品质量的提高、新产品的加速开发及降低工装费用都有积极意义。

表 3.8 快速成型技术在铸造工艺中的应用

成型方法	模样制造材料	尺寸精度 /mm	成本	可适用的铸造方法	粗糙度 Ra /($N \cdot m^{-1}$)
SL	聚合物、树脂	±0.13	较高	砂型、石膏型、精密铸造	0.6
SLS	树脂、尼龙、聚酯纤维、蜡、金属粉、陶瓷粉	±0.13	较高	精密铸造、金属型、砂型	5.6
LOM	纸、塑料、复合材料	±0.25	低	精密铸造、气化模铸造	1.5
SGC	树脂、蜡	±0.254	较高	砂型、石膏型、精密铸造	6.3
FDM	蜡、塑料、树脂	0.1%	较高	精密铸造、砂型、石膏型	14.5
DSPC	陶瓷粉黏结剂	±0.05	高	精密铸造	<0.2

第4章 锻压

锻压包括锻造和冲压,它是对金属坯料施加外力,使之产生塑性变形,以改变坯料尺寸、形状和力学性能,获得原材料、毛坯和零件的加工方法。

铸压具有以下优点:锻压可以使金属坯料获得较细密的晶粒,改善金属的组织,提高其力学性能;锻造可以使锻料的体积重新分配,获得更接近零件外形的毛坯,加工余量小,节约金属,提高经济效益;锻压还可以加工各种形状的产品,从简单的螺钉到多拐曲轴,从极轻的表针到百吨大轴。但是锻压也有缺点和不足:锻压不能加工脆性材料,如铸铁;锻压不能加工形状极为复杂的零件,如内腔特别复杂的零件。

锻压是机械制造中提供机械零件毛坯的主要加工工艺之一。对于承受重载荷、冲击载荷或交变应力的重要零件(如主轴、曲轴、齿轮、连杆等),多以锻件为毛坯;冲压是金属板料成形的主要方法,在各类机械、仪器仪表、电子器件、电工器材以及家用电器、生活用品制造中都得到广泛应用。如飞机上的塑性成形零件的质量分数占85%,按质量计算,汽车上有17%~19%的锻件。一般的汽车由车身、车箱、发动机、前桥、后桥、车架、变速箱、传动轴、转向系统等15个部件构成,汽车锻件的特点是外形复杂、重量轻、工况条件差、安全度要求高。如汽车发动机所使用的曲轴、连杆、凸轮轴、前桥所需的前梁、转向节、后桥使用的半轴、半轴套管、后桥箱内的传动齿轮等,无一不是有关汽车安全运行的关键锻件。总之,现代机器制造离不开锻造工艺。生产生活中常见的锻件如图4.1所示。

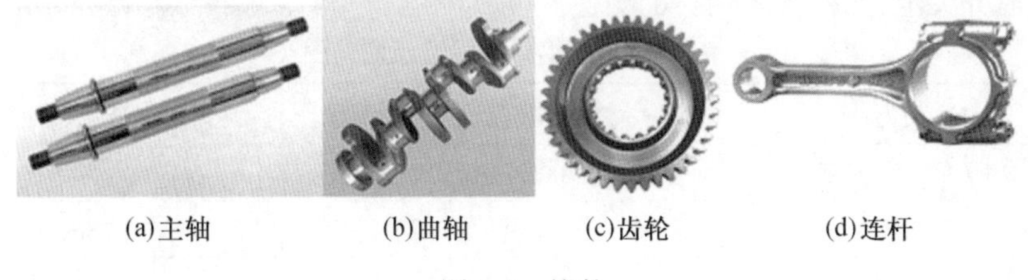

(a)主轴　(b)曲轴　(c)齿轮　(d)连杆

图4.1　锻件

4.1　锻造生产工艺

锻造是通过压力机、锻锤等设备或工模具对板料施加压力,是金属坯料或铸锭产生局部或全部的塑性变形,以获得一定形状、尺寸和质量的锻件加工方法。锻造的基本方法有自由锻和模锻两类,以及由二者而派生出来的胎模锻。

一般锻造生产的工艺过程主要包括:下料—加热—锻造—冷却—热处理—清理—检验—锻件。

4.1.1 下 料

下料是根据锻件的形状、尺寸和质量从选定的原材料上截取相应的坯料。中小型锻件一般以热轧圆钢和方钢为原材料。锻件坯料的下料方法主要有剪切、锯割、氧气切割等。大批量生产时,剪切可在锻锤或专用的棒料剪切机上进行,坯料断口整齐,但生产率低,主要适用于中小批量生产。采用砂轮锯片锯割可大大提高生产率。氧气切割设备简单,操作方便,但断口质量也较差,且金属损耗较多,只适用于单件、小批量生产的条件,特别适合于大截面钢坯和钢锭的切割。

4.1.2 坯料加热

1. 加热目的及要求

加热的目的是为提高金属塑性,降低变形抗力,并使内部组织均匀,以便达到用较小的外力作用获得较大的塑性变形而不破裂的目的。因此必须在坯料锻造前,对金属坯料加热。

一般来说,金属加热温度越高,金属的强度和硬度越低,塑性也就越高。但温度过高会产生过热、过烧、氧化、脱碳等缺陷,降低锻件质量,甚至造成废品。金属锻造时,允许加热的最高温度,称为始锻温度。在锻造过程中金属的热量会渐渐散失,温度下降。金属温度下降到一定程度后,不但锻造费力,而且易断裂,必须停止锻造,重新加热。金属停止锻造的温度称为终锻温度。

2. 锻造温度范围及温度控制

(1)锻造温度范围。

金属的始锻温度和终锻温度之间的温度间隔称为金属的锻造温度范围。金属的锻造温度范围大,可以减少加热次数,提高生产率,降低成本。锻造温度范围由金属坯料的种类和化学成分决定,几种常用钢材的锻造温度范围见表4.1。

表4.1 常用钢材的锻造温度范围

材料类型	始锻温度/℃	终锻温度/℃
低碳钢(如15、Q235)	1 200~1 250	800
中碳钢(如40、45)	1 150~1 200	800
碳素工具钢(如T7、T8Mn)	1 050~1 150	750~800
合金结构钢(如40Cr)	1 100~1 180	850
低合金结构钢(如Q295)	1 100~1 150	850
高速工具钢(如W18Cr4V)	1 100~1 150	800
铜合金	800~900	650~700
铝合金	450~500	350~380

(2)锻件温度控制。

锻件温度,通常用目测钢的表面颜色来判断,光的颜色越浅,亮度越强,温度也就越高。钢在高温下的火色与温度关系见表4.2。当对某牌号的钢,要求严格控制加热温度时,就需要用热电耦高温计或光学高温计进行测量。

表4.2 钢材火色与温度关系

火色	温度/ ℃	火色	温度/ ℃
亮白	>1 300	淡红	900
淡黄	1 200	樱红	800
橙黄	1 100	暗红	700
橘黄	1 000	暗褐	<600

(3)加热炉及其操作。

锻造加热炉种类很多,按所用热源不同,锻造加热炉可分为火焰炉和电炉两大类。前者用煤、重油或煤气等做燃料,后者用电能。目前在我国主要用火焰炉加热金属。

①手锻炉。手锻炉通常以烟煤为燃料。炉的主要部分是炉膛、灰洞及送风系统(鼓风机、风管和风门等)。其操作要点如下:

a. 采用架空加热法,如图4.2所示。先在燃烧层中间扒一个空洞,上面覆盖一层湿煤,使其形成硬壳。不断往上加煤,空洞内煤层不断燃烧,空洞逐渐得到扩大,接近炉算的煤燃烧后在空洞内形成火焰。金属坯料就放洞内进行加热。若加热小件,需先将炉膛下面的煤压紧,以免工件掉入灰洞中,并记住放入位置。

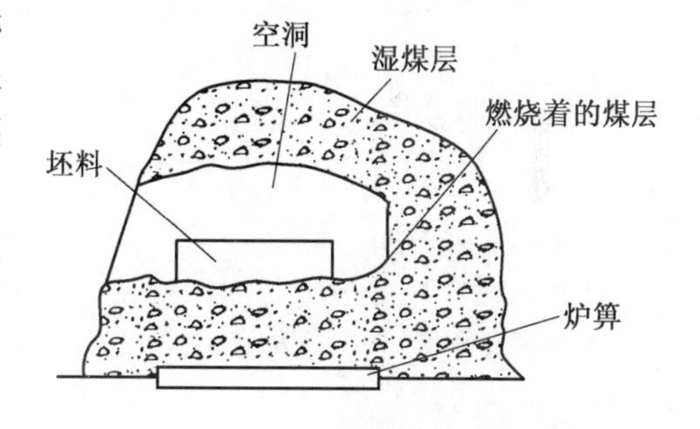

图4.2 架空加热示意图

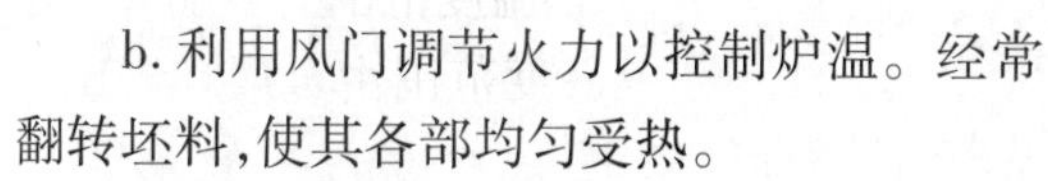

b. 利用风门调节火力以控制炉温。经常翻转坯料,使其各部均匀受热。

c. 取出坯料时要先关风门,以免火焰喷射或因煤灰、小煤粒飞扬烫伤皮肤及眼睛。

d. 要及时透炉、清渣、加煤,以保持火力旺盛,缩短加热时间和减少金属的氧化损耗。在坯料的下面要有足够厚度的煤层,以免与冷气接触。

②反射炉。炉内传热方式不仅是靠火焰的反射,更主要的是借助炉顶、炉壁和炽热气体的辐射传热的一种室式火焰炉称为反射炉,其结构如图4.3所示。燃料在燃烧室中燃烧,高温炉气越过火墙进入加热室。燃料所需的空气由鼓风机送入,经换热器预热后送入燃烧室。加热室的温度可达1 350 ℃左右。废气由烟道排出,坯料从炉门放入取出。

反射炉结构简单、投资小、使用的燃料种类较广(如煤、煤气、重油等),是铜、镍、锡等有色金属的重要熔炼设备,被广泛用于处理矿石和精矿,尤其是处理细粒度的粉料;还可熔炼铁合金及用于金属的火法精炼。但由于火焰直接与金属接触,金属的氧化损失大。反射炉在冶金、化工等领域常用作焙烧设备。

③电阻炉。电阻炉是利用电流使炉内电热元件或加热介质发热,从而对工件或物料加热的工业炉,其结构如图 4.4 所示。电阻炉分为低温炉(<650 ℃)、中温炉(650 ~ 1 100 ℃)和高温炉(1 000 ℃以上),加热器分别为电阻丝和硅碳棒。在高温和中温炉内主要以辐射方式加热,在低温炉内则以对流传热方式加热。

电阻炉与火焰炉相比,具有结构简单、炉温均匀、便于控制、加热质量好、无烟尘、无噪声等优点,但使用费较高。

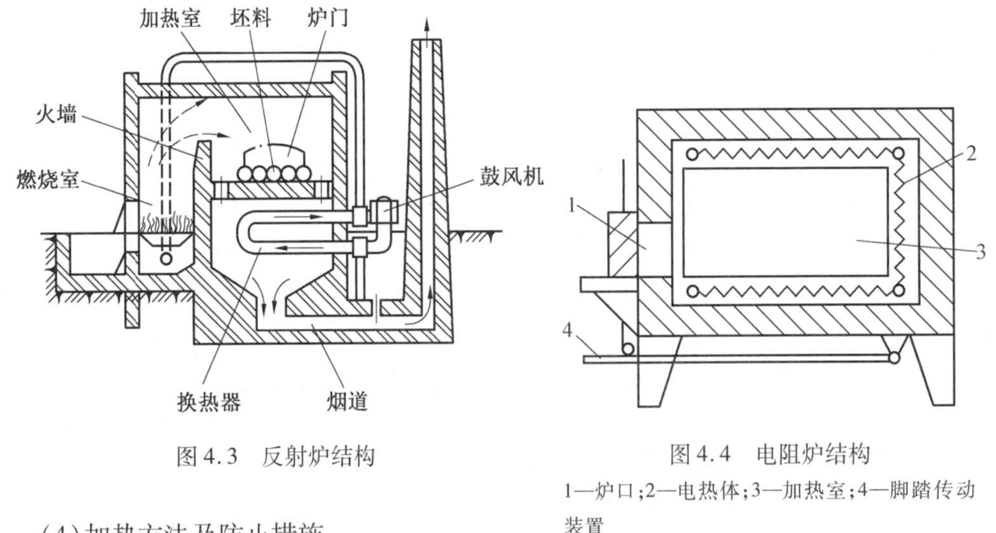

图 4.3　反射炉结构

图 4.4　电阻炉结构

1—炉口;2—电热体;3—加热室;4—脚踏传动装置

(4)加热方法及防止措施。

①氧化。坯料在高温下金属表面与炉气中的氧、二氧化碳、水蒸气等,发生氧化反应,而产生氧化皮,造成金属烧损。每加热一次,氧化烧损量占坯料质量的 2% ~3%。而且金属烧损会降低锻件精度和表面质量,减小模具寿命。

减少氧化的措施是严格控制炉气成分,少或无氧化加热;尽量采用快速加热,减少高温区停留时间。

②脱碳。金属坯料表面的碳元素被氧化,这种现象称为脱碳。金属表层中碳元素烧损,表面产生龟裂,会降低金属表层的硬度和强度。

减少脱碳的方法可按减少氧化的方法操作。

③过热。当金属加热温度过高,停留时间过长,导致金属晶粒迅速长大变粗,这种现象称为过热。过热组织,因为晶粒粗大,将惹起力学功能降低,尤其是冲击韧度。普通过热的钢正常热处理(正火、淬火)之后,组织可以改善。

④过烧。坯料加热温度过高接近材料的熔点时,使晶界氧化甚至熔化,导致金属的塑性变形能力完全消失,锻打坯料会破碎成废料。防止过烧的方法是控制加热温度和保温时间,及炉气成分。

⑤加热裂纹。在加热截面尺寸大的大钢锭和导热性差的高合金钢和高温合金坯料时,假如低温阶段加热速度过快,则坯料因表里温差较大而发生很大的热应力,严重时会产生裂纹。防止热裂纹的方法是遵守正确的加热规范。

4.1.3 坯料冷却

冷却是保证锻件质量的重要环节,一般常采用空冷、坑冷、炉冷三种冷却方法。

(1)空冷。

空冷是将工件放在无风且干燥的地面上冷却。中小型碳素结构钢和低合金钢,锻后均采用空冷。

(2)坑冷。

坑冷是将锻件放在充填有沙子、炉灰和石棉灰等绝热材料的坑或箱中。坑冷冷却速度较慢。碳素结构钢、低合金钢和中碳钢的中型锻件适用坑冷。

(3)炉冷。

炉冷是将锻件放在500～700 ℃的加热炉中,随炉缓慢冷却。低合金钢和中碳钢的大型锻件和高合金钢的重要零件适用坑冷。

4.1.4 热处理

锻件的锻后热处理目的是调整锻件的硬度,以利于锻件切削加工;调整锻件内应力;改善锻件内部组织,细化晶粒;对于不再进行最终热处理的锻件,应保证达到规定的力学性能要求。锻件最常采用的热处理方法有退火、正火、调质等。锻后热处理工艺不当产生的缺陷通常有:硬度过高或硬度不够;硬度不均。

4.2 自由锻造

自由锻造是利用冲击力或压力,使金属坯料在上下砧铁间各个方向自由变形,不受任何限制而获得所需形状及尺寸和一定机械性能的锻件的一种加工方法,简称自由锻。自由锻造所用工具和设备简单,通用性好。同铸造毛坯相比,自由锻消除了缩孔、缩松、气孔等缺陷,使毛坯具有更高的力学性能。

自由锻造分手工自由锻和机器自由锻。手工自由锻生产效率低,劳动强度大,仅用于修配或简单、小型、小批锻件的生产。在现代工业生产中,机器自由锻已成为锻造生产的主要方法,在重型机械制造中,它具有特别重要的作用。

4.2.1 自由锻造设备

自由锻造的设备分为锻锤和液压机两大类。中小锻件生产中使用空气锤或蒸汽-空气锤;液压机是以液体产生的静压力使坯料变形的水压机等,是生产大型锻件的唯一方式。

1. 空气锤

空气锤由锤身、压缩缸、工作缸、传动机构、操纵机构、落下部分和锤砧等几个部分组成,如图4.5(a)所示。空气锤是将电能转化为压缩空气的压力能来产生打击力的。空气锤的传动是由电动机经过齿轮减速机构减速,通过曲轴连杆机构,使活塞在压缩缸内做往复运动产生压缩空气,进入工作缸使锤杆做上下运动,完成对金属坯料的锻打。空气锤的工作原理如图 4.5(b)所示。

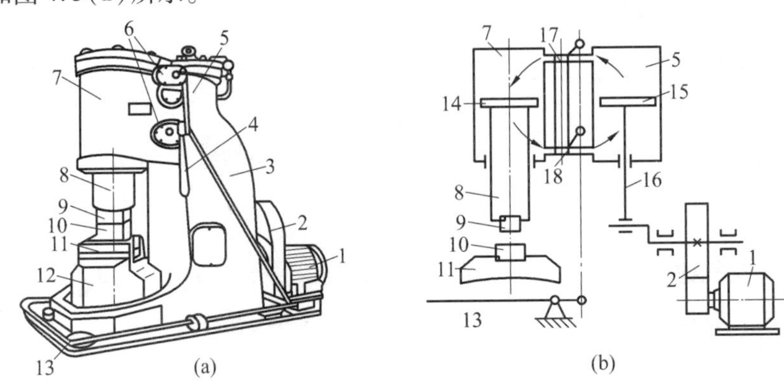

图 4.5　空气锤及其原理

1—电动机;2—减速机构;3—锤身;4—手柄;5—压缩缸;6—旋阀;7—工作缸;8—锤杆;9—上砧块;10—下砧块;11—砧垫;12—砧座;13—脚踏杆;14—工作活塞;15—压缩活塞;16—连杆;17—上旋阀;18—下旋阀

空气锤操作过程是:首先,接通电源,启动空气锤后通过手柄或脚踏杆,操纵上下旋阀,可使空气锤实现空转、锤头上悬、垂头下压、连续打击和单次打击等多种动作,以适应各种加工需要。

(1)空转。

当上、下阀操纵手柄在垂直位置,同时中阀操纵手柄在"空程"位置时,压缩缸和工作缸上、下腔直接与大气相通,由于没有压缩空气进入工作缸,因此锤头停在下砧铁上。此时电动机及减速机构空,锻锤不工作。

(2)锤头上悬。

当上、下阀操纵手柄在垂直位置,将中阀操纵手柄由"空程"位置转至"工作"位置时,工作缸和压缩缸的上腔与大气相通。此时,压缩活塞上行,被压缩的空气进入大气;压缩活塞下行,被压缩的空气由空气室冲开止回阀进入工作缸的下腔,使锤头上升,止回阀可防止压缩空气倒流,使锤头保持上悬位。此时可在锤头上安装或更换工具,检查锻件尺寸等操作。

(3)锤头下压。

当中阀操纵手柄在"工作"位置时,将上、下阀操纵手柄由垂直位置向顺时针方向旋转 45°,此时工作缸的下腔及压缩缸的上腔和大气相连通。当压缩活塞下行时,压缩缸下腔的压缩空气由下阀进入空气室,并冲开止回阀经侧旁气道进入工作缸的上腔,使锤头压紧锻件。此时可进行弯曲或扭转等操作。

(4)连续打击。

中阀操纵手柄在"工作"位置时,驱动上、下阀操纵手柄(或脚踏杆)向逆时针方向旋转使压缩缸上、下腔与工作缸上、下腔互相连通。当压缩活塞向下或向上运动时,压缩缸下腔或上腔的压缩空气相应地进入工作缸的下腔或上腔,将锤头提升或落下。如此循环,锤头产生连续打击。打击能量的大小取决于上、下阀旋转角度的大小,旋转角度越大,打击能量越大。

(5)单次打击。

单次打击是通过变换操纵手柄的操作位置实现的。单次打击开始前,锤处于锤头悬空位置(即中阀操纵手柄处于“工作”位置),然后将上、下阀的操纵手柄由垂直位置迅速地向逆时针方向旋转到某一位置再迅速地转到原来的垂直位置(或相应地改变脚踏杆的位置)这时便得到单次打击。打击能量的大小随旋转角度而变化,转到45°时单次打击能量最大。如果将手柄或脚踏杆停留在倾斜位置(旋转角度小于等于45°),则锤头做连续打击。故单次打击实际上只是连续打击的一种特殊情况。

2. 蒸汽-空气锤

蒸汽-空气锤也是靠锤的冲击力锻打工件,如图4.6所示。蒸汽-空气锤自身不带动力装置,另需蒸汽锅炉向其提供具有一定压力的蒸汽,或空气压缩机向其提供压缩空气。其锻造能力明显大于空气锤,一般为0.5~5 t,常用于中型锻件的锻造。

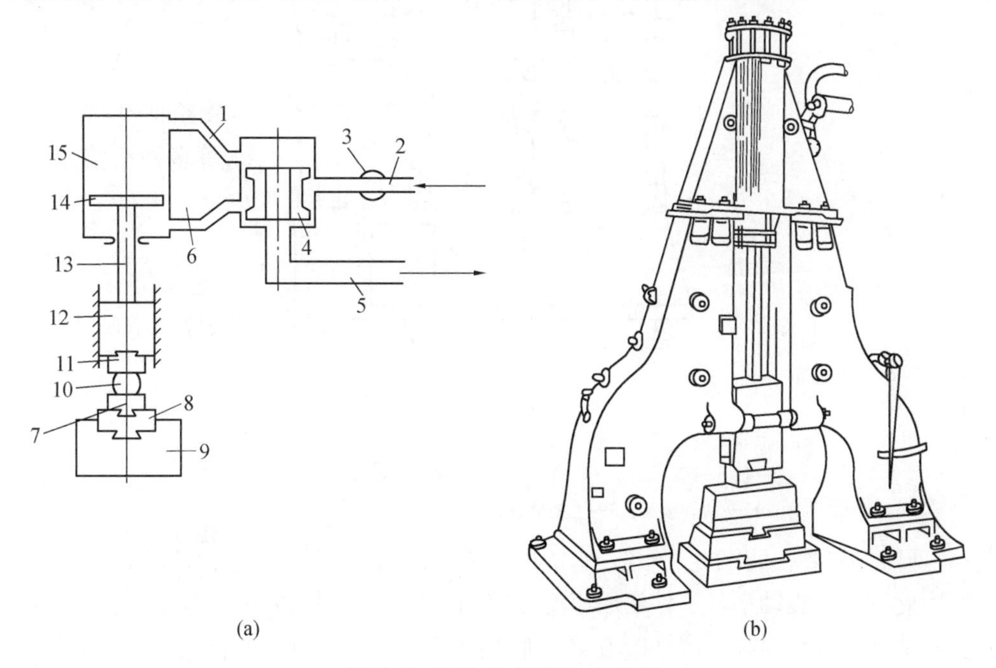

图4.6 双柱拱式蒸汽-空气锤

1—排气管;2—进气道;3—节气阀;4—滑阀;5—上气道;6—下气道;7—下砧;8—砧垫;9—砧座;10—坯料;11—上砧;12—锤头;13—锤杆;14—活塞;15—工作缸

3. 水压机

水压机是以水作为介质传递能量的机器。工作时以静压力作用在锻件上,使其发生变形。图4.7所示为水压机结构示意图。水压机由固定系统和活动系统两部分组成。固定系统部分包括下横梁10、立柱11、上横梁13、工作缸15和回程缸4,下砧块9装在下横梁10上;活动系统部分包括活动横梁12、工作柱塞14、回程柱塞3、回程横梁5和拉杆6,上砧块8装在活动横梁的下面。

当高压水沿管道1进入工作缸时,工作柱塞带动活动横梁沿立柱下落,实现上砧块对坯料的锻压;当高压水从管道2进入回程缸的下腔时,推动回程柱塞向上运动;回程柱塞通过回程横梁、拉杆带着活动横梁和上砧块离开坯料上升,同时,工作缸内的水由管道排往低压水源。

水压机工作时,活动横梁的空程向下,工作行程、回程及悬空等动作通过操纵机构实现。操纵机构称分配器,由各种控制阀组成并装入箱体,通过操纵手柄可控制各阀的开启和关闭。

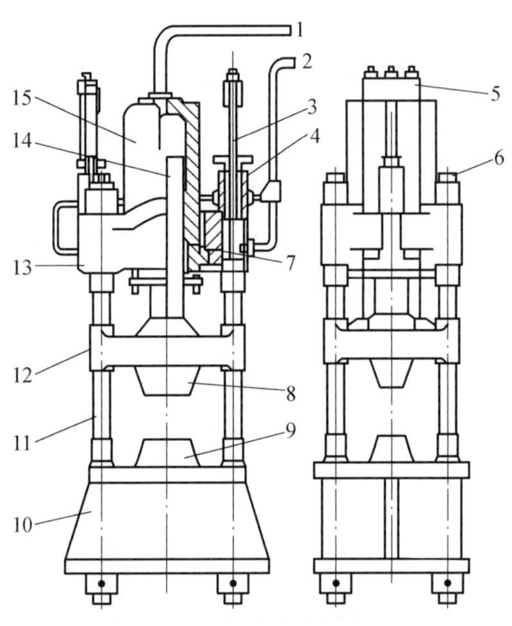

图 4.7　水压机结构示意图

1,2—管道;3—回程柱塞;4—回程缸;5—回程横梁;6—拉杆;7—密封圈;8—上砧;9—下砧;10—下横梁;11—立柱;12—活动横梁;13—上横梁;14—工作柱塞;15—工作缸

大型锻件需要在液压机上锻造,水压机不依靠冲击力,而靠静压力使坯料变形,工作平稳,因此工作时震动小。工件变形速度低,变形均匀,易将锻件锻透,使整个截面呈细晶粒组织,从而改善和提高了锻件的力学性能,容易获得大的工作行程并能在行程的任何位置进行锻压,劳动条件较好。但由于水压机主体庞大,并需配备供水和操纵系统,故造价较高。水压机的压力大,规格为 500 ~ 12 500 t,能锻造 1 ~ 300 t 的大型重型坯料。

4.2.2　自由锻造的基本工序及操作

自由锻基本工序包括镦粗、拔长、冲孔、扩孔、弯曲、扭转、切割和错移等,前三种工序应用较多。

1. 镦粗

镦粗是减小坯料高度、增大横截面积的锻造工序。镦粗常用来锻造齿轮坯、凸缘、法兰盘等零件,也可用于冲孔和拔长前的预备工序。镦粗可分为完全镦粗和局部镦粗两种形式,如图 4.8 所示。

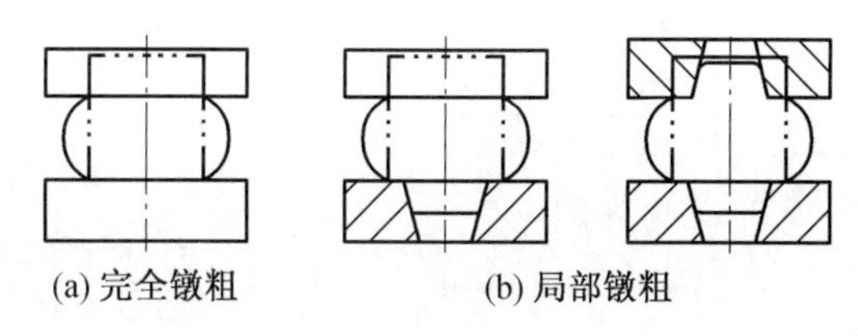

(a) 完全镦粗　　(b) 局部镦粗

图 4.8　镦粗

镦粗时应注意以下事项：

(1) 坯料为圆形且轴向尺寸和径向尺寸比应小于 2∶5，防止镦弯。

(2) 两端应平整，垂直于轴线，否则将镦歪。

(3) 锻件加热应均匀，防止锻件变形不均匀。

(4) 锻打力应重且正，否则锻件将被锻打成葫芦形，如果不及时纠正，工件上会出现夹层。

(5) 坯料表面不得有凹坑、裂纹等缺陷。

(6) 镦粗过程中必须不断地绕轴心线转动坯料，以防镦歪。

2. 拔长

拔长是使坯料横截面积减小而长度增加的工序，也称延伸。拔长常用来锻造轴类和杆类等零件。拔长的操作方法有反复翻转 90°拔长、沿螺旋线翻转 90°拔长和沿长度拔长三种，如图 4.9 所示。

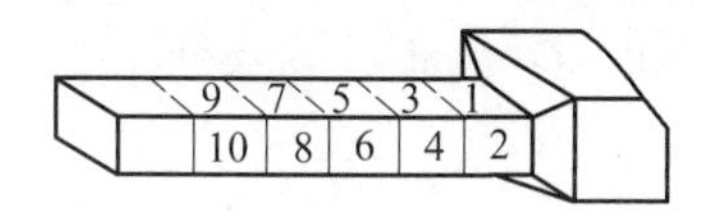

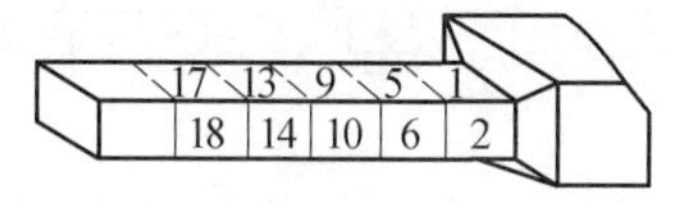

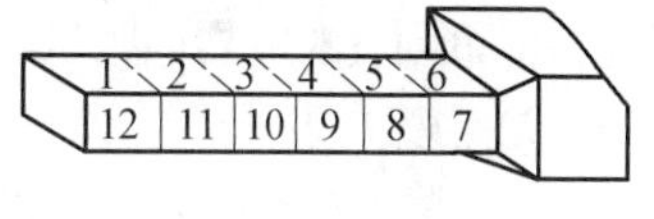

(a) 反复翻转 90° 拔长　　(b) 沿螺旋线翻转 90° 拔长　　(c) 沿长度拔长

图 4.9　拔长

拔长时应注意以下事项：

(1) 拔长时应不断翻转坯料，翻转方法如图 4.9 所示。

(2) 坯料应沿下砧宽度方向送进，坯料每次送进量和单位压下量应适当控制，以不产生折叠缺陷为好，送尽量应为砧铁宽度的 30% ~70%，下压量应大于或等于送进量。

(3) 拔长扁方断面的坯料，应控制宽高比不超过 2.5 ~3。

(4) 大直径圆坯料拔长到小直径圆锻件时，应先锻成方形截面，到边长接近锻件的直径时，锻成八角形，再滚打成圆形。

(5) 台阶或凹档锻件，要先在截面分界处压出凹槽，再把一端局部拔长。

3. 冲孔

冲孔是利用冲子在坯料上冲出通孔或不通孔的锻造工序。冲孔常用于锻造齿轮、套筒和圆环等带孔或空心锻件。

在薄坯料上冲通孔时，可用冲头一次冲出。若坯料较厚时，可先在坯料的一边冲到孔深的 2/3 深度后，拔出冲头，翻转工件，从反面冲通，以避免在孔的周围冲出毛刺，如图 4.10(a) 所示。高径比小于 1.25 的薄饼类锻件的冲孔(图 4.10(b))，可用冲头一次冲出。

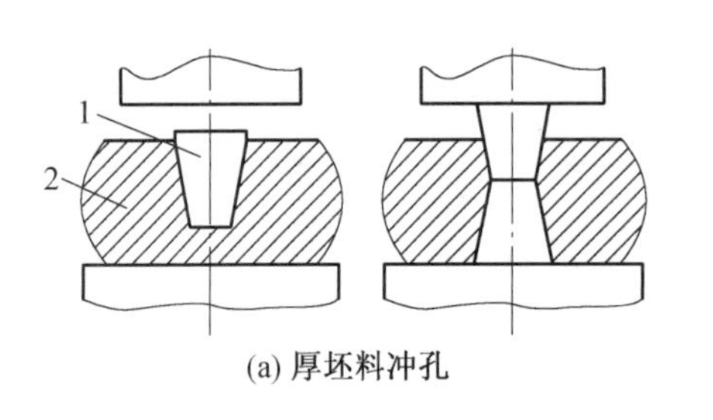

(a) 厚坯料冲孔

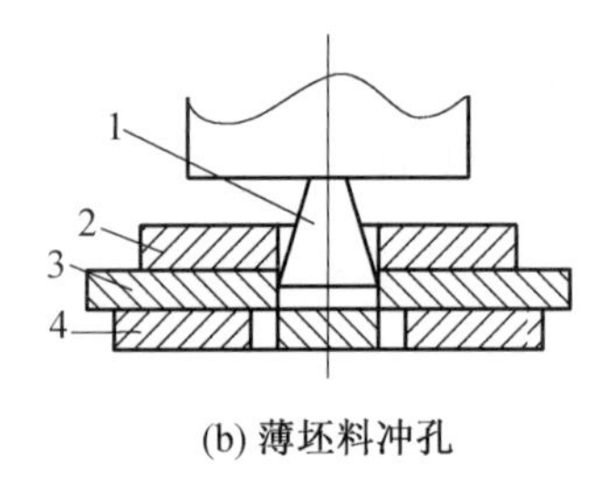

(b) 薄坯料冲孔

图 4.10　冲孔

1—冲头;2—坯料;3—垫环;4—漏盘

冲孔时应注意以下事项:

(1)坯料应先镦粗,目的是尽量减小冲孔深度并使端面平整。

(2)坯料应加热到始锻温度,目的是防止锻件局部变形量大,冲裂。

(3)坯料应先试冲孔,位置准确后再冲深。

4. 扩孔

扩孔是减小空心坯料的壁厚,增加内外径尺寸的锻造工序。常用来锻造各种圆环件。

常用的扩孔基本方法包括:

(1)冲子扩孔。

先将坯料冲出较小的孔,然后用直径较大的冲子,逐步将孔径扩大到要求的尺寸,如图 4.11(a)所示。扩孔时,坯料壁厚减薄,内外径扩大,高度略有减小,每次孔径增大量不宜太大,否则容易沿切向胀裂。若锻件孔径要求较大,必须更换不同直径的冲子,多次冲孔。

(2)芯棒扩孔。

将芯棒穿入预先冲好孔的坯料中,安放在支架上,芯棒就相当于下砧块,锤击时芯棒不断地绕轴心线转动带动坯料旋转,使坯料周而复始地受到打击,直至扩孔到要求尺寸为止,如图 4.11(b)所示。芯棒扩孔时,壁厚减小,内外径尺寸增大,高度稍有增加,坯料的高度应比锻件高度稍小些。

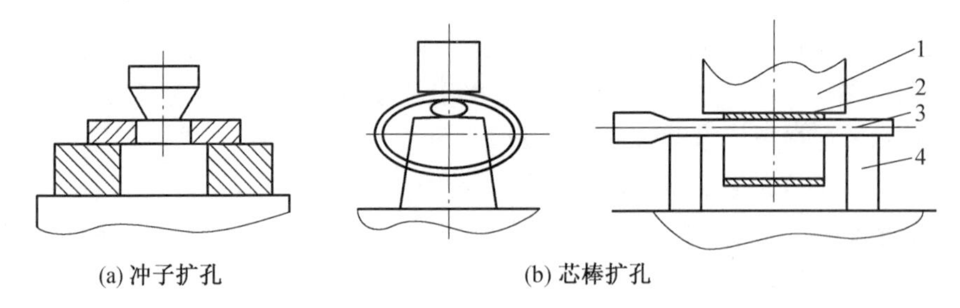

(a) 冲子扩孔　　(b) 芯棒扩孔

图 4.11　扩孔

1—扩孔砧子;2—坯料;3—芯棒;4—支架

5. 弯曲

弯曲是使坯料弯成一定角度或形状的锻造工序。常用于角尺、吊环、弯板等工件。锻造时,只需将待弯部位加热。坯料在弯曲过程中,弯曲区内层金属受压缩,并发生褶皱;外层金属因受拉伸而使断面积减小,长度略有增加(图 4.12(a))。弯曲半径越小,弯曲角度越大,上述现象越严重。为了消除拉缩现象对弯曲件质量的影响,可在弯曲部位预先稍加增大坯料的断面积。一般取断面比锻件稍大(约增大10% ~15%)的坯料预先拔长不弯曲部分,然后进行弯曲成形(图4.12(b))。隆起聚集部分的体积与形状,视具体情况而定。

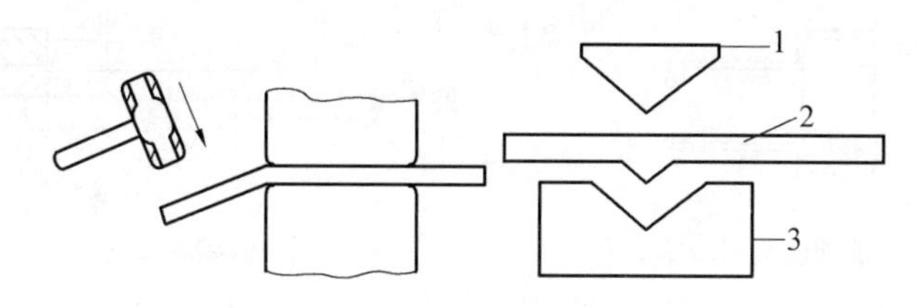

图4.12 弯曲

1—模芯;2—坯料;3—垫模

6. 扭转

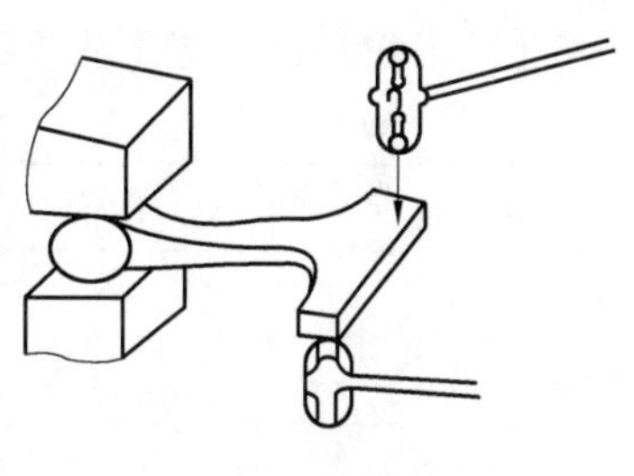

图4.13 扭转

扭转是使坯料绕自身的轴线旋转一定角度的锻造工序(图4.13)。常用于锻造曲轴、麻花钻头等工件。扭转变形的特点是扭转区的长度略有缩短,直径略有增大;内外层长度缩短不均,内层长度缩短较少,外层长度缩短较多。因此,在内层产生轴向压应力,在外层产生轴向拉应力。当扭转角度α过大时,或扭转低塑性金属时,就有可能在坯料表面产生裂纹。为了提高锻件质量,避免扭转时产生裂纹,要求受扭转的部分必须沿全长的横截面积均匀一致,表面要光滑无缺陷;扭转部分应加热到金属所允许的最高温度,加热均匀热透;扭转后的锻件要缓冷,最好是锻后退火。

7. 切割

切割(切断)是将坯料切开或部分切开的锻造工序。常用于下料或切除锻件的余料。

8. 错移

错移是将坯料的一部分对另一部分互相平行错开的锻造工序,如图4.14所示。常用来锻造双拐或多拐曲轴等工件。错移前,先在错移部位压肩,然后加垫板及支承,锻打错开,最后修整。

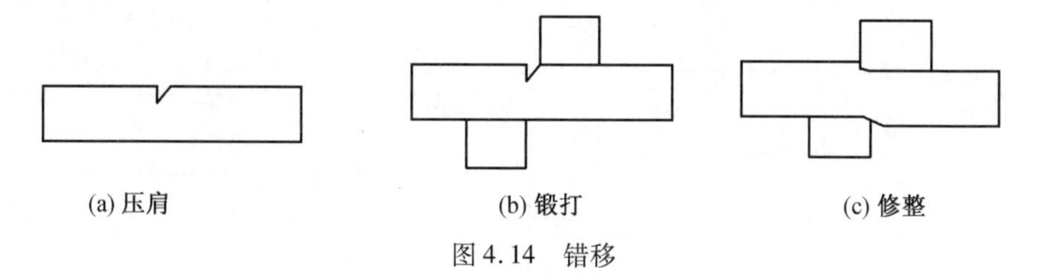

图4.14 错移

4.2.3 自由锻工艺规程

自由锻工艺规程操作如下。

1. 绘制锻件图

锻件图是根据零件图和锻造该零件毛坯的锻造工艺来绘制的,如图4.15所示,在锻件图中尺寸标注:尺寸线上面的尺寸为锻件尺寸;尺寸线下面的尺寸为零件图尺寸并用括弧注明;也可只标注锻件尺寸。

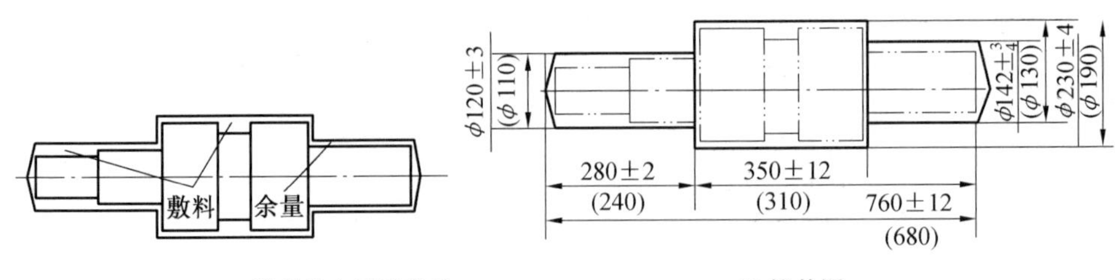

(a) 锻件的余量及敷料　　(b) 锻件图

图 4.15　锻件图

2. 典型锻件自由锻工艺过程

(1)齿轮坯自由锻工艺过程见表 4.3。

表 4.3　齿轮坯自由锻工艺过程

锻件名称	齿轮毛坯	工艺类型	自由锻
材　　料	45 号钢	设　　备	150 kg 空气锤
加热次数	1 次	锻造温度范围	850 ~ 1 200 ℃
锻　件　图		坯　料　图	
ϕ28±1.5 29±1 44±1 ϕ60±1 ϕ90±1		ϕ50 125	

序号	工序名称	工 序 简 图	使用工具	操作工艺
1	镦　粗		火　钳 镦粗漏盘	控制镦粗后的高度为镦粗漏盘的 45 mm
2	冲　孔		火　钳 镦粗漏盘 冲　子 冲子漏盘	1. 注意冲子对中。 2. 采用双面冲孔,左图为工件翻转后将孔冲透的情况。

续表 4.3

序号	工序名称	工序简图	使用工具	操作工艺
3	修正外圆	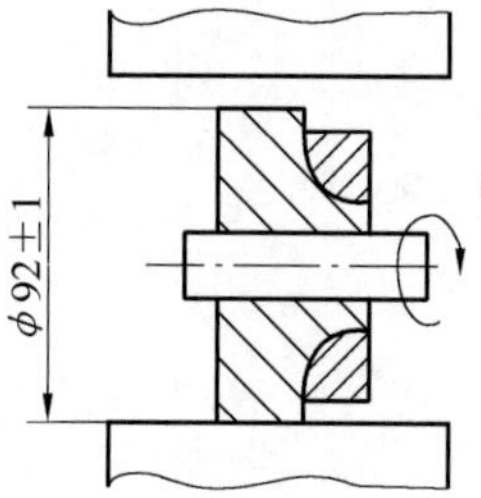 $\phi92\pm1$	火钳 冲子	边轻打边旋转锻件,使外圆清除鼓形,并达到 $\phi92\pm1$ mm
4	修整平面	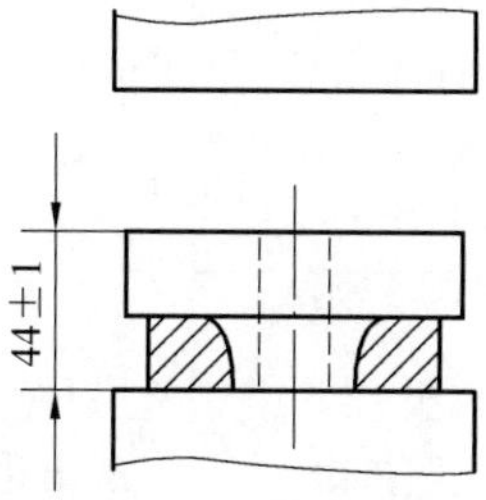 44 ± 1	火钳	轻打(如端面不平还要边打边转动锻件),使锻件厚度达到 44±1 mm

(2)阶梯轴零件自由锻工艺过程见表4.4。

表 4.4 齿轮轴坯自由锻工艺过程

锻件名称	齿轮轴毛坯	工艺类型	自由锻
材料	45号钢	设备	75 kg 空气锤
加热次数	2次	锻造温度范围	800 ~ 1 200 ℃
锻件图		坯料图	
		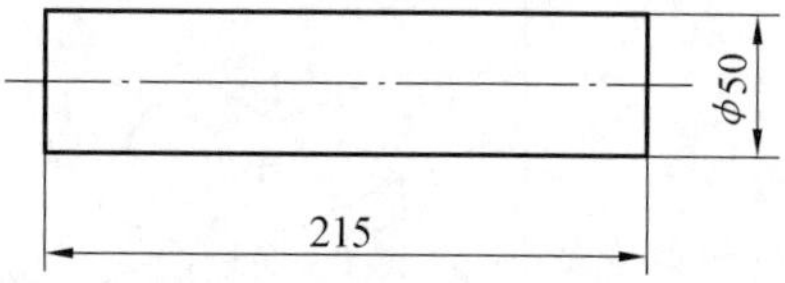 $\phi50$ 215	

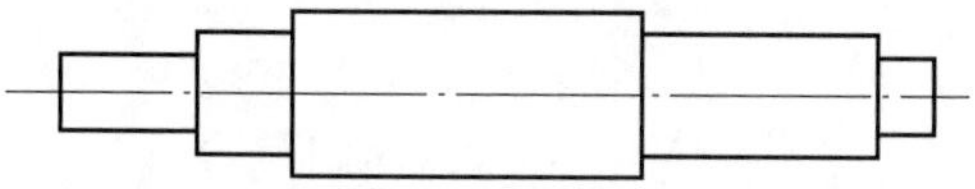

序号	工序名称	工序简图	使用工具	操作工艺
1	压肩	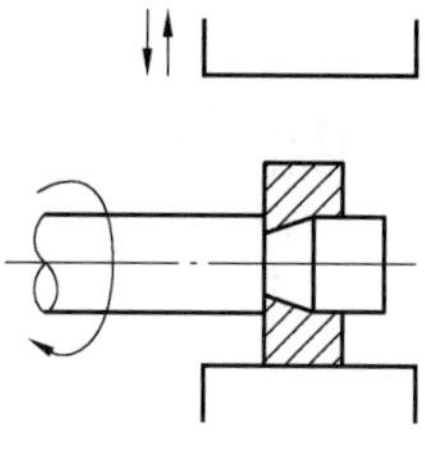	圆口钳 压肩摔子	边轻打,边旋转锻件

续表 4.4

序号	工序名称	工 序 简 图	使用工具	操作工艺
2	拔长		圆口钳	将压肩一端拔长至直径不小于 ϕ40 mm
3	摔圆		圆口钳 摔圆摔子	将拔长部分摔圆至 ϕ40 ± 1 mm
4	压肩		圆口钳 压肩摔子	截出中段长度 88 mm 后,将另一端压肩
5	拔长		尖口钳	将压肩一端拔长至直径不小于 ϕ40
6	摔圆修整		圆口钳 摔圆摔子	将拔长部分摔圆至 ϕ40 ± 1 mm

4.3 模　　锻

4.3.1 模　锻

模锻是在外力的作用下使金属坯料在模具内产生塑性变形并充满模膛(模具型腔)

以获得所需形状和尺寸的锻件的锻造方法。大多数金属是在热态下模锻的,所以模锻也称为热模锻。

模锻与自由锻相比有以下特点:

(1)能够锻出形状更为复杂、尺寸比较准确的锻件,生产效率比较高。

(2)可以大量生产形状和尺寸都基本相同的锻件,便于随后的切削加工过程采用自动机床和自动生产线。

(3)模锻后的锻件内部形成带有方向性的纤维组织,即流线。选定合理的模锻工艺和模具,使流线的分布与零件的外形一致,可以显著提高锻件的机械性能。

(4)模锻件的精度高,加工余量小。在实际生产中,锻件加工余量都按标准选用。使用特殊的精密锻造工艺,严格控制锻件的局部公差,不留切削加工余量,不再切削,是现代模锻技术的发展方向之一。

(5)模锻一般适用于大批量生产或用于对锻件的形状和性能有较高要求的场合。模锻需要专用的模具,模具必须用优质合金工具钢制造,模膛形状复杂,要求精度高,加工量大,生产周期长,价格昂贵。

4.3.2 模锻方法

模锻通常按所用的设备不同,分为锤模锻、压力机上模锻、胎膜锻。

1. 锤模锻

锤模锻是将上模固定在锤头上,下模紧固在模垫上,通过随锤头做上下往复运动的上模,对置于下模中的金属坯料施以直接锻击,来获取锻件的锻造方法。锤模锻在生产中应用较广泛。锤模锻时,金属的变形是在模具的各个模膛中依次完成,在每个模膛中的锻打变形称一个工步,如图4.16所示。锻造时,先将坯料加热到始锻温度,再由人工将锻坯按工序移置于相应的模膛中,接受锻锤依次打击,并在终锻模膛中最后成形。

典型的锤模锻经过以下六个工序:

(1)镦粗。用来减小坯料高度,增大横截面积。

(2)拔长。将坯料绕轴线翻转并沿轴线送进,用来减小坯料局部截面,延长坯料长度。

(3)滚压。操作时只翻转不送进,可使坯料局部截面聚集增大,并使整个坯料的外表浑圆光滑。

(4)弯曲。用来改变坯料轴线形状。

(5)预锻。改善锻件成形条件,减少终锻模膛的磨损。

(6)终锻。使锻件最终成形,决定锻件的形状和精度,在终锻模膛的四周开有飞边槽。

2. 模锻压力机

(1)模锻压力机工艺特点比较。

用于模锻生产的压力机有摩擦压力机、平锻机、水压机、曲柄压力机等,其工艺特点的比较见表4.5。

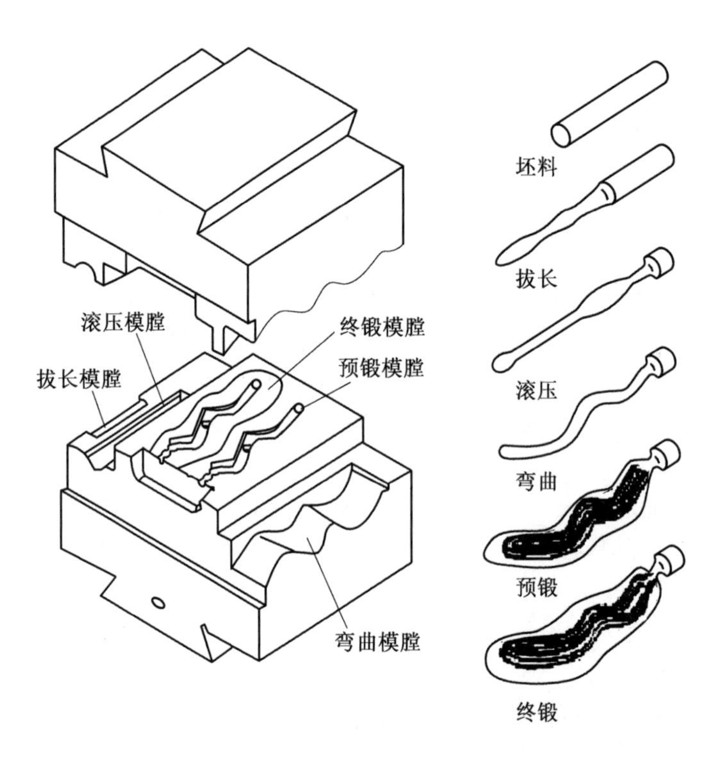

图 4.16　模锻过程

表 4.5　压力机上模锻方法的工艺特点比较

锻造方法	设备类型		工艺特点	应用
	结构	构造特点		
摩擦压力机上模锻	摩擦压力机	滑块行程可控，速度为(0.5～1.0) m/s，带有顶料装置，机架受力，形成封闭力系，每分钟行程次数少，传动效率低	特别适合于锻造低塑性合金钢和非铁金属；简化了模具设计与制造，同时可锻造更复杂的锻件；承受偏心载荷能力差；可实现轻、重打，能进行多次锻打，还可进行弯曲、精压、切飞边、冲连皮、校正等工序	中、小型锻件的小批和中批生产
曲柄压力机上模锻	曲柄压力机	工作时，滑块行程固定，无震动，噪声小，合模准确，有顶杆装置，设备刚度好	金属在模膛中一次成形，氧化皮不易除掉，终锻前常采用预成形及预锻工步，不宜拔长、滚挤，可进行局部镦粗，锻件精度较高，模锻斜度小，生产率高，适合短轴类锻件	大批量生产

续表 4.5

锻造方法	设备类型		工艺特点	应用
	结构	构造特点		
平锻机上模锻	平锻机	滑块水平运动,行程固定,具有互相垂直的两组分模面,无顶出装置,合模准确,设备刚度好	扩大了模锻适用范围,金属在模膛中一次成形,锻件精度较高,生产率高,材料利用率高,适合锻造带头的杆类和有孔的各种合金锻件,对非回转体及中心不对称的锻件较难锻造	大批量生产
水压机上模锻	水压机	行程不固定,工作速度为(0.1~0.3)m/s,无震动,有顶杆装置	模锻时一次压成,不宜多膛模锻,适合于锻造镁铝合金大锻件,深孔锻件,不太适合于锻造小尺寸锻件	大批量生产

(2)摩擦压力机。

摩擦压力机是一种万能性较强的压力加工机器,应用较为广泛。摩擦压力机结构及其传动原理如图4.17所示。摩擦压力机是以电动机为动力,通过三角皮带使装在主轴上的两个摩擦圆盘转动,用操纵杆可使主轴沿其轴向移动,这样可使一个摩擦圆盘与飞轮的边缘靠紧使之转动。飞轮固定在螺杆上,螺母固定在机架上,滑块用轴承与螺杆下端连接。由于飞轮与两个摩擦圆盘分别接触,可获得不同方向的转动,带动滑块上下运动。上模固定在滑块上,下模固定在工作台上。

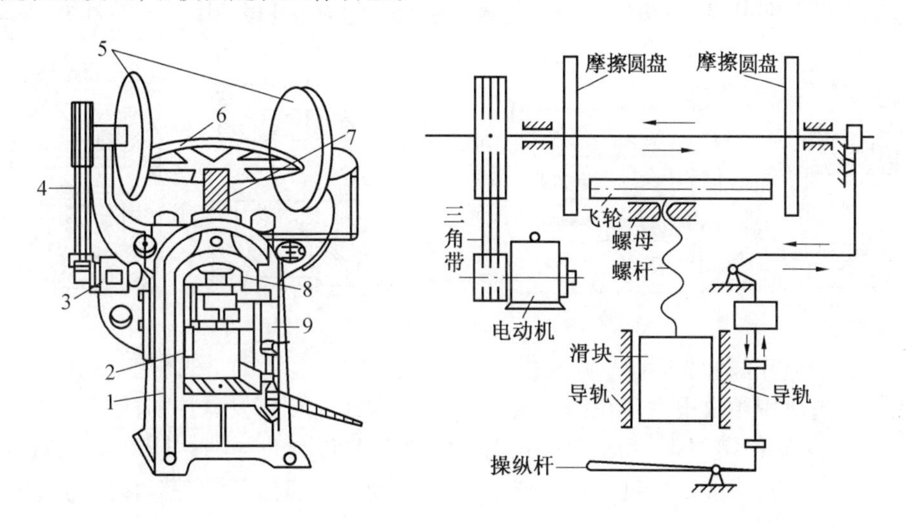

图4.17 摩擦压力机

1—支架;2—导轨;3—电动机;4—三角带;5—摩擦圆盘;6—飞轮;7—螺杆;8—螺母;9—操纵杆

3. 胎膜锻

胎模锻是在自由锻设备上用胎模生产模锻件的工艺方法,如图4.18所示。因此胎模锻兼有自由锻和模锻的特点。胎模锻适合于中、小批量生产小型多品种的锻件,特别适合于没有模锻设备的工厂。

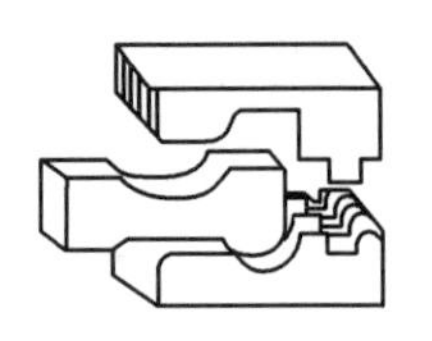
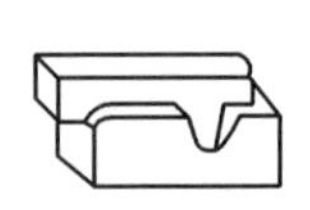
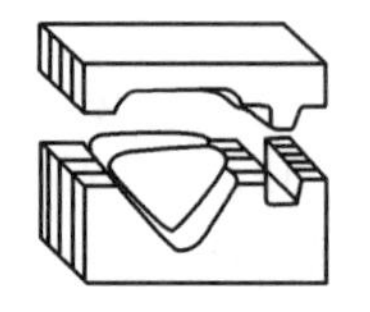

图 4.18　胎模锻

(1)胎模锻的特点。

①胎模锻件的形状和尺寸基本与锻工技术无关,靠模具来保证。对工人技术要求不高,操作简便,生产效率高。

②胎模锻造的形状准确,尺寸精度较高,因而工艺余块少、加工余量小。节约了金属,减轻了后续加工的工作量。

③胎模锻件在胎模内成型,锻件内部组织致密,纤维分布更符合性能要求。

(2)常用胎膜结构。

常用的胎膜结构有扣模、合模、套筒模、摔模和弯模等。

①扣模。用于对坯料进行全部或局部扣形,如图 4.19(a)所示。主要生产长杆非回转体锻件,也可为合模锻造制坯。用扣模锻造时毛坯不转动。

②合模。通常由上模和下模组成,如图 4.19(b)所示。主要用于生产形状复杂的非回转体锻件,如连杆、叉形锻件等。

③套筒模。简称筒模或套模,锻模呈套筒形,可分为开式筒模,如图 4.20(a)所示和闭式筒模,如图 4.20(b)所示两种。主要用于锻造法兰盘、齿轮等回转体锻件的锻造。

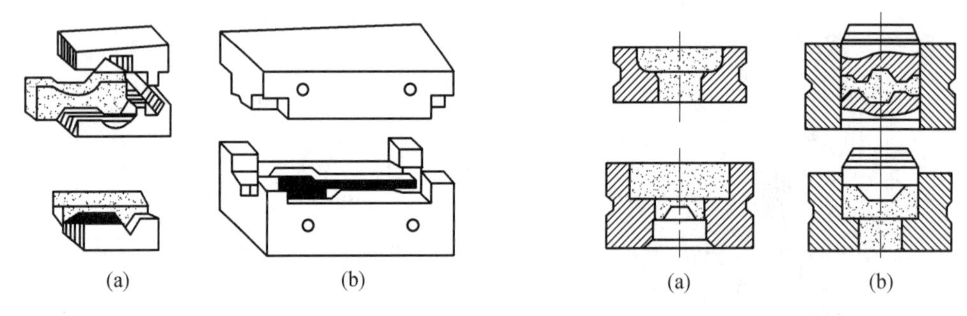

图 4.19　扣模和合模的结构　　图 4.20　套筒模的结构

胎模锻造所用胎模不固定在锤头或砧座上,按加工过程需要,可随时放在上下砧铁上进行锻造,也可随时搬下来。锻造时,先把下模放在下砧铁上,再把加热的坯料放在模膛内,然后合上上模,用锻锤锻打上模背部。待上、下模接触,坯料便在模膛内锻成锻件。

4.4　板料冲压

板料冲压是利用模具,借助冲床的冲击力使板料产生分离或变形,从而获得所需形状和尺寸的毛坯或零件加工方法。冲压和锻造同属压力加工,合称锻压。

板料冲压的厚度一般不超过 1 ~ 2 mm,由于其冲压前不需加热,又称之为冷冲压。冲压件表面粗糙度较小,一般不需要进行切削加工。

板料冲压特点:

(1)冲压制品具有尺寸精确、表面光洁,质量稳定,互换性好等优点,一般不再进行切削加工即可装配使用。

(2)冲压操作简单,生产率高,易于实现机械化和自动化。

(3)冲压件具有材料消耗少、质量轻、强度高和刚度好等优点。

(4)冲模精度要求高,结构较复杂,生产周期较长,制造成本较高,故只适用于大批量生产场合。

4.4.1 冲 床

冲床是进行冲压加工的基本设备,它可完成除剪切外的绝大多数冲压基本工序。冲床按其结构可分为单柱式和双柱式、开式和闭式等。图4.21为常见开式双柱式冲床简图。电动机通过V带和减速系统带动大带轮转动。踩下踏板后,离合器闭合,带动曲轴旋转,经过连杆带动滑块沿导轨做上、下往复运动,进行冲压。如果踩下踏板后立即抬起,滑块冲压一次后便在制动器作用下,停止工作。若踏板不抬起,滑块进行连续冲压。

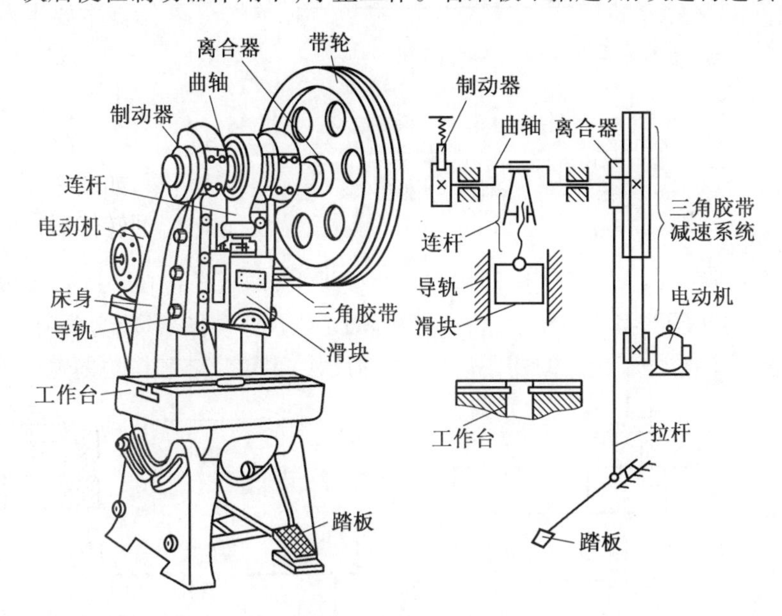

图4.21 开式双柱式冲床

表示冲床性能由如下几个技术参数表示:

(1)公称压力。即冲床的吨位,它是滑块运行至最下位置时所产生的最大压力。

(2)滑块行程。曲轴旋转时,滑块从最上位置到最下位置所走过的距离,它等于曲柄回转半径的两倍。

(3)闭合高度。滑块在行程至最下端时,下表面到工作台面的距离。冲床的闭合高度应与冲模的高度相适应。可以通过调整连杆的长度对冲床的闭合高度进行调整。

4.4.2 冲 模

冲模是使板料分离或变形的工具。冲模一般分为上模和下模两部分,上模用模柄固定在冲床滑块上,下模用螺栓固定在工作台上。冲模按基本构造可分为简单模、连续模和复合模三类。

1. 简单模

简单模是指在冲床的一次行程中只能完成一个过程的冲模。图4.22为落料用的简单模。

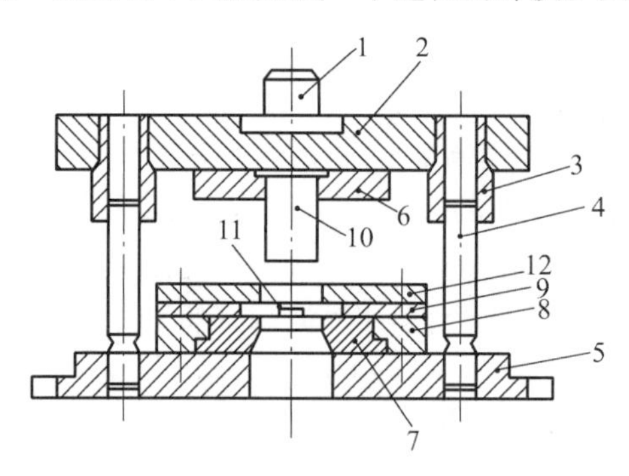

图4.22 简单模

1—模柄;2—上模板;3—导套;4—导柱;5—下模板;6—压板;7—凹模;8—压板;9—导板;10—凸板;11—定位销;12—卸料板

2. 连续模

连续模是把两个以上冲压工序安排在一块模板上,冲压设备在一次行程内可完成两个或两个以上的冲压工序的冲模。这种冲模提高了生产率。图4.23为落料冲孔连续模。设计此类模具要注意各工位之间的距离、零件的尺寸、定位尺寸和搭边的宽度等。

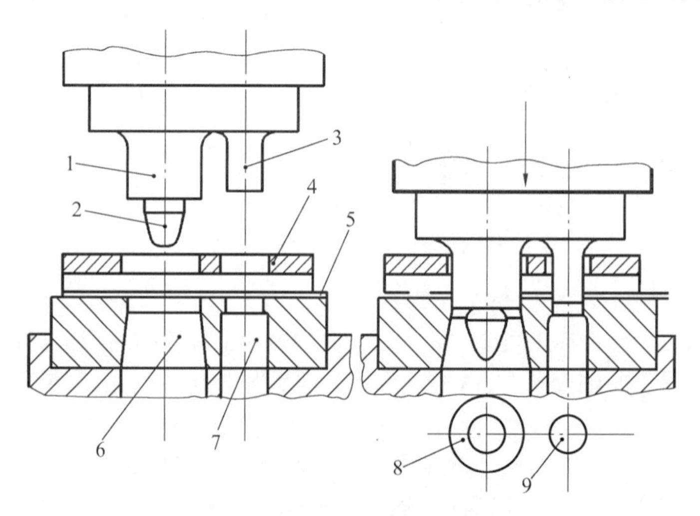

图4.23 连续模

1—落料凸模;2—定位销;3—冲孔凸模;4—卸料板;5—坯料;6—落料模膛;7—冲孔模膛;8—成品;9—废料

3. 复合模

复合模在冲压设备的一次行程中,在模具同一部位同时完成数道冲压工序。图4.24为落料冲孔复合模。模具的最大特点是有一个凹凸模,凹凸模的外端为落料的凸模刃口,而内孔则为冲孔的凹模。冲床一次行程内可完成落料和冲孔。

复合模具有生产率高、工件平整度好、冲压件位置精度高的特点。复合模适用于产量大、精度高的冲压件。

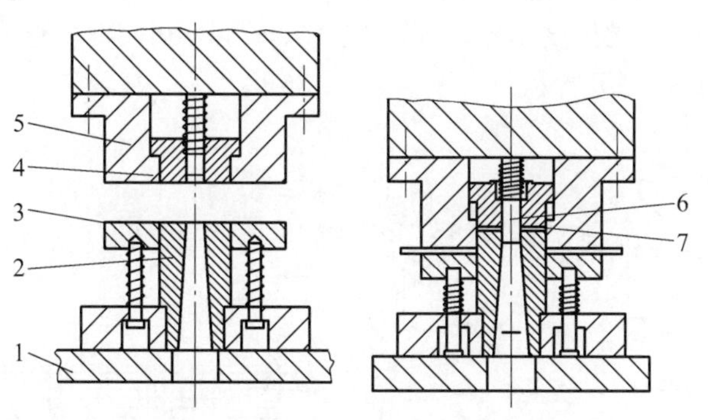

图4.24　落料及冲孔复合模

1—模板;2—凸凹模;3—坯料;4—压板;5—落料凹模;6—冲孔凸模;7—零件

4.4.3　板料冲压基本工序

按板料在加工中是否分离,冲压工艺一般可分为分离工序和成形工序两大类。分离工序是在冲压过程中使冲压件与坯料沿一定的轮廓线互相分离的冲压工序,主要有落料、冲孔、和切断等。成形工序是使坯料塑性变形而获得所需形状和尺寸的制件的冲压工序。主要有拉深、弯曲、翻边、卷边、胀形等。

1. 分离工序

(1)冲裁。冲裁是使料板沿封闭轮廓分离的工序,包括:冲孔和落料。冲裁过程如图4.25所示。

①落料:从板料上冲出所需要外形的零件或坯料,冲下部分是成品。

②冲孔:在板料上冲出孔,冲下部分是废料。

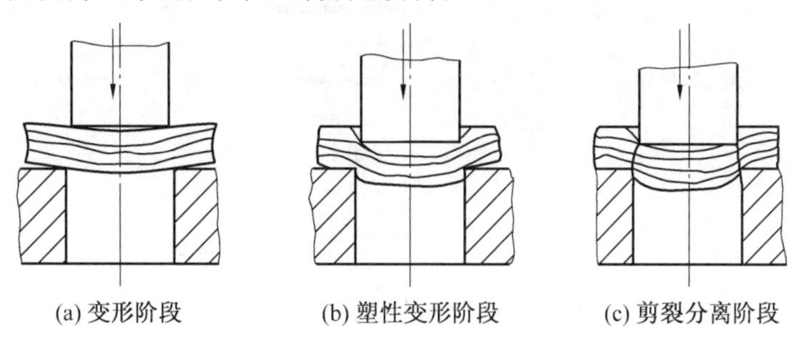

图4.25　冲裁过程

(2)切断。切断时使料板沿不封闭轮廓分离的冲压工序。通常是在剪板机上将大料板或带料切断成适合生产的小料板、条料。

2. 成型工序

(1)弯曲。将金属材料弯曲成一定角度和形状的工艺方法称为弯曲。弯曲成形不仅可以加工料板,也可加工管子和型材。弯曲方法可分为:压弯、拉弯、折弯、滚弯等。最常见的是在压力机上压弯。弯曲的过程如图 4.26 所示。

弯曲变形主要发生在弯曲中心角 ϕ 对应的范围内,中心角以外区域基本不发生变形。变形前 aa 段与 bb 段长度相等,弯曲变形后,aa 弧长小于 bb 弧长,在 ab 以外两侧的直边段没有变形如图 4.27 所示。

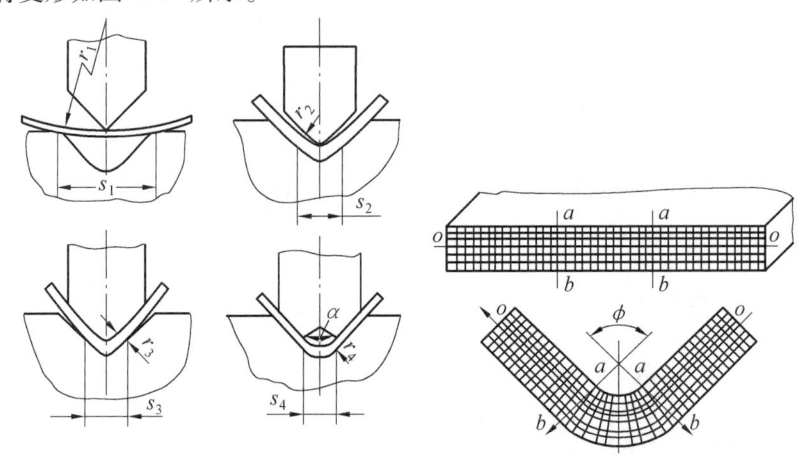

图 4.26　弯曲过程　　　　图 4.27　弯曲变形区

形状简单的弯曲件,如 V 形、U 形、Z 形等,只需一次弯曲就可以成形。形状复杂的弯曲件,要两次或多次弯曲成形,多次弯曲成形时,一般先弯两端的形状,后弯中间部分的形状,如图 4.28 所示。对于精度较高或特别小的弯曲件,尽可能在一副模具上完成多次弯曲成形。

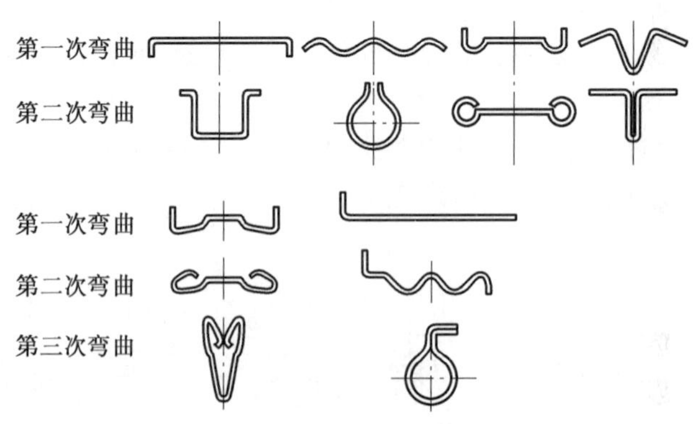

图 4.28　多次弯曲成形

(2)拉伸。拉伸是使平面板料成形为中空形状零件的冲压工序。拉深工艺可分为不变薄拉伸和变薄拉伸两种,不变薄拉伸件的壁厚与毛坯厚度基本相同,工业上应用较多,变薄拉伸件的壁厚则明显小于毛坯厚度。下面介绍圆筒形不变薄拉伸工艺。拉伸变形过程如图 4.29 所示。

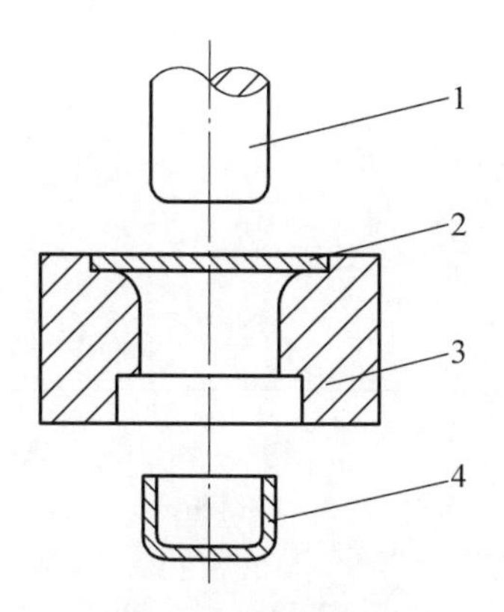

图4.29 拉伸变形过程
1—凸模;2—毛坯;3—凹模;
4—工件

为避免板料拉裂,冲头和凹模的各工作部位应加工成圆角。为减少摩擦阻力,凹模和冲头之间的间隙等于板厚的1.1~1.2倍。

(3)翻边。翻边是用冲模在带孔的平板工件上用扩孔的方法获得凸缘或把平板沿一定的曲线位置翻起竖直直边的方法。孔翻边的过程如图4.30所示,翻边孔的变形要受到限制,否则会将板料拉裂。

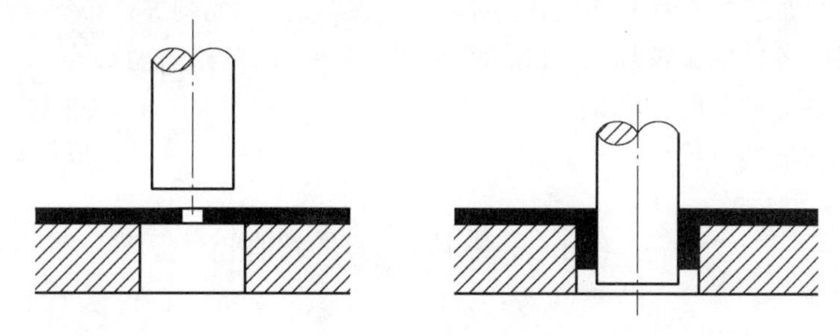

图4.30 翻边过程

第5章 钳工

钳工是现代工业生产中一个专门的工种，一般来说，钳工是利用各种手工工具及一些简单设备来完成目前机械加工方法中不太适宜或还不能完成的工作。根据生产实践的需要，钳工又产生了专业性的分工，有划线钳工、工具钳工、装配钳工和机修钳工等。

钳工的基本操作方法有：划线、锯削、锉削、钻孔、铰孔、攻螺纹、套螺纹、刮削、研磨等。

钳工的应用范围很广，一般可以完成如下工作：

①零件加工前的准备工作，如清理毛坯和在工件上划线等；

②完成零件加工的某些加工工序，如钻孔、攻螺纹及去毛刺等；

③进行某些零件的精密加工，如配刮、研磨、锉样板以及修磨模具等；

④机器和仪器的装配和调试；

⑤机器和仪器的维护和修理。

5.1 台虎钳及锉削

5.1.1 台虎钳

台虎钳有固定式和回转式两种（图5.1）。由于回转式台虎钳使用方便，故应用较广。回转式台虎钳的构造如图5.1所示。

台虎钳是装夹工件的主要器具，其规格用钳口的宽度来表示。常用台虎钳的钳口宽度为100 mm、125 mm、150 mm三种。螺母装在固定钳口上不动，丝杠转动时带动活动钳口松开或夹紧。丝杠的手柄上不准套上管子或用手锤敲击，以免因受力太大损坏丝杠和丝母。工件应夹在钳口的中部，使钳口左右受力均匀。需要锤击工件时只允许在砧面上进行。

5.1.2 锉削

用锉刀从工件表面锉掉多余的金属，使工件的几何形状、尺寸、表面粗糙度均符合图纸的要求，称为锉削。它是钳工最基本的操作方法。锉削可以加工平面、曲面、内孔、台阶及沟槽等。锉削的表面粗糙度值 $Ra=1.6\sim0.8\ \mu m$。

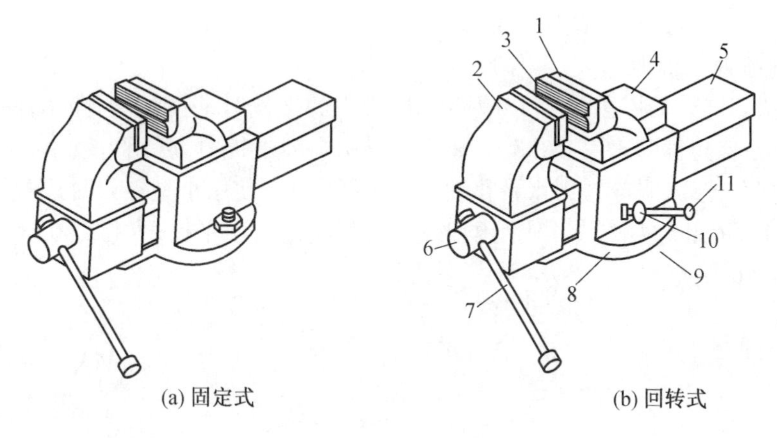

图5.1　台虎钳

1—固定部分;2—活动部分;3—钳口;4—砧座;5—导轨;6—丝杠;7—手柄;8—转座;9—底座;10—紧固螺钉;11—小手柄

1. 锉刀

(1)锉刀的构造。

锉刀的构造如图5.2所示,工作部分的齿纹交叉排列,构成刀齿(图5.3),形成存屑空间。钳工锉的规格以工作部分长度表示,分为100 mm、150 mm、200 mm、250 mm、300 mm、350 mm、400 mm七种。

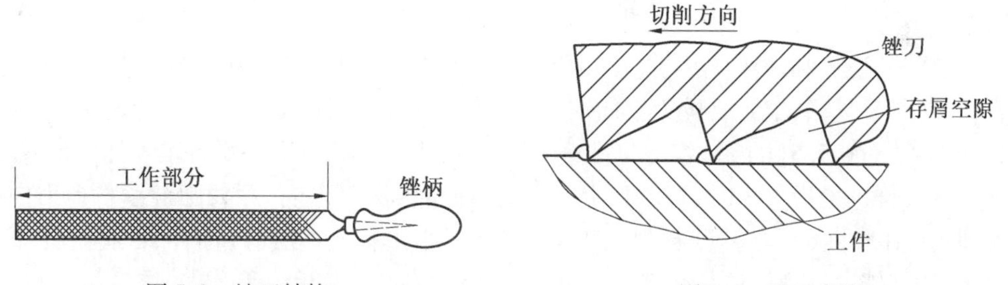

图5.2　锉刀结构　　　图5.3　锉刀齿形

(2)锉刀的种类及选择。

锉刀按每10 mm锉面上齿数的多少,划分为粗齿锉、中齿锉、细齿锉和油光锉,表5.1中列出了它们的特点和应用。

表5.1　锉刀刀齿粗细的划分及特点和应用

锉齿粗细	齿数(10 mm长度)	特　点　和　应　用
粗齿	4～12	齿间大、不易堵塞,适宜粗加工或锉铜、铝等有色金属
中齿	13～23	齿间适中,适于粗锉后加工
细齿	30～40	锉光表面或锉硬金属
油光齿	50～62	精加工时修光表面

根据锉刀尺寸不同,又分为钳工锉和整形锉两种。钳工锉的形状有平锉、圆锉、方锉

等,其中平锉用得最多。整形锉尺寸较小,通常以 10 把形状各异的锉刀为一组,用于修锉小型工件以及某些难以进行机械加工的部位。

(3)怎样正确使用锉刀。

①握锉方法。锉刀的握法如图 5.4 所示,使用大的平锉时,应右手握锉柄,左手压在锉刀的另一端上,保持锉刀水平(图 5.4(a))。使用中型平锉时,因用力较小,用左手的大拇指和食指捏着锉端,引导锉刀水平移动(图 5.4(b))。使用小型锉刀时,左手四个手指压在锉刀的中部(图 5.4(c))。使用整形锉时,只能用右手平握,食指放在锉刀上面,稍加压力(图 5.4(d))。

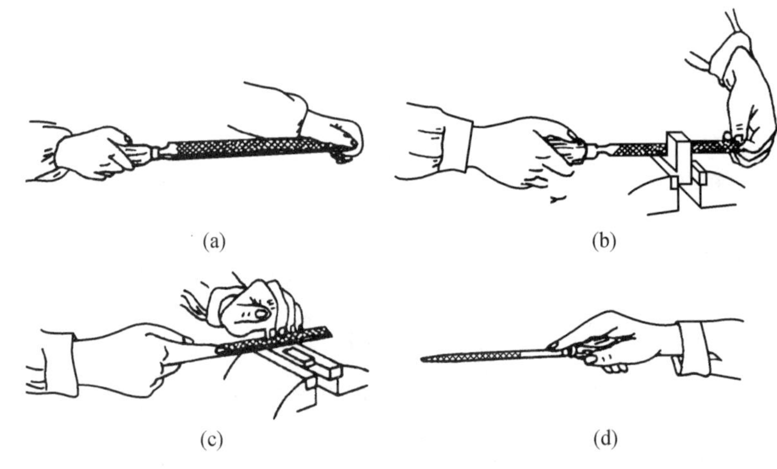

图 5.4　锉刀的握法

②锉削的姿势和动作。开始锉削时,身体稍向前倾 10°左右,重心落在左脚上,右腿伸直,右肘尽量缩回,准备将锉刀推向前进(图 5.5(a))。当锉刀推至 1/3 行程时,身体前倾到 15°左右(图 5.5(b))。锉刀再推进 1/3 行程时,身体倾斜到 18°左右(图 5.6(c))。当锉刀继续推进最后 1/3 时,身体利用反作用力退回到 15°左右,两臂则继续将锉刀向前推进到头(图 5.5(d))。锉削行程结束时,将锉刀稍微抬起,左腿逐渐伸直,将身体重心后移,顺势将锉刀退回到原始位置。锉削速度控制在每分钟 30 ~ 60 次。

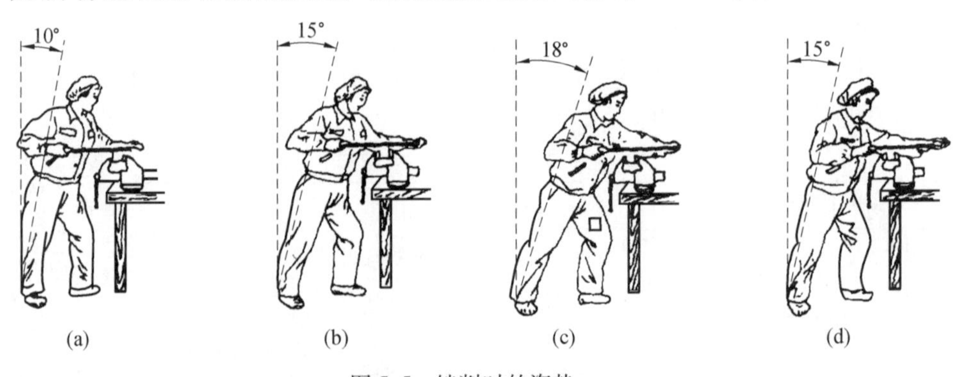

图 5.5　锉削时的姿势

③锉削时左右手压力的变化规律如图 5.6 所示。刚开始向前推锉刀时,即开始位置,左手压力大,右手压力小,两力应逐渐变化,至中间位置时两力相等,再向前推锉时,右手

压力逐渐增大,左手压力逐渐减小。这样使左右手的力矩平衡,使锉刀保持水平运动。否则,开始阶段锉柄下偏,后半段时前段下垂,会形成前后低而中间凸起的表面。

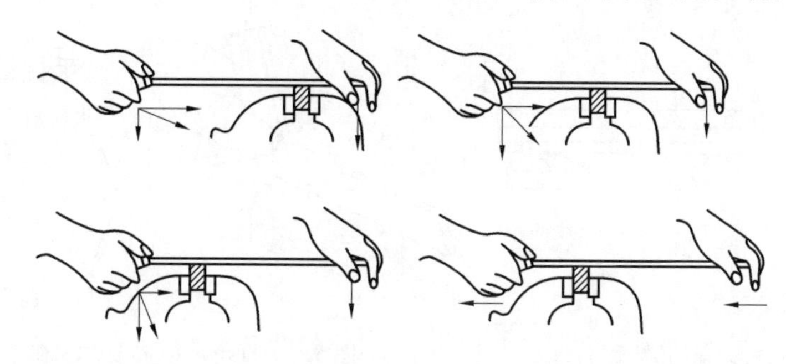

图5.6　锉削时两手用力变化

2. 怎样锉削平面

(1)正确选择锉刀。粗锉刀的齿间空隙大,不易堵塞,适用加工铝、铜等软金属以及加工余量大、精度低和表面质量要求低的工件。细锉刀适于加工钢材、铸铁以及精度和表面质量要求高的工件。光锉刀只用来修整已加工表面,可参考表5.1选择。

(2)正确装夹工件。工件应牢固地装夹在虎钳钳口的中间位置,锉削表面略高于钳口。夹持已加工表面时,应在钳口处垫以铜片或铝片。

(3)正确选择和使用锉削方法。锉削平面的方法有顺向锉法、交叉锉法和推锉法三种(图5.7)。顺向锉一般用于锉平或锉光。交叉锉是先沿一个方向锉一层,然后转90°左右再锉,其切削效率高,多用于粗加工。当锉削面已基本锉平,可用细锉或油光锉采用推锉法修光。推锉法尤其适用于加工较窄的表面,以及用顺向锉法锉刀前进受到阻碍的情况。

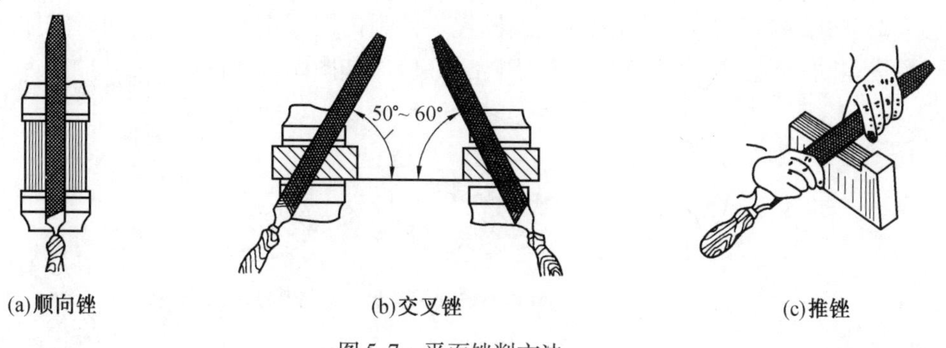

图5.7　平面锉削方法

(4)锉削平面的检查。尺寸可用钢板尺和卡尺检查,直线度、平面度以及垂直度可用刀口形直尺、直角尺等采用透光法进行检查。检查方法如图5.8和图5.9所示。

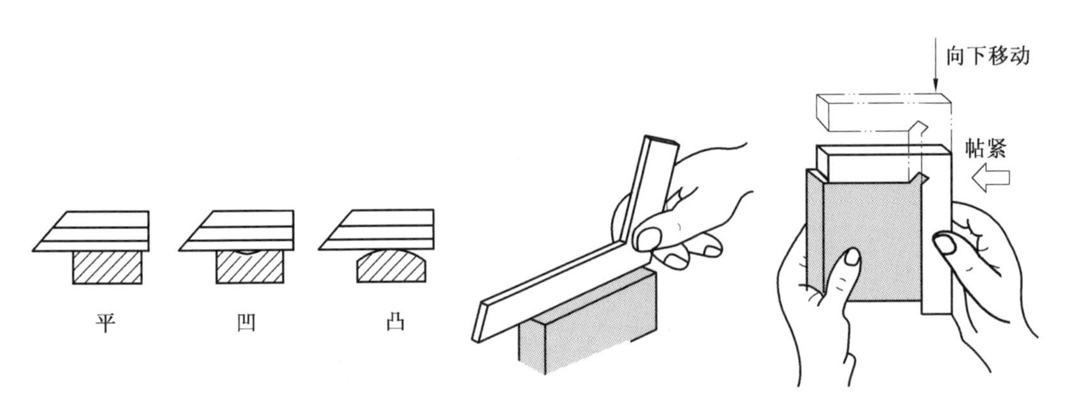

图 5.8　刀口形直尺检查平直度　　　　图 5.9　直角尺检查平直度和垂直度

3. 怎样锉削圆弧

(1)锉削外圆弧时可选用平锉,粗加工时可横着圆弧锉(图 5.10(a))。采用顺向锉削法,精加工时则要顺着圆弧锉(图 5.10(b)),称为滚锉法。此时,锉刀的动作是前进运动和绕工件中心的转动。

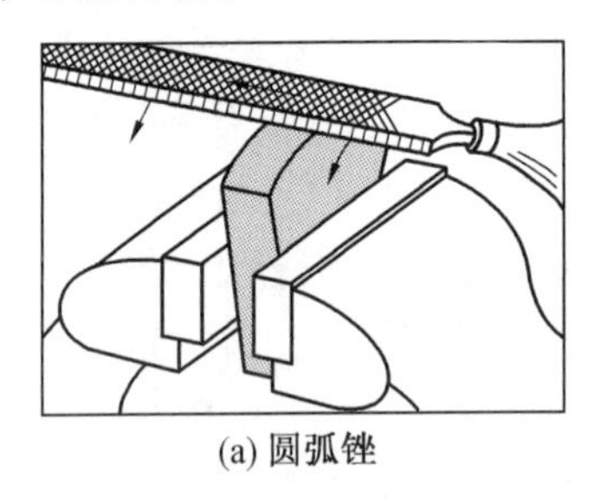

(a) 圆弧锉

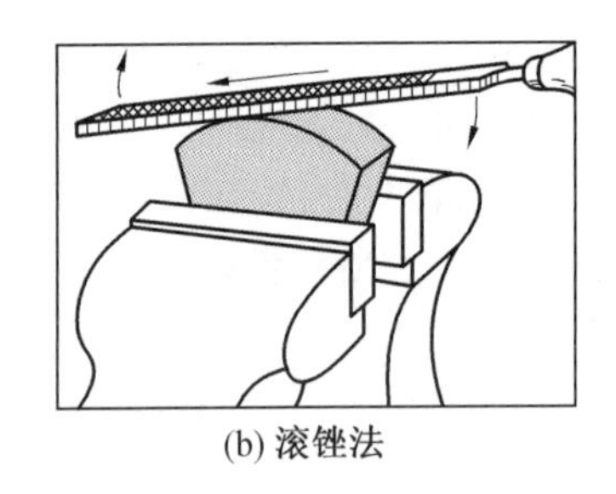

(b) 滚锉法

图 5.10　外圆弧面的锉削

(2)锉削内圆弧面可选用半圆锉或圆锉。锉削内圆弧面时,锉刀要同时完成三个动作:前进运动;向左或向右移动;绕锉刀中心线转动,如图 5.11 所示。

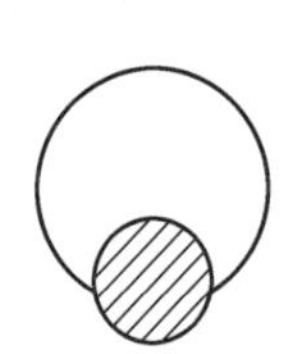

(a) 前进运动

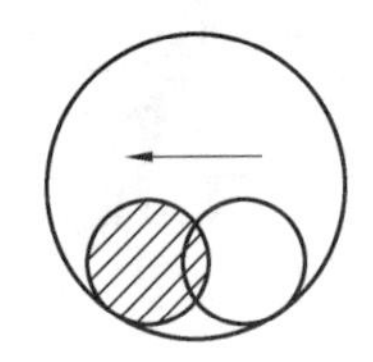

(b) 向左或向右移动

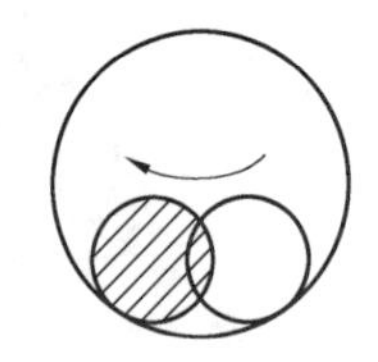

(c) 绕锉刀中心线转动

图 5.11　内圆弧面的锉削

4. 锉削注意事项

锉刀必须安装手柄才能使用,以免刺伤手心;锉削时不应用手触摸锉削表面,否则再锉时将打滑;不可用锉刀锉硬皮、氧化皮或淬硬的工件,以免锉齿过早磨损;锉刀被切屑堵塞,应用钢丝刷顺着锉纹方向刷去铁屑;一般情况下,锉刀不可沾水和油,以免锈蚀和锉削时打滑;放置锉刀不应伸出工作台面,以免碰落摔断或砸伤脚面。

5.2 锯　削

用锯切割材料或在工件上锯槽的加工称为锯削。

5.2.1 手锯的结构

手锯由锯弓和锯条组成，锯弓用来安装并张紧锯条，有固定式和可调式两种，常用的是可调式锯弓，如图5.12所示。

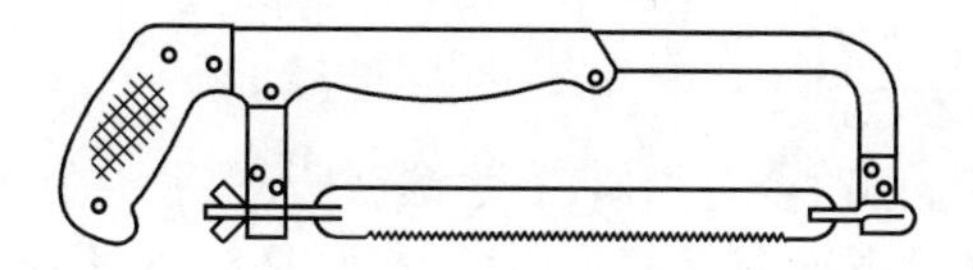

图5.12　可调式锯弓

锯条由碳素工具钢制成，并经热处理淬火，性能硬而脆，若使用不当很容易折断。

常用锯条的长度为300 mm，宽12～13 mm，厚0.6 mm。为了减少锯条在锯削时的摩擦阻力，通常将锯齿制成左右交叉的波形锯齿形式，如图5.13所示。锯条按锯齿的齿距大小，可分为粗齿、中齿和细齿三种，锯条的齿距及用途见表5.2。

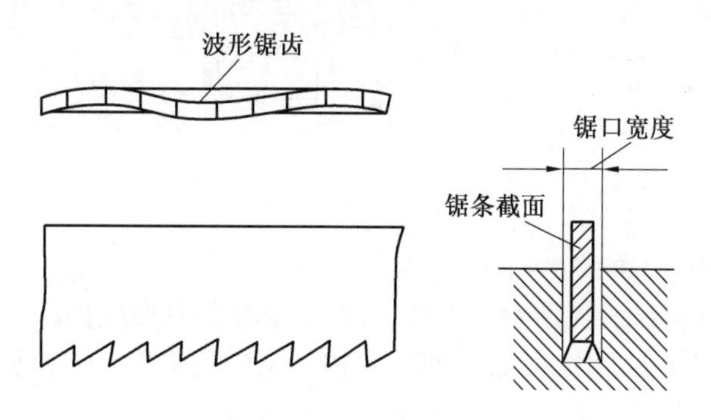

图5.13　锯齿波形排列

表5.2　锯条的齿距及用途

锯齿粗细	每25 mm长度内含齿数目	用　途
粗齿	14～18	锯铜、铝等软金属及厚工件
中齿	24	加工普通钢、铸铁及中等厚度的工件
细齿	32	锯硬钢板料及薄壁管子

5.2.2 锯削方法

1. 锯条的安装

安装锯条时，须注意安装方向，因手锯在向前推进时才起到切削作用，所以应将齿尖的方向朝前，如图5.14所示。锯弓上的蝶形螺母可调节锯条的松紧：锯条调节过紧，锯条受力较大,锯削时很容易折断;锯条调节过松也容易折断,并且锯出的锯缝歪斜,一般用拇指和食指将蝶形螺母旋紧即可。

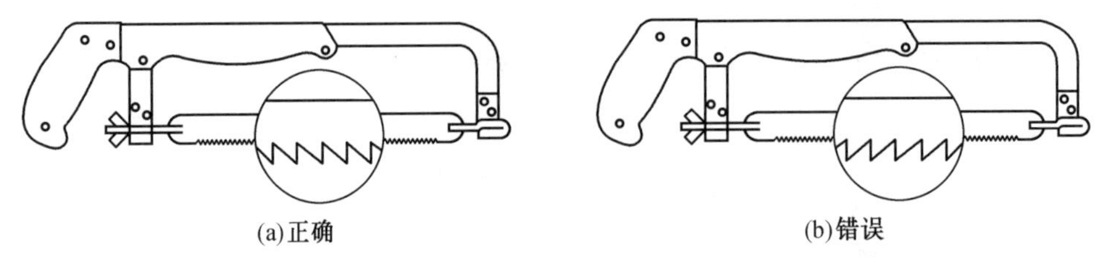

(a)正确　　(b)错误

图 5.14　锯条的安装

2. 站立姿势和握锯方法

锯削时站立姿势和锉削时姿势相似,右手握锯柄,左手压在锯弓前端。锯削时右手主要控制推力;左手配合右手扶正锯弓并施加压力,如图 5.15 所示。

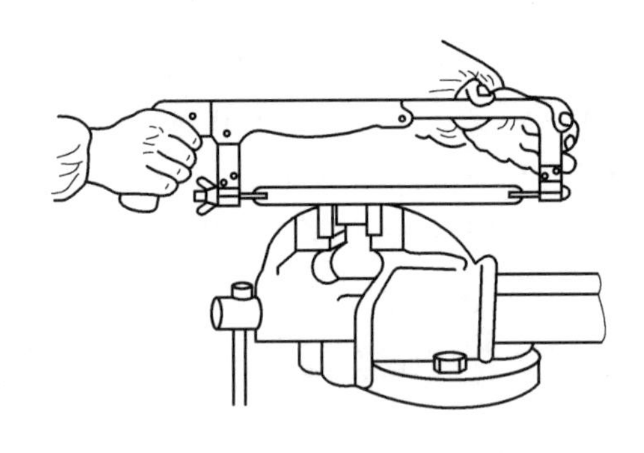

图 5.15　手锯的握法

3. 工件的装夹

锯线选在靠近钳口处,伸出钳口不宜过远,以免锯削时产生振动。锯线应和钳口边缘平行,工件尽可能夹在台虎钳左边,以便于操作。工件应夹紧,但要防止变形和破坏已加工表面。

4. 起锯方法

起锯对锯削质量有直接影响,起锯时用左手的拇指挡住锯条,起导向作用,如图 5.16 所示。右手将锯弓稍斜锯出一条槽,锯削时行程要短,压力要小,速度要慢,当槽深 2 ~ 3 mm 时,锯条已不会滑出槽外,左手拇指可离开锯条,进行正常锯削。起锯时,有远起锯和近起锯两种。锯条与工件之间起锯角控制在 10° ~ 15°左右(图 5.17)不易过大,以免崩齿。

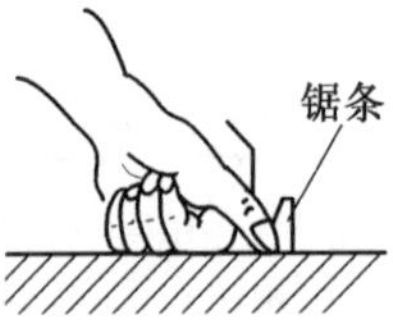

锯条

图 5.16　起锯时的导向

5. 锯削动作

锯削时,锯弓做往复运动,左手施压,右手施压的同时并将手锯推进;用力要均匀,锯条返回时,不起切削作用,两手不再施加压力,使锯条稍微抬起或使锯条轻轻划过加工表面。锯削终了时,用手扶住被锯下部分并减少压力和速度。锯削时速度不宜太快,可控制 30 ~ 40 次/min 左右。锯削时,应使锯条的大部分都利用上,即往返长度不小于 80%,以

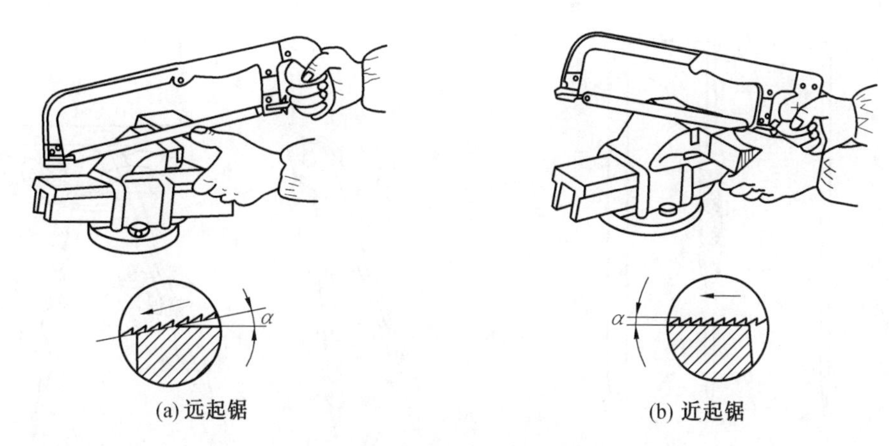

图5.17　起锯方法

免锯条局部磨损。锯缝产生歪斜时，不可强扭锯条，可将工件翻转90°重新起锯。锯削时，为了润滑和散热，可使用润滑剂延长锯条的使用寿命，锯钢件时用机油、锯铝件时用水。

5.3　划　　线

5.3.1　划线的定义、作用及种类

1. 划线的定义

根据图纸要求，在毛坯或半成品上划出加工图形或加工界线的操作，称为划线。

2. 划线的作用

划出清晰的界线作为工件装夹或加工的依据；检查毛坯的形状是否合乎要求，剔除不合格的毛坯；合理分配各表面的加工余量（借料）和确定孔的位置。

3. 划线的种类

划线分平面划线和立体划线两种。划线要求线段清晰、尺寸准确。由于划出的线条有一定宽度，故划线误差约为0.25～0.5 mm，通常不能按划线来确定最后加工尺寸，在加工过程中，是靠测量来控制尺寸精度。划线错误将会导致工件报废。所以，划完线后一定要进行检查是否有漏划的线或错误，如果有误要纠正过来。

5.3.2　划线常用工具及用途

1. 划针

划针是用工具钢或弹簧钢制成的，也有用硬质合金焊接制成的，端部磨锐便于划线（图5.18）。

2. 划规

划规用中碳钢或工具钢制成，两端淬火后磨尖锐（图5.19），可用来划圆弧、等分线段、等分角度及量取尺寸等。

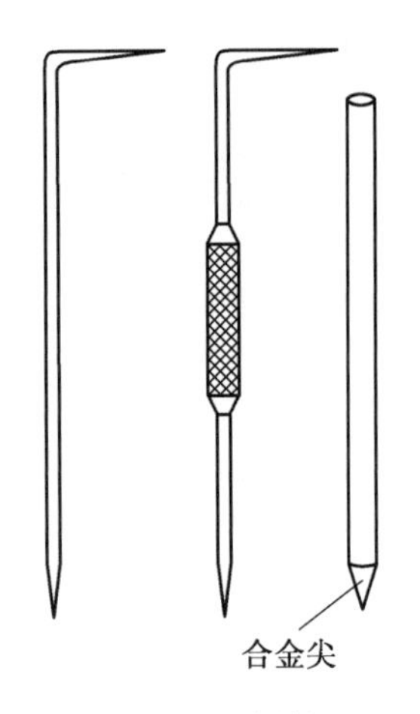

图 5.18　划针

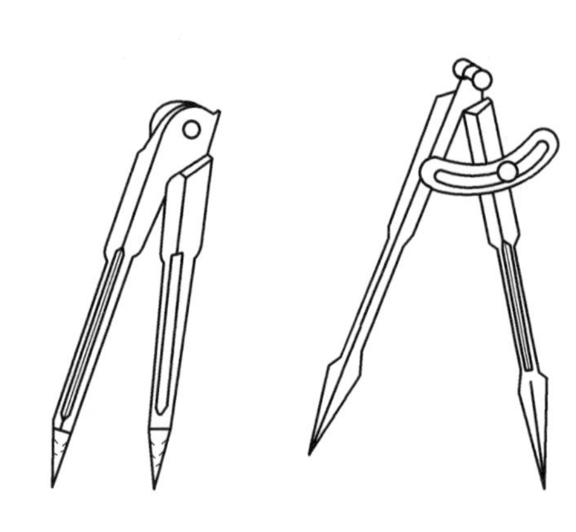

图 5.19　划规

3. 划线平板

划线平板用铸铁制成,工作表面经精刨或刮削加工,平面精度较高,划线时作为基准面(图 5.20)。平板使用时,工作表面要保持清洁,防止铁屑、灰砂等在划线工具或工件的拖动下划伤平板工作表面。工件在平板上应轻拿轻放,避免撞击,不可在平板上敲击工件;平板使用后应擦净并涂油防锈。

4. 划线盘

划线盘用来在划线平板上对工件进行划线或找正位置(图 5.21)。

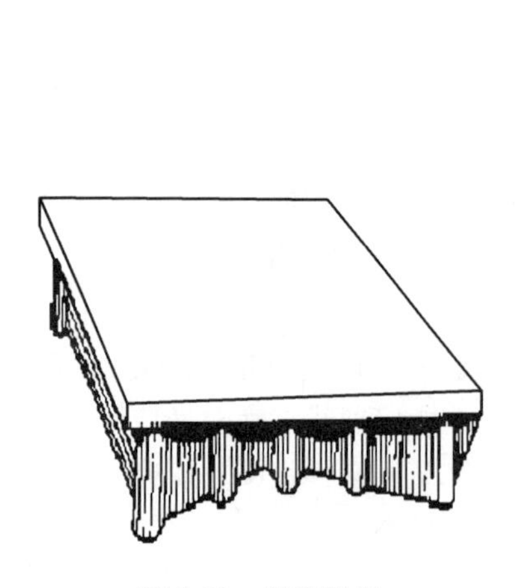

图 5.20　划线平板

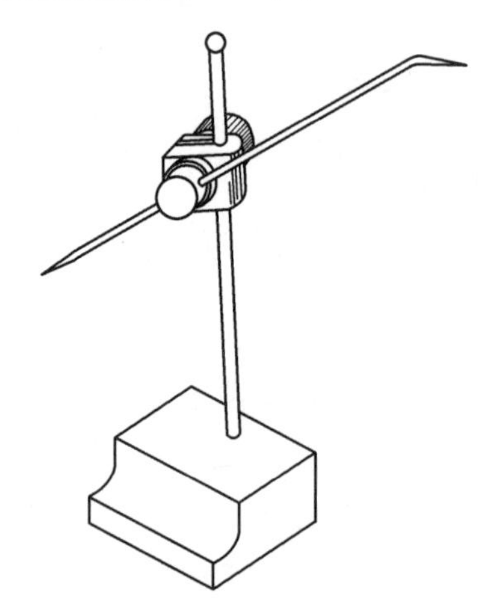

图 5.21　划线盘

5. 高度尺

普通高度尺由钢直尺和底座组成(图 5.22(a))。配合划线盘量取划线高度尺寸。游标高度尺是一种精密量具(图 5.22(b)),读数值可达 0.02 mm,装有硬质合金划线脚,能直接调整划线高度尺寸,并进行划线。

6. 直角尺

直角尺在划线时常用来做划平行线或垂直线的导向工具,也可用来检查工件加工表面的垂直度(图 5.23)。

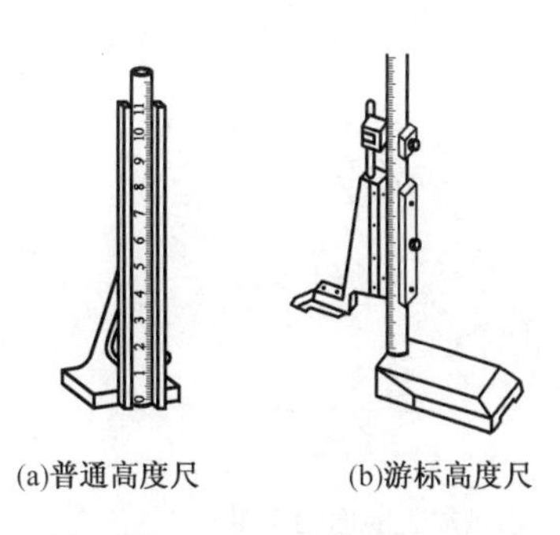

图5.22　高度尺

图5.23　直角尺

7. 样冲

样冲用工具钢制成,淬火后磨尖(图5.24)。用样冲打出样冲眼后,便于用划规划出圆弧,并能在钻孔时使钻头对准钻孔中心。

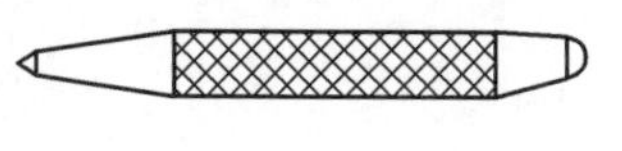

图5.24　样冲

8. 划线方箱

划线方箱用铸铁制成,表面经刮削加工。相对平面相互平行;相邻平面相互垂直(图5.25),方箱上有夹紧装置,可将小型工件夹持在方箱上,通过翻转方箱即可把工件上互相垂直的线条在一次装夹中全部划出。划线工具还有手锤(0.5 kg或更小)、V形铁、千斤顶、万能分度头等。

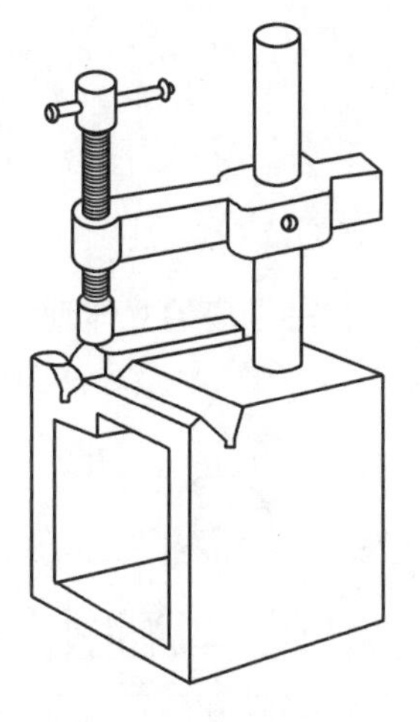

图5.25　划线方箱

5.3.3　划线基准的选择

在划线时,用来确定各部位尺寸、几何形状及相对位置的依据称为划线基准。在零件图上,用来确定基准点、线、面位置的基准称为设计基准。划线时,所取划线基准尽可能与设计基准一致,这样可提高划线质量和效率。

1. 平面划线实例

图5.26(a)和图5.26(b)分别是以孔的中心线为基准和以加工的互相垂直的两面为基准的划线。在齿轮内孔上划键槽线的步骤为:如图5.27所示,先划出基准线*A*—*A*;在*A*—*A*线两边2 mm处划出两条平行线,就是键槽宽度的界线;从*B*点量出16.3 mm处,划一条与*A*—*A*线的垂直线,就是键槽的深度界线;校对尺寸无误后,在所划线上打样冲眼,也可以不打样冲眼。

2. 立体划线

在工件的三个坐标方向的表面上,如长、宽、高方向上的划线称为立体划线。

划线的准备工作及注意事项:划线表面需涂一层薄而均匀的涂料,毛坯面用大白浆,已加工面用紫色涂料,用铅块或木块堵孔,以便确定孔的中心。工件支承要牢固、稳当,以防滑倒或移动;在一次支承中,应把需要划出的平行线划全,以免补划时费工费时及造成误差;应注意正确使用划线工具、爱护精密工具。

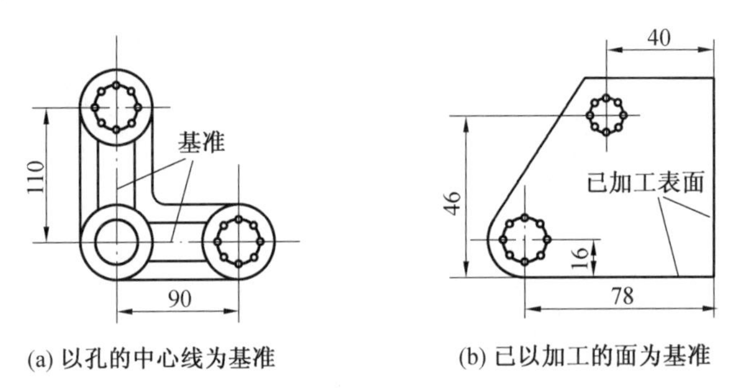

图 5.26　划线基准

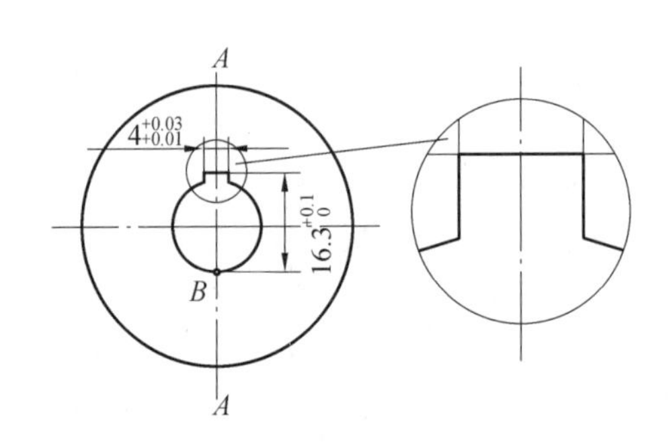

图 5.27　平面划线实例

3. 轴承座的立体划线步骤

(1) 画轴承座零件图,如图 5.28 所示。

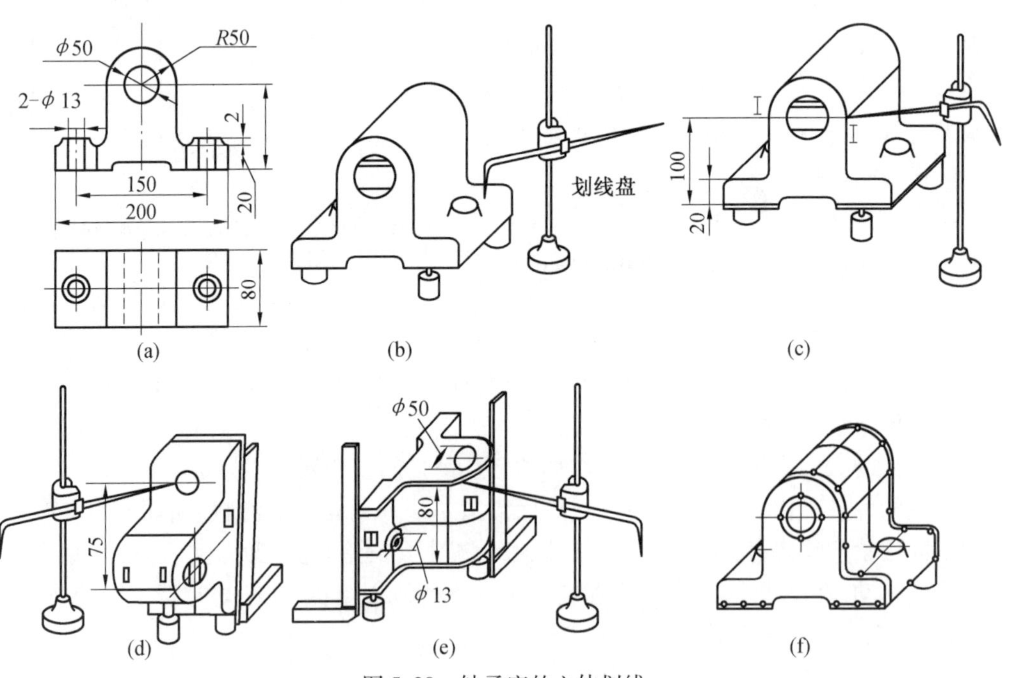

图 5.28　轴承座的立体划线

(2)根据孔中心及上平面,调节千斤顶,使工件水平,中心孔中放置塞块。

(3)划底面加工线和大孔的水平中心线。

(4)将工件翻转90°,调节千斤顶,用直角尺找正,划大孔的垂直中心线及螺钉孔的中心线。

(5)将工件再翻转90°,用直角尺在两个方向上找正,划螺钉孔另一方向的中心线及端面加工线。

(6)打样冲眼,划 ϕ50 孔线、2-ϕ13 孔线。取下塞块。

5.4 錾　　削

錾削是用手锤敲击錾子,对工件进行切削加工的方法。

錾削主要用于不便于机械加工的场合。如去毛刺、分隔板材、錾削油槽等。通过錾削的基本训练,可以掌握正确的锤击技能。为机械设备的修理和安装打下良好的基础。

5.4.1 手锤、錾子的种类和用途

钳工用手锤是由锤头和木柄组成,锤头由碳素工具钢模锻成形,锤头两端经热处理淬硬。锤头规格有0.25 kg、0.5 kg、1 kg、1.5 kg、2 kg 等。木柄长度按锤头大小不同长260 ~ 400 mm 不等。

錾子一般用碳素工具钢锻成,切削刃部经热处理淬硬,达 HRC 56 ~ 62。錾子按用途不同制成不同形状,如图5.29所示。阔錾(扁錾)常用于切削平面、切割和去毛刺。狭錾(尖錾)用于开槽。油槽錾用于錾切润滑油槽。扁冲錾用于打通两个钻孔之间的间隔。錾子的头部没有经过淬火,在砂轮上进行修磨后再使用,以免发生危险。錾子的头部如图5.30所示。

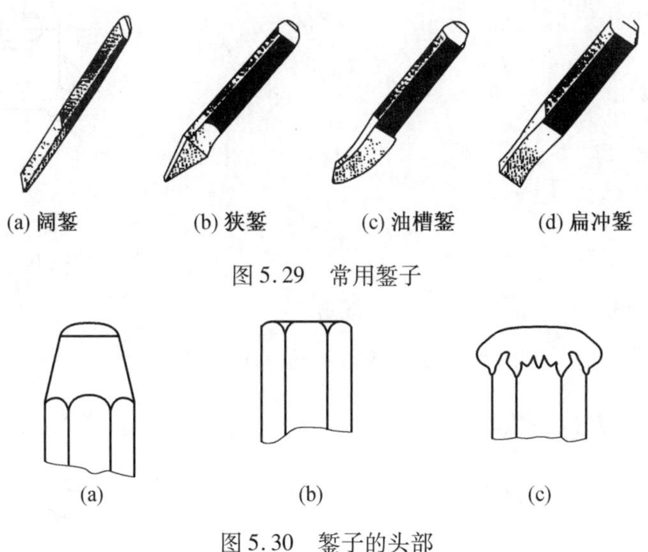

图5.29 常用錾子

图5.30 錾子的头部

5.4.2 鍪削方法

鍪削时站立的姿势与锉削时相似。

1. 握鍪法

根据零件加工的要求，鍪削时握鍪的方法主要有：正握法、反握法、立握法（见图5.31）。

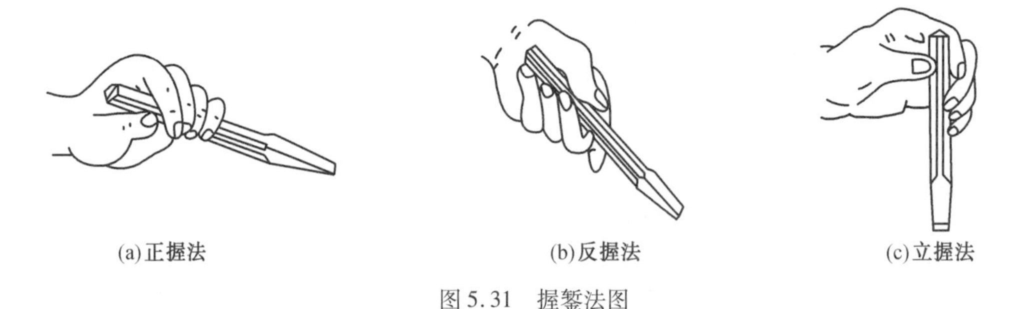

图5.31　握鍪法图

2. 挥锤方法和应用

右手握住锤柄尾部，鍪削时的挥锤动作有腕挥、肘挥和臂挥三种。

(1)腕挥。靠腕部的动作挥锤敲击(图5.32(a))，锤击力小，适用于鍪削的开始与收尾及需要轻微鍪削的工作。

(2)肘挥。靠手腕和肘的活动挥动小手臂，锤击力较大，应用很广泛(图5.32(b))。

(3)臂挥。腕、肘和臂联合动作，挥锤时手腕和肘伸向后上方(图5.32(c))。锤击力很大，适用于大锤击力的鍪削工作。这种方法要求技术熟练，经过一定时间的训练才能掌握，应用较少。

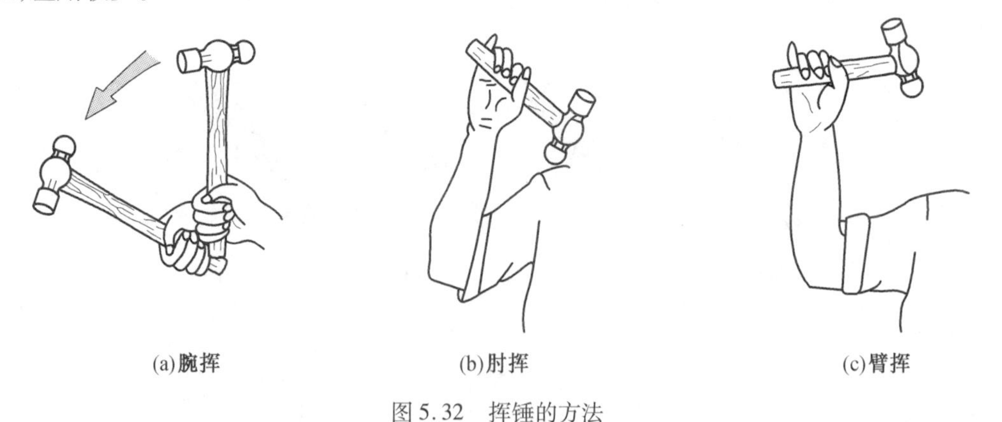

图5.32　挥锤的方法

5.4.3 鍪削方法实例

根据鍪削材料的不同选用大小适当的手锤和适当的鍪子，不同的握鍪方法和挥锤方式如图5.33、5.34所示。

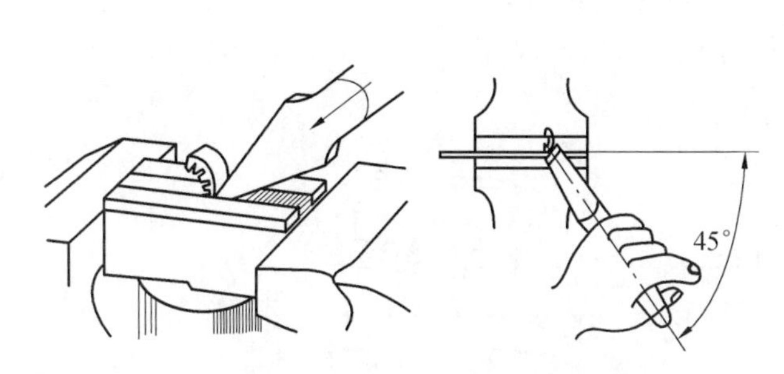

图5.33　在台虎钳上錾切板料

图5.34　在铁砧上錾切板料

5.5　刮　　削

用刮刀在工件已加工表面上刮去一层薄金属的加工称为刮削。刮削是钳工的一种精密加工。刮削后的表面粗糙度值 Ra 小于1.6 μm。

刮削常用于一般机械加工精度难以达到的场合，如：机床导轨面、标准平板、滑动轴承内孔、工具和量具的测量表面等。刮削生产效率低，故一般加工余量小于0.1 mm。

5.5.1　刮　刀

刮刀分平面刮刀和曲面刮刀两大类，一般用优质碳素工具钢或轴承钢锻制而成。刮刀头部具有足够的硬度，刃口必须锋利，刮削硬度较高的工件，可在刀头部分焊上硬质合金。

1. 平面刮刀

平面刮刀有整体式和镶嵌式两种（见图5.35（a）和图5.35（b）），平面刮刀按形状不同，又分直头刮刀和弯头刮刀两种（见图5.35（a）和图5.35（c））。

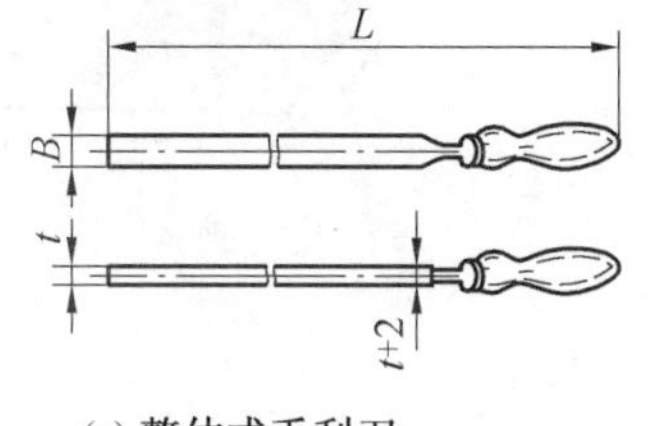

(a) 整体式手刮刀

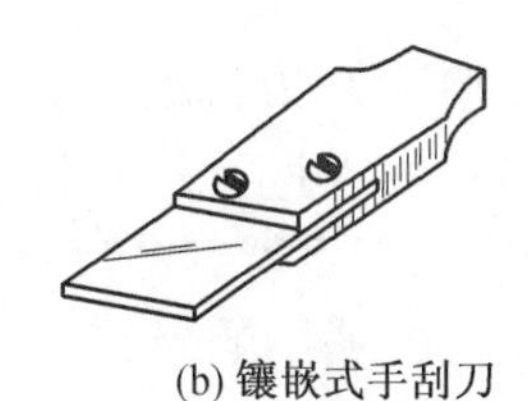

(b) 镶嵌式手刮刀

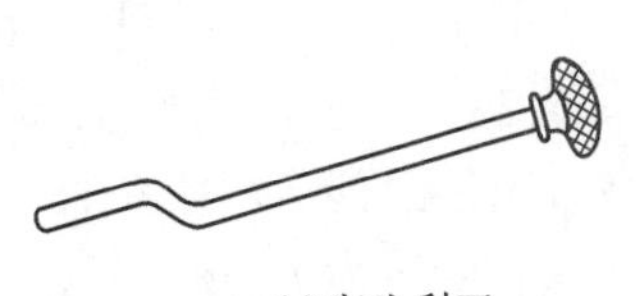

(c) 弯头刮刀

图5.35　平面刮刀

2. 曲面刮刀

曲面刮刀有三角刮刀、圆头刮刀和蛇头刮刀三种（见图5.36）。

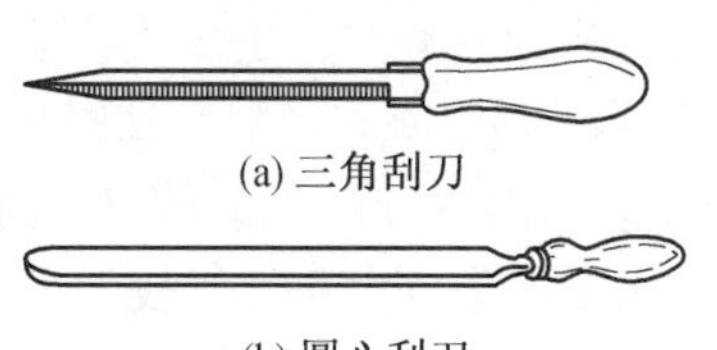

(a) 三角刮刀

(b) 圆心刮刀

(c) 蛇头刮刀

图5.36　曲面刮刀

5.5.2　刮削校准工具和显示剂

校准工具是用来推磨刮点和检验刮削平面准确性的工具。常用的有标准平板、标准直尺、角度直尺等（见图5.37）。标准平板用来校验较宽的平面；标准直尺用来校验狭长的平面;角度直尺用来校验两个刮削面成角度的组合平面,如燕尾导轨、V形导轨等。显示剂与校准工具配合使用,检验刮削平面的准确性,将显示剂涂在被刮削的表面上,与校准工具对研后,在刮削表面上现出黑色亮点,刮削时易于看清,辨别出刮削位置。常用的显示剂是红丹粉。

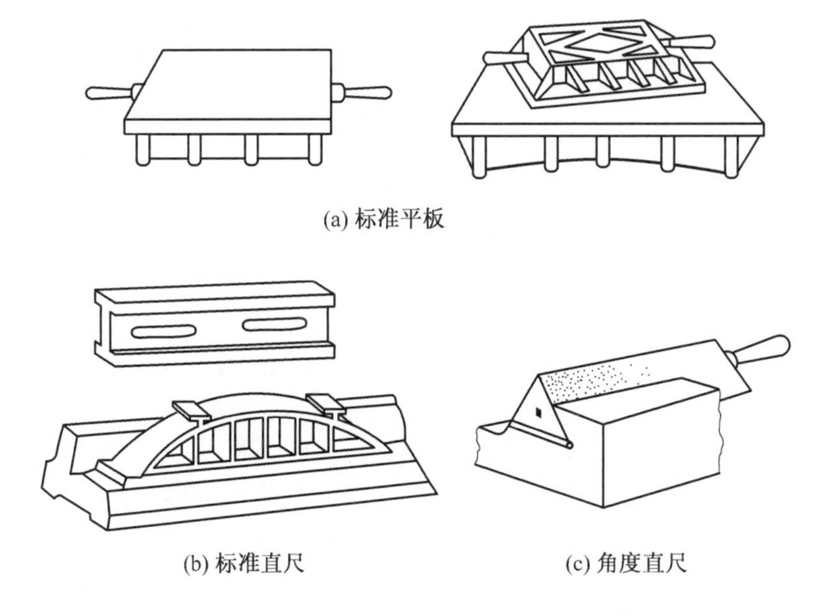

(a) 标准平板

(b) 标准直尺　　(c) 角度直尺

图 5.37　校准工具

5.5.3　平面刮削

平面刮削的姿势有手刮法和挺刮法两种,图 5.38 为平面刮削姿势。

图 5.38　平面刮削姿势

1. 手刮法

右手握刀柄,左手四指卷曲,握住刮刀,离刃部约 50 mm,刮刀与工件表面呈 20°~30°角。手刮法动作灵活,适应性强,能应用于各种工作位置,但手臂容易疲劳,要求操作者臂力大,耐力好,故不适宜在刮削余量较大的场合使用。

2. 挺刮法

将刮刀柄放在小腹右下侧,左手在前,右手在后,握住刮刀,手与刮刀刃距离约为 80 mm。刮削时利用腿部和臀部的力量向前推挤,同时双手下压,左手控制刮刀方向,向前推进一定距离时,双手迅速将刮刀抬起,完成一次刮削。挺刮法便于用力,每次刮削量大,适用于余量较大和面积较大工件的刮削,工效比手刮法高,但腰部容易疲劳。

5.5.4　曲面刮削

1. 刮削姿势

曲面刮削多用于内曲面进行刮削加工的场合。如重载荷工作下的滑动轴承的轴瓦和精密工作条件下的衬套等。使用蛇头刮刀进行内曲面刮削的两种姿势,如图5.39所示。在图5.39(a)中,右手握刀柄,左手掌心向下,四指横握在刮刀中部,拇指抵着刀身,刮削时右手做圆弧动作,左手顺着曲面方向使刮刀做前推或后拉的螺旋形运动,刀迹与曲面中心线大约成45°角,交叉进行;也可使用图5.39(b)所示的握刮刀的方式,将刮刀柄搁在右手臂上,左手掌心向下,握在刀身前端右手掌心向上,握在刀身的后端。

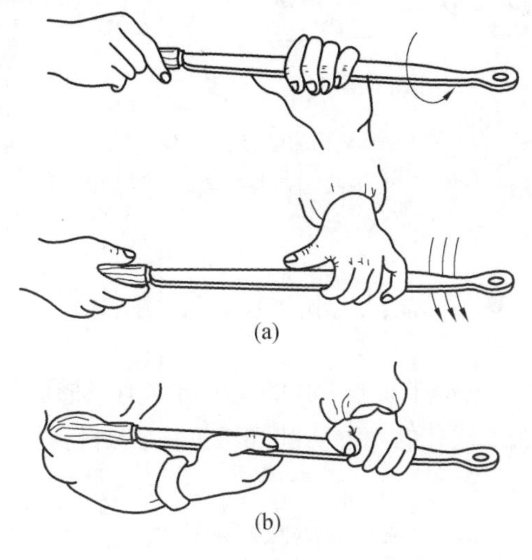

图5.39　内曲面刮削姿势

2. 研点方法

将显示剂均匀地涂在内曲面上,用与内孔相配的轴或一个标准轴(工艺轴)与被刮研的内曲面配研,配研时,轴只做转动,不可沿轴线方向移动(图5.40)。精刮时转动角度要小一些。

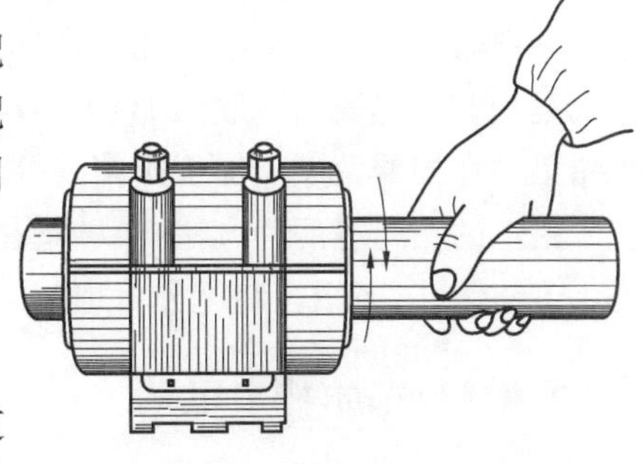

图5.40　内曲面的研合

5.5.5　刮削精度的检验

刮削表面精度一般用研点法来检验。将刮过的表面擦净,均匀地涂上一层很薄的红丹粉,然后与标准平板配研,工件表面的凸起点在配研时,红丹粉被磨去而呈现出亮点(贴合点)。用25 mm×25 mm面积内贴合点的点数与分布疏密程度来表示刮研表面的精度。普通机床导轨面为8～10点,精密机床导轨面为12～15点。平面刮削时检验刮削精度的研点法如图5.41所示。

内曲面刮削精度的检验也以单位面积内的接触点来表示。为使轴承获得较好的工作效果,两端头部的研点数应多于中间部位,使两端轴支撑轴颈工作时平衡转动,中间部位研点稍少一些,有利于润滑和减少发热。

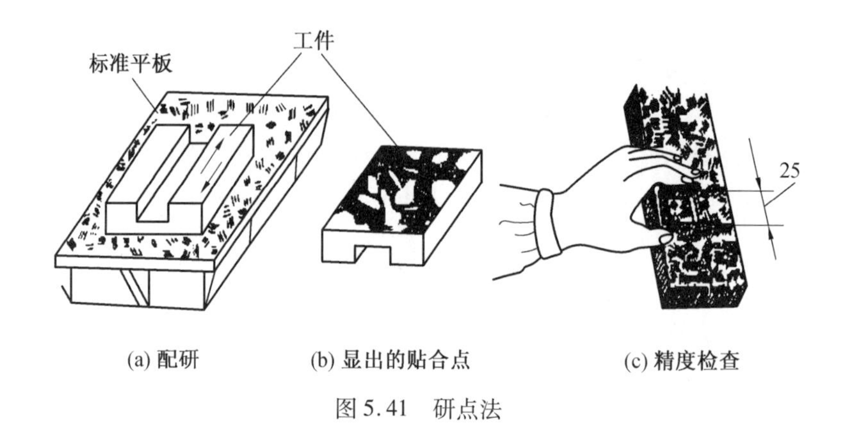

(a) 配研　(b) 显出的贴合点　(c) 精度检查

图 5.41　研点法

5.6　钻孔、扩孔、铰孔和锪孔

钳工工作范围内，在机械零件上加工孔的主要方法有：钻孔、扩孔、铰孔和锪孔。钻孔是用钻头在实体材料上加工成孔的一种切削加工方法。钻孔时工件固定不动，钻头同时完成两个动作：

(1) 切削运动（主运动）：钻头绕轴心所做的旋转运动。

(2) 进刀运动（辅助运动）：钻头对着工件所做的直线前进运动。

两种运动同时连续进行，所以钻头是按着螺旋动作规律来钻孔的。

钻削时由于钻头的刚度和精度都较差，故只能加工要求不高的孔或作为孔的粗加工，钻孔达到的公差等级一般为 IT10 ~ IT11，表面粗糙度值一般为 $Ra50 \sim 12.5\ \mu m$。专业钻孔钳工可在摇臂钻床上加工出精度等级为 IT8，表面粗糙度值为 $Ra3.2 \sim 1.6\ \mu m$ 的孔。

钳工的钻孔有两种方法，一种是在钻床上钻孔，多用于零件加工中钻孔工序；另一种是手电钻钻孔，多用于装配和修理，及工作现场没有钻床和不便于使用钻床的工作场合。

5.6.1　钻床和手电钻

常用的钻床有台式钻床、立式钻术和摇臂钻床。

1. 台式钻床

台式钻床简称台钻，其构造如图 5.42 所示。台钻需安装在工作台上使用，一般加工 ϕ12 mm 以下的孔，应用很广。钻孔时常用平口钳装夹零件，平口钳可安放在工作台上；根据钻孔的需要，松开工作台，夹紧手柄，将工作台移开，平口钳安放在底座上，钻削较大、较高的工件。

台钻的主轴和电动机的轴上分别装有一个 5 级 V 形槽带轮，改变 V 形槽带轮上传动带的相对位置，能使主轴获得 5 个不同的转数（见图 5.43）。

台钻上只有手动进给机构，通过转动手柄，实现齿轮和主轴套筒上的齿条相啮合，使装在主轴上的钻头做进给运动（见图 5.43）。钻孔深度则由钻床上的限程装置来控制。一般台式钻床的转速较高，不适用于铰孔、锪孔和攻螺纹。

图5.42　台式钻床

图5.43　台式钻床的进给及传动

2. 立式钻床

立式钻床简称立钻，其构造如图5.44所示。常用的型号有Z5125、Z5135。其最大钻孔直径分别为25 mm和35 mm。立钻的通用性较强，可用来进行钻孔、扩孔、铰孔、锪孔及攻螺纹等多种加工。立式钻床的主轴中心不能在水平面内移动，钻孔时需要移动工件来对准钻孔中心，故零件的装夹不太方便，使用受到限制，立式钻床应用不算太多。

3. 摇臂钻床

摇臂钻床适用于加工大型且多孔的工件，如图5.45所示。摇臂钻床可用来钻孔、扩孔、铰孔、锪孔、攻螺纹等多种工作。

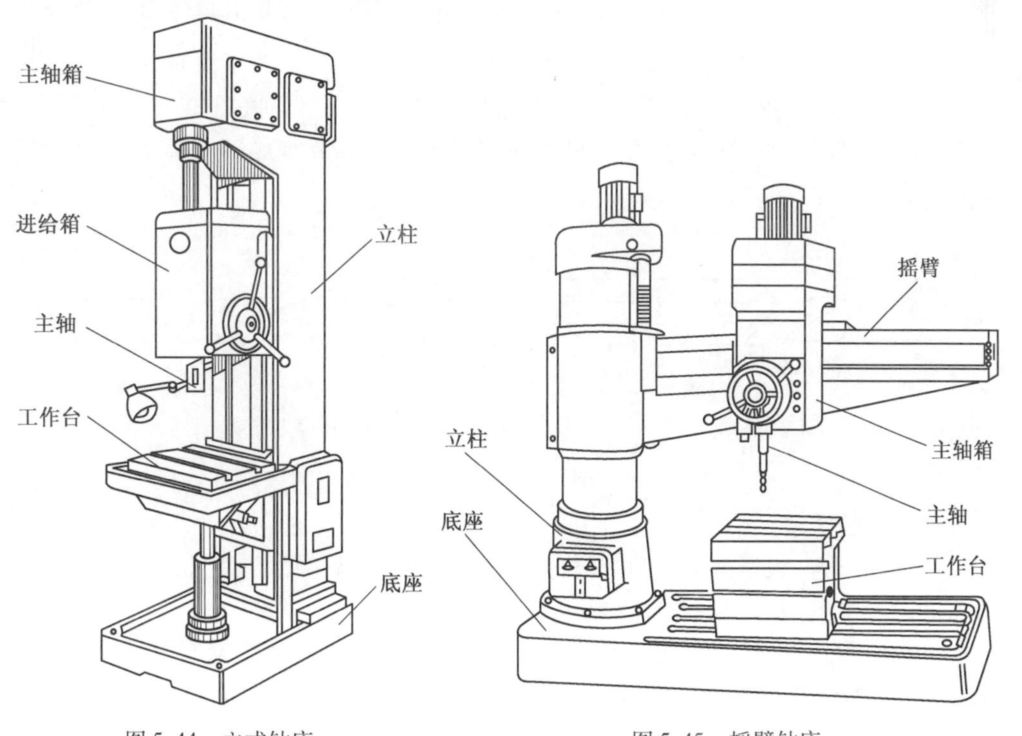

图5.44　立式钻床

图5.45　摇臂钻床

主轴箱能在摇臂导轨上水平移动较大距离。摇臂能绕立柱转动,同时还可沿立柱在垂直方向上升降。所以摇臂钻床能在很大范围并很方便地调整主轴所在位置。

钻孔时将工件装夹在工作方箱或底座上,调整钻头到钻孔中心位置,锁紧摇臂和主轴箱,即可进行钻孔。钻孔时的进给方式有手动和机动两种。主轴转速和进给量能在很大范围内进行调整,摇臂钻床在孔加工中表现出的优越性使其应用极为广泛。

4. 手电钻

手电钻的体积小、重量轻、使用灵活、便于携带、操作简单,应用范围很广,在装配和修理工作中,需加工孔的位置受到限制时,用手电钻加工非常方便。用手电钻钻孔,需用双手握住手电钻,完全靠操作者体力使钻头进给切削,钻孔时容易产生振动。所以钻孔时孔的尺寸精度和孔的位置准确性都较低,常用于在薄壁件上钻孔。而钻深孔时很容易折断钻头。根据工作电压和最大钻孔直径,常用的单相手电钻有:6 mm、10 mm 等规格,图 5.46 所示的是两种形式的手电钻。

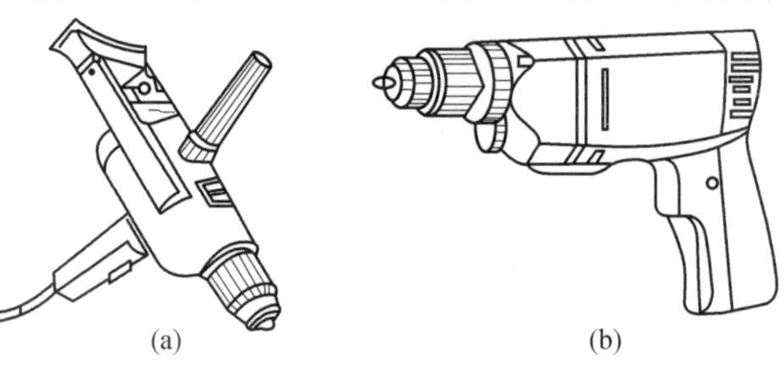

图 5.46　手电钻

5.6.2　麻花钻头及其装夹

钻头的种类有麻花钻、扁钻、深孔钻、中心钻等。它们的几何形状各不相同,但切削原理是一样的,都有两个对称排列的切削刃,使得钻孔时产生的切削力达到平衡。钻孔中最常用的是麻花钻头,麻花钻头由速钢(W18Cr4V)制成,并经淬火,硬度为 HRC 62 ~65。

麻花钻头按柄部形式的不同,有锥柄麻花钻和直柄麻花钻两种(见图 5.47)。钻削较大的孔时,产生的扭矩和轴向力较大,ϕ13 mm 以上的钻头常做成锥柄;ϕ13 mm 以下的钻头做成直柄,便于装夹。

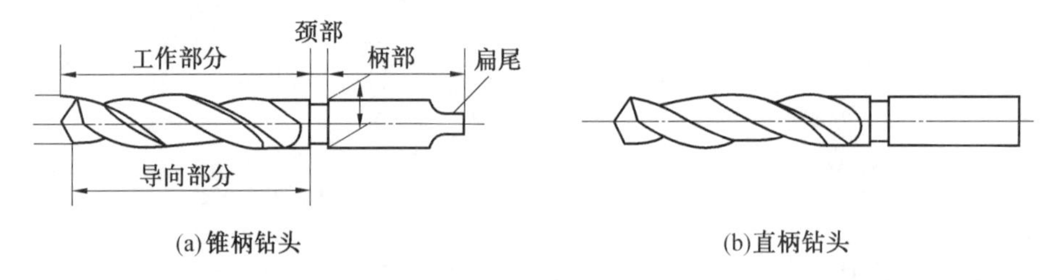

图 5.47　麻花钻

1. 麻花钻的构造

(1)切削部分。包括横刃和两个对称的主切削刃,起着主要的切削作用。两个主切削刃之间的夹角 $2\phi=116° \sim 118°$,如图 5.48 所示。

(2)导向部分。在切削时起引导钻头方向的作用。主要由螺旋槽和刃带组成,螺旋槽的作用是形成切削刃和切削前角;在切削时排出切屑和导入冷却液。在螺旋槽外端高出 0.5 ~1.0 mm 的部分称为刃带,切削时起着减少钻头与孔壁之间的摩擦力、修光孔壁的作用。

(3)颈部。颈部是制造钻头时,为了便于磨削尾部锥体而设计的砂轮退刀槽,一般在此处刻印钻头的规格和商标。

(4)钻柄部分。钻头上专供装夹用的部分,用来传递切削时的扭矩和轴向力。

2. 麻花钻的装夹

(1)直柄麻花钻头用钻夹头进行装夹。旋动钻夹头上的伞齿轮钥匙,使夹爪推出或缩入,实现钻头的夹紧和松开。钻夹头则与主轴相连接(见图5.49)。

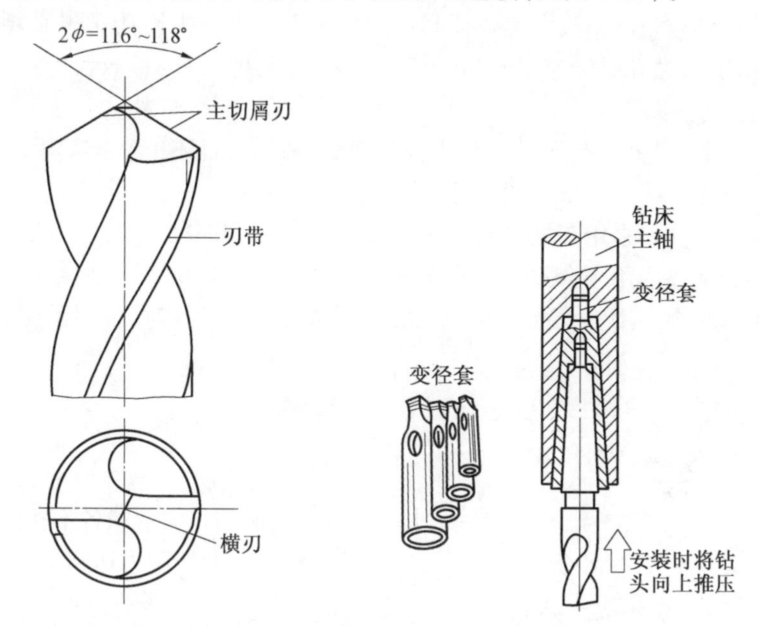

图5.48　麻花钻的切削部

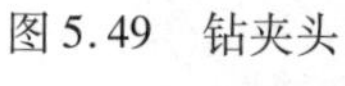

图5.49　钻夹头

(2)锥柄麻花钻用变径套(俗称钻套)装夹,如图5.50所示。可根据钻头锥柄莫氏锥体的号数选用相应的变径套,较小直径的钻头不能直接装夹在钻床主轴上,此时可将几个变径套配接起来使用,连接到钻床主轴上。楔铁配合手锤可将变径套从主轴上卸下,将钻头与变径套分离。

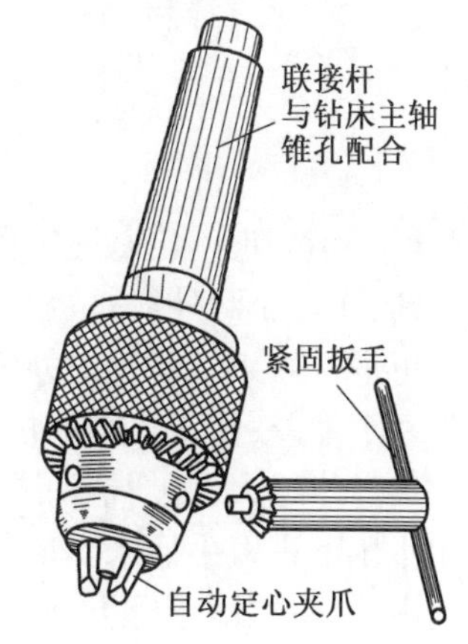

图5.50　锥柄钻头装夹

5.6.3　钻孔基本步骤及安全生产常识

1. 钻孔基本步骤

(1)一般情况下,在工件上钻孔位置进行划线,确认出孔的位置,精密一些的钻孔在孔的加工位置划出加工圆,并在孔的中心打上样冲眼。同时应划出比孔大一点及小一点两个检查圆,用以在钻孔过程中观察出钻孔位置的准确性。

(2)根据加工件的材料和钻孔直径的大小,变换主轴转速,选取适当的切削速度和进给量。

①切削速度。钻头直径上一点的线速度,单位 m/min。

②进给量。主轴每转一周,钻头沿孔的深度方向移动的距离,单位 mm/r。

切削速度和进给量称为钻孔时的切削用量,可通过钻床上的相关标志牌来选定。

切削用量选择的基本原则是;切削速度越大,生产效率越高,但必须适当,切削速度过大容易使钻头温度升高,造成钻头刃口退火和损坏。走刀量的选择也是如此,走刀量过大会使钻头刃口损坏或扭断钻头。实践证明一般情况下用小钻头钻孔时转速要快些,走刀量要小些;用大钻头钻孔时转速要慢些,走刀量要适当大些。

(3)磨并装夹钻头。

(4)装夹工件并找正。钻孔时产生很大的扭矩,所以工件不能直接用手拿着钻孔,要用夹具将工件夹紧并找正。常用的工件装夹方式有三种:

①螺栓压板装夹。多用于摇臂钻床或立式钻床上(图 5.51(a))。

②平口钳装夹。多用于台式钻床或立式钻床上(图 5.51(b))。

③专用夹具装夹。用于大批量生产。在小型薄板件上钻孔时,可用手虎钳夹持工件(图 5.51(c))。

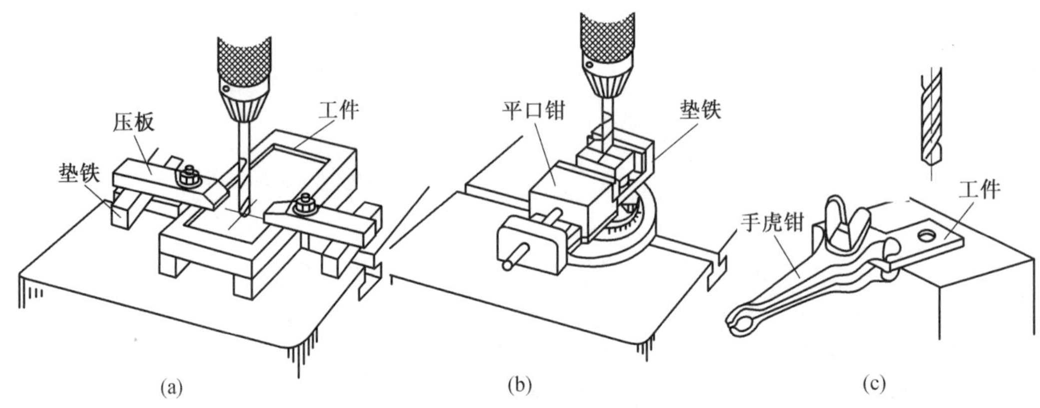

图 5.51 钻孔时工件的装夹

(5)按下启动按钮。操纵进刀手柄,将钻头横刃对准样冲眼,向下压动进刀手柄,先钻出一个小窝,比较小窝外缘是否与所划检查圆中心一致,如果很准确时,则可继续钻孔。如果有偏差可进行修正。修正的办法是:轻轻按下进刀手柄的同时使钻头的中心与小窝的中心产生一个偏差,修正小窝的位置,直到中心对准时再继续往下钻。继续向下钻孔时为了防止钻头过热退火,可加机油进行冷却。在台式钻床上没有机动走刀机构,走刀量是靠操作者用手压下进刀手柄来实现的,走刀量的大小以手感不是很重为准。另外钻头手动进给过程中,可中途停止压下进刀手柄若干次,以便实现断屑。钻孔较深时可用抬起钻头的办法来清除铁屑后再进行钻削。当钻孔将要透时,要轻压进刀手柄,防止走刀量过大损坏钻头。

(6)卸下工件和钻头。

2. 钻孔时的安全生产

①操作钻床时严禁戴手套,工作服的袖口要扎紧。

②女同学操作钻床要戴工作帽,长发要纳入帽中。

③工件必须装夹牢固,才能钻削。

④不能直接用手或嘴吹来清除铁屑,应用毛刷或小铁钩来清除。

⑤装卸和检查工件时必须在停机状态下进行。

5.6.4　扩孔、铰孔和锪孔

1. 扩孔

扩孔是用扩孔钻或麻花钻等扩孔工具对已加工孔进行扩大加工。

扩孔钻为标准刀具,在进行扩孔加工时,应首先考虑有无对应规格尺寸的扩孔钻,所以用扩孔钻扩孔多应用于大批量生产、孔的加工精度要求高的情况。扩孔加工如图5.52 所示。

扩孔钻的构造与麻花钻相比有较大区别(见图 5.53)。其特点如下:

(1)扩孔钻因中心不切削,故没有横刃,切削刃只做成靠边缘的一段。

(2)钻芯较粗,刚度较好,切削比较平稳。

(3)扩孔钻有多个刃齿,增强导向作用。一般整体式扩孔钻有 3 ~4 个齿。

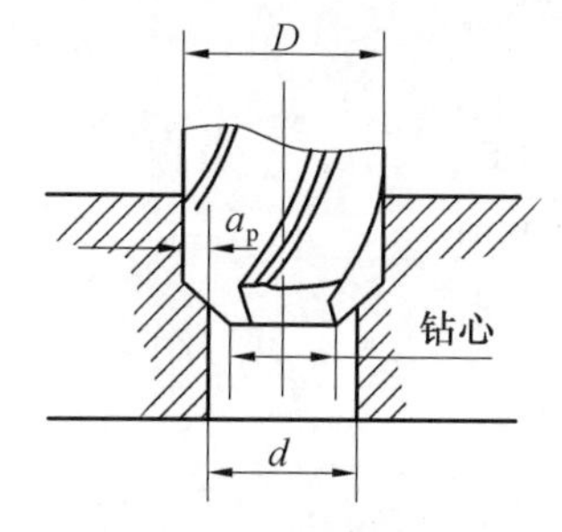

图 5.52　扩孔加工简图

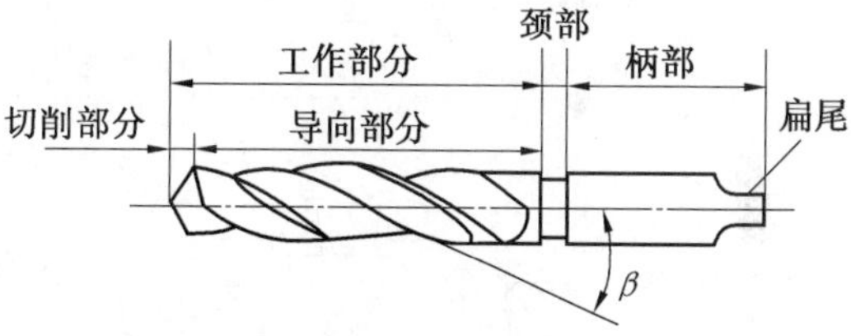

颈部
工作部分
柄部
切削部分
导向部分
扁尾
β

图 5.53　扩孔钻

扩孔钻的结构特点使其加工质量比钻孔高。一般尺寸精度可达 IT10 ~ IT9,表面粗糙度可达 Ra25 ~6.3 μm。常用作孔的半精加工,它普遍用作铰孔前的预加工。在平时生产中所遇到需要扩大的孔,常出现以下两种情况:

(1)孔的尺寸小了或需要在规定的尺寸下将孔再扩大一些。

(2)孔的尺寸较大,直接用大钻头钻削有一定难度,将孔分为两次加工,先用(0.5 ~0.7)D 的钻头初钻一个孔,再用直径为 D 的钻头将孔扩大,这样可以减少钻孔时的切削扭矩和轴向力,保护机床,同时提高钻孔质量。

2. 铰孔

铰孔是用铰刀对孔进行精加工。可加工圆柱孔和圆锥孔,由于铰孔时加工余量少,铰刀的切削刃多,导向性好,尺寸精度高,铰孔尺寸精度可达 IT9 ~ IT7,表面粗糙度值可达 Ra3.2 ~0.8 μm。

(1)铰刀。

常用的铰刀有手铰刀、机铰刀、可调节手铰刀、螺旋铰刀和锥铰刀等(图 5.54)。

①手铰刀(图 5.54(a)),手用铰孔工具,柄部为圆柱,末端为方头,可夹持在铰杠内。

②机铰刀(图 5.54(b))工作部分较短。直径较小的铰刀柄部为圆柱,可夹持在钻夹

头中使用;直径较大的铰刀柄部为圆锥,可装入钻床主轴锥孔中使用。

③可调节手铰刀(图5.54(c)),其直径可在一定范围内进行调节,多用于单件生产和修配工作时铰削非标准尺寸的通孔。

④螺旋铰刀(图5.54(d)),用来铰削有键槽的孔。

⑤锥铰刀(图5.54(e)),用以铰削锥形定位销孔,常用定位销锥度为1∶50。直径较大的锥铰刀由粗、精两把铰刀组成一套,粗铰刀的刀刃上开有螺旋形分布的分屑槽,可减轻铰削负荷。

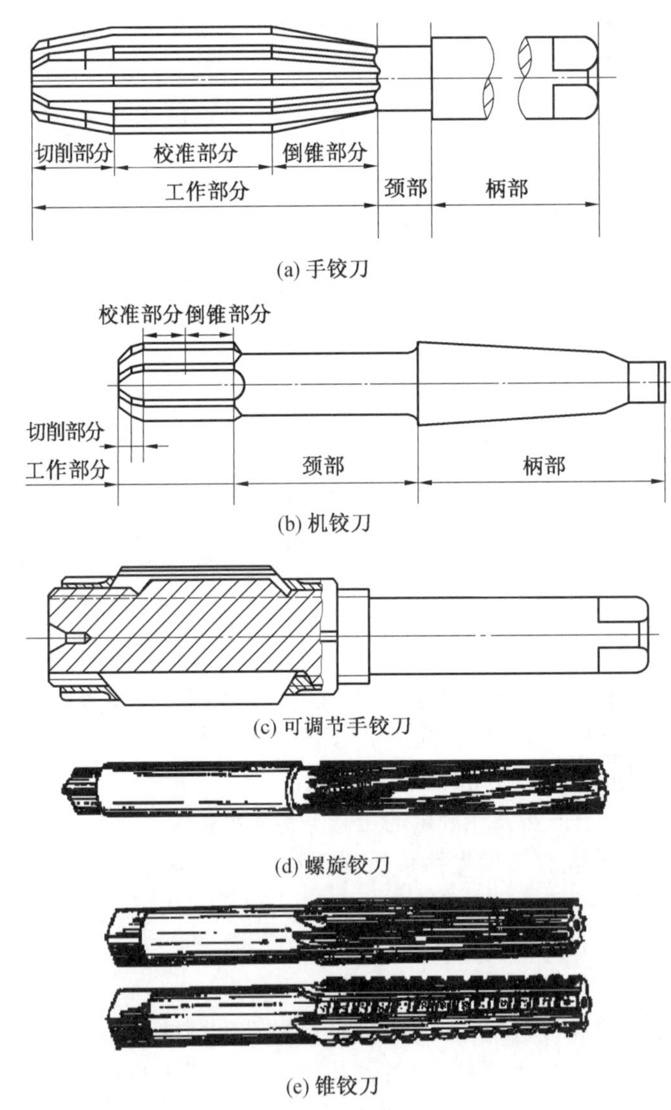

图5.54　铰刀

(2)铰削时的注意事项。

手铰时下压刀的手感要轻,并按顺时针方向转动,不能反转,以免损伤铰孔刀具。机铰时应对工件采取一次装夹进行钻、铰,以保证铰刀中心线与钻孔中心线一致;铰削尺寸较小的圆锥孔,可先按小端直径钻孔,然后用锥铰刀直接铰出。对尺寸和深度较大的孔,为了减少铰削余量,铰孔前可先钻出阶梯形孔(见图5.55),然后再用铰刀铰削。铰削时选用较低的切削速度和大一些的进给量,同时选用适当的切削液,减少铰刀与孔壁的摩擦。

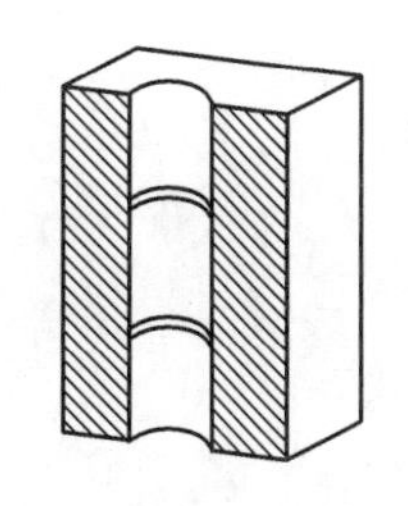

图5.55 钻出阶梯形孔

3. 锪孔

在孔的端口用锪钻加工出一定形状的孔或表面,称为锪孔,如圆柱头沉孔、锥形沉孔和凸台的平面等。

(1)锪钻。

锪钻分为锥形、柱形锪钻两类(图5.56)。锪钻为标准刀具,多用于批量生产。锥形锪钻(图5.56(a))按锥角的不同有60°、75°、90°、120°四种。最常用的是锥角90°的锪钻,用来加工沉头螺钉孔。柱形锪钻(图5.56(b))的前端有导柱,导柱的直径与工件上的孔为较小的间隙配合,以保证良好的定心和导向。锪钻工作形式如图5.57所示。

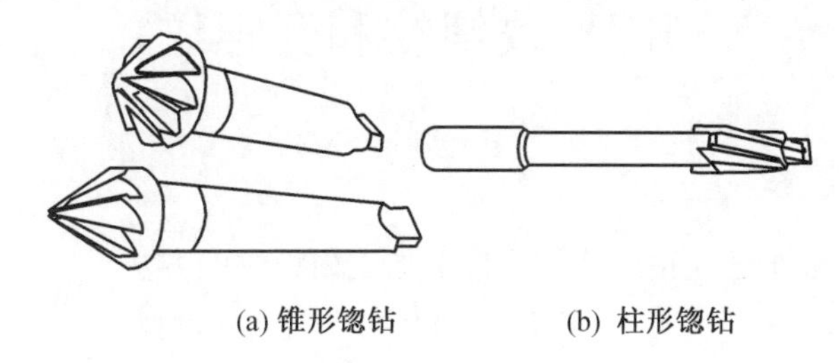

(a) 锥形锪钻　　(b) 柱形锪钻

图5.56 锪钻

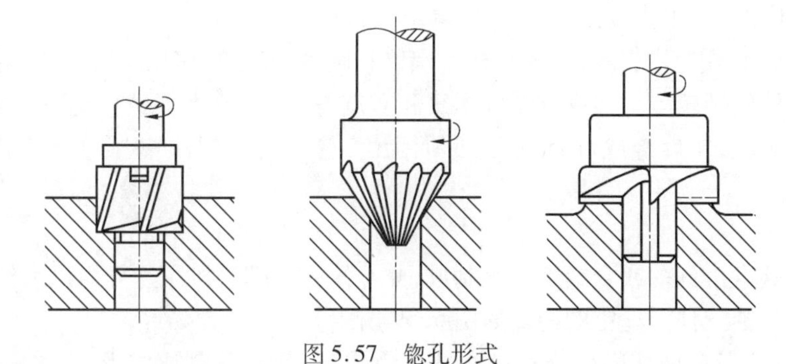

图5.57 锪孔形式

(2)端面锪钻。

图5.58所示的为简单的端面锪钻。在刀杆前端制成方孔,内装高速钢刀条磨成的刀片,并用螺钉固定。在工厂内应用较多。

(3)锪钻工作要点:锪钻工作时应该选择较低的切削速度。

①柱形锪钻工作时,导柱和定位孔加润滑油润滑。

②用麻花钻制成的锪钻,后角尽可能要小一些,以免锪孔时产生振动。

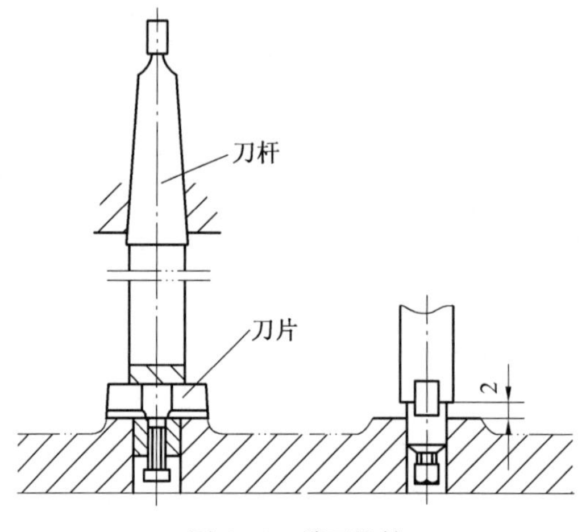

图 5.58　端面锪钻

5.7　攻螺纹和套螺纹

5.7.1　攻 螺 纹

攻螺纹是用丝锥在已经钻出孔的零件上加工内螺纹的方法。

1. 螺纹的种类

(1)标准螺纹(公制螺纹),用“M”表示,分为粗牙螺纹和细牙螺纹。

(2)英制螺纹(寸制螺纹),用“寸”或“"”表示,现在已很少应用。

(3)梯形螺纹,用“T”表示。

(4)管螺纹,用“G”表示,分为圆柱管螺纹和圆锥管螺纹,多用于管件的连接。

标准螺纹应用较多。螺纹有左旋螺纹和右旋螺纹之分,大多数情况下用的是右旋螺纹。按相关规范,左旋螺纹在标注时必须标出“左”字;没标注“左”字的即表示为右旋螺纹。

2. 丝锥

丝锥由碳素工具钢或合金工具钢制成,并经淬火处理。按用途分为机用丝锥、手用丝锥和管螺纹丝锥三种。丝锥的构造如图 5.59 所示。

(1)工作部分。由切削部分和校准部分组成,切削部分制成锥形,有锋利的切削刃,起主要的切削作用。校准部分用于修光螺纹和导向。

(2)柄部。也称装夹部分,末端制成方头,便于装夹,在工作时传递扭矩。

尺寸较小的手用丝锥由两支组成一套(见图 5.60),分为头锥和二锥,头锥切削部分较长,锥角较小,约有 6 个不完整的齿,便于引入底孔中;二锥切削部分较短,锥角较大,约有 2 ~ 3 个不完整的齿。

螺距 2.5 mm 以上的丝锥 3 支组成一套。螺纹较深,分 3 次完成切削,可减少每次的切削抗力。

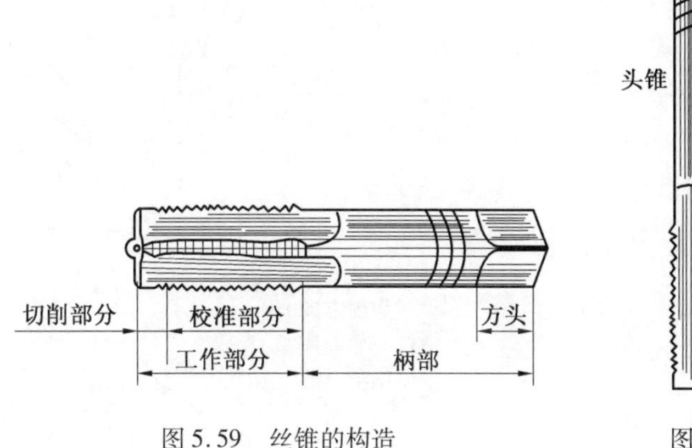

图5.59 丝锥的构造

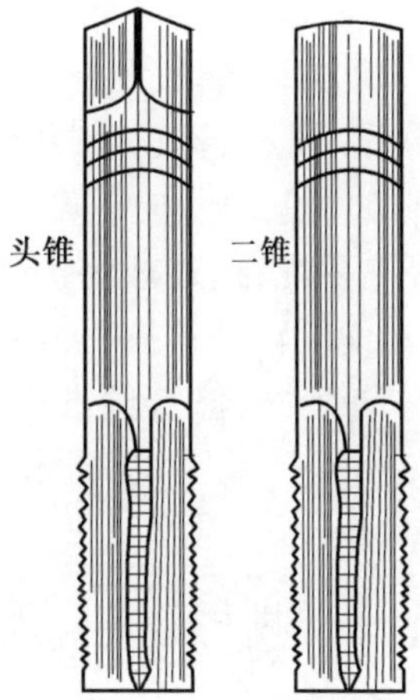

头锥 二锥

图5.60 手用丝锥

3. 钻底孔

攻螺纹前应该用钻头先钻出孔，称做钻底孔。

(1)底孔直径的确定。钻头直径和螺纹公称直径的区别可查表5.3也可用经验公式粗略计算来确定，即

加工韧性材料(钢、铜等) $d_2=d-p$

加工脆性材料(铸铁、青铜等) $d_2=d-1.1p$

式中 d_2——钻底孔钻头直径，mm；

d——螺纹公称直径，mm；

p——螺距，mm。

表5.3 钢材上钻螺纹底孔的钻头直径 mm

螺纹公称直径 d	2	3	4	5	6	8	10	12	14	16	20	24
螺距 p	0.4	0.5	0.7	0.8	1	1.25	1.5	1.75	2	2	2.5	3
钻头直径 d_2	1.6	2.5	3.3	4.2	5	6.7	8.5	10.2	11.9	13.9	17.4	20.9

(2)钻孔深度的确定。攻不通螺纹孔时，钻孔深度必须大于需要的螺纹深度，才能保证在需要的螺纹深度内有完整的螺纹牙型。可由下式确定，即

$$H=h+0.7d$$

式中 H——钻底孔深度，mm；

h——需要的螺纹深度，mm；

d——螺纹公称直径，mm。

4. 攻螺纹方法

使用手用丝锥攻螺纹时，操作步骤为：

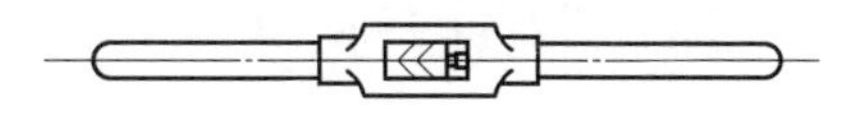

图5.62 攻丝扳手

(1)先将头锥装夹在攻丝扳手(图5.62)的方孔中。

(2)用头锥起攻，把头锥引入底孔之中。

右手握住攻丝扳手中间,加适当压力,左手配合做顺时针方向转动(见图5.63)。当丝锥攻入1~2圈后,卸下攻丝扳手,用直角尺检查是否垂直(见图5.64),继续向下攻时,根据垂直度检查结果,左右手配合,逐渐将不垂直度校正。然后两手平稳地旋转攻丝扳手,不再加压力,完成头锥攻丝。攻丝过程中,丝锥旋转1/2~1圈时将丝锥反转1/4~1/2圈,以便断屑(见图5.65)。

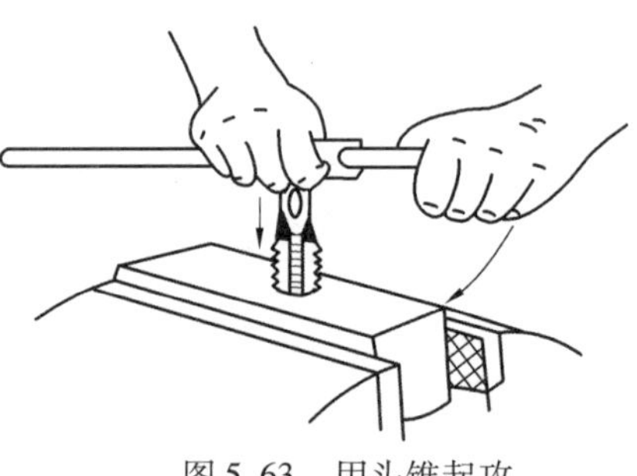

图5.63　用头锥起攻

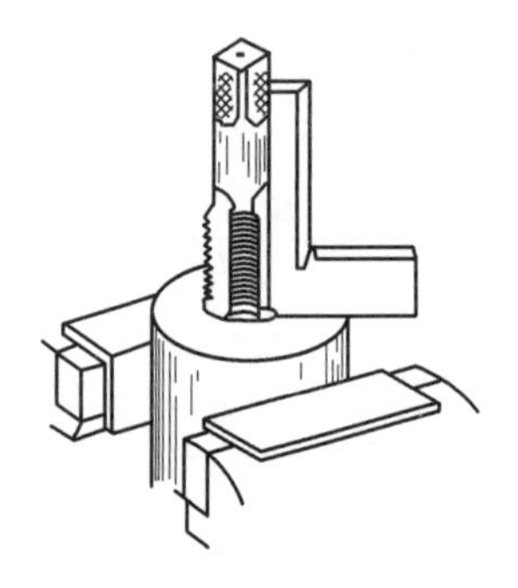

图5.64　检查丝锥垂直度

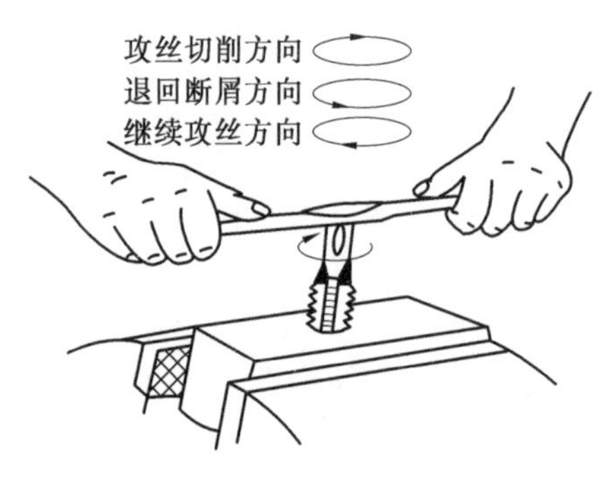

图5.65　攻螺纹方法

(3)头锥攻过后再用二锥扩大和修光螺纹。有时,丝锥使用钝了或其他原因,头锥没有攻完时,手感就很沉重,这时可退出头锥,启用二锥替攻,手感再沉重时,再换回头锥再攻。头锥二锥交替使用完成攻丝。

(4)攻丝注意事项。

①从头锥起攻开始就使用润滑油直至结束。

②头攻时检查发现的不垂直度,要在头锥转动过程中校正。否则极易使丝锥崩齿而损坏。

③攻不通孔时,要经常退出丝锥,排出孔中切屑。当要攻到孔底时,更应及时排出孔底积屑,以免丝锥被轧住。

5.7.2　套螺纹

套螺纹用板牙在圆杆或管子上加工出外螺纹的方法。

1. 圆板牙

圆板牙一般用碳素工具钢或合金工具钢制成,并经淬火处理。圆板牙(见图5.66)由切削部分和校准部分组成。圆板牙孔两端做成$2\phi=60°$的锥形,起到切削作用,中间部分工作时起校准和导向作用。

2. 板牙架

板牙架(见图5.67)下面两个紧定螺钉用来固定圆板牙。

3. 套螺纹方法

(1)螺纹圆杆直径的确定。圆杆直径太大,套螺纹时圆板牙很难切入,套出的螺纹偏斜;圆杆直径太小,套出的螺纹牙型不完整。

可由以下经验公式确定

$$d_0=d-0.2p$$

式中 d_0——圆杆直径,mm;

d——螺纹公称直径,mm;

p——螺距,mm。

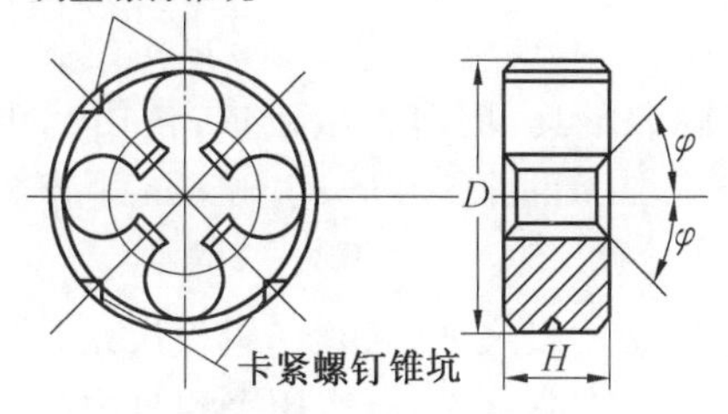

图5.66 圆板牙

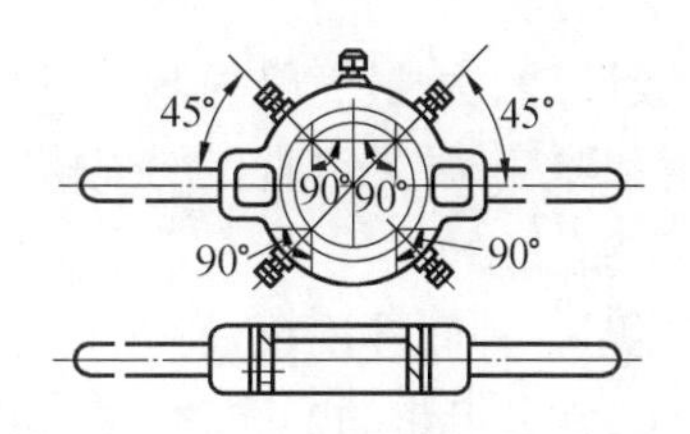

图5.67 板牙架

(2)圆杆的夹持方法。

套螺纹时切削力矩较大,若用台虎钳直接装夹,易使圆杆表面损伤,可使用软钳口夹持圆杆(见图5.68)。

(3)圆杆端头做出导角(见图5.69)便于圆板牙导入。

(4)操作过程。

①开始套螺纹时,应使板牙端面与圆杆垂直。

②右手握住板牙架中部,适当加压,并沿顺时针方向转动,使圆板牙切削刃切入圆杆。

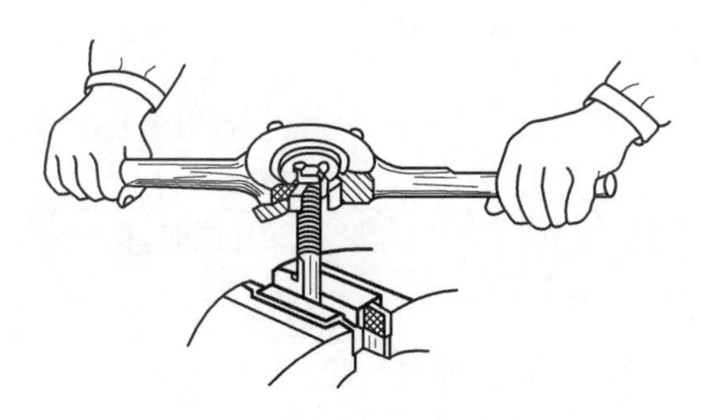

图5.68 圆杆夹持方法

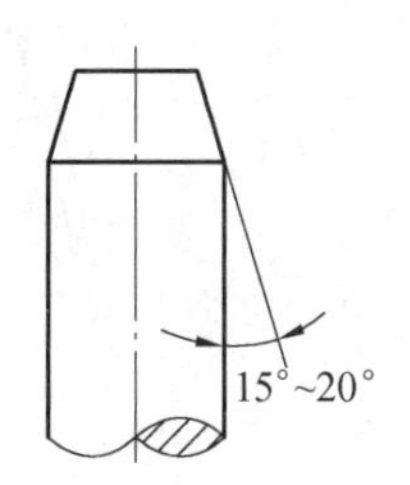

图3.69 端头倒角

③圆板牙切入圆杆1~2牙后,检查是否垂直,并及时纠正。

④继续向下套时,不再加压,应经常反转板牙以便断屑。

(5)注意事项。

①套螺纹的全过程要加润滑油。

②板牙架的止口朝向上方,防止工作时圆板牙脱落。

③圆板牙一端磨损后可翻转过来继续使用。

5.8 常用工量具的使用

理工科学生必须熟练掌握常用量具的使用方法。要求运用正确、读数准确，本节主要介绍几种常用量具的构造及使用方法。

5.8.1 基本量具

1. 钢板尺

钢板尺是一种最简单的测量长度直接读数量具，用薄钢板制成，常用它粗测工件长度、宽度和厚度，常见钢直尺的规格有 150 mm、300 mm、500 mm、1 000 mm 等。

2. 卡钳

卡钳是一种间接读数量具，卡钳上不能直接读出尺寸，必须与钢板尺或其他刻线量具配合测量，常见卡钳的形式和种类如图 5.70、5.71 所示，内卡钳用来测量内径、凹槽等，外卡钳用来测量外径和平行面等。卡钳是锻工（自由锻）的主要量具，用于测量锻件的尺寸。

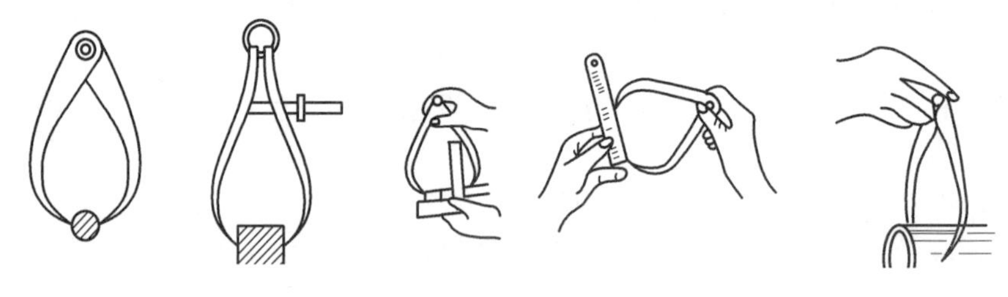

图 5.70 外卡钳的应用

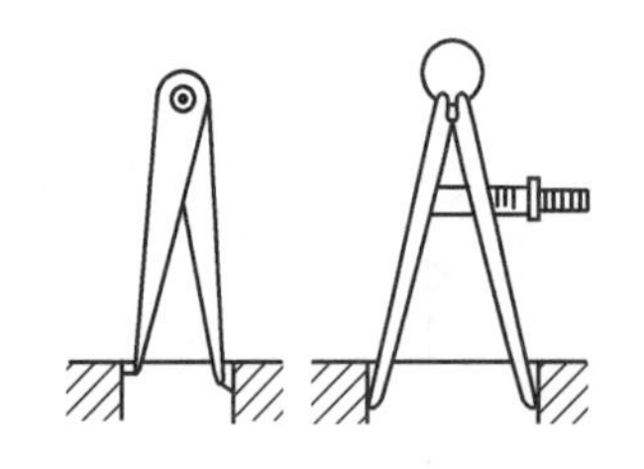

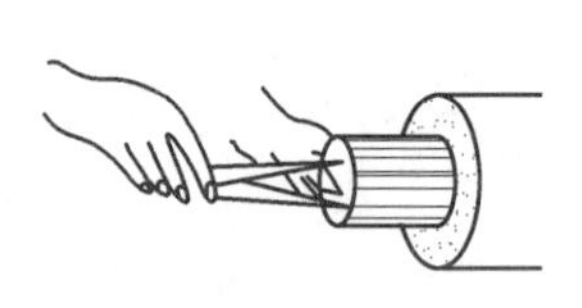

图 5.71 内卡钳的应用

3. 游标卡尺

游标卡尺是一种精度比较高的常用量具。它用来测量零件的长度、宽度、深度和内、外圆直径等。游标卡尺的精确同其游标刻度值有关。根据游标刻度值的不同，游标卡尺分为 0.10 mm、0.05 mm 和 0.02 mm 等数种。游标卡尺的规格有 125 mm、200 mm、300 mm、500 mm 和 1 000 mm 等。

（1）游标卡尺的使用方法。

使用游标卡尺测量工件时，必须注意测量时的拿法，以及卡脚与工件表面的平行、垂直性，这样才可以得出正确的尺寸。一般在使用前，必须将工件和卡尺擦拭干净，并检查主尺与副尺零线是否对齐。使用时，应根据测量精度的要求和测量部位的情况，选择合适

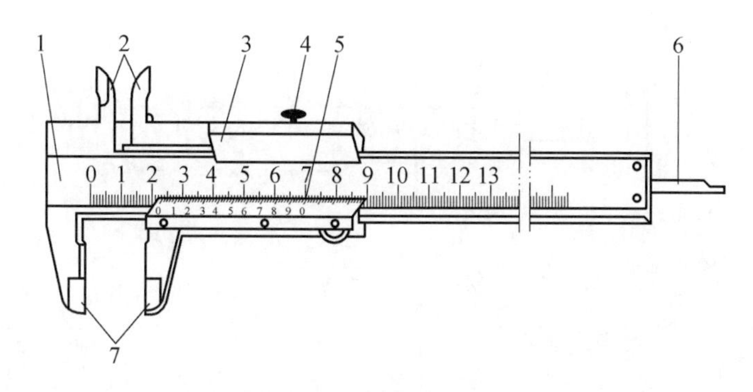

图5.72　三用游标卡尺

1—主尺;2—固定卡脚、活动卡脚;3—副尺;4—固定螺丝;5—游标;6—深度尺;7—外卡脚

的游标卡尺,然后左手拿工件,右手握卡尺,拇指移动副尺,使测量面接触工件,读取尺寸。

(2)游标卡尺的使用保管注意事项。

①游标卡尺只限用来测量精密零件,不可在毛坯等粗糙面上测量,以免卡脚摩擦损坏。

②不准用游标卡尺测量高温的零件。

③游标卡尺用完后要擦干净,并松开固定螺丝,在两卡脚的测量面上涂一层薄薄的润滑油,以防生锈。要特别注意卡脚量面的光滑无损,两卡脚合拢或分开时,用力不可太大。

④不准同其他工具混在一起,以免碰伤。应存放在清洁、干燥、无震动和无腐蚀性气体的合适地方。

⑤游标卡尺不能测量旋转中的工件。

⑥绝对禁止把游标卡尺的两个量爪当作扳手或划线工具使用。

⑦游标卡尺受到损伤后,应交专门修理部门修理,经检定合格后才能使用。

4. 外径千分尺

外径千分尺(又名外径百分尺、外径分厘卡)是一种精密量具,主要用来测零件的外尺寸。它比游标卡尺精度高,使用方便、准确,看尺寸时比较清晰。

外径千分尺的规格以测量范围划分,有0~25 mm、25~50 mm、50~75 mm、75~100 mm、100~125 mm和125~150 mm等。它们的测量精度通常都是0.01 mm,所以实际上是百分尺,但一般习惯都称做千分尺。

(1)外径千分尺的构造。

外径千分尺主要由尺架、砧座、测微螺杆、锁紧装置、螺纹轴套、固定套管、微分筒、螺母、接头、测力装置组成,如图5.73所示。

(2)外径千分尺的使用方法。

①使用前应检查千分尺的零位是否正确。检查时,将千分尺的测量面擦干净,然后转动活动套管,使测量面接近,再转动棘轮,使测量面接触,直到发出"嘎嘎"的响声时,查看活动套管圆锥面上的零线与固定套管基线的零线是否重合。如不重合应查明原因,并排除。

②使用前还应注意其灵敏性。先用干净软布擦净两个测量面,然后转动棘轮,棘轮应能转动,活动套管灵活的转动,在全程内不许有卡滞或活动套管与固定套管互相摩擦现象;用手把活动套管固定住,或用制动环把活动测杆紧固住后,棘轮应能发出清脆的"嘎嘎"

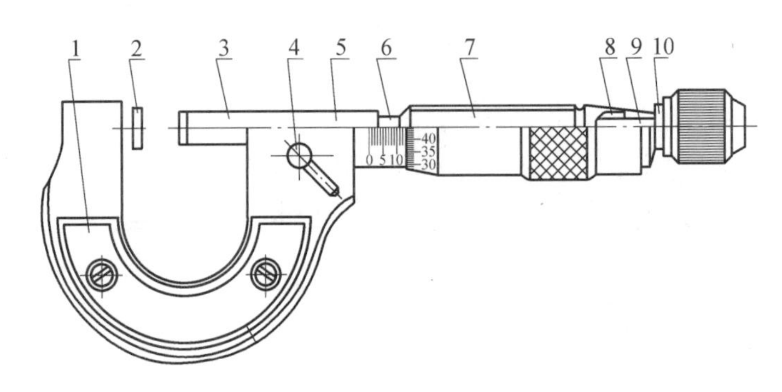

图 5.73　外径千分尺

1—尺架;2—砧座;3—测微螺杆;4—锁紧装置;5—螺纹轴套;6—固定套管;7—微分筒;8—螺母;9—接头;10—测力装置

响声。

③在测量时,应将被测工件擦净,当两个测量杆接近工件时,就不要再转动活动套管,以免损坏千分尺或影响精度。一般只转动棘轮,等到棘轮发出"嘎嘎"响声后,可轻轻晃动千分尺,使测量面和工件表面很好接触(要使整个测量面与工件表面接触,避免只用测量面的边缘接触),必要时可再转一下棘轮,最后读得数。如果要将千分尺拿下来读数,应先用制动环将活动测杆固定住,再取下来读数,如图 5.74 所示。

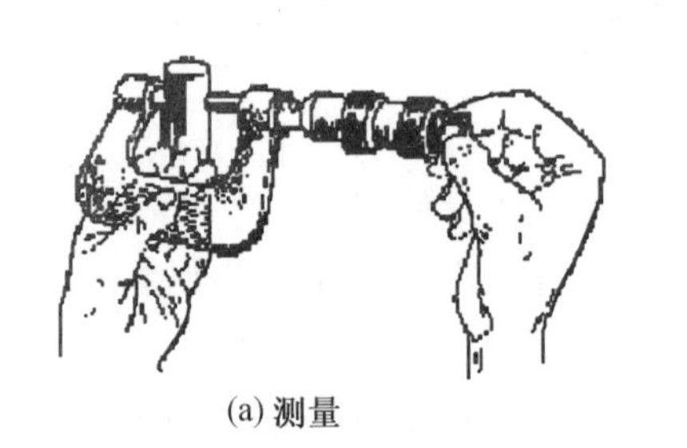

(a) 测量

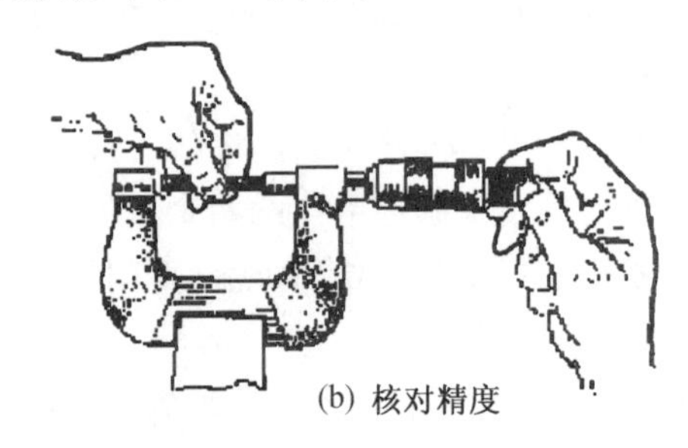

(b) 核对精度

图 5.74

(3)外径千分尺的使用、保管注意事项。

①注意清洁,使用后要细心擦净,妥善放入盒内,以免损坏。

②禁止用千分尺测量运转或高温机件。

③千分尺只限于用来测量精密零件,绝不可用来测量毛坯等粗糙表面。

④校准棒或量块要保持完好无损。当必须拆卸保养时,应特别注意其螺纹防碰。使用时不可用力拧紧活动套管。

⑤严禁将千分尺当卡规用,或当锤子敲击他物等。

5. 厚薄规

厚薄规(又名塞尺、千分片)是用来测量或校验两平行接合面之间间隙的,如通常用于检验气门间隙和活塞环开口间隙等。它是由一组厚薄不等的薄钢片组成,每片都有两个平行的测量面,如图 5.75 所示,各片上均刻有厚度数字。厚度为 0.01 ~0.10 mm 的厚薄规,其每片厚度相差 0.01 mm;厚度为 0.1 ~ 1.0 mm的厚薄规,其每片厚度相差 0.05 mm。厚薄规的长度有 50 mm、100 mm 和 200 mm 三种。

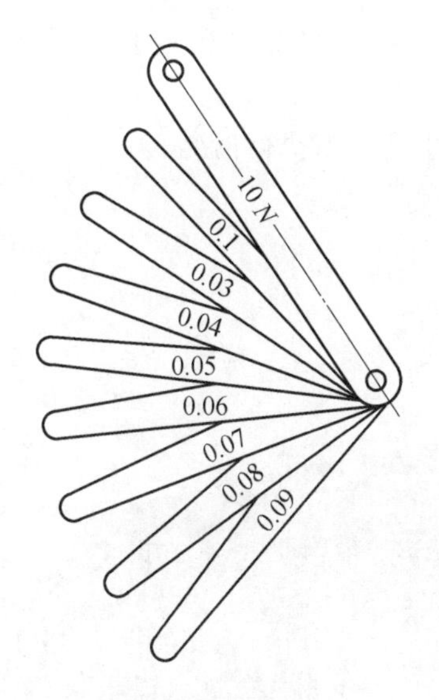

图5.75　厚薄规

使用厚薄规时,首先将厚薄规和被测量部位擦净,用单片或数片重叠一起插入间隙,以既不松又不紧为正确,这时片上数字总和即为所测间隙数字。由于厚薄规的钢片薄,用力不可过大,否则容易折损变形,故使用时应小心。用完后擦净上油,折合到夹框内。

5.9　技能训练——制作方锤头

5.9.1　训练的目的和要求

通过制作方锤的工艺过程,了解钳工的工艺特点和应用。

(1)掌握钳工工作的主要操作方法:锯削、锉削、划线、钻孔、攻螺纹、套螺纹等,并掌握课堂未讲授的抛光和打钢字等其他操作方法。

(2)对机械零件加工质量知识的认识。学会选用各种钳工操作所使用的工、夹、量具。

5.9.2　训练方法

(1)由指导教师讲解和示范钳工的主要操作方法,并讲授相关的理论知识。

(2)实习车间内具有必备的设备,工具、夹具、量具等设施。

(3)学员独立操作,指导教师在工作现场给予必要的指导。

(4)训练件制作完成后,向指导教师交方锤头进行检验,并完成由工程训练报告。

5.9.3　训练件考核评分

(1)制作进度:学员独立操作课时(不含热处理)20～24课时。

(2)由指导教师对学员交验的方锤头给予考评,考评内容如下:

①图样一(图5.76)上三个尺寸公差、六个形位公差及其他未注公差尺寸和表面粗糙度。

②图样二(图5.77)上圆杆上的螺纹是否歪斜、牙型是否完整。
③学员出勤情况。
④安全操作规程和文明生产要求执行情况。
⑤工程训练报告完成情况。

5.9.4 训练件图样

(1)方锤头(图5.76)。

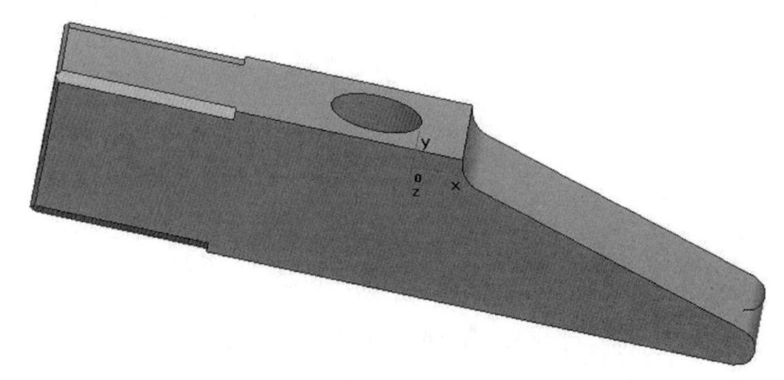

图5.76 方锤头

(2)锤柄(图5.77)。

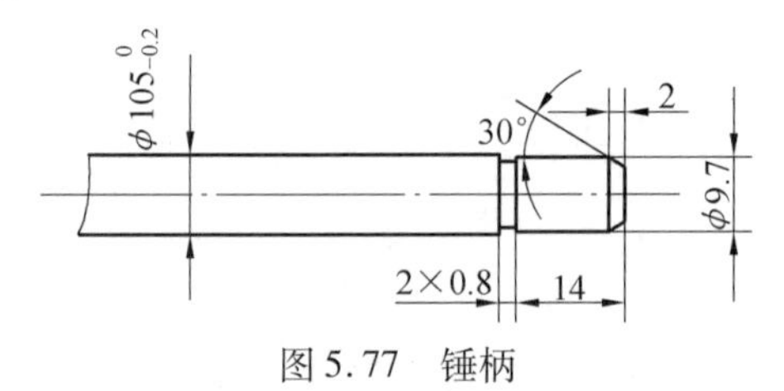

图5.77 锤柄

5.9.5 训练件(方锤头)制作工艺过程

训练件(方锤头)制作工艺过程见表5.4。

表5.4 方锤头制作工艺过程

序号	工 艺 步 骤	刀 具
1	划线、锯单件材料	手锯
2	锉16×16四平面及一端面	平锉刀、方锉刀
3	划线,粗锉 $R3$ 圆弧	圆锉刀
4	划线,锯斜面	手锯
5	修锉斜面及 $R3$	平锉刀、圆锉刀
6	锉1.5×45°、0.5×45°倒角,$R2$ 过渡圆弧 $R2$ 圆弧	平锉刀、圆锉刀
7	钻孔 $\phi 8.5$	$\phi 8.5$ 钻头
8	攻M10×1.5螺纹	M10×1.5丝锥
9	修光各表面	圆锉刀、方锉刀
10	抛光	砂布
11	打编号	钢印

1. 方锤毛坯及材料

棒料:ϕ25 mm×180 mm;材料:45 号钢。

2. 锤柄状态

45 号钢轧制经车削加工(详见锤柄零件工作图)。

锯割下料,下料长度为 181 mm。

3. 训练件方锤头制作步骤

(1)锯割前可先进行划线或直接用钢板尺抵住锯条,确认锯条与端面距离 85 mm 后,即可开始锯割。

(2)锉 16×16 四平面及一端面。

①将锉削的第一个面确认为 A 面(基准面)并命名为加固面。为使方锤外形表面纹理美观,可用方锉刀进行修整,使锉削纹理沿 85 mm 长度方向分布,锉削平面宽度约 18 mm左右,如图 5.78 所示。用透光法检查,最终使 1 面平面度达到 0.10 mm 的要求。

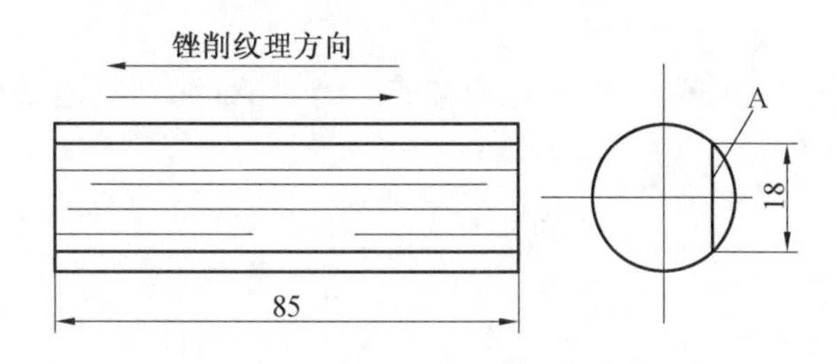

图 5.78　锉削出基准面 A 面(①面)

②锉削①面相邻的一个面如②面,宽度为 17 ~ 17.5 mm 左右。再锉削与①面相邻的另一个面③面。均用方锉刀进行修整,使锉削纹理方向与①面一致。用直角尺采用透光法检查,最终使②、③面与①面的垂直度达到 0.15 mm 要求;②、③两平面用游标卡尺检查,其尺寸达到 16±0.25 mm 要求。

③锉削④面,锉削纹理方向与①面一致。用游标卡尺检查④面与①面的平行度达到 0.25 mm,与①面的尺寸为 16±0.25 mm。

④锉削方锤头一端面,用直角尺采用透光法检查该面与其相邻的四个面的垂直度均匀一致即可。

(3)注意事项。

①锉削过程中要经常进行检查,防止平面度、垂直度、尺寸产生超差现象。

②初次使用锉刀锉削平面时,极易产生平面中间部分凸起的现象,可使用方锉刀采用顺向锉削法和推锉法或两种方法交替变换来修光凸起的平面。

③初次锉削加工方锤严格采用上面推荐的锉削顺序锉削 16×16 四平面(图 5.79)。

④考虑为下步砂纸抛光留余量,尺寸公差靠向上偏差。

(4)划线、粗锉 $R3$ 圆弧。

①调整划线高度尺至 45 mm。

②将锉好的端面靠向划线平台,左手拇指压住方锤,使①面贴紧划线方箱,右手操纵划线高度尺,在④面上划出距端面 45 mm 的线(见图 5.80)。

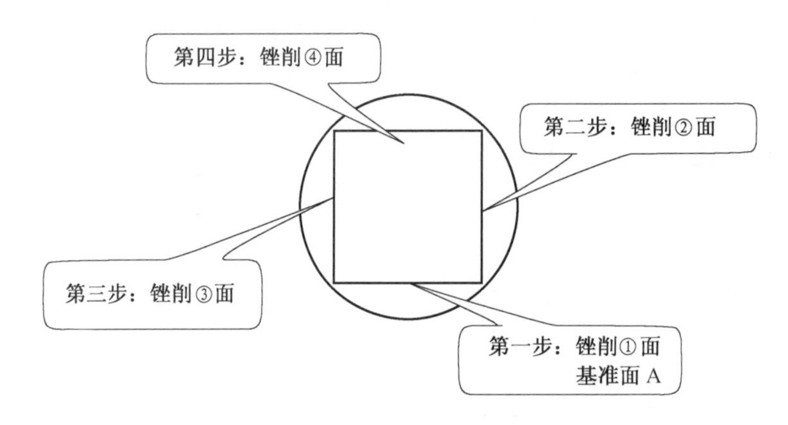

图5.79　16×16四平面锉削顺序

③使用200 mm圆锉刀，以划出的线做参考，锉出*R*4圆弧。深度为2.5～2.8 mm（见图5.81）。

④注意事项。锉*R*4圆弧时，要保证位置的准确性，*R*4圆弧的边贴在线上但不能过线（见图5.81）。

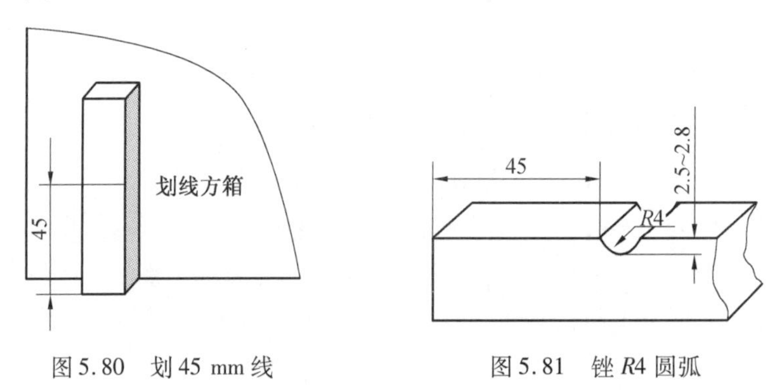

图5.80　划45 mm线　　　　图5.81　锉*R*4圆弧

（5）划线、锯斜面。

①划线。在划线平台上使用划线方箱和划线高度尺，以①面和端面为基准，在②面和③面上分别划出4 mm、80 mm线，在交点处打样冲眼。

将方锤头半成品装夹在台虎钳上，使用钢板尺和划针，过4 mm、80 mm线交点且与*R*4圆弧相切。划斜面线（见图5.82）。用同样的办法在另一面上划出斜面线。

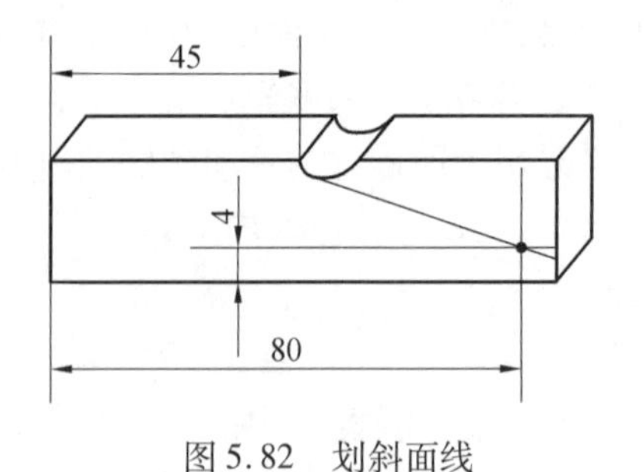

图5.82　划斜面线

②锯斜面。方锤头半成品与钳口大约成10°左右装夹(见图5.83)。调整台虎钳回转底座到便于锯削操作的位置。以斜面线作参考进行锯割,并使锯口呈一直角三角形,直角边分别为30~35 mm和4~6 mm。将方锤头半成品翻转180°装夹按同样办法进行锯割另一面(见图5.84)。完成两个引导缝的锯削。

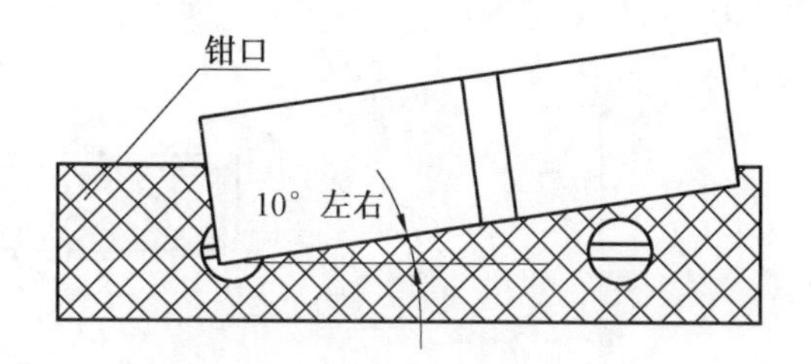

图5.83 锯削引导缝的装夹

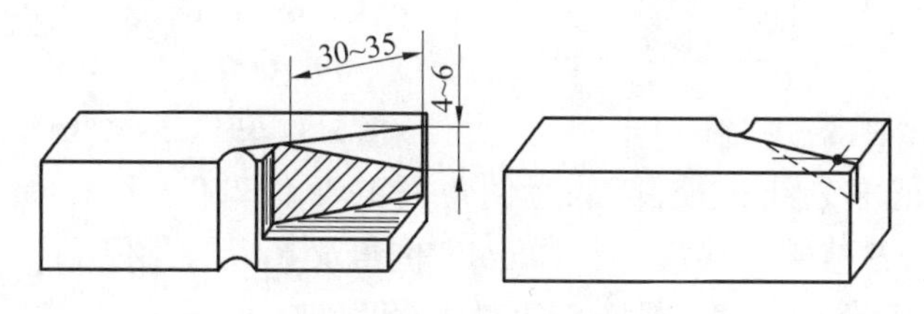

图5.84 锯削出引导缝

将方锤头半成品上的斜面线与钳口成90°进行装夹(见图5.85)。用直角尺找正后,将锯条导入引导缝即可进行锯割。锯口尽可能靠近斜面线,同时还要保留斜面线。为下步修光锉斜留余量。

(6)修锉斜面及*R*3圆弧。

①锉修*R*3。200 mm圆锉刀的前端直径大约5~6 mm,锉修时锉削行要短,用力要轻,可按图5.86所示的装夹方式锉削。

②修锉斜面。修锉斜面装夹时,斜面与钳口保持平行。要求锉削的平面与*R*3圆弧圆滑过渡,同时控制锤尖处4 mm尺寸,不要太大,也不要太小(图5.87)。利用推锉法修整纹理方向与其他各面一致。

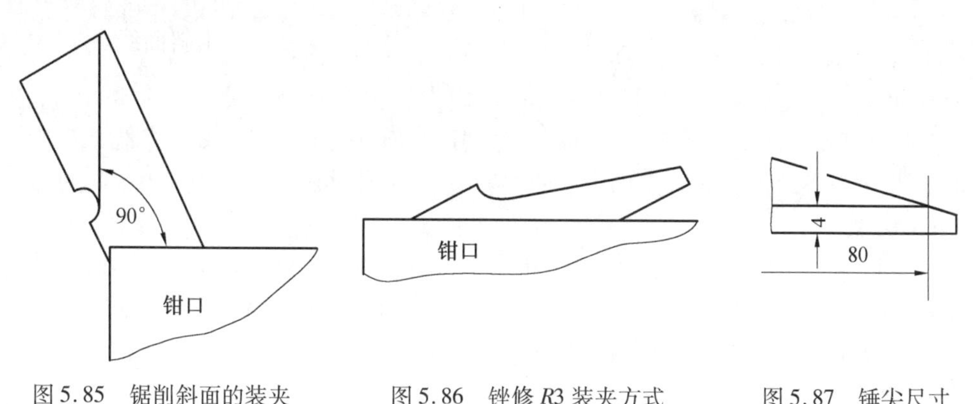

图5.85 锯削斜面的装夹　图5.86 锉修*R*3装夹方式　图5.87 锤尖尺寸

(7)锉 1.5×45°、0.5×45°倒角,*R*2 过渡圆弧,*R*2 圆弧。

①锉 1.5×45°倒角及 *R*2 过渡圆弧。以锤头端面为基准在四个面上划出 20 mm 倒角尺寸界限(见图 5.88)。

将方锤头按图 5.89 形式进行装夹,锉 1.5×45°倒角及 *R*2 过渡圆弧。把锉刀端平即可锉出很对称的倒角。在没有小圆锉刀的情况下,可利用方锉刀的楞边轻轻修锉出 *R*2 过渡圆弧。

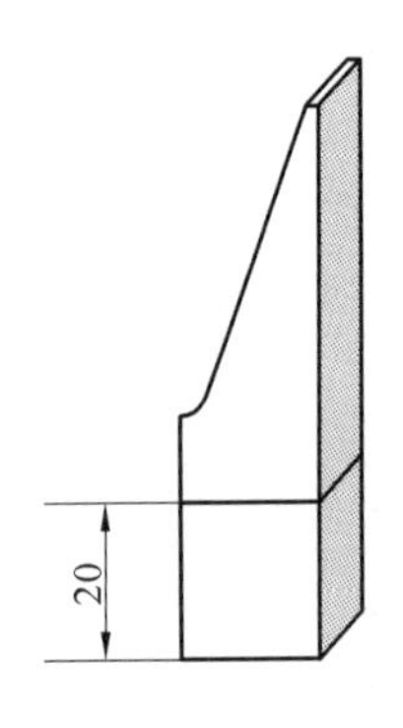

图 5.88 划倒角尺寸

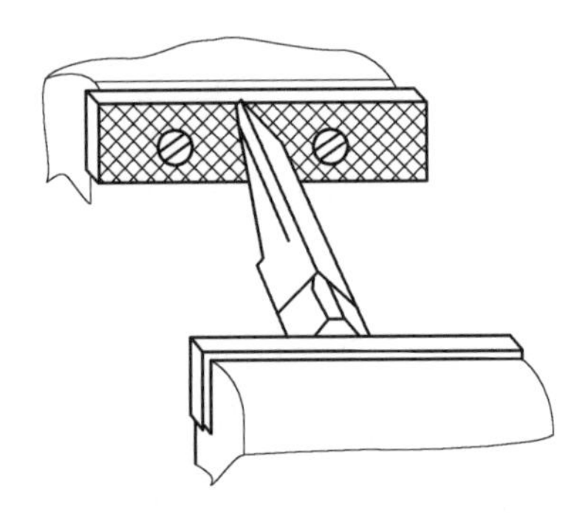

图 5.89 锉 1.5×45°倒角装夹形式界限

倒角尺寸不能靠划线来控制,测量倒角面宽度在 2.0 ~ 2.1 mm 就可以了(见图 5.90)。用同样的办法修锉出其余三个 1.5×45°倒角及 *R*2 过渡圆弧。

②修锉 0.5×45°倒角。将方锤头与钳口成 45°装夹(见图 5.91)其余与锉 1.5×45°倒角步骤相同。

③修锉 *R*2 圆弧倒角。装夹形式将方锤头尖向上垂直装夹。采用顺向锉削法锉掉余量,再用滚锉法修锉 *R*2 圆弧,并使方锤长度尺寸最大 80.40 mm,最小 80.21 mm。

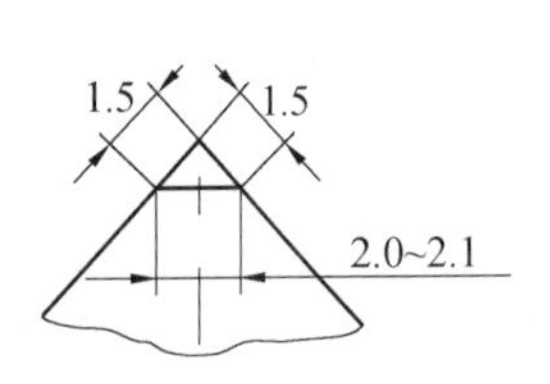

图 5.90 倒角尺寸测量

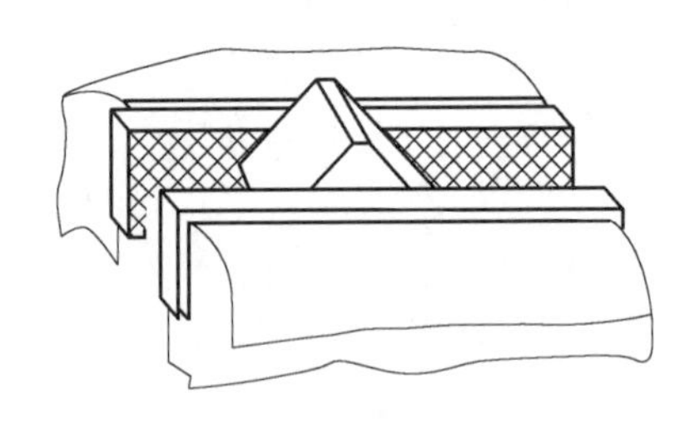

图 5.91 锉 0.5×45°倒角

(8)钻孔 ϕ8.5。

①划钻孔位置线。在①面上,以方锤头端面为基准划 35 mm 线。

将划线高度尺调整在 7.5 ~ 8.5 mm。分别以②面和③面为基准划两条线并与 35 mm 线相交,根据三条线的分布确定出中心的位置,并打上样冲眼。划出直径 9 mm 的加工圆(见图 5.92)。

②装夹、找正并钻孔。选台式钻床、机用平口钳、8.5 mm 麻花钻头。装夹时方锤头①面与平口钳的上平面保持齐平,用手触摸,沿长度方向手感没有差异即可进行钻孔(见图 5.93)。钻孔时有关事项可参照 5.6 节有关内容。

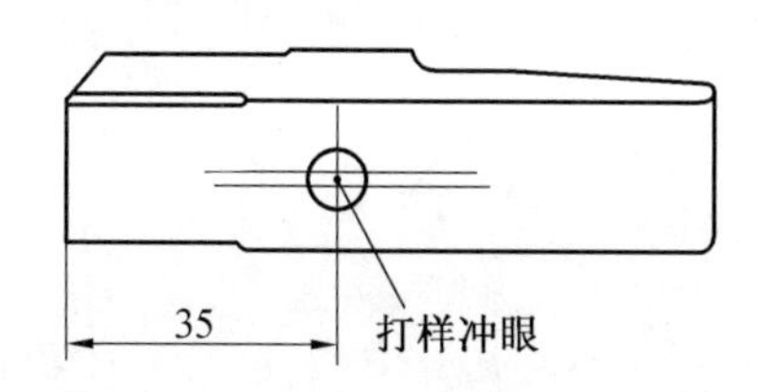

图5.92 在①面上划出加工圆

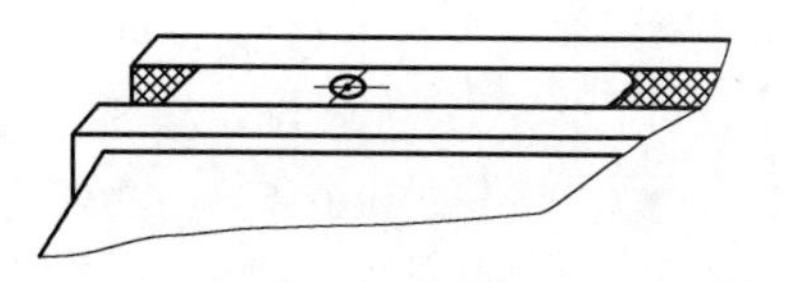

图5.93 用钳口上平面找正

(9)攻 M10×1.5 螺纹。

可参照5.7节有关内容。

(10)修光各表面。

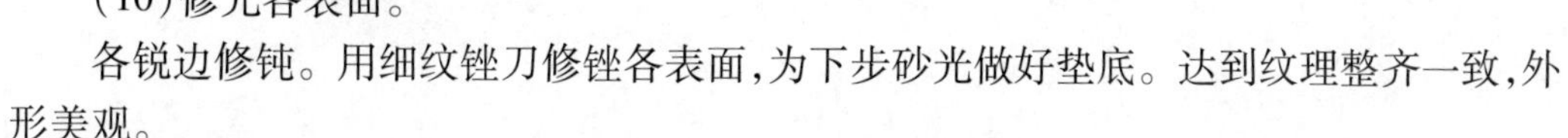

各锐边修钝。用细纹锉刀修锉各表面,为下步砂光做好垫底。达到纹理整齐一致,外形美观。

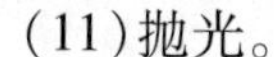

(11)抛光。

选用较粗一些的砂布可提高抛光的工作效率。最终抛光纹理方向要与修锉纹理方向保持一致。

(12)打编号。

选用4[#]钢字,阿拉伯数字。一个字符一次打成,第二次补打时往往出现“双眼皮”现象。编号内容:学年+专业代号+班级代号+学号,使编号具有唯一可追踪性。编号要打在方锤头的非工作表面、显而易见的位置,并符合一般人的阅读习惯。

(13)套螺纹。

套螺纹装夹时可在钳口处垫上旧砂布,防止圆杆夹伤。其余方面可参照5.7节有关内容。

(14)热处理。

该项内容热加工实习课另行安排。

第 6 章

车工技术

6.1 车床的型号及其主要用途

6.1.1 车床的型号

为了便于区别、管理和使用,机床都有按国家标准规定编制的型号,在机床型号中,从左至右分别表示机床的类别、特性、组、型和规格。

如在 CA6136 型号中,“36”表示在床身上可车削工件的最大回转直径为 360 mm,在型号中取 1/10 表示,“A”表示沈阳第一机床厂。

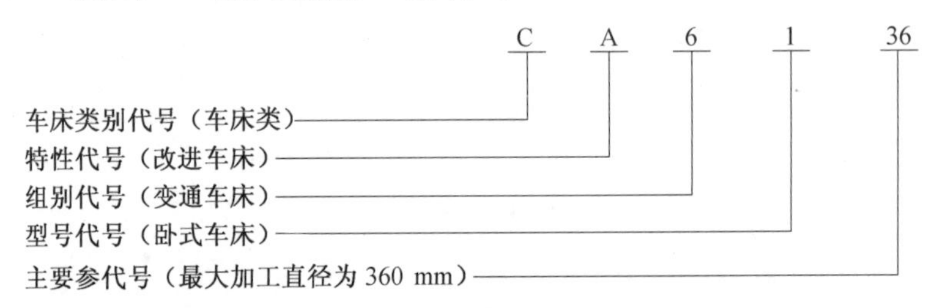

6.1.2 车床的主要用途

车床主要用以加工各种机器零件上的回转表面,如轴、齿轮、套筒和螺杆等。车床所能加工的表面主要有:外圆,内孔,内、外圆锥面,端面,沟槽,螺纹,成型表面以及滚花等。在车床上配置各种附件和夹具,还可以进行磨削、研磨、抛光以及各种特殊零件的外圆、内孔等。车削可实现细长轴、多头梯形螺纹、曲轴、蜗杆等特殊零件的加工。

6.2 车床的主要部件及操纵系统

6.2.1 车床的主要部件

如图 6.1 所示为车床的主要部件。

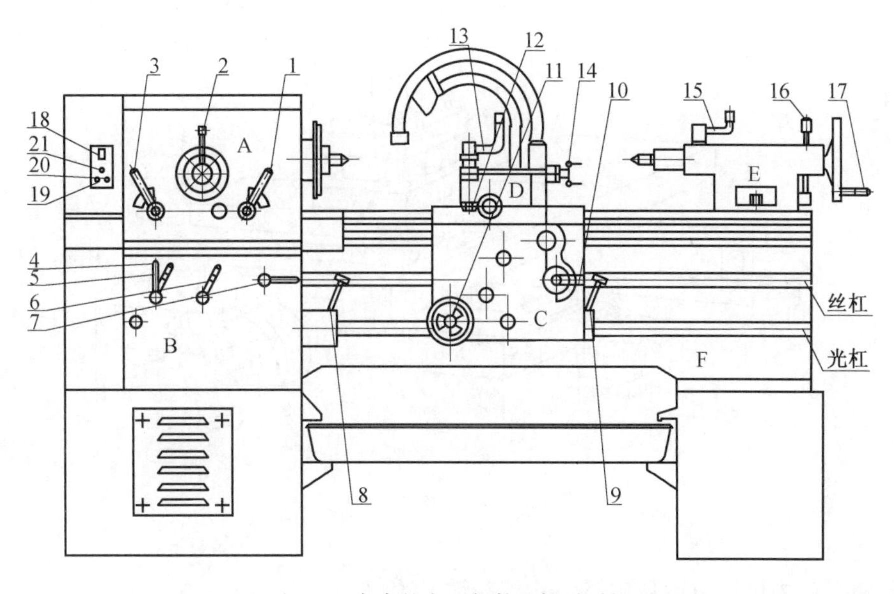

图6.1 车床的主要部件及操纵手柄

A—床头箱;B—进给箱;C—溜板箱;D—刀架;E—尾座;F—床身

1—主轴高、低档手柄;2—主轴变速手柄;3—纵向反、正走刀手柄;4,5,6,7—螺距及进给量调整手柄、丝杠光杠变换手柄;8,9—主轴正、反转操纵手柄;10—开合螺母操纵手柄;11—床鞍纵向移动手轮;12—下刀架横向移动手柄;13—方刀架转位、固定手柄;14—上刀架移动手柄;15—尾台顶尖套筒固定手柄;16—尾台紧固手柄;17—尾台顶尖套筒移动手柄;18—电源总开关;19—急停按钮;20—电机控制按钮;21—冷却开关

1. 床头箱

床头箱又称主轴箱,内装主轴及主轴变速箱齿轮。

2. 进给箱

进给箱又称走刀箱,它内装进给运动的变速齿轮,其表面上有调整进给量和螺距时供查阅的表格。

3. 溜板箱

溜板箱是车床进给运动的操纵箱,上面和床鞍与刀架相连。它可将光杠传来的旋转运动,转变为刀架的纵向或横向直线运动,还可以将丝杠传来的旋转运动通过对开螺母转变为车螺纹时刀架的纵向移动。

4. 刀架

刀架用以装夹车刀,使其作纵向和横向(可自动)或斜向(只能手动)进给运动。刀架由床鞍、横刀架、小刀架和方刀架组成(见图6.2)。

(1)方刀架。可同时安装四把车刀。

(2)小刀架。可沿转盘上的导轨作短距离移动。车锥面时,可将转盘转某一角度后,小刀架便可带动车刀作斜向进给。

(3)横刀架。横刀架可带动小刀架沿床鞍上的导轨作横向进给运动,用以车端面进给或车外圆时背吃刀量。

(4)床鞍又称纵刀架,带动刀架沿床身上的导轨作图纵向进给运动。

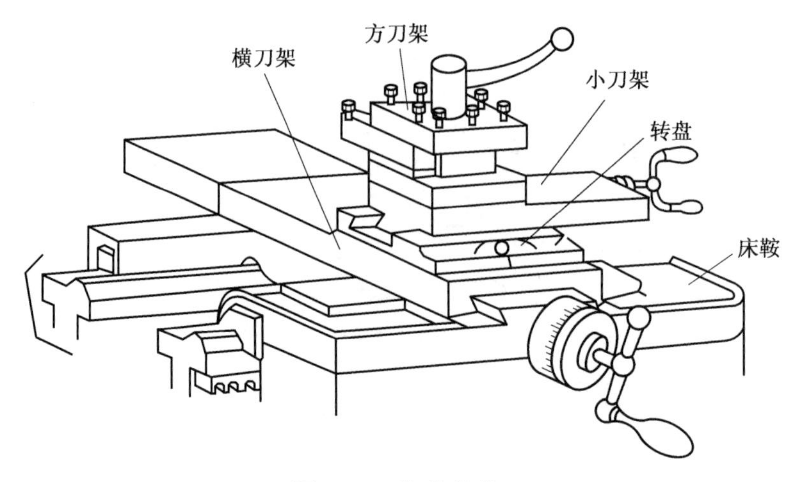

图6.2　刀架的组成

5. 尾座

尾座套筒内可安放后顶尖、钻头、扩孔钻或铰刀。

6. 床身

床身用以连接其他主要部件,并保证各个部件之间有正确相对的位置。

7. 光杠和丝杠

光杠是把走刀箱的运动传给溜板箱,使上面的溜板和车刀按照一定速度移动的车床部件。丝杠则是用来车削螺纹的,使溜板和上面的车刀按要求的速度移动的车床部件。

6.2.2　机床的操纵系统

在使用机床前,必须了解各个操纵手柄用途(见图6.1和表6.1)以免损坏机床,操纵机床时应当注意下列事项。

①床头箱手柄只许在停车时搬动。

②进给箱手柄只许在低速或停车时搬动。

③启动前检查各手柄位置是否正确。

④装卸工件或离开机床时必须停止电机转动。

表6.1　各个操纵手柄用途

编 号	名称及用途	编 号	名称及用途
1	主轴高、低档手柄	14	上刀架移动手柄
2	主轴变速手柄	15	尾台顶尖套筒固定手柄
3	纵向反、正走刀手柄	16	尾台紧固手柄
4、5、6、7	螺距及进给量调整手柄、丝杠光杠变换手柄	17	尾台顶尖套筒移动手柄
8、9	主轴正、反转操纵手柄	18	电源总开关
10	开合螺母操纵手柄	19	急停按钮
11	床鞍纵向移动手轮	20	电机控制按钮
12	下刀架横向移动手柄	21	冷却开关
13	方刀架转位、固定手柄		

6.3 车削加工的切削运动及切削用量三要素

6.3.1 车削加工的切削运动

1. 工作运动

为切除工件毛坯上多余的金属,应使刀具和工件作一定规律的相对运动,主要运动有主运动和进给运动,如图6.3所示。

2. 主运动

工件的转动是主运动,用 n 表示转速(r/min)。它形成机床的切削速度 v,是消耗主要动力的工作运动。

3. 进给运动

车刀的移动是进给运动。它是使工作的多余材料不断被去除的工作运动。

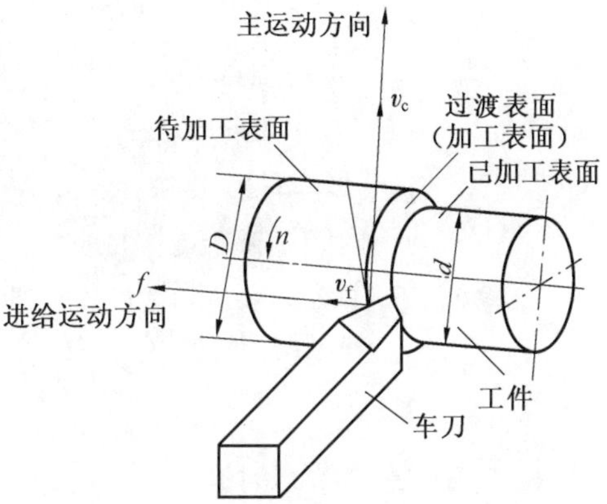

图6.3 切削时的切削要素

6.3.2 车削加工的切削用量三要素

1. 切削速度

切削速度(简称切速)v_c是切削刃选定点相对于工件主运动的瞬时速度,可用工件上待加工表面的线速度来计算,v_c的单位为 m/s 时

$$v_C = \pi Dn/1\ 000\times 60$$

式中 D——工件直径,mm;

n——工件转速,r/min。

工件直径 D(mm)相同时,若提高转速 n(r/min),切削速度也提高,但工件直径不同时(如直径变小)则不一定。

2. 进给量 f

进给量是工件转一转时车刀沿进给运动方向移动的距离(mm/r)。只改变转速 n 时,不会使进给量 f 变化。

3. 背吃刀量(切削深度)

背吃刀量简称切深 a_p(mm),是指在通过切削刃上选定点并垂直于该点主运动方向的切削层尺寸平面中,垂直于进给运动方向测量的切削层尺寸。

6.4 车　　刀

6.4.1 车刀种类和用途

车刀种类和用途如图6.4所示。

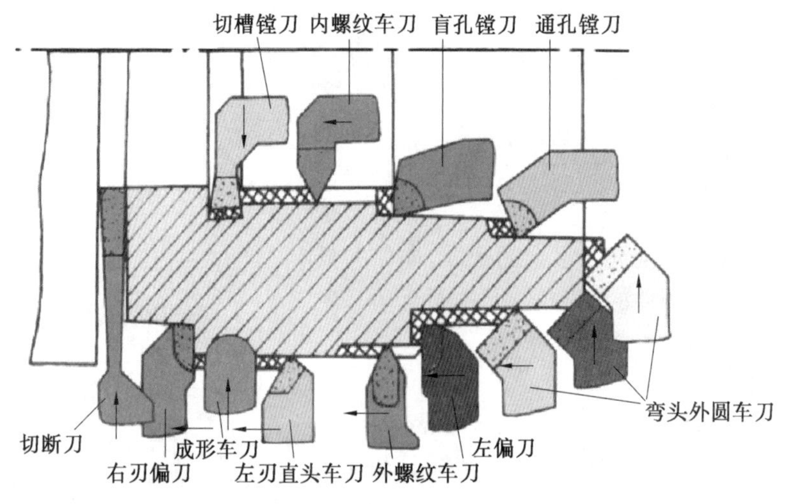

图 6.4　车刀种类和用途

6.4.2　车刀的角度

1. 车刀的基本结构

各种车刀都是由刀头(或刀片)和刀体所组成的,如图 6.5 所示。刀头用于切削加工,又称切削部分,刀体用于装夹车刀。刀头部分是由若干刀面和切削刃组成的各部分见表 6.2。所有车刀都是由表 6.2 中的几部分组成的,但不同的刀具构成数量上会有差别。如图 6.5 中的车刀是由三个刀面、两条切削刃和一个刀尖组成的,而 45°车刀是由四个刀面(两个副后刀面)、三条切削刃和两个刀尖组成的。其中,切削刃可以是直线,也可以是曲线,如成形车刀就是曲线切削刃。

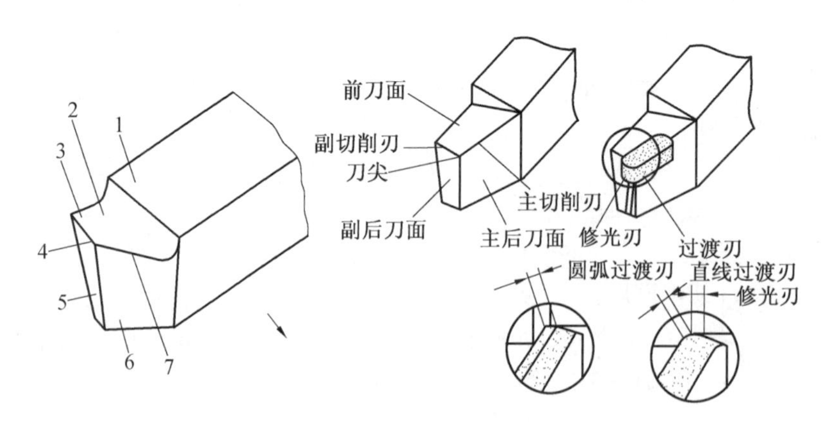

图 6.5　车刀的主要组成部分

1—刀体;2—前刀面;3—副刀面;4—刀尖;5—副后面;6—主后面;7—主刀刃

表6.2 车刀各刀面及切削刃定义

名称		定义
前刀面		刀具上切屑流过的表面
后刀面		与工件上过渡表面相对的刀面
主切削刃	主后刀面	与工件上已加工表面相对的刀面
	副后刀面	前刀面与主后刀面的相交部位,起主要切削作用
副切削刃		前刀面与副后刀面的相交部位,配合主切削刃进行少量的切削工作
刀尖		主切削刃与副切削刃相交部位 为提高刀尖强度,延长车刀使用寿命,一般将刀尖磨成圆弧形或者直线型过渡刃。刀尖圆弧半径取0.5~1 mm
修光刃		副切削刃上靠近刀尖处的一小段平直的切削刃。装刀时应使修光刃与进给方向平行,且修光刃的长度应大于进给量的数值

2. 车刀的角度

刀头上切削部分的主要角度有前角 γ_0、后角 α_0、主偏角 κ_r、副偏角 κ_r' 如图6.6、6.7所示。

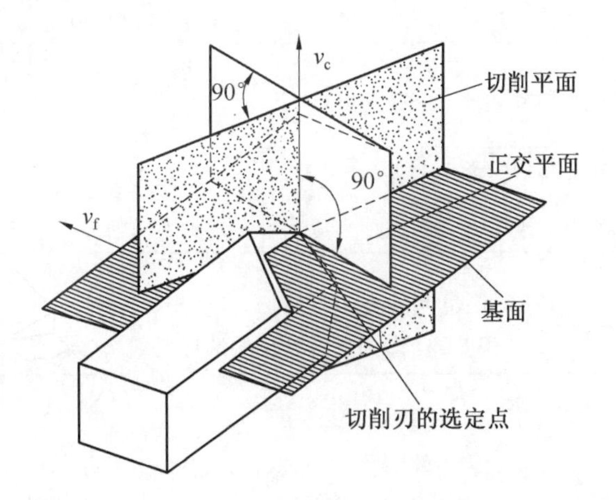

图6.6 外圆车刀标注角度基准系

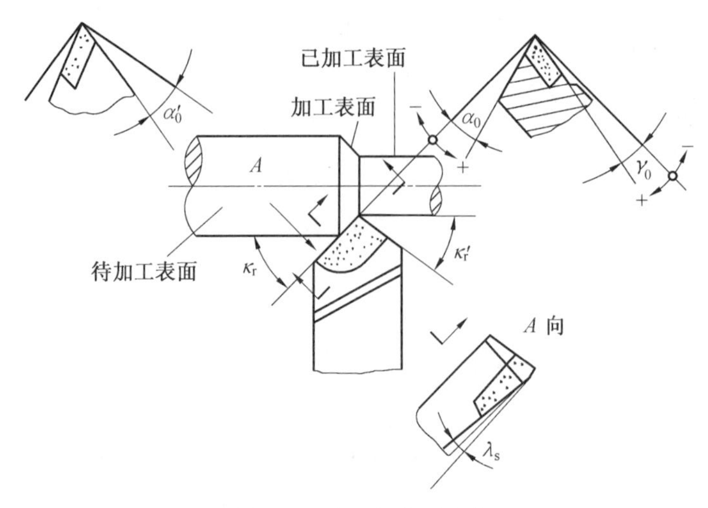

图 6.7　车刀的主要角度

(1)车刀主要角度的作用见表 6.3。

表 6.3　车刀主要角度的作用

角度	定　　义	作　　用
前角 γ_0	前刀面相对于水平面的倾斜程度	前角增大可使刃口锋利,减少切削变形,使切削省力,有利于排屑;负前角能增加切削刃的强度,提高抗冲击的能力
后角 α_0	后刀面相对于垂直的倾斜程度	后角增大,可减少车刀后刀面与工件的摩擦后角,可提高切削刃和刀头的强度
主偏角 κ_r	主切削刃与进给方向的夹角	可改变主切削刃和刀头的受力及散热情况
负偏角 κ_r'	副切削刃与进给方向的夹角	减少副切削刃与工件已加工面的摩擦

(2)车刀主要角度的选择原则见表 6.4。

表 6.4　车刀主要角度的选择原则

角度	选择原则	示　　例		
		工件材料	刀具材料	
			高速钢	硬质合金
前角 γ_0	① 工件材料软(塑性材料),选较大前角;工件材料硬(脆性材料),选较小前角 ②粗加工时,为保证切削刃的强度,应取小值;精加工时,为了减少工件表面的粗糙度,应取较大值 ③车刀材料的强度、韧性较差,应取小值;反之,则应取大值	灰铸铁 HT150	0°~5°	5°~10°
		高碳钢、合金钢	15°~25°	5°~10°
		中碳钢、中碳合金钢	25°~30°	10°~15°
		低碳钢	30°~40°	25°~30°
		铝及镁合金	35°~45°	30°~35°

续表 6.4

角度	选择原则	示　例		
后角 α_0	①工件材料硬,取小值;工件材料软,取大值 ②粗加工时,应取小后角,精加工时取大后角 ③副后角 α_0'一般磨成与后角相等	加工要求	刀具材料	
			高速钢	硬质合金
		粗加工	6°～8°	5°～7°
		精加工	8°～12°	8°～10°
主偏角 κ_r	加工轴类零件台阶面时,应等于或大于90°;加工一般轴类零件表面时,取45°～60°	常用的主偏角为45°、60°、75°、90°		
负偏角 κ_r'	既要减小工件的表面粗糙度又要提高刀头强度及耐用度时,应取小值	一般取6°～8°;切槽或切断时取45°～60°		

6.5　车外圆及车端面

6.5.1　车床的机动操纵

1. 准备工作

(1)将车床主轴速度调整在100 r/min左右。

(2)摇动大溜板手轮,将大溜板移至床身的中间位置。

(3)调整进给箱手柄位置使进给量 $f \approx 0.3$ mm/r。

(4)用手转动卡盘一周,检查与机床有无碰撞处,并检查各手柄是否处于正确位置。

2. 启动操纵车床的启动、停止和变换速度

(1)接通机床电源。将旋扭开关转到接通的位置。

(2)先启动按钮。按钮向上揿,指示灯亮,电动机即开始启动,由于操纵杆在中间位置,所以车床主轴尚未转动。

(3)将操纵杆向上提起,主轴作顺向转动,操纵杆放中间,主轴停止转动,此时电动机仍在转动。如需离开机床应先停止按钮,使电动机停止转动。

在车削过程中因装夹、测量等需要主轴作短暂停止时,应利用操纵杆停机,不要先停止按钮,因为电动机频繁启动容易损坏。

6.5.2　外圆车刀的装夹

1. 准备工作

(1)将刀架位置转正后用手柄拧紧。

(2) 将刀架装刀面和车刀柄底面擦净。

2. 车刀的装夹步骤和装夹要求

(1)确定车刀的伸出长度。把车刀放在刀架装刀面上,车刀伸出刀架部分的长度约等于刀柄高度的1.5倍，如图6.8所示。

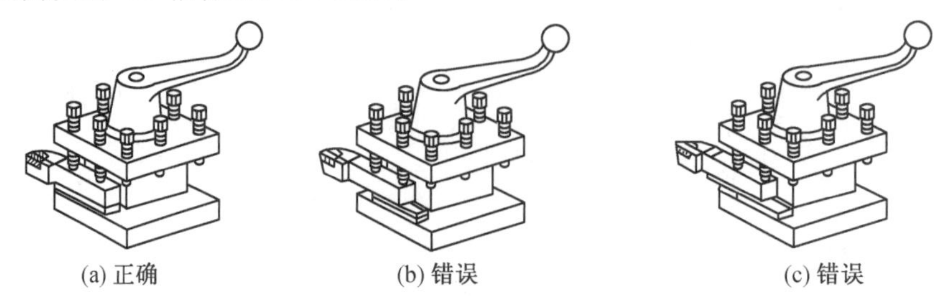

图6.8　车刀的伸出长度

(2)车刀刀尖对准工件中心的方法。装刀时一般先用目测法大致调整至中心后，再利用尾座顶尖高度或用测量刀尖高度的方法将车刀装至中心。

(3)目测法。移动床鞍和中溜板，使刀尖靠近工件，目测刀尖与工件中心的高度差，选用相应厚度的垫片垫在刀柄下面。注意：选用的垫片必须平整，数量尽可能少，垫片安放时要与刀架面齐平。

(4)顶尖对准法。使车刀刀尖靠近尾座顶尖中心，根据刀尖与顶尖中心的高度差调整刀尖高度，刀尖应略高于顶尖中心0.2～0.3 mm，当螺钉紧固时，车刀会被压低，这样刀尖的高度就基本与顶尖的高度一致。

(5)测量顶尖高度法。用钢直尺将尾座顶尖高度量出，并记下读数，以后装刀时就以此读数来测量刀尖高度进行装刀。

(6)测量刀尖中心高度。还可以用钢直尺在机床导轨上来测量，主轴中心至床身平面导轨距离CA6136型车床为190 mm。

6.5.3　车外圆

1. 选用外圆车刀

外圆车刀主要有45°车刀、75°(尖刀)车刀和90°(右偏刀)车刀，如图6.9所示。

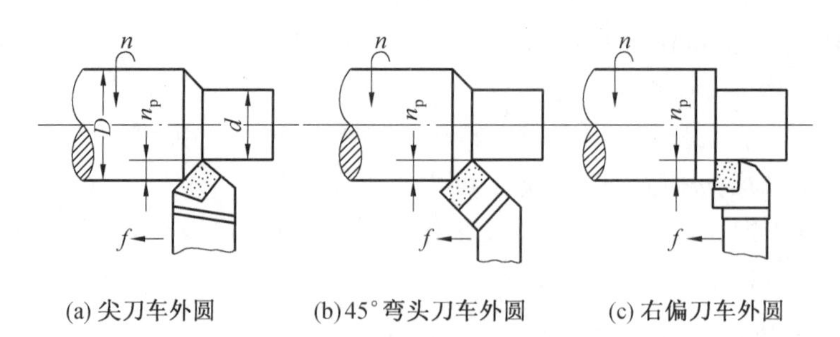

图6.9　车外圆及常用车刀选择

45°车刀用于车外圆、端面和倒角；75°(尖刀)车刀用于粗车外圆；90°(右偏刀)车刀用于车细长轴外圆或有垂直台阶的外圆。

2. 车外圆的操作步骤

(1)检查毛坯直径，根据加工余量确定进给次数和背吃刀量。

(2)划线痕,确定车削长度。先在工件上用粉笔涂色,然后用内卡钳在刚直尺上量取尺寸后,在工件上划出加工长度线。

(3)车外圆要准确地控制背吃刀量,这样才能保证外圆的尺寸公差。通常采用试切削方法来控制背吃刀量,试切的操作步骤如图6.10所示。

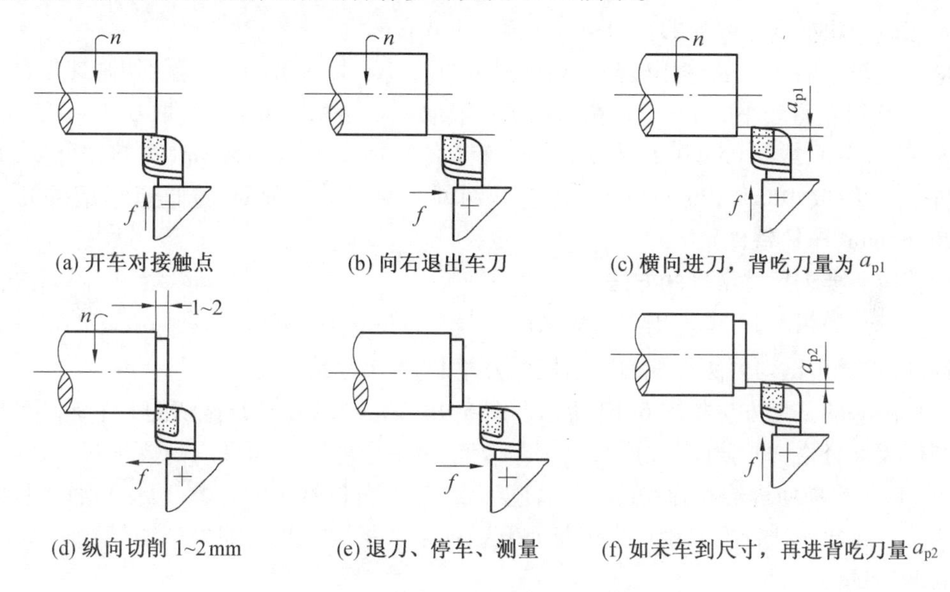

(a) 开车对接触点　(b) 向右退出车刀　(c) 横向进刀，背吃刀量为 a_{p1}

(d) 纵向切削 1~2 mm　(e) 退刀、停车、测量　(f) 如未车到尺寸，再进背吃刀量 a_{p2}

图6.10　圆的试切方法与步骤

(4)手动进给车外圆的操作方法。操作者应站在床鞍大溜板手轮的右侧,双手交替摇动手轮,如图6.11所示,手动进给速度要求均匀。当车削长度到达线痕标记处时,停止进给,摇动中溜板手柄,退出车刀,床鞍快速移动回复到复位。车外圆一般分粗、精车。粗车目的是尽快地从工件上切去大部分余量,为精加工留0.5~1 mm余量,对车削表面粗糙度要求较低,应选用较大的背吃刀量和进给量,切削速度选用中等或中等偏低的数值。依车外圆的加工精度和表面粗糙度要求不同,分为粗车、半精车和精车。

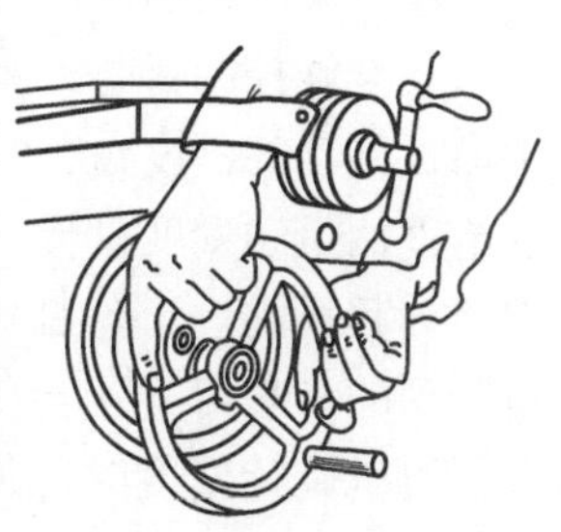

图6.11　双手交替摇动手轮

3. 粗车的目的和切削用量特点

粗车的目的是尽快从工件上切去大部分加工余量,但应给半精车和精车留有适当的加工余量,一般留1~2 mm(单面半径留量)。粗车对尺寸精度和表面粗糙度无严格要求,一般精度为IT12~IT11,表面粗糙度 Ra 值为50~12.5 μm。为了提高生产率,背吃刀量 a_p、进给量 f 均应选大一些,而切削速度可选中等或偏低。当用硬质合金车刀粗车时,a_p 取2~4 mm,f 取0.15~0.4 mm/r,v_0 取40~60 m/min(工件为钢)或30~50 m/min(工件为铸铁)。

4. 半精车的目的和切削用量特点

半精车的目的是加工较高精度外圆时,作为精车前或磨削前的预加工。其 a_p 和 f 均较粗车小。一般精度为IT10~IT9,表面粗糙度 Ra 值为6.3~3.2 μm。

5. 精车的目的和切削用量特点

精车的目的是要保证零件的尺寸公差和较细的表面粗糙度，因此试切尺寸一定要测量正确，刀具要保持锐利，要选用较高的切削速度，进给量要适当减小，以确保工件的表面质量。

精车表面粗糙度一般为IT8～IT7，Ra 值为1.6 μm。

应选用较小的 a_p 和 f，选用较高的切削速度（$v_0 \geqslant 100$ m/min）或较低的切削速度（$v_0 < 5$ m/min）均可获得较小的 Ra 值。精车时 f 一般取0.05～0.2 mm/r，a_p 取0.3～0.5 mm（高速精车钢件），或0.05～0.1 mm（低速精车钢件），或0.1～0.15 mm（车铸铁件）。切削速度 v_0 一般取100～120 m/min（高速车钢件），或3～5 m/min（低速车钢件），或60～70 m/min（车铸铁件）。

6. 获得所要求尺寸精度的方法

在半精车和精车时，单靠用刻度盘来调整背吃刀量 a_p 往往难以保证所要求的尺寸公差。因此，需要用试切方法来准确控制尺寸公差，达到尺寸精度要求。

车外圆时的试切方法如图6.10所示。图6.10（a）～6.10（e）是试切的一个循环。经度量精度尺寸合格，即可开车按原背吃刀量 a_p 车出整个外圆。如果未到要求尺寸，应自图6.10（f）再次横向进给并确定适当的背吃刀量 a_p，重复图6.10（d）、6.10（e），直到尺寸合格为止。每次所选背吃刀量均小于每次直径加工余量的一半。如果试切尺寸车小了，应重新开始试切。

7. 正确使用横向进给刻度盘的方法

要准确控制背吃刀量 a_p，必须学会正确使用带动横刀架中溜板移动的刻度盘（见图6.12）。横刀架固定在螺母上，当进给手柄带动刻度盘转一周时，丝杠也转一周，带动螺母和横刀架一起移动一个丝杠螺距（图中为5 mm）。刻度盘转1格所得到的背吃刀量 $a_p = 0.05$ mm（直径切去0.1 mm）。在调整背吃刀量旋转刻度时，必须慢慢地将刻度盘转到所需要的格数。如果不小心将刻度盘转多了，绝对不能只退回转多了的那一点，必须向反方向退回半圈，消除丝杠和螺母之间的全部间隙后，再转到所需要的刻度位置上。当试切后发现尺寸车小了，需要将刀退回时，也应采用与此相同的处理方法。

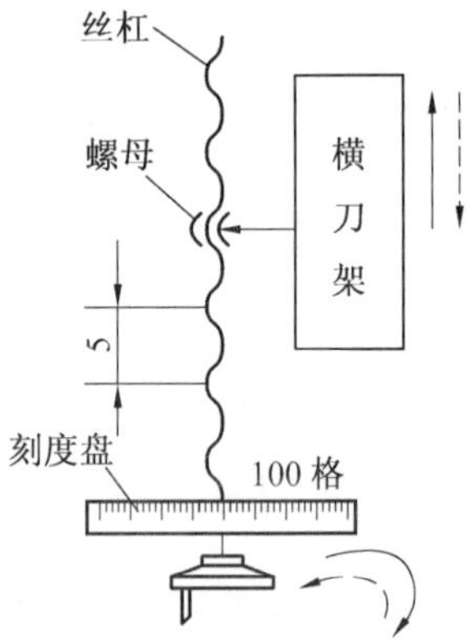

图6.12　手柄摇过头后的纠正方法

8. 获得所要求表面粗糙度的方法

精车和半精车所要求的表面比较光滑，即表面粗糙度 Ra 值比较小。因此，必须采取如下措施：

（1）采用小的背吃刀量 a_p 和进给量 f。

（2）适当减小副偏角 κ_r'，如图6.13所示。在背吃刀量 a_p、进给量 f、主偏角 κ_r 相等的条件下，若减小车刀的副偏角 κ_r' 可减小残留面积，从而使表面粗糙度 Ra 值减小，使加工表面光滑。同理，若刀尖磨成小圆弧也可减小残留面积。

（3）用油石仔细研磨车刀的前后刀面，合理选择 v_0、f、a_p 以及合理使用切削液等，均可改善表面粗糙度，避免积屑瘤的形成。

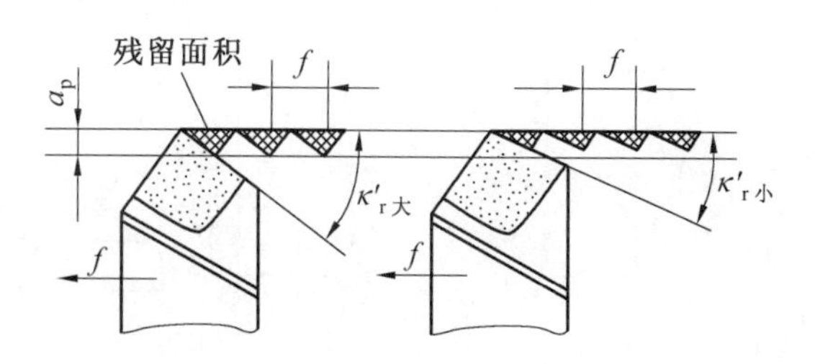

图6.13　副偏角对残留面积的影响

6.5.4　车端面(手动进给车端面)

1. 准备工作

(1)调整主轴转速,并将交换齿轮手柄置于空挡位置。

(2)机床各油孔加油润滑并调整好中、小溜板间隙,使手动进给时松紧适当。

(3)将当天工作必须使用的工具、量具和刃具整齐地放置在工作台上,同时要求安放的位置符合取用方便的原则。

2. 用三爪自定心卡盘装夹工件

装夹工件时为确保安全,应将主轴变速手柄置于空挡位置。装夹定位的方法和步骤如下:

(1)张开卡爪,张开量大于工件直径,把工件安放在卡盘内,在满足加工需要的情况下,尽量减少工件伸出量。装夹工件时,右手持稳工件,使工件轴线与卡爪保持平行,左手转动卡盘扳手,将卡爪拧紧。

(2)检查工件的径向圆跳动。三爪自定心卡盘能自动定心,毛坯装夹一般不必找正,但当装夹长度较短而伸出长度较长时,往往工件会产生歪斜,一般在离卡盘最远处的跳动量最大。跳动量若大于加工余量时,必须找正后才可加工。

找正,将划针尖靠近轴端外圆,左手转动卡盘,右手移动划线盘,使针尖与外圆的最高点刚好未接触到,然后目测外圆与划针之间的间隙变化,当出现最大间隙时,用锤子将工件轻轻向划针方向敲击,要求间隙约缩小1/2。再重复检查和找正,直至跳动量小于加工余量时为止。操作熟练时,可用目测法进行找正。

工件找正后,应用力夹紧。

(3)启动机床前作安全检查。用手转动卡盘一周,检查有无碰撞处。

(4)选用和装夹端面车刀。常用端面车刀有45°车刀和90°车刀。用45°车刀车端面刀尖强度较好,车刀不容易损坏。用90°车刀车端面时,由于刀尖强度较差,常用于精车端面。车端面时要求车刀刀尖严格对准工件中心,高于或低于工件中心都会使端面中心处留有凸台,并损坏车刀刀尖(见图6.14)。

3. 车端面的操作步骤

(1)移动床鞍大溜板和中溜板,使车刀靠近工件端面后,将床鞍上螺钉扳紧,使床鞍位置固定。

(2)测量毛坯长度,确定端面应车去的余量,一般先车的一面尽可能少车,其余余量在另一面车去。车端面前可先倒角,尤其是铸件表面有一层硬皮,如先倒角可以防止刀尖

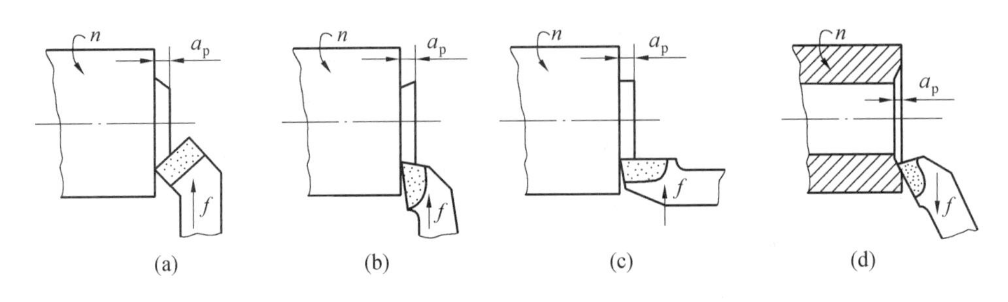

图 6.14　车端面

损坏。车端面和外圆时,第一刀背吃刀量一定要超过硬皮层,否则即使已倒角,但车削时刀尖还是要碰到硬皮层,很快就会磨损。

(3)双手摇动中溜板手柄车端面,手动进给速度要保持均匀。

当车刀刀尖到端面中心时,车刀即退回。如精加工的端面,要防止车刀横向退出时将端面拉毛。可向后移动小溜板,使车刀离开端面后再横向退回。车端面吃刀量,可用小溜板刻度盘控制。

(4)用钢直尺或刀口直尺检查端面直线度,如图 6.10 所示。如发现端面不平,往往由下列原因造成:

①工件端面有凸台,原因是车刀刀尖未对准工件中心。

②端面平面度差,凹或凸,原因是:用 90°车刀由外向里车削,吃刀量过大,车刀磨损,床鞍未固定而移动,小溜板间隙大,刀架或车刀未紧固等。

6.6　车槽与切断

6.6.1　车　槽

车槽可分为外圆上的槽,内孔和端面上的槽。

1. 沟槽的种类和作用

沟槽的形状和种类较多,常用的外沟槽有梯形沟槽、圆弧形沟槽、矩形沟槽等。矩形沟槽的作用通常是使所装配的零件有正确的轴向位置,在磨削、车螺纹、插齿等加工过程中便于退刀。

2. 车槽刀的装卡

车槽刀装卡是否正确,对车槽的质量有直接影响,如矩形车槽刀的装卡,要求垂直于工件轴心线,否则车出的槽壁不会平直。

3. 车槽方法

(1)车削精度不高和宽度较窄的矩形沟槽时,可以用刀宽等于槽宽的车槽刀,采用直进法一次进给车出。

精度要求较高的沟槽,一般采用二次进给车成第一次进给车沟槽时,槽壁两侧留精车余量,第二次进给用等宽刀修整(见图 6.15)。

(2)车较宽的沟槽,可以采用多次直进法切削,并在槽壁两侧留一定的精车余量,然

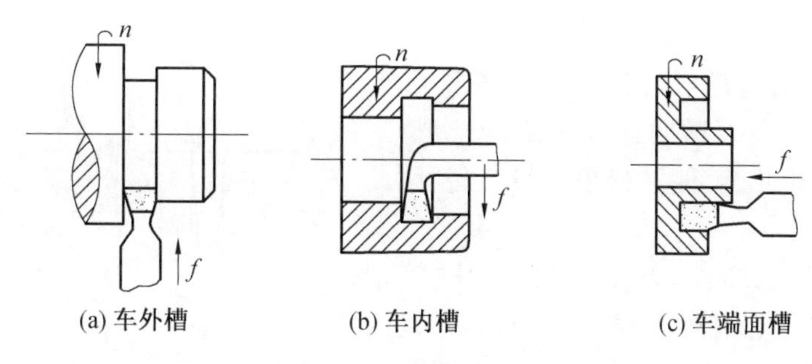

(a) 车外槽　(b) 车内槽　(c) 车端面槽

图6.15　车槽及车槽刀

后根据槽深、槽宽精车至尺寸。

(3)车较小的圆弧形槽,一般用成形刀车削。较大的圆弧形槽,可用双手联动车削,用样板检查修整。

6.6.2 切　断

常用切断刀有高速钢切断刀、硬质合金切断刀和弹性切断刀,如图6.16所示。

切断直径较小的工件一般选用高速钢切断刀或弹性切断刀,硬质合金切断刀适用于切割直径较大的工件或进行高速切断。

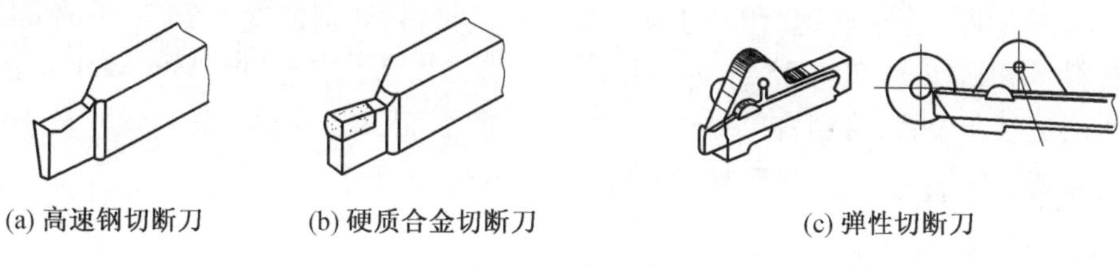

(a) 高速钢切断刀　(b) 硬质合金切断刀　(c) 弹性切断刀

图6.16　切断刀

1. 切断刀的装夹方法

(1)切断刀伸出长度。

切断刀不宜伸出过长,主切削刃要对准工件中心,高或低于中心都不能切到工件中心,如图6.17所示。如用硬质合金切断刀,中心高或低则都会使刀损坏 。

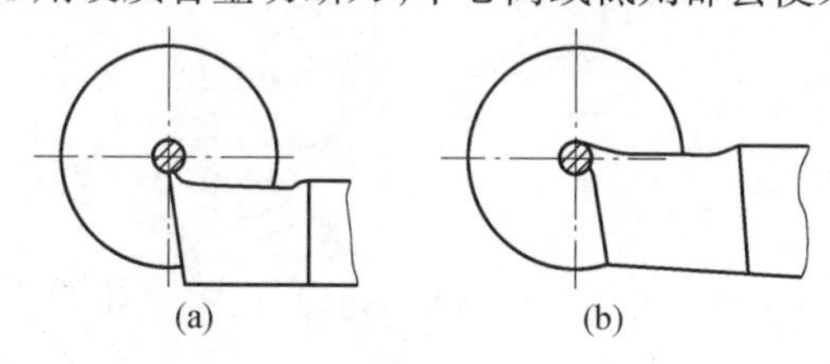

(a)　(b)

图6.17　切断刀高或低于工件中心

(2)装刀时检查两侧副偏角。

检查切断刀两侧副偏角的方法有两种:一种是将90°角尺靠在工件已加工外圆上检查,如图6.18(a)所示。另一种方法是,如外圆为毛坯则可将副切削刃紧靠在已加工端面上,刀尖与端面接触,副切削刃与端面间有倾斜间隙,要求间隙最大处约0.5 mm,如图6.18(b)所示。两副偏角基本相等后,可将车刀紧固。

2. 切断

切断的方法有直进法、左右借刀法和反切法。

直进法切断，车刀横向连续进给，一次将工件切下，操作十分简便，工件材料也比较节省，因此应用最广泛。

左右借刀法切断，车刀横向和纵向须轮番进给，因费工费料，一般用于机床、工件刚性不足的情况下。

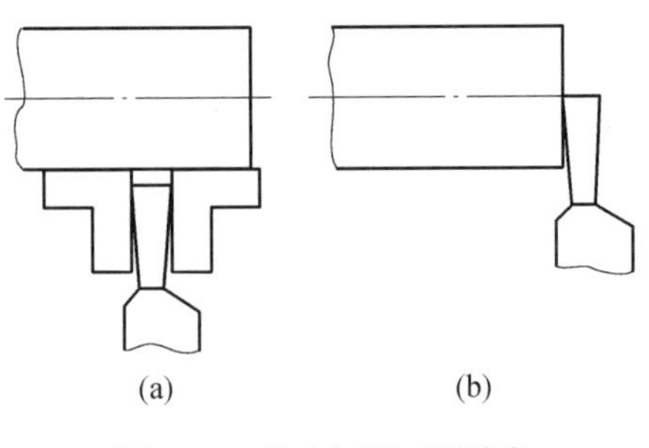

图 6.18　检查切断刀副偏角

反切法切断，车床主轴反转，车刀反装进行切断，这种方法切削比较平稳，排屑较顺利，但卡盘必须有保险装置，小溜板转盘上两边的压紧螺母也应锁紧，否则机床容易损坏。

直进法切断的操作方法：

(1)切断前的准备工作。

①工件用卡盘装夹，伸出长度要加上切断刀宽度和刀具与卡爪间的间隙(为 5 ~ 6 mm)，工件要用力夹紧。

②中、小溜板镶条(斜铁)尽可能调整得紧些。

③选择并调整主轴转速，用高速钢刀切断铸铁材料，切削速度为 15 ~ 25 m/min；切断碳钢材料，切削速度为 20 ~ 25 m/min；用硬质合金刀切断，切削速度为 45 ~ 60 m/min。

④确定切断位置，将钢直尺一端靠在切断刀的侧面，移动床鞍，直到钢直尺上要求的长度刻线与工件端面对齐，然后将床鞍固定，如图 6.19 所示。

(2)切断。

启动机床，加切削液，移动中溜板，进给的速度要均匀而不间断，直至将工件切下，如图 6.20(a)所示。如工件的直径较大或长度较长，一般不切到中心，留 2 ~ 3 mm，将车刀退出，停车后用手将工件扳断，如图 6.20(b)所示。

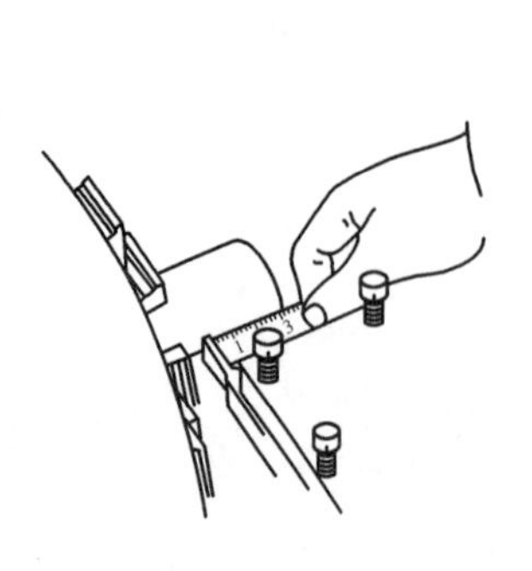
图 6.19　确定切断位置

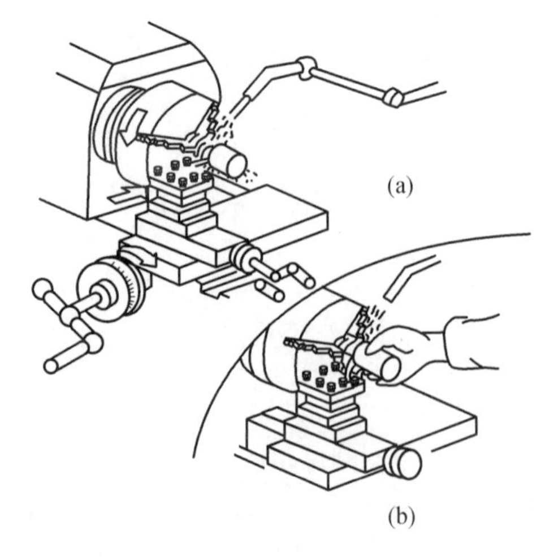

图 6.20　切断

切断工件时往往会引起振动，振动严重会导致切断刀折断。采取下列措施能减小振动：

①机床各部分间隙尽可能调小。例如，床鞍，中、小溜板导轨的间隙和机床主轴轴承间隙等尽可能调小。

②切断刀离卡盘的距离一般应小于被切工件的直径。

③适当地加大前角和减小后角。前者使排屑顺利，后者可以增强刀头刚性。

④适当加快进给速度或减慢主轴转速。

(3)断时应注意事项。

①两顶尖或一夹一顶装夹都不可将工件全部切断。

②切断时应连续、均匀地进给，如发现车刀产生切不进现象，应立即退出，检查车刀刀尖是否对准工件中心，以及是否锐利，不可强制进给，以防车刀折断。

③发现切断表面凹凸不平或有明显扎刀痕迹，应检查切断刀的刃磨和装夹是否正确，查出原因，纠正后再继续车削，否则容易造成切断刀刀头折断。

6.7　孔　加　工

车孔是常用的孔加工方法之一，粗、精加工都适用。尺寸精度能达到IT7级，表面粗糙度可达到 $Ra1.6\ \mu m$。

6.7.1　内孔车刀的选择

内孔车刀有整体式和装夹式两种，常用的是整体式，装夹式由于刀柄刚性较好，一般用于内孔深度较深或孔径尺寸较大的工件，装夹式内孔车刀，方孔与刀柄垂直的是通孔车刀，方孔与刀柄倾斜的则是不通孔车刀，如图6.21所示。下面介绍车不通孔情况。

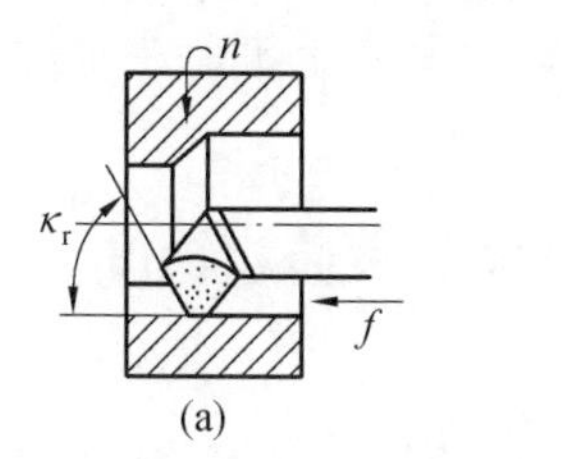

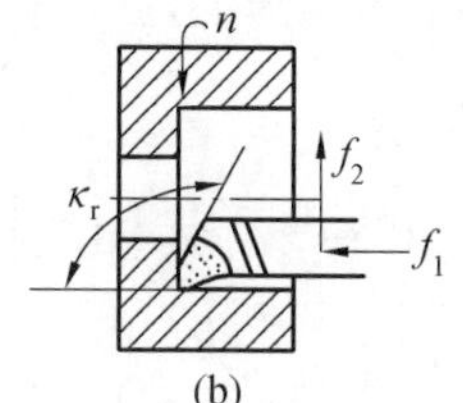

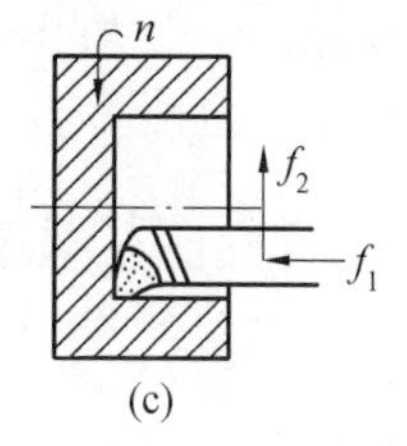

图6.21　车床车孔及所用的车刀

1.准备工作

(1)钻孔。用小于孔径2 mm的钻头钻孔，孔深应自钻尖算起。然后，用相同直径的平头钻将孔扩成平底，孔深留1～2 mm余量。

(2)装夹不通孔车刀。不通孔车刀装夹的刀尖要对准工件旋转中心。高于或低于中心都不能将孔底车平，检验刀尖中心最简便的方法就是用刀端面的方法进行验证，如端面能车至中心，则不通孔的底面也一定能车平整，同时要检查刀尖至刀柄外侧是否小于工件半径，检查方法：移动中溜板使刀尖刚好超出工件中心，检查刀柄外侧是否与孔壁相碰。

2. 粗车不通孔

(1)车端面。

(2)以端面为基准测量扩孔深度,记下孔底面的加工余量并钻工艺孔。

(3)车刀靠近工件端面,移动小溜板,使车刀刀尖与端面轻微接触,将手柄刻度调零,同时将床鞍移动手柄刻度调零。

(4)将车刀伸入孔内,移动中溜板,当刀尖与孔口接触时车刀纵向退出,将中溜板手柄刻度调零。

(5)将中溜板手柄刻度值调整背吃刀量车削不通孔。启动机动进给车削不通孔时要防止车刀于孔底面相碰撞,床鞍刻度值离孔深为 2 ~3 mm 时,应停止机动进给,改用手动继续进给,如果孔大而浅,一般车不通孔底面时能看清。反之,若孔小而深,就很难看清楚,一般要凭听觉来判断刀尖是否已切入底面,如果车削声增大,表明刀尖已切入孔底面。车孔底面时,如车削声消失,切削力也突然减小,就表明孔底面已车成形,若再进给,就会使刀柄碰孔壁,应及时将车刀纵向退出。

如果孔底面余量较多,再车第二刀时,纵向保持不动,横向中溜板向后退回至车削的起始位置,即车内孔时的刻度位。然后用小溜板手柄刻度进给控制背吃刀量,第二刀的车削方法与第一刀相同。粗车不通孔,孔深留 0.2 ~0.3 mm 作为精车余量。

(6)精车不通孔。精车用试切削的方法控制孔径尺寸,试切正确后纵向机动进给至孔底面 2 ~3 mm 时,改用手动进给,当刀尖碰到孔底面后,小溜板向前进给,使背吃刀量约等于底面的精车余量。然后摇动中溜板手柄精车孔底平面,车削方法与粗车相同。车孔及所用的车刀如图 6.21 所示,为了减小背向力 f_P(径向切削分力),以减小车刀杆的弯曲变形,通常主偏角 $\kappa_r=60° \sim 70°$。车台阶孔和不通孔时,为了使一把刀也能用于车孔底端面,不通孔车刀纵向进给时的主偏角 κ_r 取 95°左右,当纵向进给 f_1 至孔底时,再转为横向进给 f_2。注意,车端面时,κ_r 已发生变化。车刀杆的长度应尽量短,以免刀杆弯曲变形使车出的孔易产生外大里小的锥形误差增大。车刀刀尖应略高于机床主轴旋转中心,以避免扎刀和防止刀杆向下弯而伤孔壁。

6.7.2 钻孔、扩孔和铰孔的特点及其加工精度和表面粗糙度

1. 钻孔

在实心材料上加工孔,首先要用钻头将孔钻出。钻孔的精度较低,加工表面也粗糙,因此,精度低的孔(尺寸公差低于 IT14 级,表面粗糙度值 *Ra* 大于 12.5 μm),可用与孔等直径的钻头,将孔直接钻出。精度高的孔,钻孔只能作为粗加工,钻头直径应小于孔径 1.5 ~2 mm,如图 6.22 所示。

(1)钻头的装卸。

①直柄钻头。用钻夹头夹住直柄处,如图 6.22 所示,然后再将钻头夹头用力装入尾座锥孔内,就可以进行钻孔。

②锥柄钻头。锥柄的锥度为莫氏锥度,常用的钻头柄部的圆锥规格为 2#、3#、4#。如果钻柄规格与尾座筒锥孔的规格一致,可直接将钻头装入尾座套筒锥孔内进行钻孔。如果钻头柄规格小于套筒锥孔的规格,则还应采用变径锥套作过渡。锥套内锥孔要与钻头

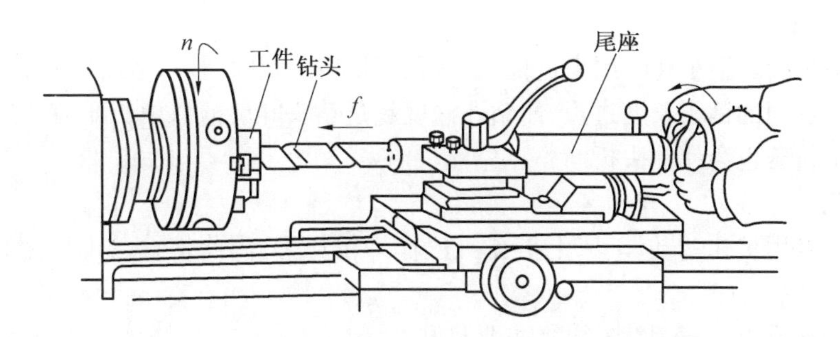

图 6.22 在车床上钻孔

锥柄规格一致,外锥则应与尾座套筒内锥孔的规格一致。

例如,钻头锥柄规格为 2#,尾座套筒内锥孔规格为 4#,应选用内锥 2#、外锥 4#的变径锥套。

钻头装入锥套时,柄部的舌尾要对准锥套上的腰形孔,如不对准,一般圆锥不会相接触。拆卸时用斜铁插入腰形孔,用力敲击斜铁,就能把钻头卸下。

钻头与锥尾套组合后,用力装入尾座套筒锥孔内,就可进行钻孔,如图 6.23 所示,工作完毕需将钻头拆卸时,可旋转尾座手轮向后移动尾座套筒,直至钻头被顶出。

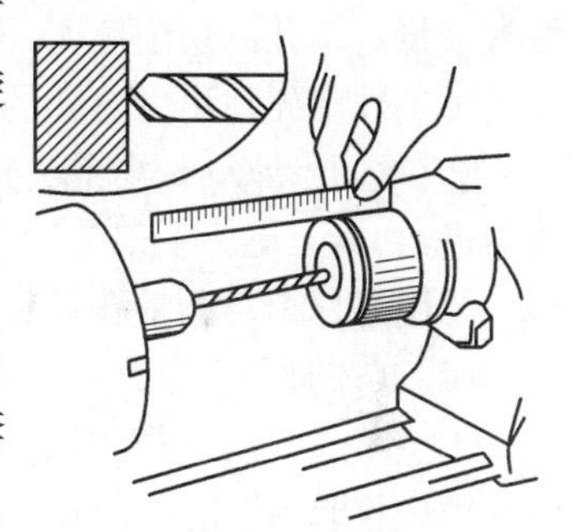

图 6.23 钻不通孔

(2)准备工作。

①根据钻孔直径和钻孔深度选用钻头。

②注意钻头螺旋槽部分的长度应大于钻孔深度 20 ~ 30 mm,将钻头配上合适的锥套后装入尾座套筒内,尾座套筒伸出长度尽可能短,但钻头不可被顶出。

③工件用卡盘装夹找正后紧固。

④车端面,为了有利于钻头定中心,端面近中心可车成凹坑或用中心钻头,钻出中心孔。

⑤移动尾座,使钻头靠近工件端面,将尾座锁紧。

⑥根据钻头直径调整主轴转速,高速钢钻头钻钢件,切削速度 $v \leqslant 25$ m/min,钻铸件材还要略低些。

(3)钻不通孔。

钻不通孔与钻通孔的操作方法基本相同,不同的是钻不通孔要控制钻孔的深度。其操作方法如下:

①开机,摇动尾座手轮,当钻尖开始切入端面时,记尾座套筒上的标尺读数,如套筒上无标尺,可用钢直尺量出套筒的伸出长度,如图 6.23 所示。钻孔时深度控制在原始读数上加上孔深尺寸即可。

②以均匀的速度钻孔,当套筒上标尺读数达到所需孔深时,退出钻头,停机。

③钻孔常见废品产生的原因。

a. 孔尺寸扩大。钻头两主切削刃不对称,或尾座中心未对准工件旋转中心。

b. 孔钻偏。工件装夹时外径未找正,或钻孔时未采取定中心措施而导致钻头钻孔时产生偏斜。

c. 钻头折断。钻小孔时用力过猛,钻深孔时切屑未及时清除,造成堵塞等都会导致钻头折断。或选用的钻头长度过短,使钻孔深度超过钻头螺旋槽部分长度,使切屑不能顺利排出而产生挤压也会使钻头折断。

2. 扩孔

扩孔有专用扩孔钻,但车床上扩孔一般作为粗加工,因此扩孔钻也可用普通麻花钻代用。

当扩台阶孔和不通孔时,往往需要将孔底扩平,一般就将钻头磨成平头钻作为扩孔钻使用,如图 6.24 所示。

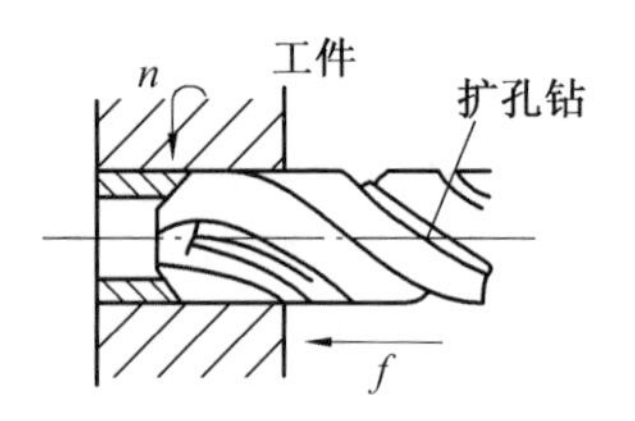

图 6.24　车床扩孔的方法

(1)扩台阶孔。

扩台阶孔时,由于平头钻不能很好定心,扩孔开始阶段容易产生摆动而使孔径扩大,所以选用平头钻扩孔,钻头直径应偏小些,以留有余量。扩孔的切削速度一般应略低于钻孔的切削速度。

①扩孔前先钻出台阶孔的小孔直径。

②扩孔开动车床,当平头钻与工件端面接触时,记下尾座套筒上标尺读数,然后慢慢均匀进给,直至尾座上刻度读数到达所需深度时退出。

③用游标卡尺测量孔径和孔深尺寸。

(2)扩不通孔。

①按不通孔的直径和深度钻孔。用顶角为 118°的钻头先将孔钻出。注意:钻孔深度应从钻尖算起,并比所需深度浅 1 ~ 2 mm。然后用与钻孔直径相等的平头钻再扩平孔底面。

②扩不通孔的操作步骤。

a. 控制不通孔深度的方法。用一薄钢板紧贴在工件端面上,向前摇动尾座套筒,使钻头顶紧钢板,记下套筒上的标尺读数。当扩孔到终点时在尾座读数上应加上钢板的厚度和不通孔的深度。

b. 开机,摇动尾座手轮,当感觉到平头钻与孔底面相接触,即阻力增加时,要减慢进给速度。进给至标尺上刻度符合所需孔深时,将钻头退出。

c. 测量扩孔尺寸。

(3)扩孔应注意事项。

①扩孔时由于钻头边缘处前角大钻头容易产生打滑,当钻头产生转动时不可用手去捏,以防伤手,应立即使主轴停止转动,然后将钻头退出,重新装紧后再扩。

②扩孔产生振动时,主轴转速应适当降低,如振动还未明显减小,应卸下钻头,将钻头后角适当磨小后再扩。

③铸、锻件毛坯孔不可直接用钻头扩孔,否则会损坏钻头的狭边。

3. 铰圆柱孔

铰孔是常用的孔精加工方法之一,铰孔的精度可达 IT7 级,表面粗糙度值 Ra 小于

1.6 μm。铰孔的操作方法较简单,且又能达到孔径尺寸一致,因此,常用于孔径精加工的成批生产,如图6.25所示。

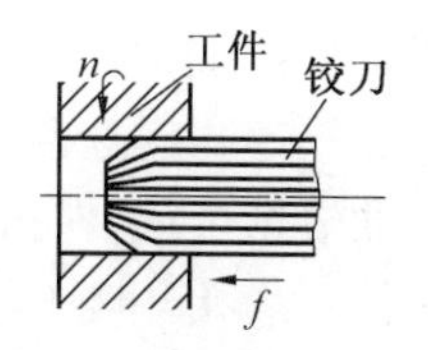

图6.25 车床铰孔的方法

(1)铰通孔。

①铰孔前的准备工作。

a. 选用和装夹铰刀。铰孔的尺寸精度和表面粗糙度在很大程度上取决于铰刀的精度质量,所以在选用铰刀时应检查刃口是否锋利和完好无损。铰刀圆柱柄也应平整、光滑和无毛刺。铰刀柄部一般有精度等级标记,选用时要与被加工孔的精度等级相符。

大于 ϕ12 mm 的圆柱柄机铰刀一般采用浮动套筒装夹,浮动套筒锥柄再装入尾座套筒锥孔内,如图6.26所示。小于 ϕ12 mm 机铰刀一般圆柱柄,要用钻夹头装夹,注意装夹的长度在不影响夹紧前提下尽可能短。

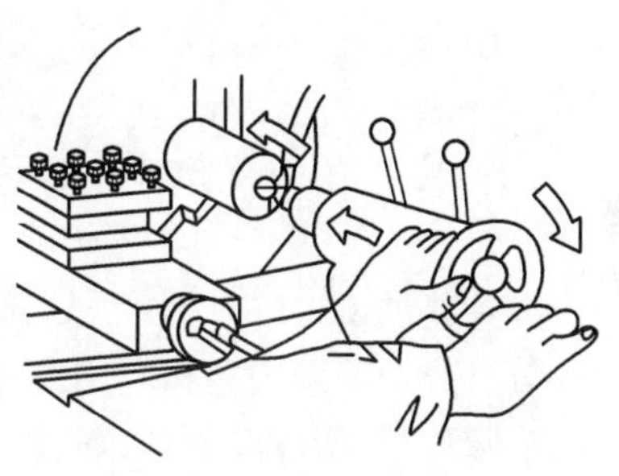

图6.26 铰通孔

b. 内孔留铰削余量。铰孔前内孔要进行半精加工,半精加工目的就是为铰孔留合适的铰削余量,铰削余量一般为0.08~0.15 mm,用高速钢铰刀铰削余量取小值,用硬质合金铰刀则取大值。铰孔前孔径表面不可过于粗糙,表面粗糙度 Ra<6.3 μm。铰孔前的半精加工有两种常用方法:一种是用车孔的方法留铰削余量,这种方法能弥补钻孔所带来的轴线不直或径向跳动等缺陷,使铰孔达到同轴度和垂直度的要求。另一种是当孔径尺寸小于 ϕ12 mm 时,用车孔的方法留铰削余量就比较困难,通常采用扩孔的方法作为铰孔前的半精加工,由于扩孔本身不能修正钻孔造成的缺陷,因此在钻孔时要采取定中心措施。例如,用钻中心孔的方法作为钻头导向或用挡铁支顶等。总之,要尽可能地减少钻头的摆动量。铰孔前工件孔口要先倒角,这样容易使铰刀切入。

c. 调整尾座的中心位置。铰孔时绞刀中心线必须与机床主轴中心线重合,如尾座位置偏离主轴中心,严重的会使铰出的孔径尺寸扩大或孔口处扩大形成喇叭口。因此铰孔前要用试棒和百分表调整尾座的中心位置。

d. 确定铰孔时尾座的工作位置。尾座套筒的伸出长度不宜太长,一般为50~60 mm。移动尾座,使铰刀离工件端面5~10 mm,将尾座锁紧。

e. 调整铰孔切削速度。铰孔的切削速度一般小于5 m/min。根据选定的切削速度和孔径大小调整车床主轴转速。

f. 准备合适的切削液。铰钢件孔一般加注乳化液,铰铸件孔加煤油或不加切削液。

②铰通孔的操作方法和步骤。

a. 摇动尾座手轮,使铰刀的引导部分轻轻进入孔口,进入深度为1~2 mm。

b. 开机,加注充分的切削液,双手均匀摇动尾座手轮,如图6.26所示,进给量约0.5 mm/r,均匀地进给至铰刀的切削刃超出孔末端约3/4时,即反向摇动尾座手轮,将铰刀从孔内退出。注意退刀时机床主轴仍保持顺转不变,切不可反转,以防损坏铰刀刃口。

c. 将内孔擦净后,用塞规检查孔径尺寸。

(2)铰不通孔。

①铰不通孔的准备工作。不通孔铰削前也要对内孔进行半精加工,孔径留 0.08 ~0.12 mm 的铰削余量,内孔深度要车至尺寸。

②铰不通孔。铰不通孔的操作方法与铰通孔基本相似,具体操作步骤如下:

a. 启动机床,加切削液,摇动尾座手轮进行铰孔,当铰刀端部与孔底相接触后会产生阻力,手动进给感觉到阻力明显增加时就表明铰刀端部已到孔底,应立即将铰刀退出。

铰不通孔如深度较深,切屑排出比较困难,一般中途应退出 1 ~2 次,用切削液和刷子清除切屑后再继续铰孔。

b. 用内径百分表或塞规检查孔径尺寸。

6.8 车床常用的夹具和附件及所装夹工件的特点

夹具是加工工件时用来对工件进行定位和夹紧,以便正确和迅速装夹工件的装置。它一般可分为通用夹具和专用夹具两种。这里主要讲车床的通用夹具,它们一般可以随车床一起购买,所以又称车床附件。

6.8.1 三爪自定心卡盘的构造原理及所装夹工件的特点

三爪自定心卡盘的扳手插入任何一个方孔中,顺时针旋转小锥齿轮时,与它相啮合的大锥齿轮被带动旋转,在大锥齿轮背面的平面方牙螺纹带动三个卡爪,同时移向中心对工件进行定位和夹紧。当扳手反转时,三个卡爪同时向外松开。三爪自定心卡盘最适于装夹圆形和正六边形的工件。三爪自定心卡盘装夹时既方便又迅速地把圆形工件的中心对准车床的旋转中心,称为自动定心。但实际上由于三爪定心卡盘的制造误差及卡盘零件的磨损(平面螺纹和卡爪)不均匀,故使三爪自定心卡盘所装夹圆形工件的中心和车床旋转中心存在着 0.05 ~0.15 mm 的不同轴误差。三爪定心夹盘的构造如图 6.27 所示。

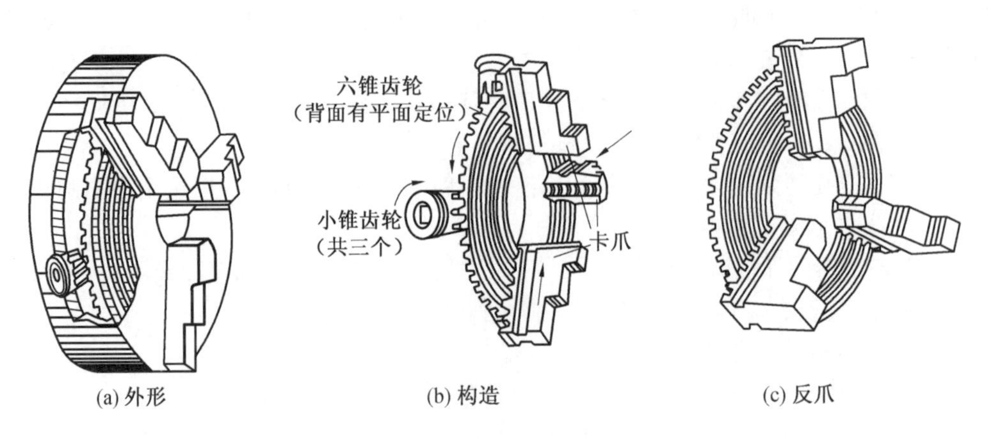

图 6.27 三爪自定心夹盘的构造

图 6.28 为三爪自定心卡盘装夹工件实例。用三爪自定心卡盘装夹工件时必须注意:

(1)卡盘夹持工件外圆长度必须大于 10 mm 以上。

(2)不宜夹持长度短且又有明显锥度的外圆或内孔。

(3)工件定位找正后必须及时夹紧。

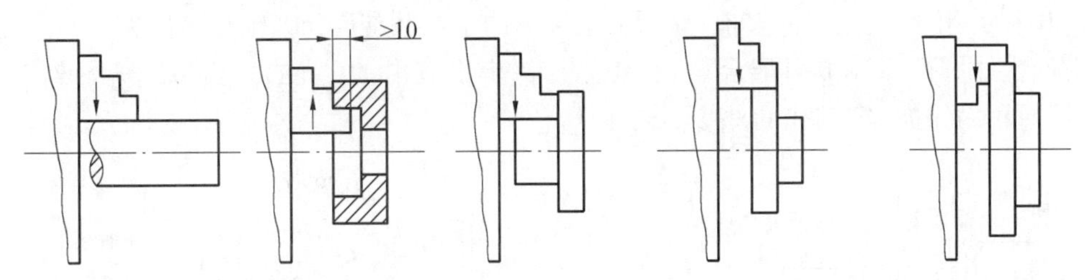

(a) 夹持棒料 (b) 用夹爪反撑内孔 (c) 夹持小外圆 (d) 夹持大外圆 (e) 用反夹爪夹持大直径工件

图6.28　三爪自定心卡盘装夹工件的举例

(4)夹持圆棒料或圆筒形工件,其悬臂伸出长度一般不宜超过直径的3~4倍,以防背向力 F_P 使工件弯曲变形。

(5)装夹工件后,卡盘扳手必须立即随手取下,以防开车时扳手飞出伤人。

6.8.2　用三爪自定心卡盘装夹工件时保证位置精度的条件

用三爪自定心卡盘装夹工件时,凡在一次装夹中能车出的各个外圆和内孔,由于是在同一个旋转中心下加工出来的,所以可保证0.03~0.04 mm的同轴度以及端面和孔中心线或外圆中心线的垂直度要求。若不可能在一次装夹中加工出上述表面,由于三爪自定心卡盘三爪所夹中心与机床旋转中心之间存在着0.05~0.15 mm的误差,所以在几次装夹中加工的上述表面,是不能保证这些表面间严格的位置精度要求的。

6.8.3　前、后顶尖装夹工件的原理及所装夹工件的特点

车削轴类零件时,一般用顶尖、卡箍和拨盘共同配合装夹工件,如图6.29所示。卡箍又称鸡心夹头。工件用螺钉夹紧在卡箍孔中,当工件装夹在前、后顶尖上加工时,顶尖和工件间的摩擦力是不能带动工件旋转的,工件的转动是主轴带动拨盘,拨盘带动卡箍而使工件旋转。

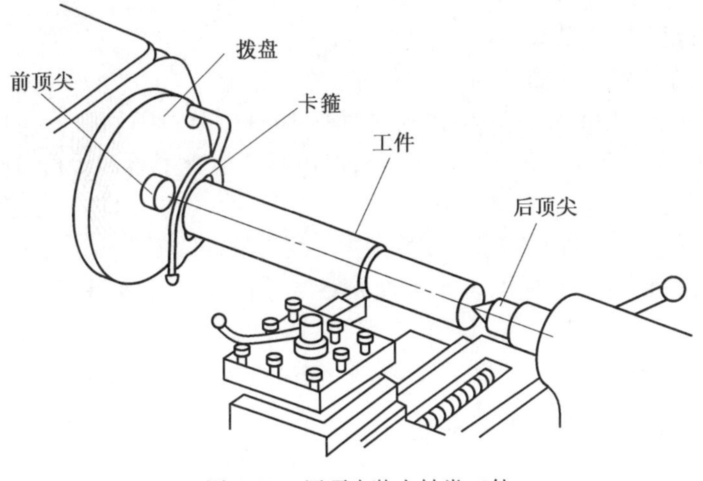

图6.29　用顶尖装夹轴类工件

车床本身的精度必须保证前顶尖的中心与机床旋转中心重合,后顶尖必须调整与前顶尖的轴线重合。用前、后顶尖装夹工件,两端必须先车出端面并钻出标准的中心孔,如图6.30所示,中心孔是工件在前、后顶尖上装夹的定位基准面,60°锥孔与顶尖上的60°锥面相配合,小圆孔保证锥面配合贴紧,还能存储少量润滑油(黄油),B型中心孔外端的120°锥面用以保护60°锥孔的外缘不被碰坏。

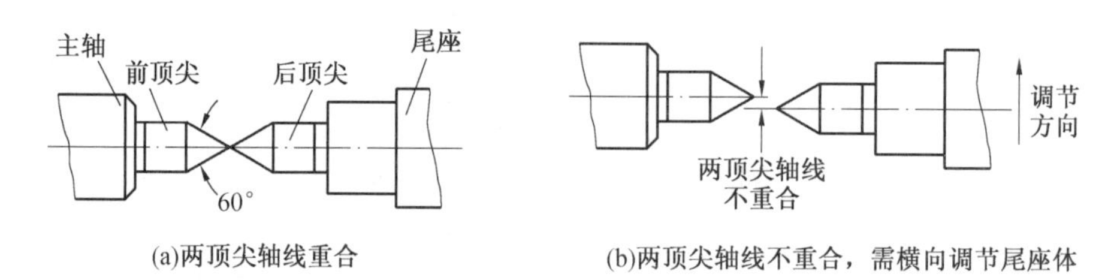

(a)两顶尖轴线重合　(b)两顶尖轴线不重合,需横向调节尾座体

图6.30　校正前、后顶尖

用前、后顶尖装夹的轴类工件,经多次调头装夹都能保证工件的轴心线与车床的旋转中心重合。因此,它能保证多次调头装夹时所加工出的各个外圆表面之间具有较高的同轴度(0.03~0.04 mm),这是用一般三爪自定心卡盘多次装夹工件无法做到的。

6.8.4　细长轴类零件的加工特点及跟刀架和中心架的用途

车削细长轴时工件受车刀背向力f_P的作用,以提高工件的加工精度。跟刀架主要用于车削细长的光轴,使用跟刀架前需在工件右端先车出一段外圆以便支承爪进入。中心架则用于车削两段直径不同的细长阶梯轴的外圆,一般将中心架的支承爪置于轴的中间部位,工件上与支承爪接触的部位需预先车出一段外圆。当工件右端外圆加工完毕后,再调头加工另一端。加工长轴的端面和轴右端的内孔时可用三爪自定心卡盘夹住轴的左端,用中心架支承轴的右端。

6.8.5　钻中心孔

1.准备工作

(1)三爪自定心卡盘装夹工件。

(2)用端面车刀车两端面,截取总长尺寸。

(3)选用中心钻,中心钻有A型和B型两种,如图6.31所示。

常用的规格为1.5 mm、2 mm和3 mm,使用时要检查型号和规格是否与图纸要求相符。

(4)将钻夹头柄擦干净后插入尾座套筒内并用力插入使圆锥面结合。

(5)将中心钻装入钻夹头内,伸出长度要短些,用力拧紧钻夹头将中心钻夹紧,如图6.32所示。

(6)移动尾座并调整套筒的伸出长度,要求中心钻靠近工件端面时,套筒的伸出长度为50~70 mm,然后将尾座锁紧。

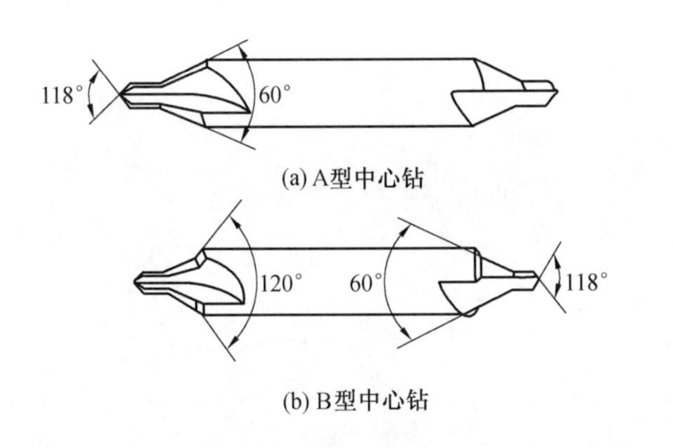

图6.31 中心钻的两种型号

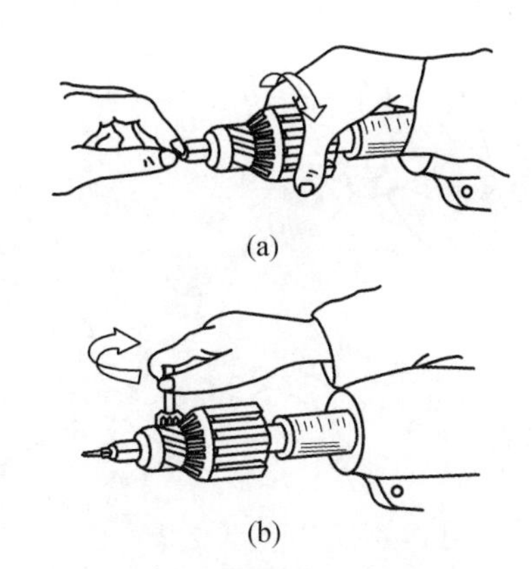

图6.32 装夹中心钻

2. 钻中心孔的方法

(1)试钻。向前摇动尾座套筒,当中心钻钻进工件端面约0.5 mm时,退出,目测试钻情况如图6.33所示,判断中心钻是否对准工件的旋转中心。

当中心钻对准工件中心时,钻出的坑呈锥形,如图6.33(b)所示。若中心偏移,试钻出坑呈环形,如图6.33(c)所示。如偏移较少,可能是钻夹头柄弯曲所致,可将尾座套筒后退,松开钻夹头,用手转动钻夹头的圆周位置,进行找正。如转动钻夹头无效,应松开尾座,调整尾座两侧的螺钉,使尾座横向位置移动,如图6.34所示。当中心找正后,两侧螺钉要同时锁紧。

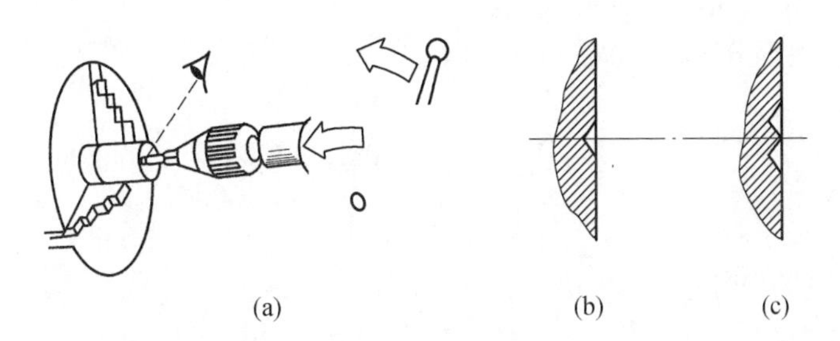

图6.33 试钻中心孔

(2)钻中心孔(见图6.35)。向前移动尾座套筒,当中心钻钻入工件端面时,速度要减慢,并保持均匀。加切削液中途退出1~2次去除切屑。要控制圆锥D_1尺寸,A型$D_1 \approx 2.1D$,B型$D_1 \approx 13.1D$。例如,钻$\phi 2$中心孔,A型圆锥大端尺寸约4.2 mm,B型约6.2 mm。当中心孔钻到尺寸时,先停止进给,退出钻头再停机,或利用主轴惯性将中心孔表面修圆整再停机。A型和B型中心孔在钻削的方法上完全一样。

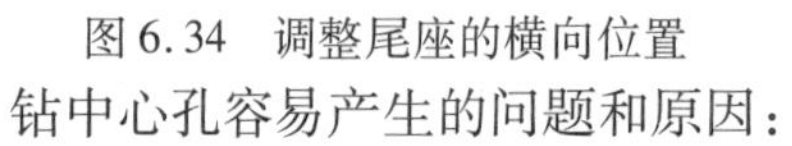

图6.34 调整尾座的横向位置

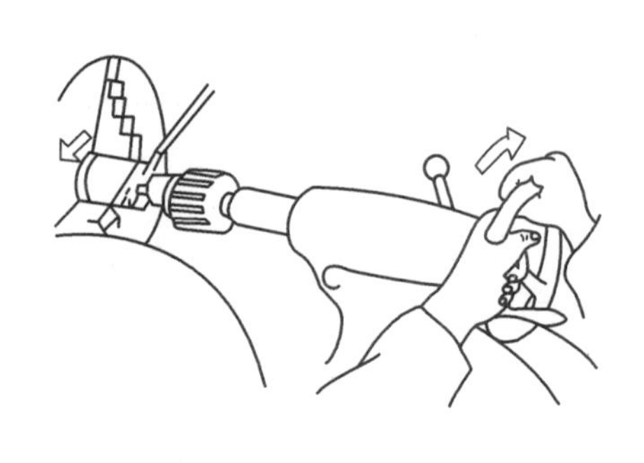

图6.35 钻中心孔

钻中心孔容易产生的问题和原因：

①端面未车平，留有凸台。

②中心钻未对准工件旋转中心。

③主轴转速太低或进给速度太快。

④中心钻磨损严重或切屑阻塞。

⑤移动尾座用力过猛，使中心钻撞断。

⑥中心孔形状和位置不正确。

⑦中心孔钻得太深。

⑧工件未找正，使中心孔钻偏或歪斜。

⑨中心钻圆柱部分太短，造成圆柱孔浅。

6.9 车 螺 纹

6.9.1 螺纹的分类及术语

1. 螺旋线的形成

螺旋线的简单形成原理如图6.36所示。直角三角形 ABC 围绕圆柱 d_2 旋转一周，斜边 AC 在圆柱表面上所形成的曲线就是螺旋线。

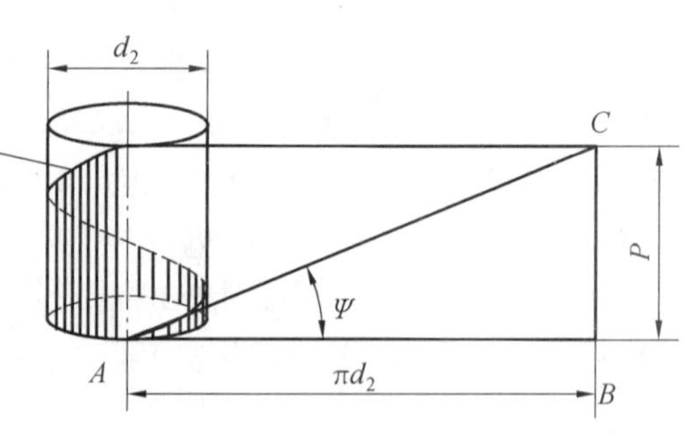

图6.36 螺旋线的简单形成原理

2. 螺纹的分类

螺纹的用途、牙型及分类情况如图6.37及表6.5。

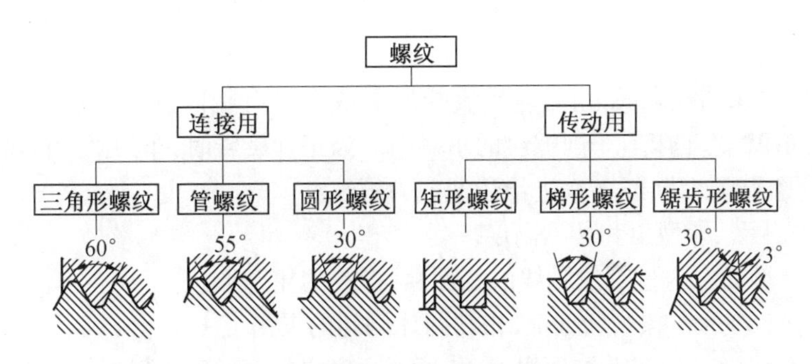

图6.37　螺纹的用途和牙型分类

表6.5　螺纹的分类

分类方法	类　型	图　示
按用途说	连接螺纹、传动螺纹	如图6.37
按牙型分	三角形螺纹、矩形螺纹、梯形螺纹、锯齿形螺纹、圆形螺纹	如图6.37
按螺旋方向分	右旋螺纹、左旋螺纹	(a)右旋　(b)左旋
按螺旋线数分	单线螺纹、多线螺纹	(a)单线　(b)多线
按螺旋线所处表面	内螺纹、外螺纹	凸起　凸起 (a)内螺纹　(b)外螺纹

3. 螺纹术语

(1)螺纹。在圆柱表面上,沿着螺旋线所形成的具有相同剖面的连续凸起和沟槽称为螺纹。图6.38是车床上车削螺纹的示意图。当工件旋转时,车刀沿工件轴线方向作等速移动即可形成螺旋线,经多次进给后便成为螺纹。

(2)螺纹牙型、牙型角和牙型高度。

①螺纹牙型为在通过螺纹轴线的剖面上,螺纹的轮廓形状。

②牙型角(α)为在螺纹牙型上,相邻两牙侧间的夹角。

③牙型高度(h_1)为在螺纹牙型上,牙顶到牙底之间,垂直于螺纹轴线的距离。

(3)螺纹直径。

①公称直径是代表螺纹尺寸的直径,指螺纹大径的基本尺寸。

②外螺纹大径(d)也称外螺纹顶径。

③外螺纹小径(d_1)也称外螺纹底径。

④内螺纹大径(D)也称内螺纹底径。

⑤内螺纹小径(D_1)也称内螺纹孔径。

⑥中径(d_2、D_2)。中径是一个假想圆柱的直径,该圆柱的素线通过牙型上沟槽和凸起宽度相等的地方。同规格的外螺纹中径d_2和内螺纹中径D_2公称尺寸相等。

(4)螺距(P)。相邻两牙在中径线上对应两点间的轴向距离称螺距。

(5)螺纹升角(ψ)。螺旋线的切线与垂直于螺纹轴线的平面之间的夹角(见图6.39)。

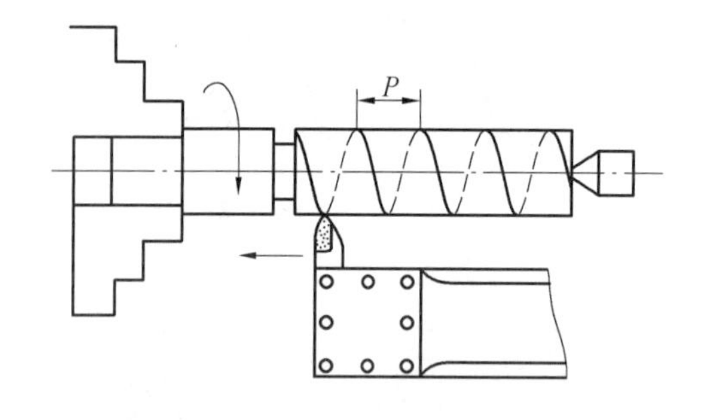

图6.38 车削螺纹示意

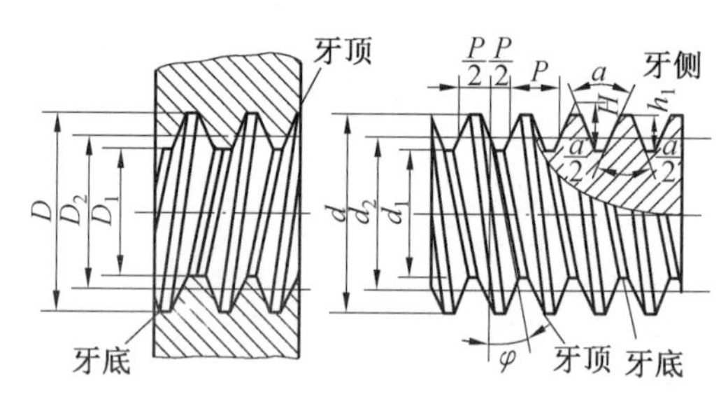

图6.39 三角形螺纹各部分名称

6.9.2 车螺纹的操作方法

车螺纹有两种基本的操作方法,一种是用开合螺母车螺纹,另一种是用倒顺车车螺纹,两种方法都要熟练掌握。用开合螺母车螺纹,要求工件螺距与车床丝杠螺距成整数比,当不成整数比时,一定要用倒顺车的方法车削,否则会使螺纹产生乱牙而报废。

1. 用开合螺母模拟车螺纹的操作方法

(1)启动机床,使刀尖与工件外圆相擦,作为车螺纹的起始位置,将中溜板刻度调零位。摇动床鞍手柄使刀尖离轴端为5~10 mm。中溜板模拟进给后,左手仍握在手柄上作好退刀准备,右手将开合螺母手柄向下压,当开合螺母一经闭合,床鞍就迅速轴向移动,此时右手仍握在手柄上,作好脱开准备。当刀尖进入退刀位置时,左手迅速摇动中溜板手柄,使车刀退出,刀尖离开工件的同时,右手立即将开合螺母手柄提起使床鞍停止移动。

(2)摇动床鞍手柄,使其复位,然后再作重复练习,直至熟练。

2. 用倒顺车模拟车螺纹的操作方法

用倒顺车车螺纹,车削前应检查卡盘与主轴间的保险装置是否完好,以防反转时卡盘脱落。开合螺母操纵手柄上最好吊上重锤块,以使开合螺母与丝杠配合间隙保持一致。操作的方法如下:

(1)启动机床,一手提起操纵杆,另一手握中溜板手柄,当刀尖离轴端为3~5 mm时,操纵杆即刻放在中间位置,使主轴停止转动。

(2)用中溜板刻度控制背吃刀量可小些,每次约取0.05 mm。

(3)操纵杆向上提起,车床主轴正转,此时车刀刀尖切入外圆,并迅速轴向移动在外圆上切出浅浅一条螺旋槽。当刀尖离退刀位置2~3 mm时,要作好退刀准备,操纵杆开始向下,此时主轴由于惯性作用仍在作顺向转动,但车速逐渐下降,当刀尖进入退刀位置时,要快速摇动中溜板手柄将车刀退出。当刀尖离开工件时,操纵杆迅速向下推,使主轴作反转,床鞍后退至车刀离工件轴端3~5 mm时,操纵杆放在中间位置使主轴停止转动。进退刀动作要反复练习才能达到基本熟练。

进退刀动作过程可归纳为:

进刀(中溜板刻度控制背吃刀量)—操纵杆向上,主轴顺转纵向进给车螺纹—车刀横向退刀—操纵杆向下,主轴作倒转床鞍复位—操纵杆放中间,主轴停止转动。

模拟车螺纹时应注意:

①操作时应严格按规定要求练习,以免发生安全事故。

②在作进、退刀动作时,应全神贯注,眼看刀尖,动作敏捷,在霎时间,先退刀后脱开开合螺母(或进行倒车)。

6.9.3 车螺纹避免乱扣的方法

车削右螺纹时,车刀自右向左移动;车削左螺纹时,车刀需自左向右移动。因此,车床进给系统中应有一个反向机构。反向机构由几个齿轮组成。当它改变啮合位置时,实际上是传动链中增加或减少一个齿轮,从而使后面的传动件均自行反向。由于反向机构本身的速比为1∶1,故不影响工件与丝杠之间的速比,也就是说,并不影响螺距的大小。

车螺纹,需经多次纵向进给才能完成。在多次切削中,必须保证车刀总是落在已车出的螺纹槽中,否则就称乱扣,使工件报废。如果车床丝杠的螺距$P_{丝}$是工件螺距P的整数倍,即$P_{丝}/P=$整数,则每次切削之后,可打开“对开螺母”纵向摇回刀架,这样就不会乱扣,如果$P_{丝}/P\neq$整数,则不能打开“对开螺母”摇回刀架,只能打反车(即主轴反转)使刀架纵向退回。

为了保证车出螺纹的角度正确,车削公制三角螺纹所用螺纹车刀的尖角应等于60°。

6.9.4 检查螺距的方法

1. 用钢直尺或游标卡尺检查

一般先在外圆上用螺纹车刀刀尖车出一条很浅的螺旋线,用钢直尺或游标卡尺检查螺距,如图 6.40(a)所示。为了减少误差,测量时应多量几牙,并应凑成整数,例如,螺距为 1.5 mm,可测量 10 牙,即为 15 mm,或 8 牙为 12 mm。

2. 用螺距规检查

检查时,把标明螺距的螺距规平行轴线方向嵌入牙型中,如图 6.40(b)所示,如完全符合,则说明被测的螺距正确。螺距如不符合要求,应检查交换齿轮齿数与安装位置是否正确,同时还应仔细检查进给箱手柄位置是否正确。

控制螺纹背吃刀量的方法:利用中溜板刻度,根据螺纹的总背吃刀量,合理分配每刀切削量,即,第一刀背吃刀量约 1/4 牙型高,以后逐步递减,如图 6.41 所示,即"直进法"车螺纹。

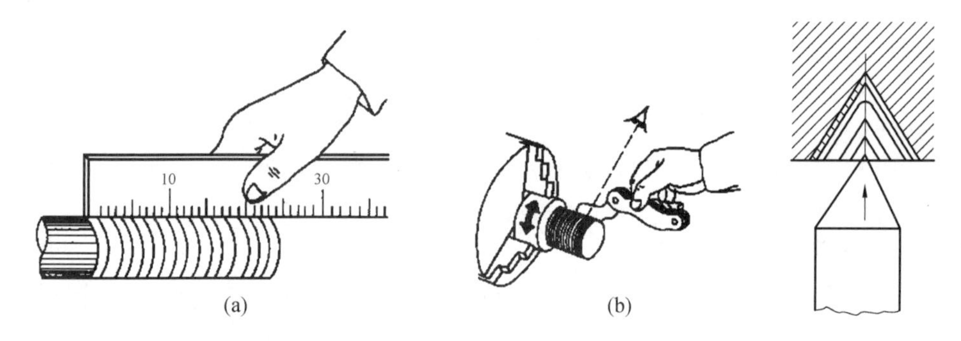

图 6.40　检查螺距方法

图 6.41　直进法车螺纹

6.9.5　车螺纹的对刀方法和牙型的检查及收尾要求

1. 车外螺纹的对刀方法

如图 6.42 所示,装刀时刀尖高低必须对准工件中心。当粗车螺纹初步成形后,应作牙型检查。在灯光的配合下目测牙形,如牙型歪斜,是车刀未装正造成的。纠正的方法是,用螺纹样板将车刀的两半角重新调整至相等位置后才能继续车削。

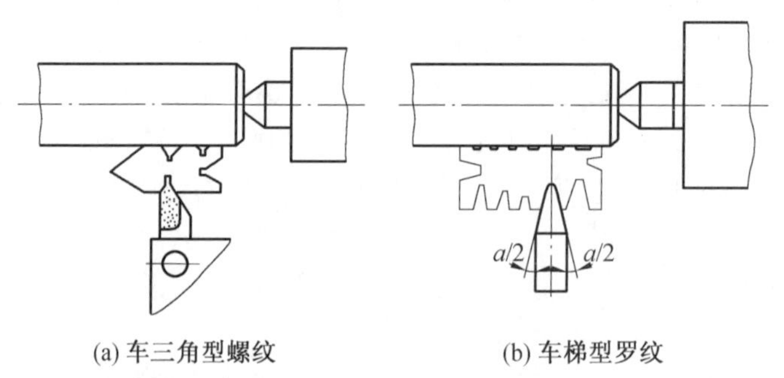

(a) 车三角型螺纹　　(b) 车梯型罗纹

图 6.42　车外螺纹的对刀方法

2. 牙型歪斜及其纠正方法

车螺纹时,为了保证牙形正确,对装刀提出了较严格的要求。对于三角螺纹、梯形螺纹,它们的牙型要求对称和垂直于工件轴线,即两半角相等(图 6.43(a))。如果把车刀装歪,就会产生牙型歪斜(图6.43(b))。

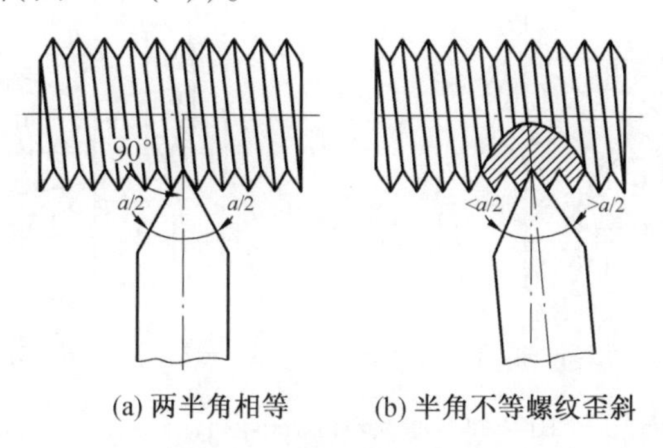

(a) 两半角相等　　(b) 半角不等螺纹歪斜

图6.43　车螺纹时对刀要求

3. 收尾要求

收尾痕迹应清晰,尾部长度应控制在2/3周范围内。车削螺纹过程中,刀具磨损或损坏,需拆下修磨或换刀,再重新装刀时,往往刀尖位置不在原来的螺旋槽中,如继续车削就会乱牙,这时需将刀尖调整到原来的螺旋槽中才能继续车削,这一过程称对刀。对刀方法可分静态对刀法和动态对刀法两种。

(1)静态对刀法。

主轴慢速正转,闭合开合螺母,当刀尖近螺旋槽时停车。注意:主轴不可倒转。移动中、小溜板将螺纹车刀刀尖移至螺旋槽的中间,然后记取中槽板刻度值后退出。

(2)动态对刀法。

由于静态对刀法凭目测对刀有一定误差,适用于粗对刀。精对刀一般采用动态对刀法,对刀时车刀在运动中进行,动态对刀的操作方法如下:

①主轴慢速正转,闭合开合螺母。

②移动中、小溜板,将螺纹车刀刀尖对准螺纹槽中间或根据车削需要,将其中一侧切削刃与需要切削的螺纹斜面轻轻接触,有极微量切屑时,即记取中溜板刻度值后,退出车刀。动态对刀时,要眼疾手快、动作敏捷而准确,在一至二次行程中使车刀对准。

6.10　车锥面及滚花

6.10.1　车锥面

车锥面的方法有小溜板转位法、偏移尾座法、宽刀法和靠模法。

1. 转动小溜板法车圆锥

车较短的圆锥时,可以用转动小溜板法。车削时只要把小溜板按工件的要求转动一定的角度,使车刀的运动轨迹与所要车削的圆锥素线平行即可。如图6.44(a)所示,是用转动小溜板车外圆锥的方法,如图6.44(b)所示是用转动小溜板车内圆锥的方法。可加工较大角度的内、外锥面,但不能用自动进给。锥面较长受小溜板行程的限制,这种方法操作简单,能保证一定精度。

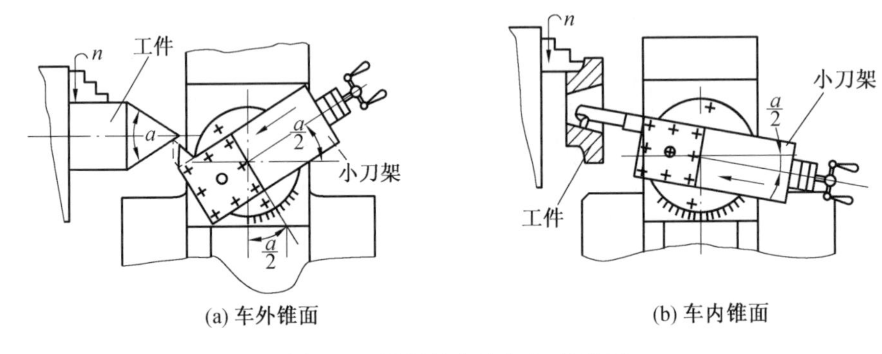

图 6.44 溜板转位法车内、外锥面

2. 偏移尾座法车圆锥

在两顶尖之间车削圆锥时,床鞍平行于主轴轴线移动,尾座横向偏移一段距离 s,如图 6.45 所示,工件旋转中心与纵向进给方式相交成一个角度 $\alpha/2$,因此工件就车成了圆锥。可用自动进给也可用手动进给,工件总长度为 L,加工锥面长度为 l,锥面大端直径为 D,小端直径为 d。尾座前后偏移量 s 可用下式计算

$$s=(D-d)L/2l=L\tan(\alpha/2)$$

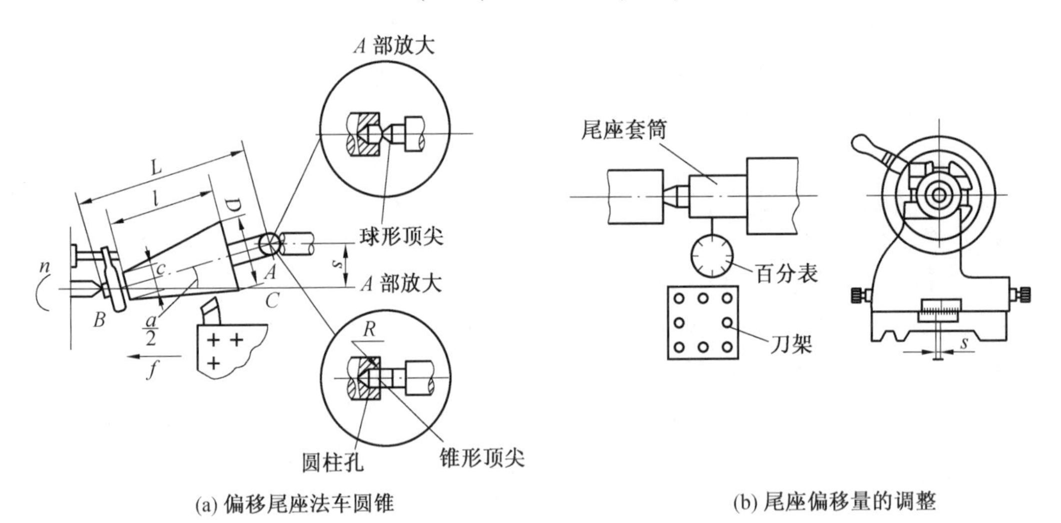

图 6.45 偏移尾座法车圆锥

3. 宽刃刀车圆锥

(1)在车削较短的圆锥时,可以用宽刀直接车出,如图 6.46 所示的宽刀车削实际上是属于成型法,因此宽刀的切削刃必须平直,切削刃与主轴轴线的夹角应等于工件圆锥半角 $\alpha/2$。使用宽刀车圆锥时,车床必须具有很好的刚性,否则容易引起振动。当工件的圆锥斜面长度大于切削刃长度时,也可以用多次接刀方法加工,但接刀处必须平整。

(2)宽刃刀车圆锥的操作方法。

①切削用量的选择。根据刀具及工件材料,合理选择切削用量。当车削产生振动时,应适当减慢主轴转速。

②宽刃刀车圆锥的操作要领。当切削刃长度大于圆锥素线长度时,其车削方法是:将

切削刃对准圆锥一次车削成形,如图 6.46(a)所示,车削时要锁紧床鞍,开始时中溜板进给速度略快,随着切削刃接触面的增加而逐步减慢,当车到尺寸时车刀应稍作滞留,使圆锥面光洁。当工件圆锥面长度大于切削刃长度时,一般采用接刀的方法加工,如图 6.46(b)所示,要注意接刀处必须平整。

4. 靠模法

靠模是利用靠模装置使车刀在作纵向进给运动的同时作横向进给运动,从而使车刀的运动轨迹产生被加工零件的圆锥母线,这种方法适于车削精度要求较高、批量较大的长圆锥体或长圆锥孔工件,如图 6.47 所示。

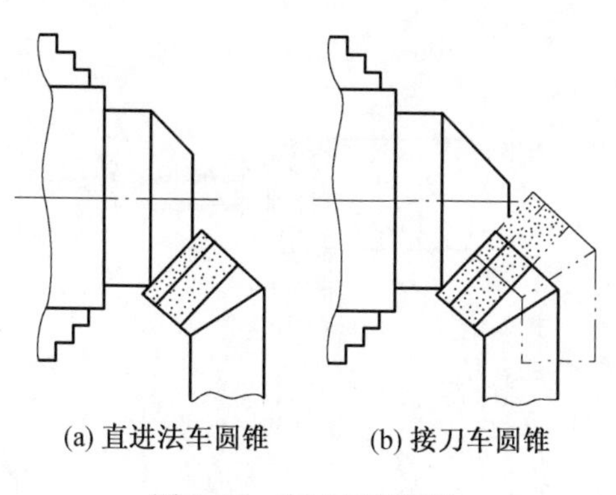

图 6.46　宽刃刀车圆锥

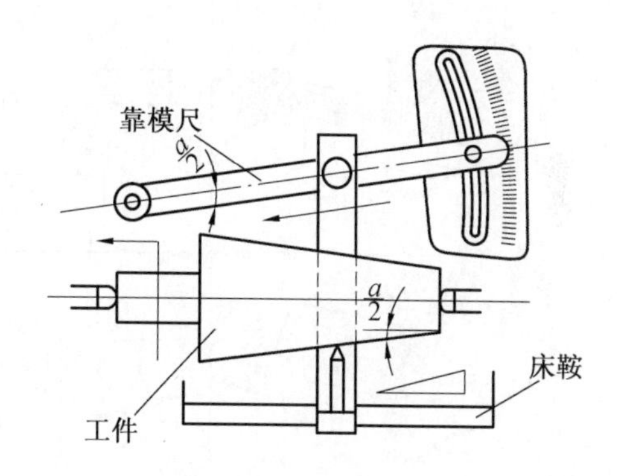

图 6.47　靠模法车圆锥

6.10.2 滚　花

某些零件的捏手部位,为了增加摩擦力和使零件表面美观,往往在零件表面上进行各种花纹滚花,如车床上的刻度盘、外径千分尺的微分套管等。这些花纹一般是在车床上用滚花刀滚压而成。

1. 花纹的种类

滚花的花纹一般有直花纹、斜花纹和网花纹三种。花纹的粗细由节距决定。

2. 滚花刀

滚花刀一般有单轮、双轮及六轮三种。单轮滚花刀通常是压直花纹和斜花纹用。双轮滚花刀和六轮滚花刀用于滚压网花纹,它是由节距相同的一个左旋和一个右旋滚花刀组成一组。六轮滚花刀按大小分为三组,装夹在同一个特制的刀柄上,分粗、中、细三种,供操作者选用。

3. 滚花的方法

(1)工件装夹。

由于滚花时会产生很大的径向力,在不影响滚花的前提下,工件伸出长度尽可能短一些,如图 6.48 所示。

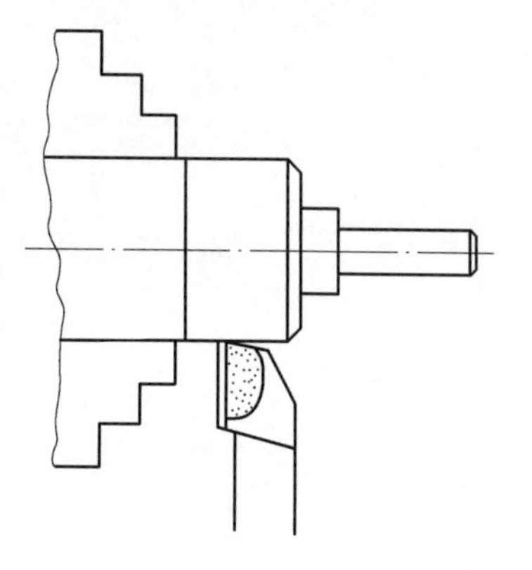

图 6.48　滚花工件的装夹和车外圆

(2)滚花刀的选择。

应按图样规定的花纹形状和节距选用滚花刀。即直纹选用单轮,网纹选用两轮或六轮的滚花刀。并仔细观察、检查轮齿的完好程度,如有严重缺损,不宜使用,同时用手转动滚轮要求灵活。

(3)滚花刀装夹。

首先应将刀架紧固,然后将滚轮轴的中心(双轮或六轮滚花刀的摆动中心轴)调整至工件中心高,用手指拧紧刀架螺钉初步夹紧。移动中溜板使滚轮与工件外圆靠近,用铜棒轻轻敲刀杆调整,使滚轮与工件外圆平行,如图6.49(a)所示。当花纹节距 P 较大时,为便于轮齿切入工件表面,也可将滚轮外圆与工件外圆交一个很小的夹角(2°~3°),调整后紧固刀架螺钉,如图6.49(b)所示。

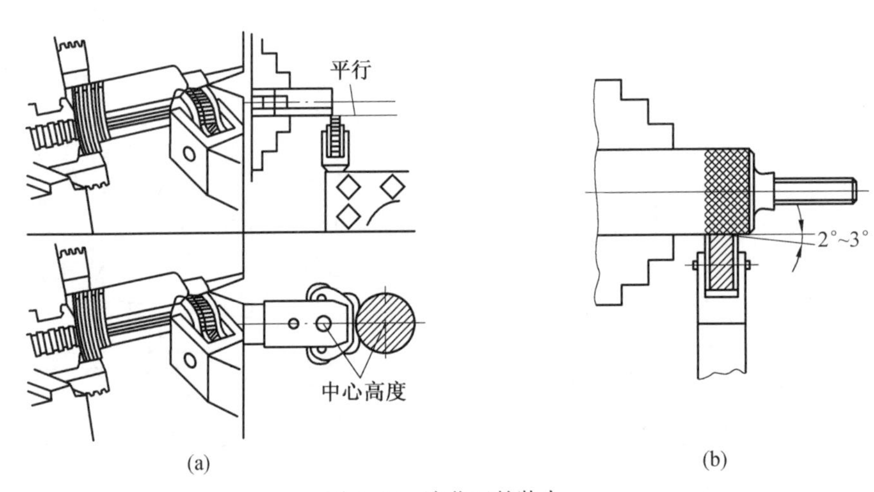

图6.49　滚花刀的装夹

(4)滚花的操作方法。

启动机床,将滚轮约1/2宽度对准工件外圆,用较大的力径向进给使滚花刀轮齿切入工件表面进行滚花。滚花长度要按实际规定长度长约3 mm(尾部有时花纹不清或不完整),一般来回滚压2~3次就能将花纹压出。要求花纹凸出而清晰,如不符合要求可继续滚压。在滚花过程中,必须充分供给切削液,以减少滚花刀磨损和防止细屑滞留在滚花刀内,影响花纹的清晰。由于滚花的挤压作用,外圆与端面交接处会产生毛刺和变形凸出,应倒角去除锐边。如果滚花时产生花纹不清晰或乱纹,主要是外圆的周长不能被滚花刀节距所清除,可用力挤压使多余部分去除,即可使花纹清晰。

6.11　加工零件及其工艺过程

1.锤杆

(1)零件图如图6.50所示。

(2)工艺步骤。

用三爪自定心卡盘夹住工件。

①车端面见平。

②钻 ϕ3.5 中心孔。

③车外圆 ϕ9.7 长度15 倒角1.5×30°。

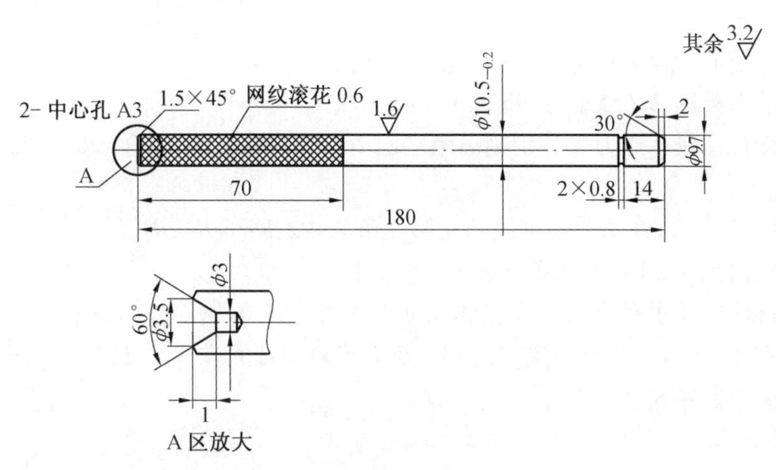

图 6.50

④车槽 ϕ8.5 在 9.7 处切切槽长度 14 加切槽刀宽 4。

⑤切断保持工件全长 181。

⑥调头平端面保持总长 180 钻 ϕ3.5 中心孔。

⑦车外圆 $\phi 10.5_{-0.2}$，车外圆卡盘夹 9.7 处，用活顶尖顶住中心孔倒角 1.5×45°。

⑧砂布表面抛光。

⑨滚花断面测量总长 71。

2. 锤头

(1)零件图如图 6.51 所示。

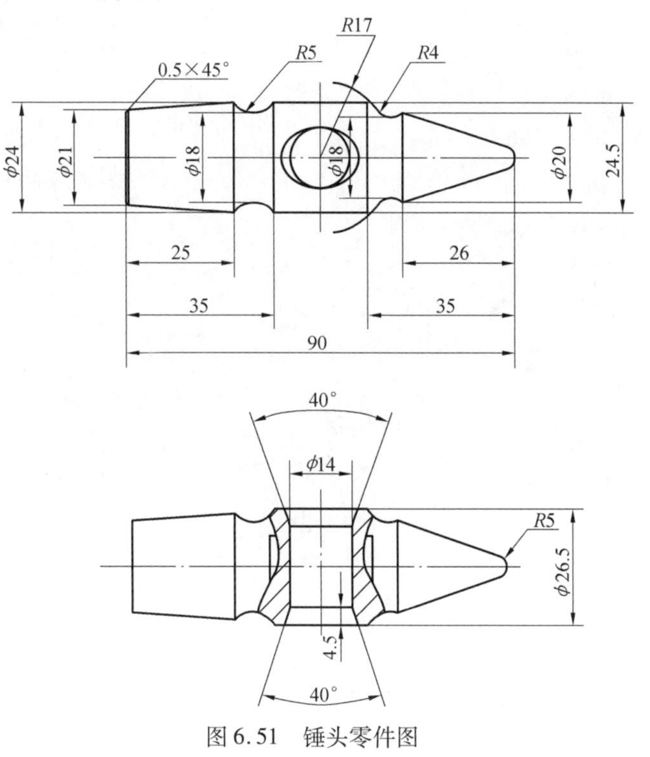

图 6.51　锤头零件图

(2)工艺步骤。

用三爪自定心卡盘夹住毛坯外圆长度 110 处。

①端平面车外圆 ϕ26.5 长度 95。

②按图纸标注尺寸用刀尖分别刻出距端面 26、35、90,从 90 线返回 25、35,5 条刻线,线宽 0.1 ~0.2。

③车 R4、R5 圆弧,在第一条刻线和在第二条刻线之间车 R4、R17。

④保证槽深尺寸 ϕ18,用同样方法车 R5 尺寸。

⑤车前锥体转动小溜板 13°,车锥体保证大端尺寸 ϕ20,倒前锥圆弧 R5。

⑥车后锥体,转动小溜板相反方向-3°,车后锥体保证大端尺寸 ϕ24。

⑦砂布抛光各表面。

⑧切断倒角。

a. 切断保证 90 长度。

b. 在未切断结束前加工 0.5×45°倒角,切断后留凸台再钳工实训时用锉削方法修整。

第 7 章 铣削加工

铣床是机床加工使用率比较高的设备，它的加工精度较高，生产效率高，应用范围广，在生产中得到广泛应用。

7.1 铣床的概述

7.1.1 铣床的历史

美国人惠特尼于 1818 年创制了卧式铣床；为了铣削麻花钻头的螺旋槽，美国人布朗最早于 1862 年创制了第一台万能铣床，这是升降台铣床的雏形；1884 年前后又出现了龙门铣床；20 世纪 20 年代出现了半自动铣床，工作台利用挡块可完成“进给—快速”或“快速—进给”的自动转换。

1950 年以后，铣床在控制系统方面发展很快，数字控制的应用大大提高了铣床的自动化程度。尤其是 20 世纪 70 年代以后，微处理机的数字控制系统和自动换刀系统在铣床上得到应用，扩大了铣床的加工范围，提高了加工精度与效率。

7.1.2 铣床及其附件

1. 铣床的种类

铣床分为卧式铣床、立式铣床、龙门铣床、数控铣床和工具铣床等种类。生产中常用卧式万能铣床（见图 7.1）和立式铣床（见图 7.2）。两者在结构上的最大区别是卧式铣床的主轴与工作台台面相互平行；而立式铣床的主轴与工作台台面相互垂直。

2. 铣床主要部件

（1）底座。底座是铸造而成的长方形箱体，与床身成一整体，常用地脚螺栓把底座固定在地基上。底座内可盛放切削液。

（2）床身。床身用来固定和支撑铣床上所有部件。其内部安装主轴、主轴变速箱、电器设备及润滑液压泵等部件。

（3）纵向工作台。台面上有三条 T 形槽，用来安装工件和机床附件（分度头、虎钳等），并作纵向移动。

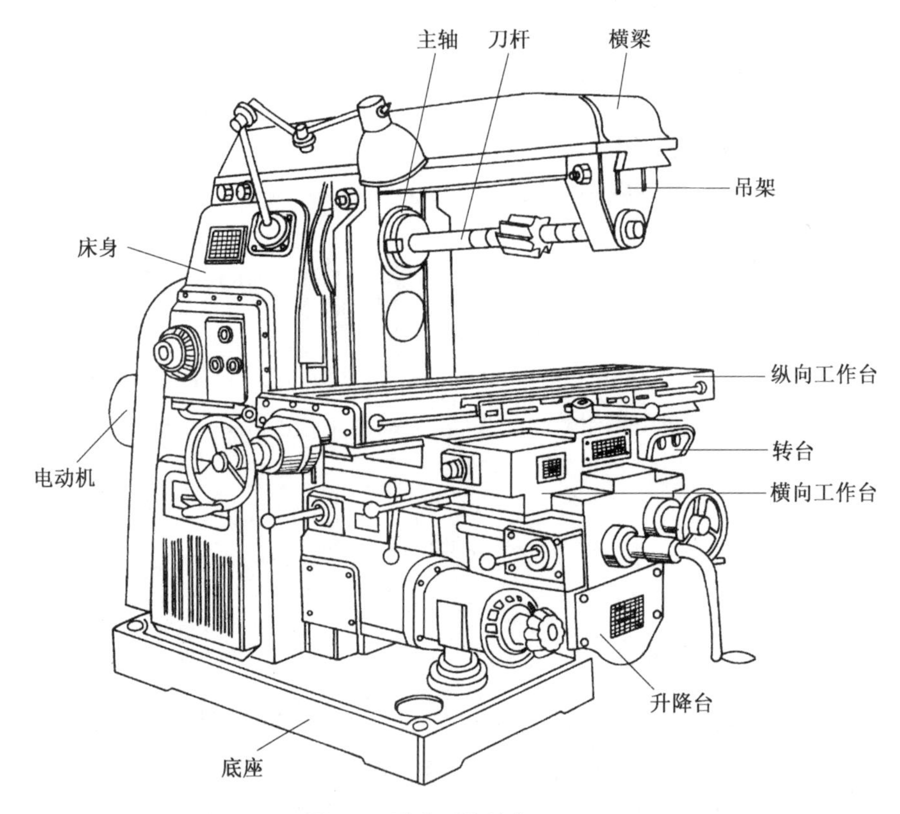

图 7.1　卧式万能铣床

(4)横向工作台。可带动纵向工作台沿导轨面作横向移动。还可使纵向工作台在水平面的±45°范围内扳转角度。

(5)升降台。用来支撑工作台,并带动工作台作垂向(上下)移动。进给电动机、进给变速机构和操作机构等都安装在升降台内。

(6)主轴。主轴是空心轴,前端是 7∶24 的圆锥孔,用来安装刀轴或铣刀。

3. 铣床的附件

使用铣床附件能有效地扩大工件的安装范围,进行特殊表面的加工,常用的附件有以下几种。

(1)回转工作台。回转工作台又称为转盘、平分盘或圆形工作台,其内部有一套蜗轮蜗杆传动机构,使转台转动;转台周围有刻度,可以用来观察和确定转台位置;转台中央有一孔,利用它可以方便地确定工件的回转中心。较大工件的分度工作和非整圆弧面的加工,通常在回转工作台上进行。转动回转工作台使工件作圆周进给运动,从而实现内、外圆弧表面的加工,如图 7.3 所示。

(2)万能立铣头。在卧式铣床床身垂直导轨上安装万能立式铣头,可扩大卧式铣床的加工范围,铣刀安装在立铣头的主轴上,铣削时铣刀可随壳体转动任意角度,从而完成空间不同方位的各种铣削工作,如图 7.4 所示。

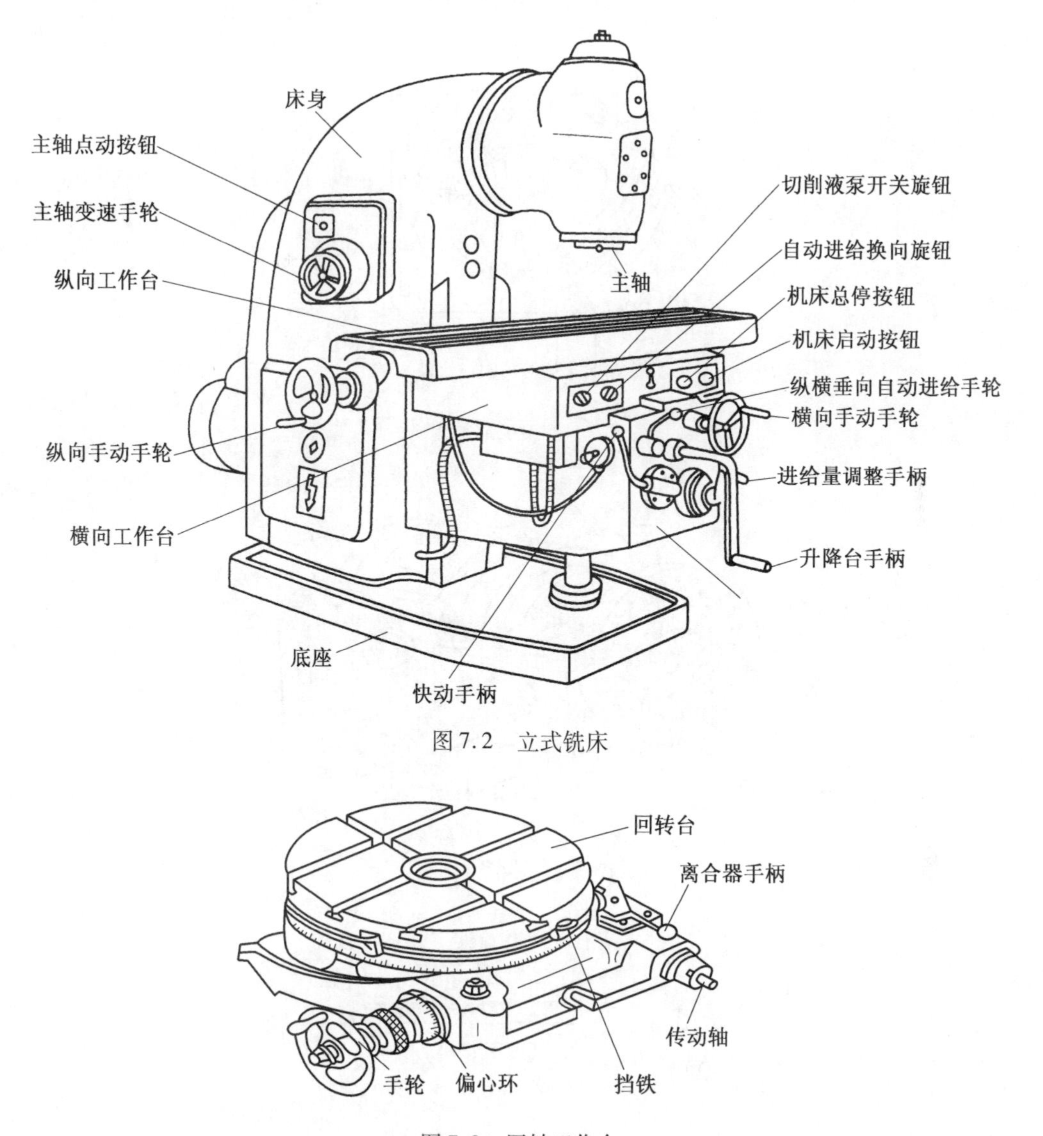

图7.2　立式铣床

图7.3　回转工作台

(3)分度头。分度头是铣床的重要附件(见图7.5),其主要功能是:

①使工件绕自身的轴线实现分度,完成铣削多边形、齿轮、花键等的分度工作。

②工作台在带动工件作直线运动的同时,分度头带动工件作旋转运动,以完成螺旋面加工。

(4)夹具。

①平口虎钳。平口虎钳是铣床上常用的机床附件。常用的平口虎钳主要有回转式和非回转式两种。其结构基本相同,主要由固定钳口、活动钳口、导轨和底座组成。回转式平口虎钳底座设有转盘,可以扳转任意角度,适应范围广;非回转式平口虎钳底座没有转盘,钳体不能回转,但刚性较好(见图7.6)。

②压板(见图7.7)。形状、尺寸较大或不便于用平口虎钳装夹的工件,常用压板将其

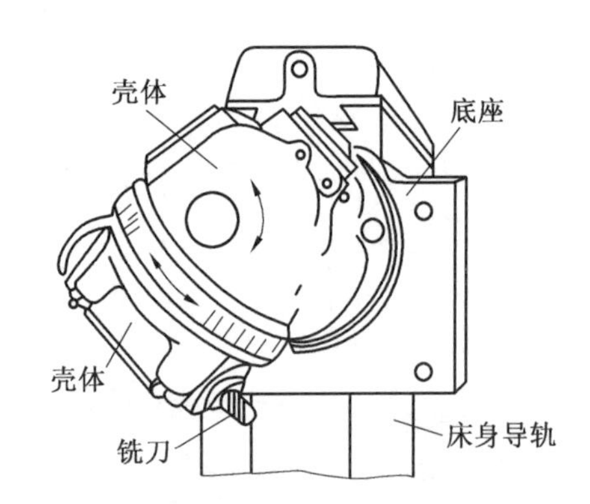

图 7.4　万能立式铣头

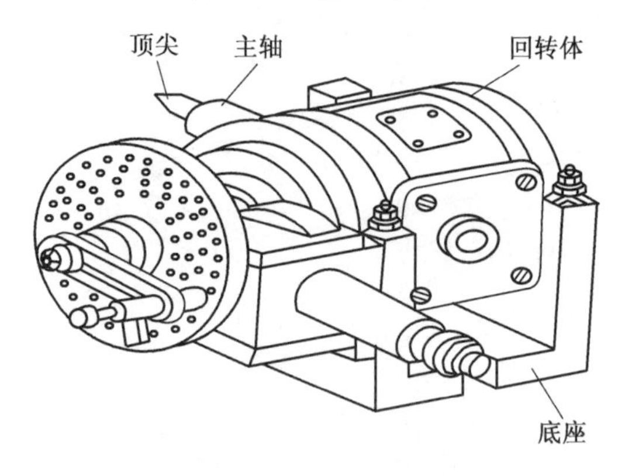

图 7.5　万能分度头

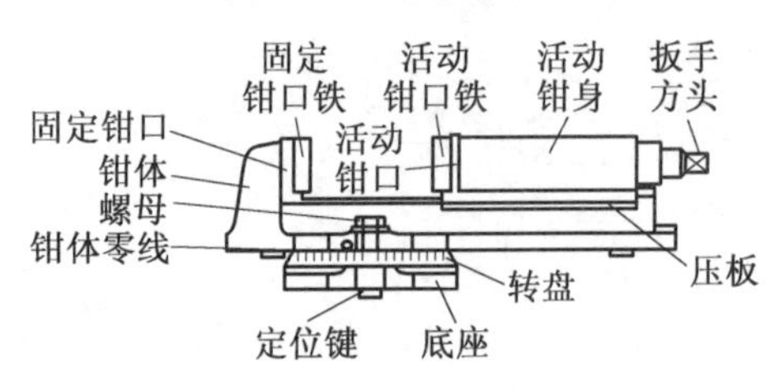

图 7.6　平口虎钳

安装在铣床工作台台面上进行加工。

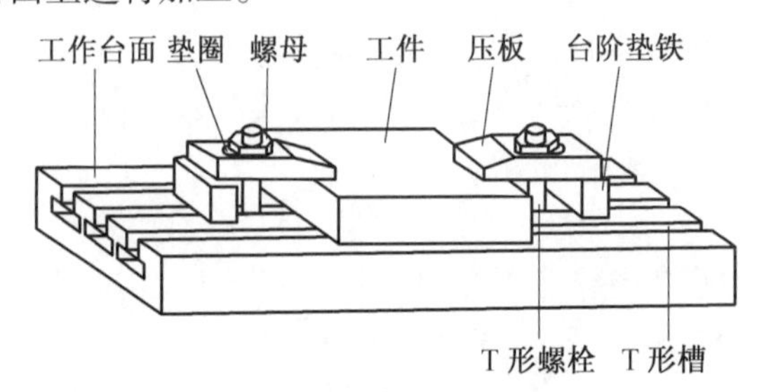

图 7.7　压板

7.1.3　铣　刀

铣削所用的铣刀是多刃刀具,工作时断续切削,因此要求铣刀切削部分要有足够的硬度、强度、韧性,在一定的冲击和振动下切削,不会崩刃、碎裂。

铣刀的种类很多,工作时根据被加工零件表面形状的不同,选用不同种类的铣刀。常用不同形状和用途的铣刀如图 7.8 所示。

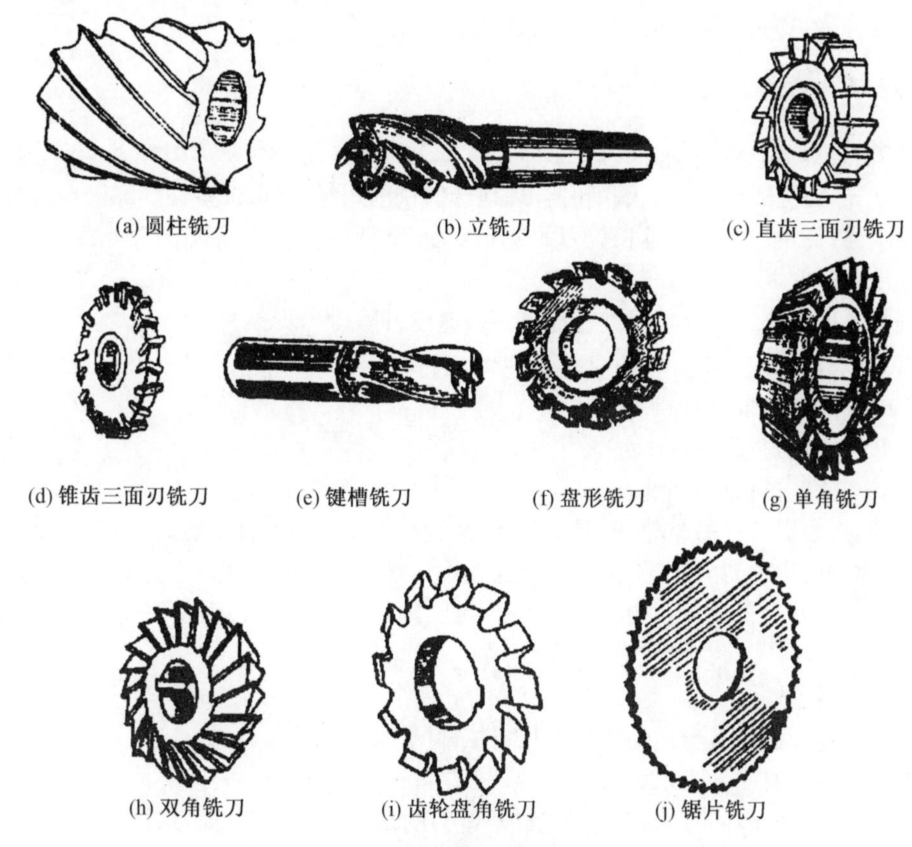

图 7.8　常用不同形状和用途的铣刀

7.2　铣削运动及铣削要素

在铣床上用铣刀进行切削加工的方法称铣削,铣削是铣刀作旋转的主运动,工件作进给运动。铣床可以用来加工平面、斜面、垂直面、各种沟槽、键槽、齿轮的齿形、螺旋沟和各种成型表面,还可以进行切断、钻孔、铰孔和镗孔等。铣床加工的精度一般为 IT9 ~ IT8,表面粗糙度值一般为 $Ra6.3 \sim 1.6\ \mu m$。

7.2.1　铣削基础知识

铣削时工件与铣刀的相对运动包括主运动和进给运动。

(1) 主运动。主运动是形成机床切削速度或消耗主要动力的运动。铣削运动中,铣刀的旋转运动称为主运动。

(2)进给运动。进给运动是使工件切削层材料相继投入切削，从而加工出完整表面所需要的运动。进给运动包括断续进给和连续进给。

①断续进给(吃刀)。控制刀刃切入被切削层深度的进给运动。

②连续进给(走刀)。沿着所要形成的工件表面的进给运动。

铣削运动中，工件的移动或转动、铣刀的移动等都是进给运动。另外，进给运动按运动方向可分为纵向进给、横向进给和垂直进给三种。

7.2.2 铣削用量

铣削用量是衡量铣削运动大小的参数。它包括四要因素，即铣削速度 v_c、进给量 f、铣削深度 a_p 和铣削宽度 a_e。铣削时合理地选择铣削用量，对保证零件的加工精度与加工表面质量，提高生产效率和延长铣刀的使用寿命，降低生产成本，都有着密切的关系。

1. 铣削速度 v_c

铣削速度为铣刀切削处最大直径点的线速度，即

$$v_c = \pi dn/1\ 000$$

式中 v_c——铣削速度，m/min；

d——铣刀直径，mm；

n——铣刀每分钟转速，r/min。

铣削时，根据工件的材料、铣刀切削部分材料、加工阶段的性质等因素，来确定铣削速度，然后根据所用铣刀的直径，按公式计算并确定铣床主轴的转速。当计算出的转速数值与铣床转速盘 8 种转速不一致时，可按下列原则选择转速：接近原则；中间值时，取小原则。

2. 进给量 f

进给量指刀具在进给运动方向上相对工件的位移量。

铣削进给量有三种表示方法。

(1)进给速度 v_f(mm/min)是指工件对铣刀的每分钟进给量，即每分钟工件沿进给方向移动的距离。

(2)每转进给量 f(mm/r) 是指铣刀每转一圈工件对铣刀的进给量，即铣刀每转一圈工件沿进给方向移动的距离。

(3)每齿进给量 a_f(mm/z)是指铣刀每转过一个刀齿时工件对铣刀的进给量，即铣刀每转过一个刀齿，工件沿进给方向移动的距离。

它们三者之间的关系式为

$$v_f = f \times n = a_f \times z \times n$$

式中 n——铣刀每分钟转数，r/min；

z——铣刀齿数。

3. 铣削深度 a_p(被吃刀量)

铣削深度是沿着铣刀轴线方向上测量的切削层尺寸，如图 7.9(a)所示。切削层是指工件上正被刀刃切削的那层金属。

4. 铣削宽度 a_e(侧吃刀量)

铣削宽度是指垂直铣刀轴线方向上测量的切削层尺寸,如图7.9(b)所示。

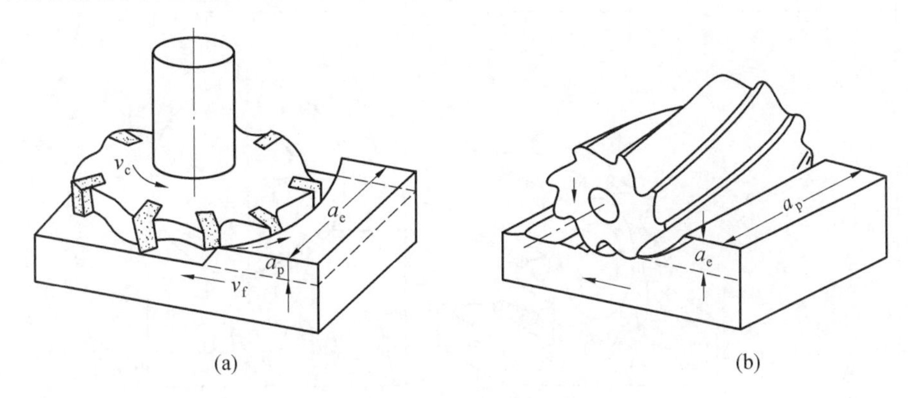

图7.9 圆周铣和端铣刀的铣削用量

7.2.3 铣削用量的选择

合理地选择铣削用量,对充分利用机床和铣刀的资源、保证零件的加工精度和表面质量、获得更高的生产效率和低的加工成本,都有着重要的实际意义。

1. 铣削用量顺序的选择

在铣削过程中,增大吃刀量、铣削速度和进给量,都能提高生产效率。但是,影响刀具寿命最显著的因素是铣刀速度,其次是进给量,吃刀量影响最小。所以为了保证必要的铣刀寿命,应当优先采用较大的吃刀量,其次是选择较大的进给量,最后才是选择适宜的铣削速度。

2. 吃刀量的选择

在铣削过程中,一般是根据工件切削层的尺寸来选择铣刀的。例如,用端铣刀铣削平面时,铣刀直径一般应选择大于工件的铣削宽度。若用圆柱铣刀铣削平面时,铣刀长度一般应选择大于工件的铣削深度。当铣削余量不大时,应尽量一次进给铣去全部余量。只有当工件的加工精度要求较高时,才分粗、精铣加工。

7.2.4 铣削方式

铣削方式有顺铣和逆铣两种,而铣削方式的正确选用是铣工应掌握的最基本技能之一。铣削方式对延长铣刀寿命、提高加工精度及合理地使用铣床都有着重要意义。

1. 周铣时的顺、逆铣

圆周铣(简称周铣)是用分布在铣刀圆柱面上的刀刃来铣削零件的方法。周铣时的顺、逆铣见表7.1。

表 7.1　周铣时的顺、逆铣

<table>
<tr><th>类别</th><th>图示与说明</th></tr>
<tr><td>顺
铣</td><td>

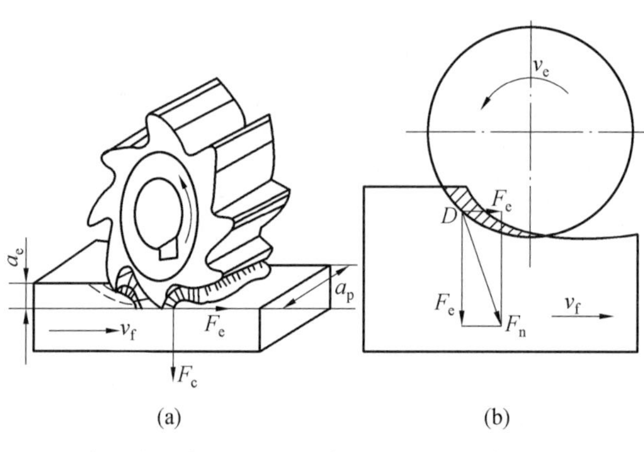

(a)　　(b)

顺铣是铣削时，在铣刀与工件的切削处，铣刀切削刃的旋转运动方向与工件进给方向相同时的铣削方式，见图(a)；或铣削时，铣刀对工件的铣削力 F_n 在进给方向上的分力 F_e 与工件进给方向相同时的铣削方式，见图(b)。

(1)顺铣优点：

①铣刀对工件的铣削力在垂直方向的分力 F_c 始终向下，对工件起押金作用。因此铣削平稳，对不易夹紧的工件及细长的薄板形工件的铣削尤为合适。

②铣刀刀刃切入工件时的切削厚度最大，并逐渐减小为零，刀刃切入容易，故加工出的表面质量较好。

③铣刀刀刃切到工件已加工表面时，刀齿后面对工件已加工表面的挤压摩擦小，故刀刃磨损较慢，铣刀寿命长。

④消耗在进给运动方面的功率较小。

(2)顺铣缺点：

①铣刀刀刃由外到内切入工件，因此不易加工有硬皮和杂质的毛坯件。

②铣刀对工件的铣削力 F_n 在水平方向的分力 F_e 与工件进给方向相同，会拉动工作台。当工作台进给丝杠与螺母的间隙以及两端轴承的间隙较大时，工作台容易产生间歇性的窜动，使每齿进给量突然增大，从而导致铣刀刀齿的折断、铣刀杆弯曲、工件和夹具产生位移，使工件、夹具和铣床遭到损坏，甚至发生更严重的事故。因此，在实际铣削过程中，一般不采用顺铣。

</td></tr>
</table>

续表 7.1

类别	图示与说明
逆铣	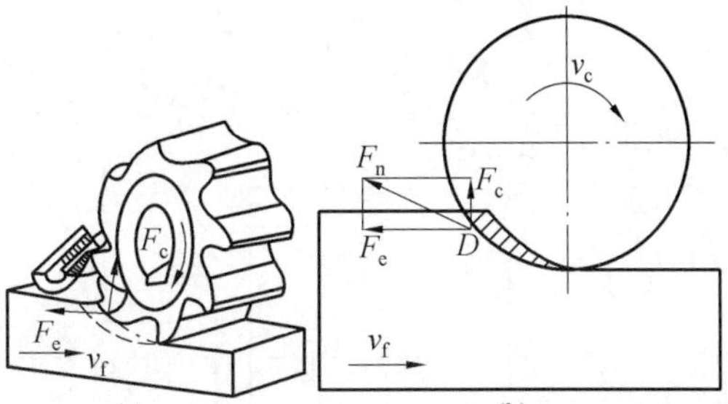 (a)　(b) 逆铣是铣削时，在铣刀与工件的切削处，铣刀切削刃的旋转运动方向与工件进给方向相反时的铣削方式，见图(a)；或铣削时，铣刀对工件的铣削力 F_n 在进给方向上的分力 F_e 与工件进给方向相反时的铣削方式，见图(b)。 (1)逆铣优点： ①在铣刀中心切入工件后，刀刃由内向外切出，因此适宜加工有硬皮和杂质的毛坯件。 ②铣刀对工件的切削力 F_n 在水平方向的分力 F_e 与工件进给方向相反，不会拉动工作台。因此，在实际铣削过程中，得到了广泛的应用。 (2)逆铣缺点： ①铣刀刀刃由外到内切入工件，因此不易加工有硬皮和杂质的毛坯件。 ②铣刀刀刃切入工件时的切削厚度为零，且要滑移一小段距离，然后逐渐增加到最大，使铣刀与工件的摩擦、挤压严重，刀齿磨损快，且工件加工表面易产生硬化层，降低工件表面的加工质量。 ③消耗在进给运动方面的功率较大。

2. 端铣时的顺、逆铣

端铣是用分布在铣刀上的刀刃来铣削零件的方法。端铣时的顺、逆铣见图表 7.2。

表 7.2　端铣时的顺、逆铣

类别	图示与说明
对称铣削	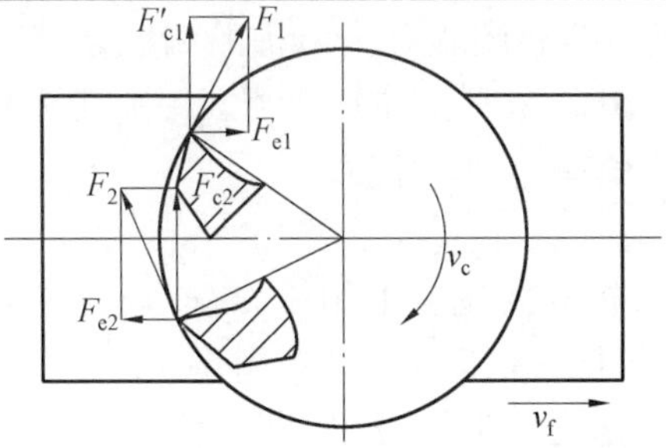 对称铣削是铣削宽度对称于铣刀轴线的端铣方式。在铣削宽度上以铣刀轴线为界，铣刀先切入工件的一边称为切入边，铣刀切出工件的一边称为切出边。切入边为逆铣，切出边为顺铣。对称铣削的顺铣、逆铣的比例相等。切入边与切出边所占的宽度比例相等。 因横向分力较大，对窄长的工件易造成变形和弯曲，故对称铣削只在铣削宽度接近铣刀直径时才采用。

续表 7.2

类别	图示与说明
非对称铣削	非对称铣削是铣削宽度不对称于铣刀轴线的端铣方式。切入边与切出边所占的宽度比例不相等。非对称铣削分为非对称顺铣和非对称逆铣两种。 非对称顺铣是顺铣比例大于逆铣比例的端铣方式。非对称顺铣也容易拉动工作台,因此很少采用。 非对称逆铣是逆铣比例大于顺铣比例的端铣方式。非对称逆铣不会拉动工作台,同时铣刀刀刃切出工件时,切削由薄到厚,因而冲击小,震动较小,切削平稳,得到了广泛应用。

7.3　铣削加工方法

7.3.1　铣 平 面

1. 铣水平面和垂直面

在立式铣床上可以用镶有硬质合金刀头的端铣刀铣较大的平面,Ra12.5 ~ 1.6 μm。在卧式铣床上可以用圆柱铣刀铣平面,还可以用端铣刀铣垂直面。

2. 铣斜面

用垫铁使工件倾斜,在立式铣床上用铣刀铣小斜面,如图 7.10 所示。在卧式铣床上装上万能铣头附件,使主轴转一定角度后,用立铣刀或端铣刀铣斜面,如图 7.11 所示。在卧式铣床上用角度铣刀铣小斜面,还可以使分度头主轴转某个倾斜角后铣斜面,如图 7.12 所示。

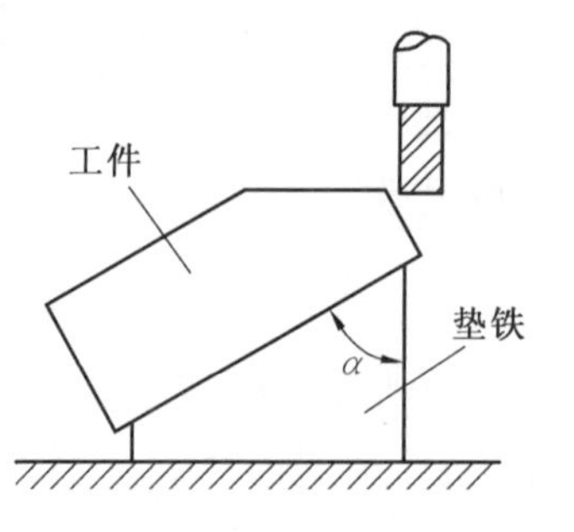

图 7.10　用垫铁的方法铣斜面

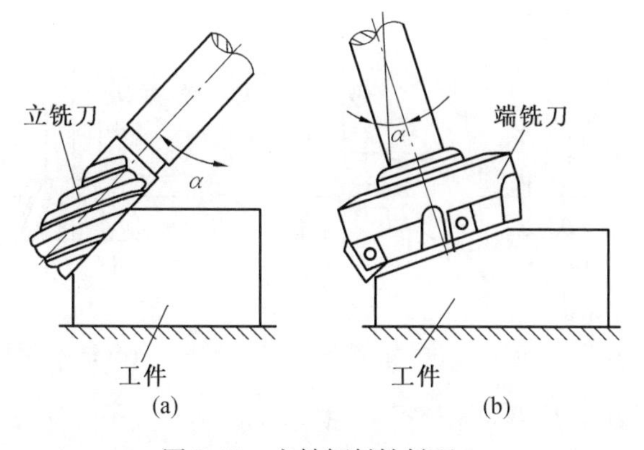

图 7.11 主轴倾斜铣斜面

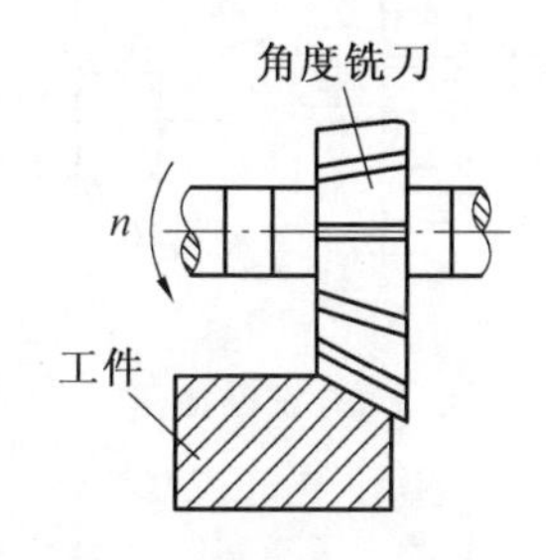

图 7.12 角度铣刀铣斜面

7.3.2 铣键槽

在轴上铣封闭键槽时,可以用平口钳装夹工件,如图 7.13 所示。用键槽铣刀铣封闭式键槽,如图 7.14 所示。键槽铣刀与立铣刀的区别是它只有两个螺旋沟,其端面刀齿的切削条件比立铣刀好。但由于端齿切削量不能太大,故铣键槽时需要在垂直方向作多次进给。

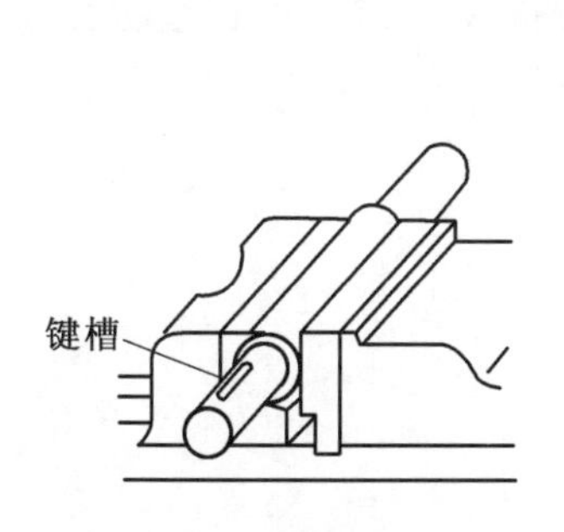

图 7.13 平口钳装夹

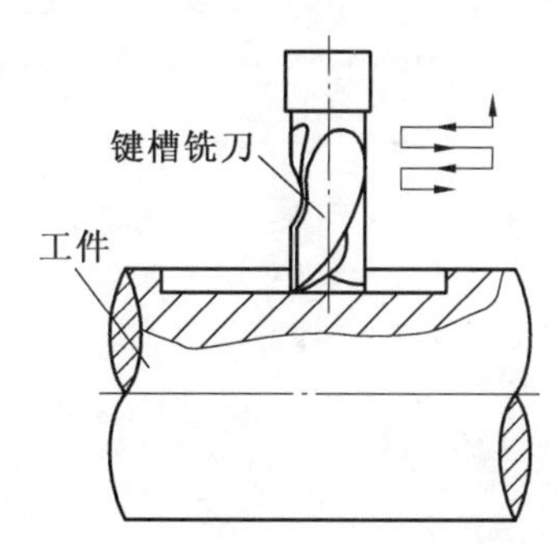

图 7.14 键槽铣刀铣削封闭键槽

敞开式键槽,可采用三面刃铣刀,在卧式铣床上用分度头装夹工件铣削,如图 7.15 所示。半圆键槽,可以在卧式铣床上用半圆键槽铣刀铣削,如图 7.16 所示。

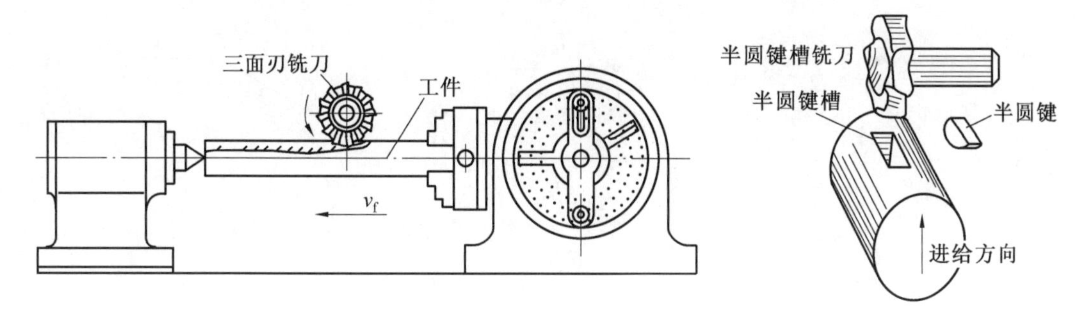

图 7.15 卧式铣床上铣削敞开式键槽

图 7.16 铣半圆键槽

(1)铣 T 形槽及燕尾槽。

如图 7.17 所示,先用三面刃铣刀或立铣刀铣出直角槽,再用 T 形槽铣刀铣出 T 形槽,或用燕尾槽铣刀铣出燕尾槽，必要时可以用倒角铣刀对槽口进行倒角。

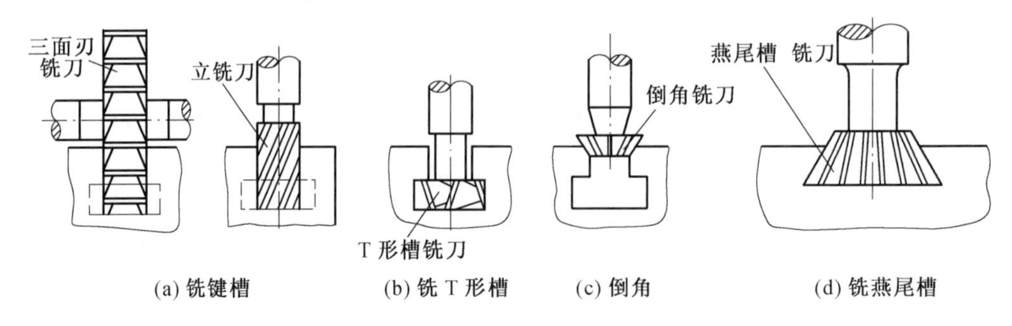

(a) 铣键槽　(b) 铣 T 形槽　(c) 倒角　(d) 铣燕尾槽

图 7.17　铣 T 形槽和燕尾槽

(2)铣成型表面。

一般是用不同的成型铣刀铣削各种成型表面，如图 7.18 所示。

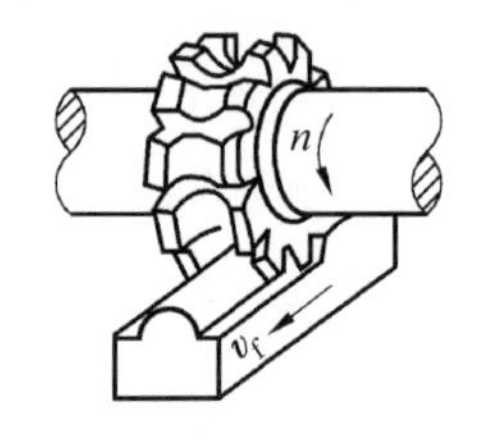

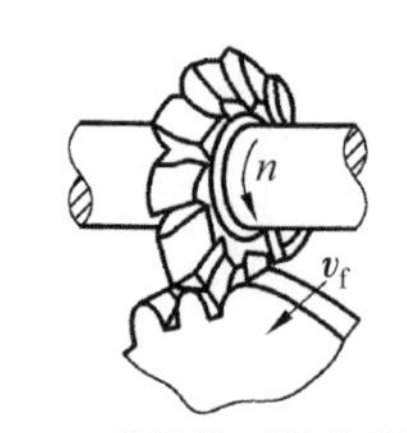

(a) 凸圆弧铣刀铣凹圆弧面　(b) 成型铣刀铣凸圆弧　(c) 模数铣刀铣齿形

图 7.18　铣成型表面

第 8 章

刨削加工

8.1 概　　述

刨削加工是在刨床上利用刨刀对工件进行切削加工。刨削主要用于加工各种平面(水平面、垂直面和斜面)、各种沟槽(直槽、T 形槽、V 形槽、燕尾槽等)和成形面等,如图 8.1 所示。刨削加工的尺寸精度一般为 IT9 ~ IT8,表面粗糙度 Ra 值为 6.3 ~ 1.6 μm。刨削加工生产率一般较低,是不连续的切削过程,刀具切入、切出时切削力有突变,将引起冲击和振动,限制了切削速度的提高。此外,单刃刨刀实际参加切削的长度有限,一个表面往往要经过多次行程才能加工出来,刨刀返回行程时不进行工作。但对于狭长表面的加工,进行多刀、多件加工,其生产率可高于其他加工方法。刨削加工通用性好、适应性强,刨床结构较简单,调整和操作方便;刨刀形状简单,和车刀相似,制造、刃磨和安装都较方便;刨削时一般不需加切削液。

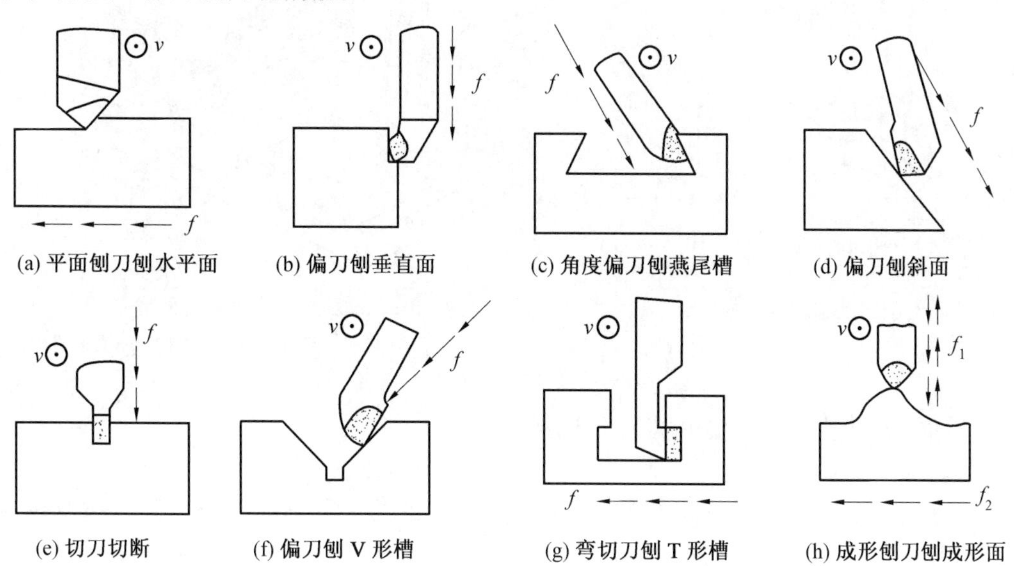

图 8.1　刨削加工的主要应用

8.2 刨床种类

刨床主要有牛头刨床和龙门刨床,常用的是牛头刨床。牛头刨床的刨削长度一般不超过1 000 mm,适合于加工中、小型零件。龙门刨床由于其刚性好,而且有2~4个刀架可同时工作,因此它主要用于加工大型零件或同时加工多个中、小型零件,其加工精度和生产率均比牛头刨床高。

8.2.1 牛头刨床

在牛头刨床上加工时,刨刀的纵向往复直线运动为主运动,工件随工作台作横向间歇进给运动,如图8.2所示。

1. 牛头刨床的组成

如图8.3所示为B6063型牛头刨床的外形。型号B6063中,B为机床类别代号,表示刨床,读作"刨";6和0分别为机床组别和系别代号,表示牛头刨床;63为主参数最大刨削长度的1/10,即最大刨削长度为630 mm。

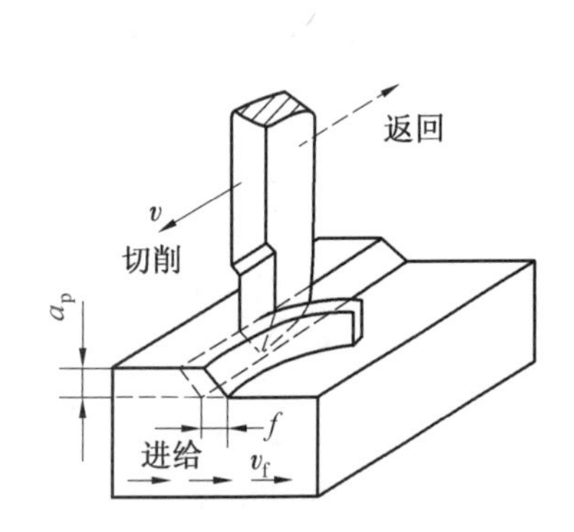

图8.2 刨削运动和切削用量

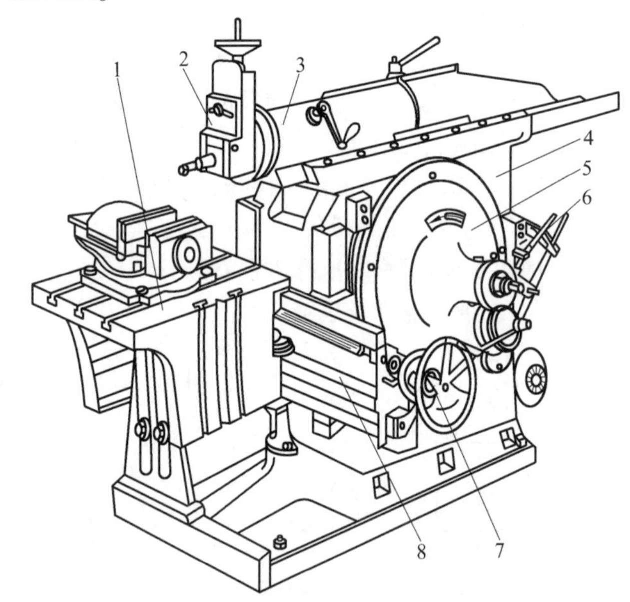

图8.3 B6063型牛头刨床的外形

1—工作台;2—刀架;3—滑枕;4—床身;5—摆杆机构;6—变速机构;7—进给机构;8—横梁

B6063型牛头刨床主要由以下几部分组成:

(1)床身。

床身用以支撑和连接刨床各部件。其顶面水平导轨供滑枕带动刀架进行往复直线运动,侧面的垂直导轨供横梁带动工作台升降。床身内部有主运动变速机构和摆杆机构。

(2)滑枕。

滑枕用以带动刀架沿床身水平导轨作往复直线运动。滑枕往复直线运动的快慢、行程的长度和位置,均可根据加工需要调整。

(3)刀架。

刀架用以夹持刨刀,其结构如图8.4所示。当转动刀架手柄5时,滑板4带着刨刀沿刻度转盘7上的导轨上、下移动,以调整背吃刀量或加工垂直面时作进给运动。松开转盘7上的螺母,将转盘扳转一定角度,可使刀架斜向进给,以加工斜面。刀座3装在滑板4上。抬刀板2可绕刀座上的销轴8向上抬起,以使刨刀在返回行程时离开零件已加工表面,以减少刀具与零件的摩擦。

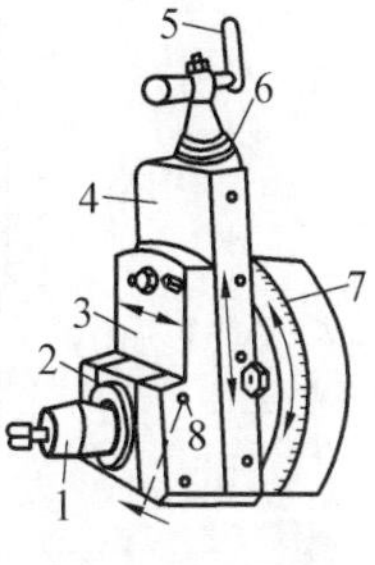

图8.4 刀架

1—刀夹;2—抬刀板;3—刀座;4—滑板;5—手柄;6—刻度环;7—刻度转盘;8—销轴

(4)工作台。

工作台用以安装零件,可随横梁作上下调整,也可沿横梁导轨作水平移动或间歇进给运动。

2. 牛头刨床的传动系统

B6063型牛头刨床的传动系统主要包括摆杆机构和棘轮机构。

(1)摆杆机构。

摆杆机构的作用是将电动机传来的旋转运动变为滑枕的往复直线运动,其结构如图8.5所示。摆杆7上端与滑枕内的螺母2相连,下端与支架5相连。摆杆齿轮3上的偏心滑块6与摆杆7上的导槽相连。当摆杆齿轮3由小齿轮4带动旋转时,偏心滑块就在摆杆7的导槽内上下滑动,从而带动摆杆7绕支架5中心左右摆动,于是滑枕便作往复直线运动。摆杆齿轮转动一周,滑枕带动刨刀往复运动一次。

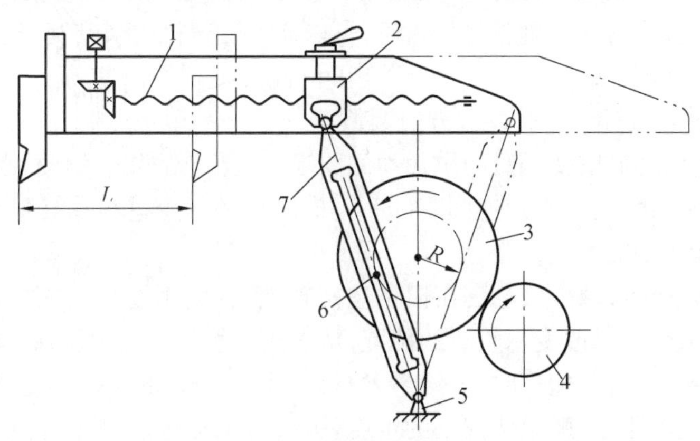

图8.5 摆杆机构

1—丝杠;2—螺母;3—摆杆齿轮;4—小齿轮;5—支架;6—偏心滑块;7—摆杆

(2)棘轮机构。

棘轮机构的作用是使工作台在滑枕完成回程与刨刀再次切入零件之前的瞬间,作间歇横向进给,横向进给机构如图8.6(a)所示,棘轮机构的结构如图8.6(b)所示。

齿轮5与摆杆齿轮为一体,摆杆齿轮逆时针旋转时,齿轮5带动齿轮6转动,使连杆4带动棘爪3逆时针摆动。棘爪3逆时针摆动时,其上的垂直面拨动棘轮2转过若干齿,使丝杠8转过相应的角度,从而实现工作台的横向进给。而当棘轮顺时针摆动时,由于棘爪后面为一斜面,只能从棘轮齿顶滑过,不能拨动棘轮,所以工作台静止不动,这样就实现了工作台的横向间歇进给。

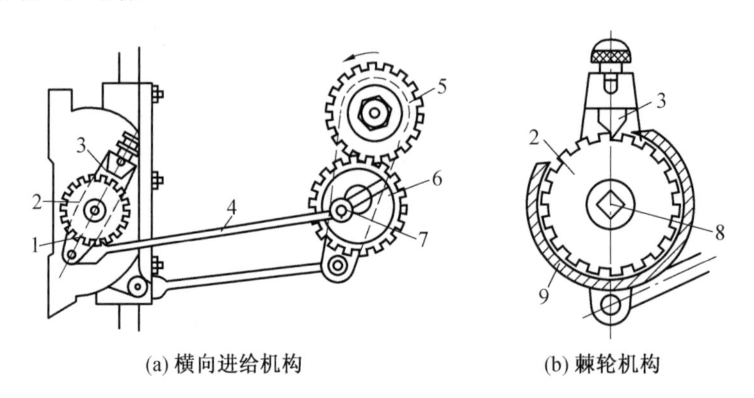

图 8.6　牛头刨床横向进给机构

1—棘爪架;2—棘轮;3—棘爪;4—连杆;5、6—齿轮;7—偏心销;8—横向丝杠;9—棘轮罩

3. 牛头刨床的调整

(1)滑枕行程长度、起始位置、速度的调整。

刨削时,滑枕行程的长度一般应比零件刨削表面的长度大 30 ~ 40 mm,如图 8.5 所示,滑枕的行程长度调整方法是通过改变摆杆齿轮上偏心滑块的偏心距离,其偏心距越大,摆杆摆动的角度就越大,滑枕的行程长度也就越长;反之,则越短。松开滑枕内的锁紧手柄,转动丝杠,即可改变滑枕行程的起始点,使滑枕移到所需要的位置。调整滑枕速度时,必须在停车之后进行,否则将打坏齿轮,可以通过变速机构来改变变速齿轮的位置,使牛头刨床获得不同的转速。

(2)工作台横向进给量的大小、方向调整。

工作台的进给运动既要满足间歇运动的要求,又要与滑枕的工作行程协调一致,即在刨刀返回行程将结束时,工作台连同零件一起横向移动一个进给量。牛头刨床的进给运动是由棘轮机构实现的。

如图 8.6(b)所示,棘爪架空套在横梁丝杠轴上,棘轮用键与丝杠轴相连。工作台横向进给量的大小,可通过改变棘轮罩的位置,从而改变棘爪每次拨过棘轮的有效齿数来调整。棘爪拨过棘轮的齿数较多时,进给量大;反之则小。此外,还可通过改变偏心销 7 的偏心距来调整,偏心距小,棘爪架摆动的角度就小,棘爪拨过的棘轮齿数少,进给量就小;反之,进给量则大。

若将棘爪提起后转动 180°,可使工作台反向进给。当把棘爪提起后转动 90°时,棘轮便与棘爪脱离接触,此时可手动进给。

4. 刨削用量的选择

(1)刨削用量。

刨削用量是指在刨削过程中的切削深度、进给量和切削速度的总称。

(2)进给量。

刨刀或工件每往复一次,刨刀和工件在进给运动方向的相对位移称为进给量(mm/往复行程)。往复行程长度用 mm 表示。

(3)刨削速度。

进行切削加工时,刀具切削刃上的某一点相对于待加工表面在主运动方向上的瞬时速度称为切削速度。在龙门刨床上指工作台(工件)移动的速度。在牛头刨床或插床上是指滑枕(刀具)移动的速度,单位用 m/min 表示。

在采用曲柄摇杆机构传动的牛头刨床上,工件行程的速度是变化的。其平均切削速度可按下列公式近似计算

$$u=0.0017nl \tag{8.1}$$

式中　u——滑枕工作行程平均速度,m/min;

n——滑枕往复行程每分次数,次·min^{-1};

l——滑枕行程长度,μm。

8.2.2　龙门刨床

龙门刨床因有一个“龙门”式的框架而得名。与牛头刨床不同的是,在龙门刨床上加工时,零件随工作台的往复直线运动为主运动,进给运动是垂直刀架沿横梁上的水平移动和侧刀架在立柱上的垂直移动。

龙门刨床适用于刨削大型零件,零件长度可达几米、十几米甚至几十米。也可在工作台上同时装夹几个中、小型零件,用几把刀具同时加工,故生产率较高。龙门刨床特别适于加工各种水平面、垂直面及各种平面组合的导轨面、T 形槽等。龙门刨床的外形如图8.7 所示。

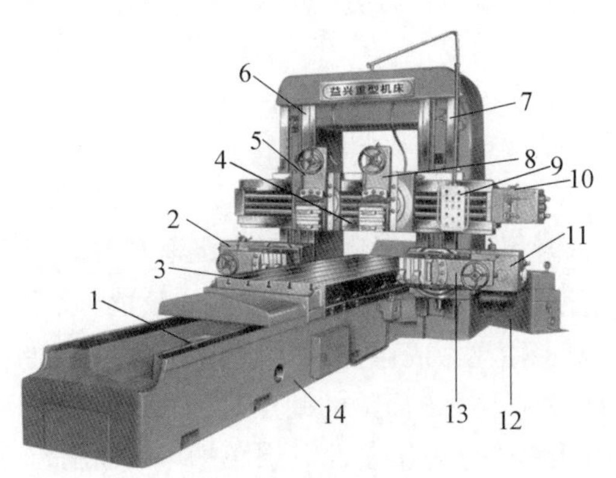

图 8.7　龙门刨床外形图

1—液压安全器;2—左侧刀架进给箱;3—工作台;4—横梁;5—左垂直刀架;6—左立柱;7—右立柱;8—右垂直刀架;9—悬挂按钮站;10—垂直刀架进给箱;11—右侧刀架进给箱;12—工作台减速箱;13—右侧刀架;14—床身

龙门刨床的主要特点是,自动化程度高,各主要运动的操纵都集中在机床的悬挂按钮站和电气柜的操纵台上,操作十分方便;工作台的工作行程和空回行程可在不停车的情况下实现无级变速;横梁可沿立柱上下移动,以适应不同高度零件的加工;所有刀架都有自动抬刀装置,并可单独或同时进行自动或手动进给,垂直刀架还可转动一定的角度,用来

加工斜面。

8.2.3 插　床

插床实际上是一种立式的刨床，结构原理与牛头刨床属于同一类型。其外形及组成部分如图 8.8 所示。插削时，滑枕带动插刀在垂直方向上作上下直线往复运动为主运动；工件装夹在工作台上，随工作台可以实现纵向、横向及圆周进给运动。

图 8.8　插床外形图

1—工作台纵向移动手轮；2—工作台；3—滑枕；4—床身；5—变速箱；6—进给箱；7—分度盘；8—工作台横向移动手轮；9—底座

插床主要用于加工工件的内表面，如方孔、长方孔、各种多边形孔和孔内键槽等，有时候也用于加工成形内外表面。在插床上加工孔内表面时，刀具要穿入工件的孔内进行插削，因此工件的加工部分必须先有一个足够大的孔，才能进行插削加工。

插床加工范围较广，加工费用也比较低，但其生产率不高，对工人的技术要求较高，因此，插床一般适用于工具、模具、修理或试制车间等进行单件或小批量生产。

8.3　刨刀及其安装

8.3.1 刨　刀

1. 刨刀的结构特点

刨刀的几何形状与车刀相似，但刀杆的截面积比车刀大 1.25 ~ 1.5 倍，以承受较大的冲击力。刨刀的前角 γ_0 比车刀稍小，刃倾角取较大的负值，以增加刀头的强度。刨刀的一个显著特点是刨刀的刀头往往做成弯头，如图 8.9 所示为弯、直头刨刀比较示意图。做成弯头的目的是，当刀具碰到零件表面上的硬点时，刀头能绕点 O 向后上方弹起，使切削刃离开零件表面，不会啃入零件已加工表面或损坏切削刃，因此，弯头刨刀比直头刨刀应用更广泛。

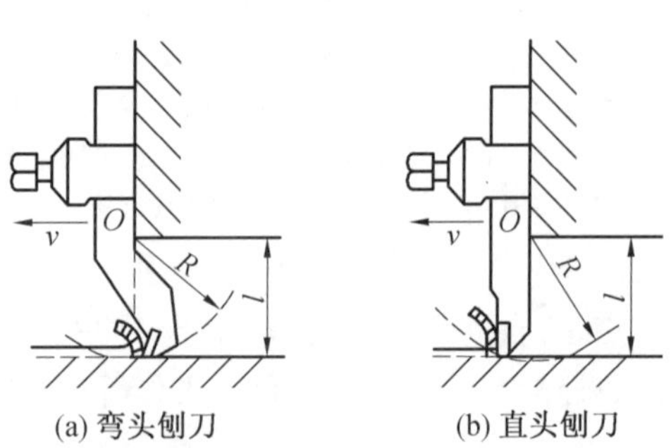

(a) 弯头刨刀　　(b) 直头刨刀

图 8.9　弯头刨刀和直头刨刀

2. 刨刀的种类及其应用

刨刀的形状和种类依加工表面形状不同而有所不同。常用刨刀及其应用如图8.10所示。平面刨刀用以加工水平面;偏刀用以加工垂直面、台阶面和斜面;角度偏刀用以加工燕尾槽;切刀用以切断或刨沟槽;内孔刀用以加工内孔表面(如内键槽);弯切刀用以加工T形槽及侧面上的槽;成形刀用以加工成形面。

8.3.2　刨刀的安装

如图8.10所示,安装刨刀时,将转盘对准零线,以便准确控制背吃刀量,刀头不要伸出太长,以免产生振动和折断。直头刨刀伸出长度一般为刀杆厚度的1.5~2倍,弯头刨刀伸出长度可稍长些,以弯曲部分不碰刀座为宜。装刀或卸刀时,应使刀尖离开零件表面,以防损坏刀具或者擦伤零件表面,必须一只手扶住刨刀,另一只手使用扳手,用力方向自上而下,否则容易将抬刀板掀起,碰伤或夹伤手指。

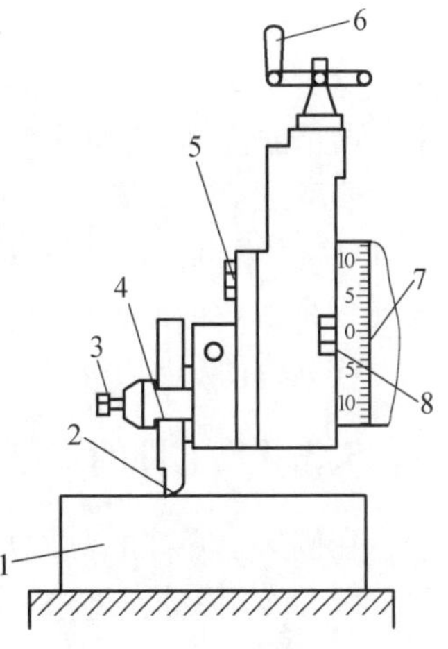

图8.10　刨刀的安装

1—零件;2—刀头伸出要短;3—刀夹螺钉;4—刀夹;5—刀座螺钉;6—刀架进给手柄;7—转盘对准零线;8—转盘螺钉

8.3.3　刨刀的刃磨

刃磨刨刀不仅是为了得到锋利的刀刃和正确的刀具几何角度,而且要保证在刃磨中不产生裂纹、崩刃等缺陷。刀具刃磨正确与否,将直接影响刀具的切削性能、加工质量和生产效率。因此刨工必须熟练掌握刀具刃磨技术。

1. 刃磨方法

(1)刃磨刨刀几何角度的设备为砂轮机,用手工刃磨时必须合理选用砂轮,刃磨硬质合金刨刀宜用绿色碳化硅砂轮,刃磨高速钢刨刀宜用氧化铝砂轮。

(2)一般刀具刃磨分粗磨和精磨。精磨时,先将刨刀各面刃粗磨到需要的形状和高度,然后选用粒度较细的砂轮精磨各面。通过精磨使刨刀的前刀面、后刀面和副后刀面的表面粗糙度得到细化,刀刃更加锋利而无缺口。刨刀精磨后,还须用油石加油研磨刨刀的前刀面与后刀面,以提高刨刀的使用寿命,使被切面的粗糙度得到细化。

(3)刃磨砂轮应经过仔细平衡,保证砂轮没有径向跳动,否则刃磨时会发生冲击而产生崩刃现象。

(4)刃磨时要尽量减小砂轮与刨刀的接触面;磨削中要均匀转动;砂轮旋转方向应由刃口向刀体方向,以免受热产生裂纹、崩刃现象。

2. 刃磨刀具时注意事项

(1)磨刀前要检查砂轮有无裂纹,不可敲打砂轮,应有防护罩。

(2)磨刀时不要站在砂轮的正前面,尽可能站在砂轮的侧面以防砂轮碎裂飞出伤人。

(3)刃磨时应尽量使用砂轮的正面磨刀。只有磨卷屑槽时,才用砂轮的棱边。

(4)磨刀时刀具应左右移动,不可常停在一个位置上,否则砂轮磨损不均匀,会出现凹凸不平现象,影响刃磨质量。

(5)刃磨时,不要用手拿棉纱(回丝)裹刀,以免发生危险。

(6)磨刀时,注意防止刀头过热,不要太用力把刀具压在砂轮上。刃磨高速钢时,注意及时沾水冷却,以免刀头温度高而退火变软;刃磨硬质合金时,不能沾水,否则容易使刀片产生碎裂。

(7)手拿刨刀刃磨时,应使刀具正确靠在砂轮托板上,并随时注意调节托板的位置,使托板靠近砂轮,以防止刀具扎入托板与砂轮的夹缝之间造成事故。

(8)为了防止切屑飞入眼中,磨刀时要戴上防护镜,或在砂轮前装上挡镜。

8.3.4 工件的安装

在刨床上零件的安装方法视零件的形状和尺寸而定。常用的有平口虎钳安装、工作台安装和专用夹具安装等,装夹零件方法与铣削相同,可参照铣床中零件的安装及铣床附件所述内容。

工件装夹在工作台上的平口虎钳内。工件较大时,可直接装在工作台上用压板和T形螺钉压紧。注意压板和螺钉螺母不要高于加工面以免与刨刀碰撞。另外,夹紧要牢固,夹紧力要均匀,薄形工件要防止变形。

8.4 刨削的基本操作

8.4.1 刨 平 面

1. 刨水平面

刨削水平面的顺序如下。

(1)正确安装刀具和零件。

(2)调整工作台的高度,使刀尖轻微接触零件表面。

(3)调整滑枕的行程长度和起始位置。

(4)根据零件材料、形状、尺寸等要求,合理选择切削用量。

(5)试切。先用手动试切,进给1~1.5 mm后停车,测量尺寸,根据测得结果调整背吃刀量,再自动进给进行刨削。当零件表面粗糙度 Ra 值低于6.3 μm时,应先粗刨,再精刨。精刨时,背吃刀量和进给量应小些,切削速度应适当高些。此外,在刨刀返回行程时,用手掀起刀座上的抬刀板,使刀具离开已加工表面,以保证零件表面质量。

(6)检验。零件刨削完工后,停车检验,尺寸和加工精度合格后即可卸下。

2. 刨垂直面

刨垂直面的方法如图8.11所示。此时采用偏刀,并使刀具的伸出长度大于整个刨削面的高度。刀架转盘应对准零线,以使刨刀沿垂直方向移动。刀座必须偏转10°~15°,以使刨刀在返回行程时离开零件表面,减少刀具的磨损,避免零件已加工表面被划伤。刨垂直面和斜面的加工方法一般在不能或不便于进行水平面刨削时才使用。

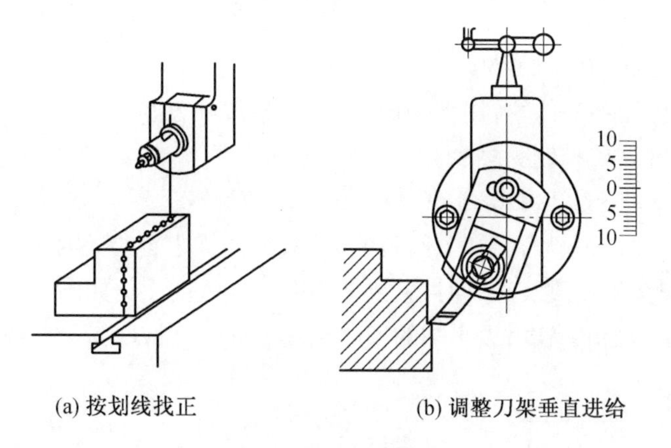

图8.11 刨垂直面

3. 刨斜面

(1)斜面的种类。

与水平面倾斜成一定角度的平面称为斜面。刨削平面与水平面间的夹角大于90°称为外斜面(见图8.12(a));刨削平面与水平面间的夹角小于90°称为内斜面(见图8.12(b));工件的两端厚度不一致,且倾斜角较小的工件,称为斜度工件(见图8.12(c))。

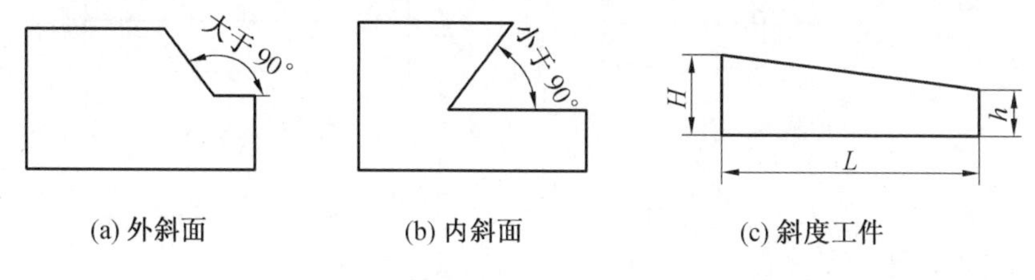

图8.12 斜面的形式

(2)斜面的用途和加工要求。

斜面通常用于零件的滑动配合部分,如刨床滑枕、刀架拖板和镶条等。因此,对斜面的加工精度要求比较高,表面粗糙度要求较小。

(3)斜度的计算。

斜度工件通常用斜度表示,所谓斜度就是指工件的大端尺寸和小端尺寸之差与其长度之比。斜度是无名数,常写成分数或比的形式(例如1/50或1∶50)。斜度及其计算方法:

$$S=\frac{H-h}{L} \tag{8.2}$$

式中 S——斜度;

H——工件大端尺寸,mm;

h——工件小端尺寸,mm;

L——工件长度,mm。

【例8.1】 有一工件的大端尺寸 H 为30 mm,小端尺寸 h 为20 mm,长度 L 为

500 mm,求斜度 S 的大小。

解 $S=(30\ \text{mm}-20\ \text{mm})/500\ \text{mm}=1/50$

【例 8.2】 已知一工件的斜度 S 为 1∶50,大端尺寸 H 为 17 mm,长度 L 为 250 mm,问刨削时小端尺寸 h 应控制为多少?

解 $h/\text{mm}=H-LS=17-250\times1/50=17-5=12$

刨削斜面工件时,一般需要知道斜角的大小,但图样上往往不注明角度。因此,当要扳转刀架、制造斜垫铁或改装夹具时,就要把斜度化成角度。例如图 8.13(a)中,斜度 1∶50 表示工件每隔 50 mm 高度,大小端的尺寸相差 1 mm。设 β 为工件倾斜的斜角,则

$$\tan\beta=\frac{1}{50}=0.02$$

在三角函数表内查得 $\beta=1°9'$,若用斜角 $1°9'$ 的斜垫置于工件底面,使工件斜面成水平位置,这样可以用水平走刀以刨水平面的方法刨出斜面来。若用倾斜刀架法刨削,计算出 β 的角度,则 β 角也就是刀架应扳转的角度。

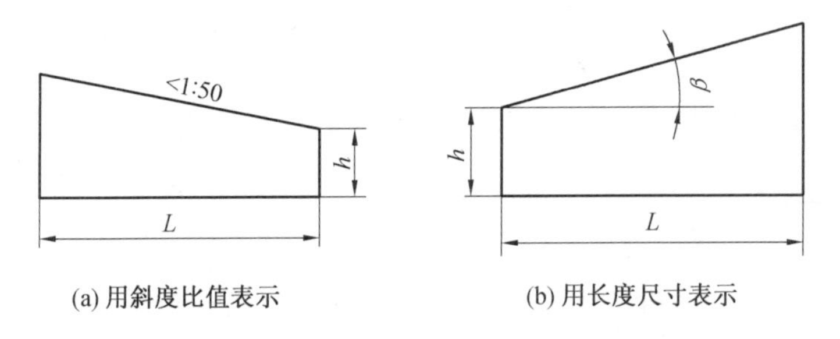

(a) 用斜度比值表示　　(b) 用长度尺寸表示

图 8.13　斜度与角度之间的转换

(4)斜面的刨削方法。

刨斜面与刨垂直面基本相同,只是刀架转盘必须按零件所需加工的斜面扳转一定角度,以使刨刀沿斜面方向移动。如图 8.14 所示,采用偏刀或样板刀,转动刀架手柄进给,可以刨削外斜面和内斜面。

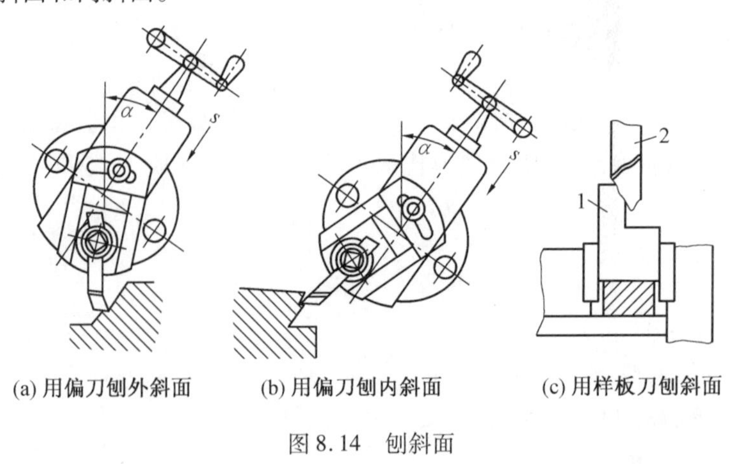

(a) 用偏刀刨外斜面　　(b) 用偏刀刨内斜面　　(c) 用样板刀刨斜面

图 8.14　刨斜面

1—零件;2—样板刀

加工图8.15所示的工件,应先将互相垂直的几个平面刨好,然后划出斜面线,最后刨斜面。工件上划线的目的是便于校正工件的水平性,划斜面线时应考虑刨削时的刀架向右扳转,因为刀架向右扳转时操作比较方便。

刨外斜面时,可用改磨后的普通平面刨刀;刨内斜面时,可采用一种与偏刀相似的角度刨刀,但刀尖角应小于被加工工件的角度。为了改善表面粗糙度和刨刀的强度,可在主副切削刃近刀尖1～1.5 mm处,磨出与工件相同或稍小一点的角度,如图8.16所示。刨削斜面有很多种方法,应根据工件的形状、加工要求选用。

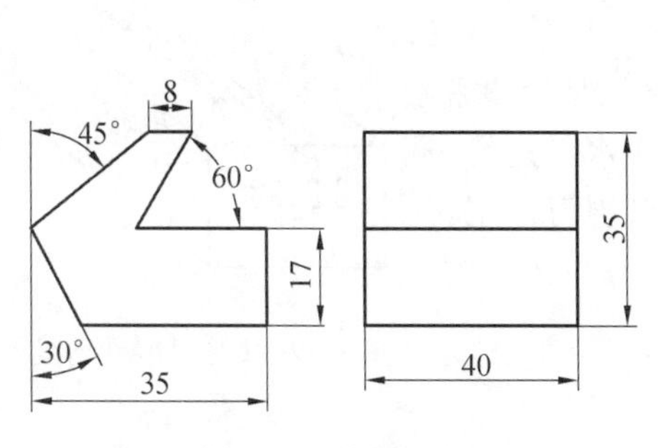

图8.15　刨削工件

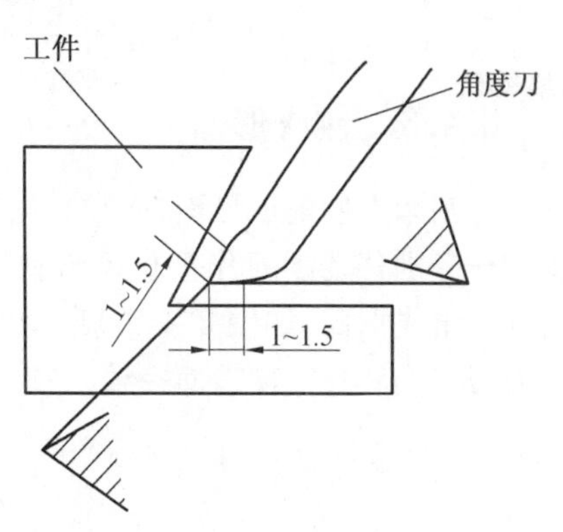

图8.16　角度刨刀

8.4.2　刨沟槽

1.刨直槽

刨直槽时用切刀以垂直进给完成,如图8.17所示。

2.刨V形槽

如图8.18所示,先按刨平面的方法把V形槽粗刨出大致形状,如图8.18(a)所示;然后用切刀刨V形槽底的直角槽,如图8.18(b)所示;再按刨斜面的方法用偏刀刨V形槽的两斜面,如图8.18(c)所示;最后用样板刀精刨至图样要求的尺寸精度和表面粗糙度,如图8.18(d)所示。

3.刨T形槽

应先在零件端面和上平面划出加工线,如图8.19所示。

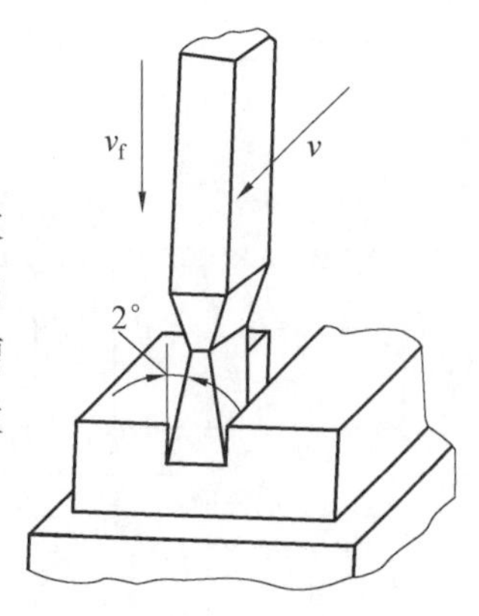

图8.17　刨直槽

4.刨燕尾槽

燕尾形零件是带燕尾槽和燕尾块零件的统称。燕尾槽和燕尾块是相互配合使用的,通常用来控制机构的直线运动。例如,刨床的床身、滑枕、刀架和拖板等都是由燕尾形零件组成的。用在机床上起导向作用的燕尾部分,称为燕尾导轨。

与刨T形槽相似,应先在零件端面和上平面划出加工线,如图8.20所示。但刨侧面时须用角度偏刀,如图8.21所示,刀架转盘要扳转一定角度。

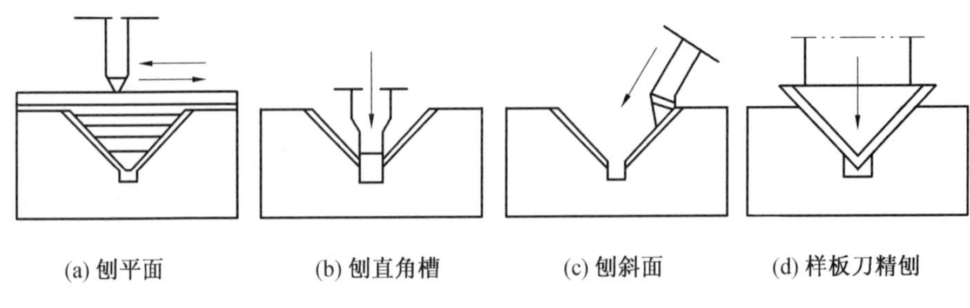

图 8.18　刨 V 形槽

8.4.3　刨成形面

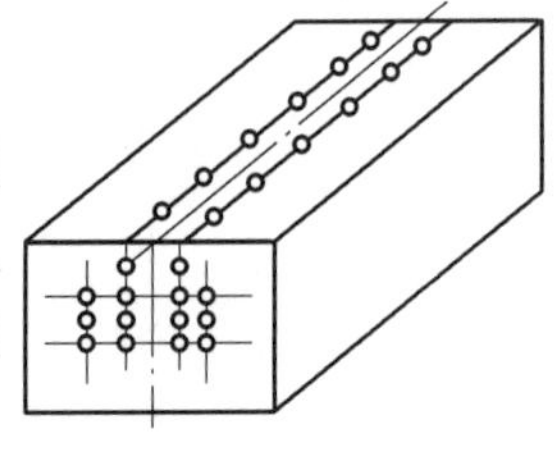

图 8.19　T 形槽零件划线图

在刨床上刨削成形面,通常是先在零件的侧面划线,然后根据划线分别移动刨刀作垂直进给和移动工作台作水平进给,从而加工出成形面,如图 8.1(h)所示。也可用成形刨刀加工,使刨刀刃口形状与零件表面一致,一次成形。

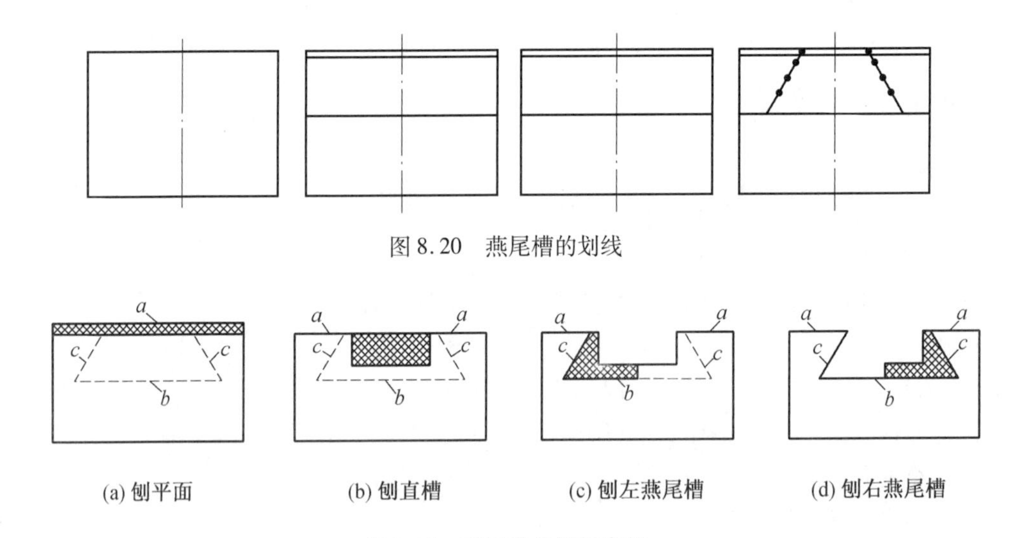

图 8.20　燕尾槽的划线

图 8.21　燕尾槽的刨削步骤

复习思考题

1. 牛头刨床刨削平面时的主运动和进给运动各是什么?
2. 牛头刨床主要由哪几部分组成?各有何作用?刨削前需如何调整?
3. 牛头刨床刨削平面时的间歇进给运动是靠什么实现的?
4. 滑枕往复直线运动的速度是如何变化的?为什么?
5. 刨削加工中刀具最容易损坏的原因是什么?
6. 牛头刨床横向进给量的大小是靠什么实现的?

7. 刨削的加工范围有哪些？

8. 常见的刨刀有哪几种？试分析切削量大的刨刀为什么做成弯头的？

9. 刀座的作用是什么？刨削垂直面和斜面时，如何调整刀架的各个部分？

10. 刨刀和车刀相比，其主要差别是什么？

11. 牛头刨床在刨工件时，其摇杆（摆杆）长度是否有变化？靠何种机构来补偿？

第9章 磨削加工

9.1 概　述

在磨床上用砂轮对工件进行切削加工称为磨削加工,磨削加工是机械零件精密加工的主要方法之一。

9.1.1 磨削加工的特点

1. 磨削属多刃、微刃切削

磨削用的砂轮是由许多细小坚硬的磨粒用结合剂黏结在一起经焙烧而成的疏松多孔体,如图9.1所示。这些锋利的磨粒就像铣刀的切削刃,在砂轮高速旋转的条件下,切入零件表面,故磨削是一种多刃、微刃切削过程。

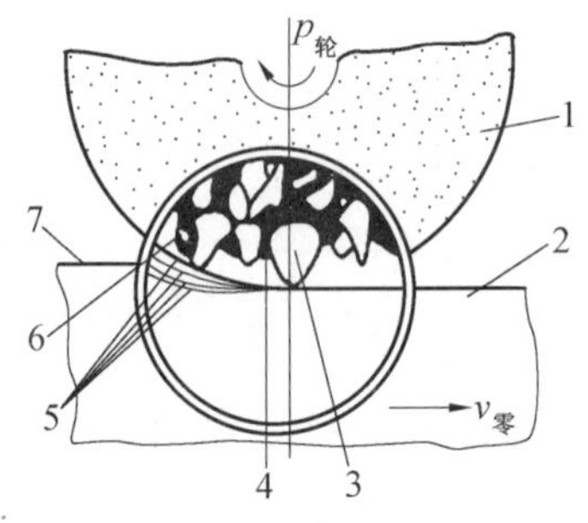

图9.1　砂轮的组成

1—砂轮;2—已加工表面;3—磨粒;4—结合剂;5—加工表面;6—空隙;7—待加工表面

2. 加工尺寸精度高,表面粗糙度值低

磨削的切削厚度极薄,每个磨粒的切削厚度可小到微米,故磨削的尺寸精度可达IT6~IT5,表面粗糙度 *Ra* 值达0.8~0.1 μm。高精度磨削时,尺寸精度可超过IT5,表面粗糙度 *Ra* 值不大于0.012 μm。

3. 加工材料广泛

由于磨料硬度极高,故磨削不仅可加工一般金属材料,如碳钢、铸铁等,还可加工一般刀具难以加工的高硬度材料,如淬火钢、各种切削刀具材料及硬质合金等。

4. 砂轮有自锐性

当作用在磨粒上的切削力超过磨粒的极限强度时,磨粒就会破碎,形成新的锋利棱角进行磨削;当此切削力超过结合剂的黏结强度时,钝化的磨粒就会自行脱落,使砂轮表面露出一层新鲜锋利的磨粒,从而使磨削加工能够继续进行。砂轮的这种自行推陈出新、保持自身锋利的性能称为自锐性。砂轮的自锐性可使砂轮连续进行加工,这是其他刀具没有的特性。

5. 磨削温度高

磨削过程中,由于切削速度很快,产生大量切削热,温度超过1 000 ℃。同时,高温的磨屑在空气中发生氧化作用,产生火花。在高温下,零件材料的性能将会改变而影响质量。因此,为减少摩擦和迅速散热,降低磨削温度,及时冲走屑末,以保证零件表面质量,磨削时需使用大量切削液。

9.1.2　磨削运动及切削用量

1. 磨削运动

磨削加工类型不同,运动形式和运动数目也不同。外圆与平面磨削时,磨削运动包括主运动、径向进给运动、轴向进给运动和工件旋转或直线运动四种形式。

2. 切削用量

(1)磨削速度 v_c。

磨削加工时主运动是砂轮的高速旋转运动,磨削速度即为砂轮外圆的线速度。普通磨削速度 v_c 为30～35 m/s,当 v_c>45 m/s时,称为高速磨削,即

$$v_c = \frac{\pi D n}{1\ 000 \times 60} \tag{9.1}$$

式中　D——砂轮的直径,mm;

n——砂轮的转速,r/min。

(2)工件运动速度 v_w。

工件的旋转或移动,以工件转(移)动线速度表示,单位一般为m/min。

外圆磨削时(见图9.2(a))

$$v_w = \frac{\pi d_w n_w}{1\ 000} \tag{9.2}$$

式中　d_w——工件直径,mm;

n_w——工件转速,r/min。

平面磨削时(见图9.2(b))

$$v_w = \frac{2 L n_r}{1\ 000} \tag{9.3}$$

式中　L——磨床工作台的行程长度,mm;

n_r——磨床工作台的每分钟往复次数。

(3)轴向进给量 f_a。

工件每转一圈相对于砂轮在纵向移动的距离为轴向进给量,其单位为:圆磨削时mm/r,平磨时mm/d · str,即

$$f_a = (0.2 \sim 0.8) B \tag{9.4}$$

式中　B——砂轮宽度,mm。

(4)径向进给量 f_r。

径向进给量又称背吃刀量,是指砂轮径向切入工件的运动。工作台每双(单)行程内工件相对砂轮径向移动的距离,单位为mm/(d · str)。

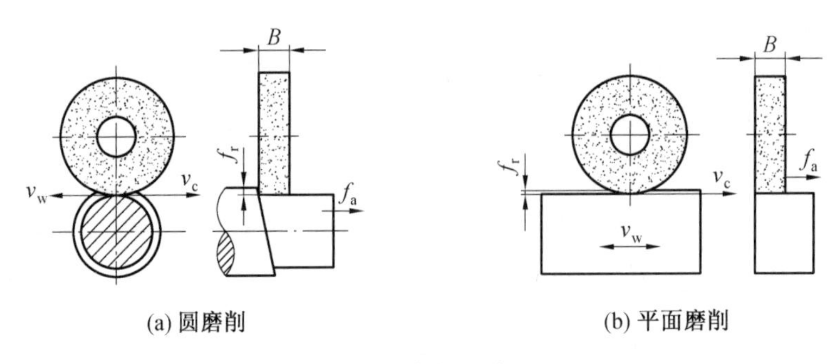

图 9.2　磨削运动

9.2　磨　　床

9.2.1　平面磨床

平面磨床主要用于磨削零件上的平面。

1. 平面磨床的组成

平面磨床与其他磨床不同的是工作台上安装有电磁吸盘或其他夹具,用作装夹零件。图 9.3 为 M7120B 型平面磨床外形图。在型号中,M 为机床类别代号,表示磨床,读作“磨”;7 为机床组别代号,表示平面磨床;1 为机床系别代号,表示卧轴矩台平面磨床;20 为主参数工作台面宽度的 1/10,即工作台面宽度为 200 mm。

磨头 2 沿滑板 3 的水平导轨可作横向进给运动,这可由液压驱动或横向进给手轮 4 操纵。滑板 3 可沿立柱 6 的导轨垂直移动,以调整磨头 2 的高低位置及完成垂直进给运动,该运动也可操纵手轮 9 实现。砂轮由装在磨头壳体内的电动机直接驱动旋转。

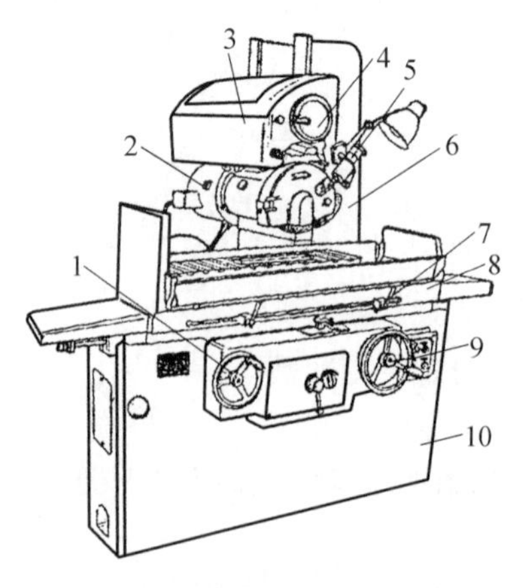

图 9.3　M7120B 型平面磨床外形图

1—驱动工作台手轮;2—磨头;3—滑板;4—横向进给手轮;5—砂轮修整器;6—立柱;7—行程挡块;8—工作台;9—垂直进给手轮;10—床身

2. 平面磨削中零件的安装

在平面磨床上磨削平面,零件安装常采用电磁吸盘和精密平口钳两种方式。磨削平面通常是以一个平面为基准磨削另一平面。若两平面都需磨削且要求相互平行,则可互为基准,反复磨削。

(1)电磁吸盘安装。

在平面磨床上磨削由钢、铸铁等导磁性材料制成的中小型工件的平面,一般用电磁吸盘直接吸住工件。电磁吸盘的工作原理如图9.4所示。电磁吸盘根据电的磁效应原理制成,它的吸盘体由钢制成,其中部分芯体上绕有线圈,上部的钢质盖板被绝磁层隔成许多条块。当线圈通电时,芯体被磁化,磁力线经芯体—盖板—工件—盖板—吸盘体—心体而形成闭合磁路,从而把工件吸住。绝磁层的作用是使绝大部分磁力线通过工件再回到吸盘体,而不是通过盖板直接回去,以保证对工件有足够的电磁吸力。

电磁吸盘工作台有长方形和圆形两种,分别用于矩台平面磨床和圆台平面磨床。当磨削键、垫圈、薄壁套等尺寸小而壁较薄的零件时,因零件与工作台接触面积小,吸力弱,易被磨削力弹出造成事故。因此安装这类零件时,需在其四周或左右两端用挡铁围住,以免零件走动,如图9.5所示。

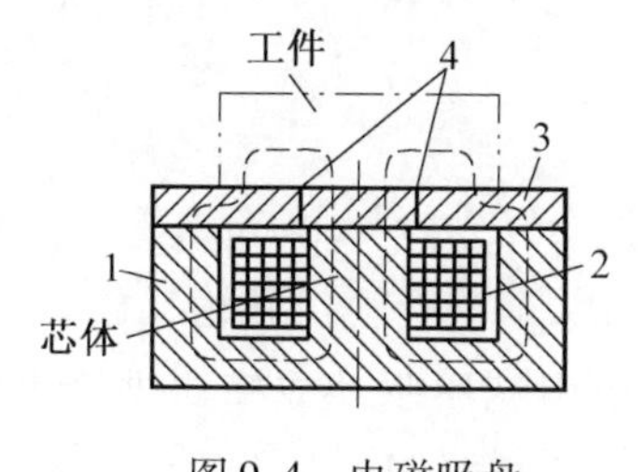

图9.4　电磁吸盘

1—吸盘体;2—线圈;3—盖板;4—绝磁层

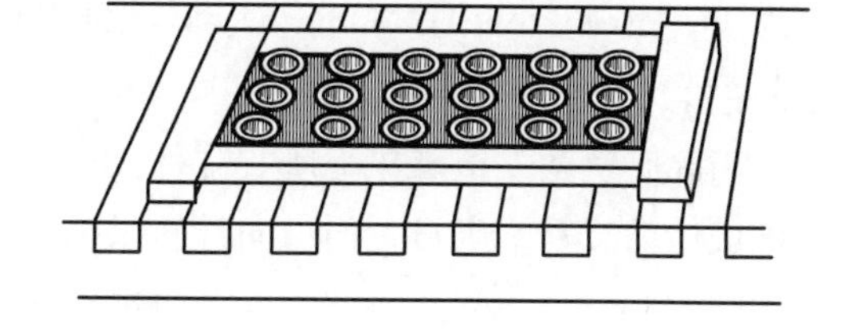

图9.5　用挡铁围住零件

(2)精密平口钳安装。

对于陶瓷、铜合金、铝合金等非磁性材料,则可采用精密平口钳、精密角铁等导磁性夹具进行装卡,连同夹具一起置于电磁吸盘上。

9.2.2　外圆磨床

常用的外圆磨床分为普通外圆磨床和万能外圆磨床。在普通外圆磨床上可磨削零件的外圆柱面和外圆锥面;在万能外圆磨床上由于砂轮架、头架和工作台上都装有转盘,能回转一定的角度,且增加了内圆磨具附件,所以万能外圆磨床除可磨削外圆柱面和外圆锥面外,还可磨削内圆柱面、内圆锥面及端平面,故万能外圆磨床较普通外圆磨床应用更广。

1. 外圆磨床的组成

如图9.6所示为M1432A型万能外圆磨床外形图。在型号中,M为机床类别代号,表示磨床,读作“磨”;1为机床组别代号,表示外圆磨床;4为机床系别代号,表示万能外圆磨床;32为主参数最大磨削直径的1/10,即最大磨削直径为320 mm;A表示在性能和结构上经过一次重大改进。M1432A由床身、工作台、头架、尾座、砂轮架和内圆磨头等部分组成。

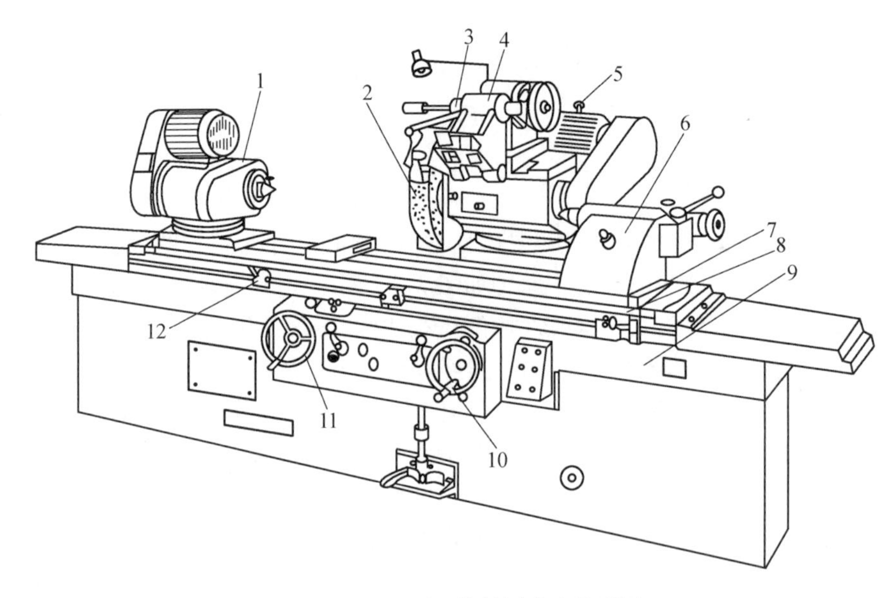

图 9.6　M1432A 型万能外圆磨床外形图

1—头架;2—砂轮;3—内圆磨头;4—磨架;5—砂轮架;6—尾座;7—上工作台;8—下工作台;9—床身;10—横向进给手轮;11—纵向进给手轮;12—换向挡块

(1)床身。

床身用来固定和支承磨床上所有部件,上部装有工作台和砂轮架,内部装有液压传动系统和机械传动装置。床身上的纵向导轨供工作台移动用,横向导轨供砂轮架移动用。

(2)工作台。

工作台有两层,称上工作台和下工作台,下工作台沿床身导轨作纵向往复直线运动,上工作台可相对下工作台转动一定的角度,以便磨削圆锥面。

(3)头架。

头架安装在上工作台上,头架上有主轴,主轴端部可安装顶尖、拨盘或卡盘,以便装夹零件并带动其旋转。头架内的双速电动机和变速机构可使零件获得不同的转速。头架在水平面内可偏转一定角度。

(4)尾座。

尾座安装在上工作台上,尾座的套筒内装有顶尖,用来支承细长零件的另一端。尾座在工作台上的位置可根据零件的不同长度调整,当调整到所需的位置时将其紧固。尾座可在工作台上纵向移动,扳动尾座上的手柄时,套筒可伸出或缩进,以便装卸零件。

(5)砂轮架。

砂轮安装在砂轮架的主轴上,由单独电动机通过 V 带传动带动砂轮高速旋转。砂轮架可在床身后部的导轨上作横向移动,移动方式有自动周期进给、快速引进和退出、手动三种,前两种是由液压传动实现的。砂轮架还可绕垂直轴旋转某一角度。

(6)内圆磨头。

内圆磨头用于磨削内圆表面。其主轴可安装内圆磨削砂轮,由另一电动机带动。内圆磨头可绕支架旋转,用时翻下,不用时翻向砂轮架上方。

2. 外圆磨床的传动

磨床传动广泛采用液压传动,这是因为液压传动具有无级调速、运转平稳、无冲击振动等优点。外圆磨床的液压传动系统比较复杂,图9.7为其液压传动原理示意图。

工作时,液压泵9将油从油箱8中吸出,转变为高压油,高压油经过转阀7、节流阀5和换向阀4流入液压缸3的右腔,推动活塞、活塞杆及工作台2向左移动。液压缸3的左腔的油则经换向阀4流入油箱8。当工作台2移至左侧行程终点时,固定在工作台2前侧面的挡块1推动换向手柄10至虚线位置,于是高压油则流入液压缸3的左腔,使工作台2向右移动,液压缸3右腔的油则经换向阀4流入油箱8。如此循环,工作台2便得到往复运动。

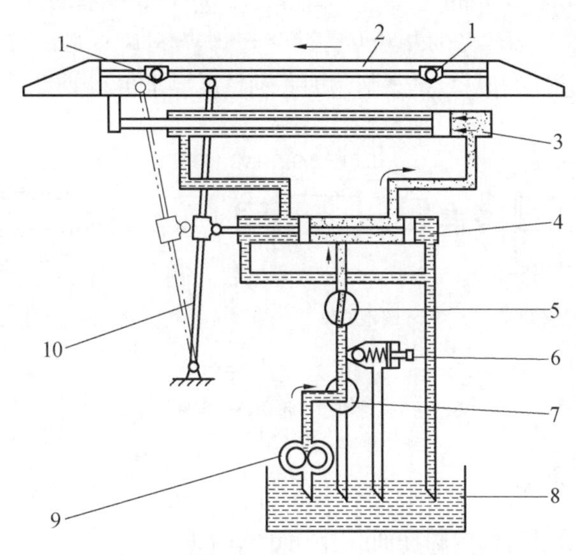

图9.7 外圆磨床液压传动原理示意图

1—挡块;2—工作台;3—液压缸;4—换向阀;5—节流阀;6—安全阀;7—转阀;8—油箱;9—液压泵;10—换向手柄

3. 外圆磨削中零件的安装

在外圆磨床上磨削外圆,零件常采用顶尖安装、卡盘安装和心轴安装三种方式。

(1)顶尖安装。

顶尖安装适用于两端有中心孔的轴类零件。如图9.8所示,零件支承在顶尖之间,其安装方法与车床顶尖装夹基本相同,不同点是磨床所用顶尖是不随零件一起转动的(称死顶尖),这样可以提高加工精度,避免由于顶尖转动带来的误差。同时,尾座顶尖靠弹簧推力顶紧零件,可自动控制松紧程度,这样既可以避免零件轴向窜动带来的误差,既可以避免零件因磨削热可能产生的弯曲变形。

(2)卡盘安装。

磨削短零件上的外圆可视装卡部位形状不同,分别采用三爪自定心卡盘、四爪单动卡盘或花盘安装。安装方法与车床基本相同。

(3)心轴安装。

磨削盘套类空心零件常以内孔定位磨削外圆,大都采用心轴安装,如图9.9所示。装

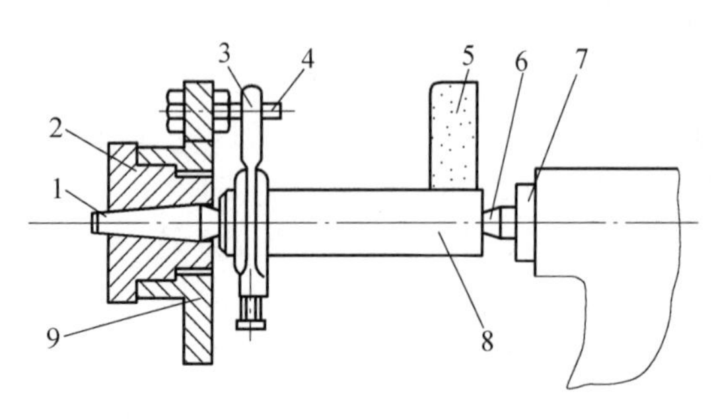

图 9.8　顶尖安装

1—前顶尖;2—头架主轴;3—鸡心夹头;4—拨杆;5—砂轮;6—后顶尖;7—尾座套筒;8—零件;9—拨盘

夹方法与车床所用心轴类似,只是磨削用的心轴精度要求更高一些。

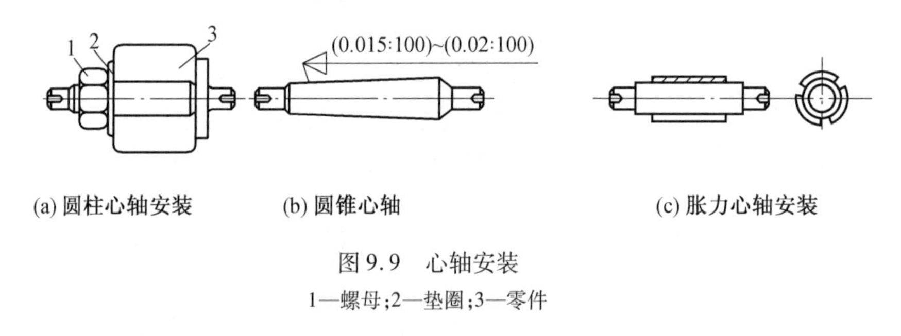

(a) 圆柱心轴安装　(b) 圆锥心轴　(c) 胀力心轴安装

图 9.9　心轴安装

1—螺母;2—垫圈;3—零件

9.2.3　内圆磨床

内圆磨床主要用于磨削内圆柱面、内圆锥面、端面等。

1. 内圆磨床的组成

图 9.10 所示为 M2120 型内圆磨床外形图,型号中 2 和 1 分别为机床组别、系别代号,表示内圆磨床;20 为主参数最大磨削孔径的 1/10,即最大磨削孔径为 200 mm。

内圆磨床的结构特点为砂轮转速特别高,一般可达 10 000 ~ 20 000 r/min,以适应磨削速度的要求。加工时,零件安装在卡盘内,磨具架 5 安装在工作台 6 上,可绕垂直轴转动一个角度,以便磨削圆锥孔。磨削运动与外圆磨削基本相同,只是砂轮与零件按相反方向旋转。

2. 内圆磨削中零件的安装

磨削零件内圆,大多以其外圆和端面作为定位基准,通常采用三爪自定心卡盘、四爪单动卡盘、花盘及弯板等安装零件。

9.3　砂　　轮

9.3.1　砂轮的组成

砂轮是磨削加工中使用的切削工具,它是由磨粒、结合剂和空隙三要素组成的。磨粒

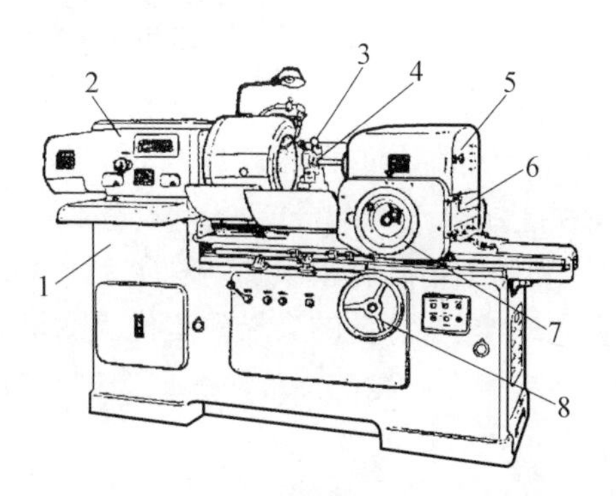

图9.10 M2110型内圆磨床外形图

1—床身;2—头架;3—砂轮修整器;4—砂轮;5—磨具架;6—工作台;7—操纵磨具架手轮;8—操纵工作台手轮

是构成砂轮的基本要素,起切削作用。结合剂把磨粒黏结在一起,其间存在着空隙。

9.3.2 砂轮的特性

为了便于砂轮的管理及选用,在砂轮端面上印有砂轮的特性代号。砂轮的特性按其形状、尺寸、磨料、粒度、硬度、组织、结合剂、线速度顺序书写。

1.磨料

磨削时,磨粒直接起切削作用,在高温下经受剧烈的摩擦及挤压。因此,磨粒必须具有高硬度、耐磨性、耐热性,一定的韧性和化学稳定性,还要具有锋利的切削刃口。用作磨粒的材料称为磨料。常用磨料有刚玉类和碳化硅类,通常磨削钢件用刚玉类,磨削铸铁件用碳化硅类。常用的几种刚玉类、碳化硅类磨料的代号、特点及其用途见表9.1。

表9.1 常用磨料的代号、特点及其用途

磨料名称	代号	特点	用 途
棕刚玉	A	硬度高,韧性好,价格较低	适合于磨削各种碳钢、合金钢和可锻铸铁等
白刚玉	WA	比棕刚玉硬度高,韧性低,价格较高	适合于加工淬火钢、高速钢和高碳钢
黑色碳化硅	C	硬度高,性脆而锋利,导热性好	用于磨削铸铁、青铜等脆性材料及硬质合金刀具
绿色碳化硅	GC	硬度比黑色碳化硅更高,导热性好	主要用于加工硬质合金、宝石、陶瓷和玻璃等

2.粒度

粒度是指磨粒颗粒的大小,分磨粒及微粉两类。可用筛选法或显微镜测量法来区别。磨粒以刚能通过的那一号筛网的网号表示,如$60^{\#}$的磨粒表示其大小正好能通过1英寸(1英寸=2.54厘米)长度上孔眼数为60的筛网。直径小于40 μm的磨粒称为微粉,用磨粒最大尺寸表示,如W20表示磨粒的直径在20~14 μm。

粗磨用粗粒度,精磨用细粒度;当工件材料软,塑性大,磨削面积大时,采用粗粒度,以免堵塞砂轮、烧伤工件。

3. 砂轮硬度

砂轮的硬度是指砂轮工作时在磨削力的作用下磨粒脱落的难易程度。磨粒容易脱落的砂轮硬度低,称为软砂轮;磨粒难脱落的砂轮硬度高,称为硬砂轮。同一种磨粒可以做出不同硬度的砂轮,主要取决于结合剂的结合能力及含量。

砂轮硬度对磨削生产率和加工精度有很大影响。如果砂轮太硬,变钝的磨粒仍不能脱落,则磨削力和磨削热会急剧增加,严重的会导致工件表面烧伤;如果砂轮太软,则使仍很锋利的磨粒过早地脱落,而加快了砂轮的损耗。一般磨削软材料工件采用硬砂轮,磨削硬材料工件则采用软砂轮。

4. 结合剂

结合剂的作用是将磨粒黏结在一起,使砂轮具有所需要的形状、强度、耐冲击性、耐热性等。磨粒黏结越牢,磨削过程就越不易脱落。常用结合剂有陶瓷结合剂(代号 V)、树脂结合剂(代号 B)、橡胶结合剂(代号 R)、金属结合剂(代号 M)等。

(1)陶瓷结合剂。

陶瓷结合剂化学稳定性好、耐热、耐腐蚀、价廉,使用率达 90%,但性脆,不宜制成薄片,不宜高速,磨削线速度一般小于 35 m/s。

(2)树脂结合剂。

树脂结合剂强度高、弹性好,耐冲击,适于高速磨削、开槽或切断等工作,但耐腐蚀、耐热性差(300 ℃),自锐性好。

(3)橡胶结合剂。

橡胶结合剂强度高、弹性好,耐冲击,适于抛光轮、导轮及薄片砂轮,但耐腐蚀、耐热性差(200 ℃),自锐性好。

(4)金属结合剂。

青铜、镍等金属结合剂强度韧性高,成形性好,但自锐性差,适于金刚石、立方氮化硼砂轮。

5. 砂轮组织

砂轮的组织是指磨粒和结合剂结合的疏密程度,它反映了磨粒、结合剂、空隙三者之间的比例关系。组织号是由磨料所占的百分比来确定的。紧密组织成形性好,加工质量高,适于成形磨、精密磨和强力磨削。中等组织适于一般磨削工作,如淬火钢、刀具刃磨等。疏松组织不易堵塞砂轮,适于粗磨、磨软材、磨平面、内圆等接触面积较大时,磨热敏性强的材料或薄件。

9.3.3 砂轮的使用

1. 砂轮的安装

磨削时砂轮转速很高,如安装不当,将会使砂轮破裂飞出,造成事故。为此,在安装砂轮前,首先应仔细检查所选砂轮是否有裂纹,可通过外形观察,或用木棒轻敲,发清脆声音者为良好,发嘶哑声音者为有裂纹,有裂纹的砂轮绝对禁止使用。

安装砂轮时,要求砂轮要松紧合适地套在轴上,其配合间隙一般为 0.1 ~ 0.8 mm,在砂轮和法兰盘之间应垫上 0.5 ~ 1 mm 的弹性垫板,且必须从法兰盘圆周外露出 1 ~

2 mm,如图9.11 所示。

2. 砂轮的平衡

为使砂轮工作平稳,一般直径大于125 mm 的砂轮都要进行平衡试验,如图9.12 所示。将砂轮装在心轴2 上,再将心轴放在平衡架6 的平衡轨道5 的刃口上。若不平衡,较重部分总是转到下面。这可移动法兰盘端面环槽内的平衡铁4 进行调整。经反复平衡试验,直到砂轮可在刃口上任意位置都能静止,即说明砂轮各部分的质量分布均匀。这种方法称为静平衡。

3. 砂轮的修整

砂轮工作一定时间后,磨粒逐渐变钝,砂轮工作表面空隙被堵塞,使之丧失切削能力。同时,由于砂轮硬度不均匀及磨粒工作条件不同,使砂轮工作表面磨损不匀,形状被破坏,这时必须修整。修整时,将砂轮表面一层变钝的磨粒切去,使砂轮重新露出完整锋利的磨粒,以恢复砂轮的几何形状。砂轮常用金刚石笔进行修整,如图9.13 所示。修整时要使用大量的冷却液,以免金刚石因温度急剧升高而破裂。砂轮修整除用于磨损砂轮外,还用于以下场合:砂轮被切屑堵塞;部分工材黏结在磨粒上;砂轮廓形失真;精密磨中的精细修整等。

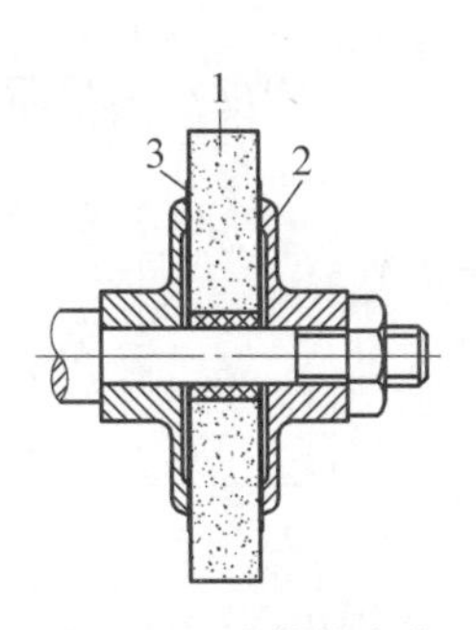

图9.11　砂轮的安装

1—砂轮;2—法兰盘;3—弹性垫板

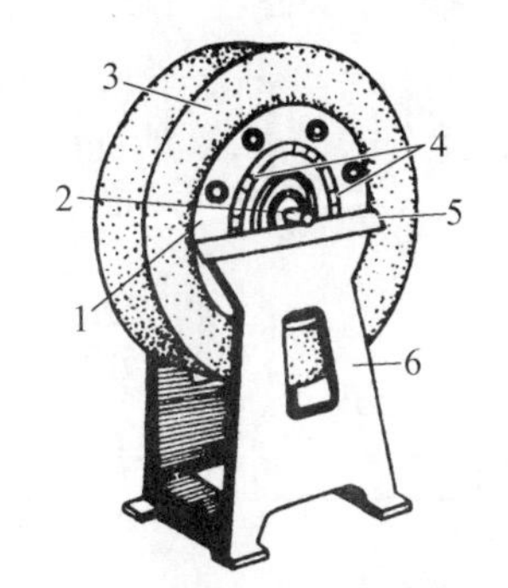

图9.12　砂轮的平衡

1—砂轮套筒;2—心轴;3—砂轮;4—平衡铁;5—平衡轨道;6—平衡架

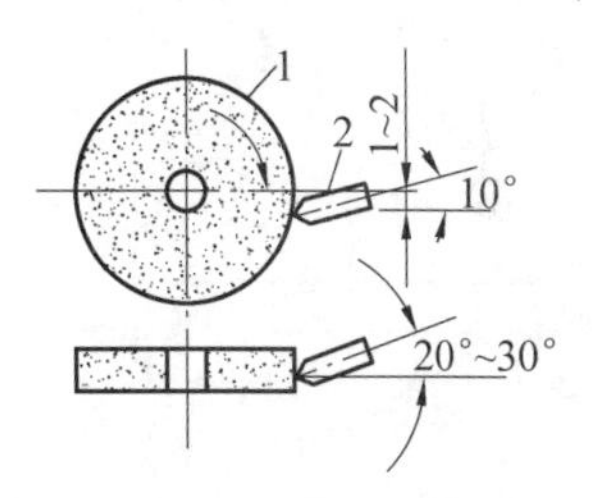

图9.13　砂轮的修整

1—砂轮;2—金刚石笔

9.4　磨削工艺

由于磨削的加工精度高,表面粗糙度值小,能磨高硬脆的材料,因此应用十分广泛。这里仅对内外圆柱面、内外圆锥面及平面的磨削工艺进行讨论。

9.4.1　外圆磨削

外圆磨削是一种基本的磨削方法,它适于轴类及外圆锥零件的外表面磨削。在外圆磨床上磨削外圆常用的方法有纵磨法、横磨法和综合磨法3 种。

1. 纵磨法

如图9.14 所示,磨削时,砂轮高速旋转起切削作用(主运动),零件转动(圆周进给)

并与工作台一起作往复直线运动(纵向进给),当每一纵向行程或往复行程终了时,砂轮作周期性横向进给(被吃刀量)。每次背吃刀量很小,磨削余量是在多次往复行程中磨去的。当零件加工到接近最终尺寸时,采用无横向进给的几次光磨行程,直至火花消失为止,以提高零件的加工精度。

纵向磨削的特点是具有较大适应性,一个砂轮可磨削长度不同、直径不等的各种零件,且加工质量好,但磨削效率较低。目前生产中,特别是单件、小批生产以及精磨时广泛采用这种方法,尤其适用于细长轴的磨削。

2. 横磨法

如图 9.15 所示,横磨削时,采用砂轮的宽度大于零件表面的长度,零件无纵向进给运动,而砂轮以很慢的速度连续地或断续地向零件作横向进给,直至余量被全部磨掉为止。

横磨的特点是生产率高,但精度及表面质量较低。该法适于磨削长度较短、刚性较好的零件。当零件磨到所需的尺寸后,如果需要靠磨台肩端面,则将砂轮退出 0.005 ~ 0.01 mm,手摇工作台纵向移动手轮,使零件的台端面贴靠砂轮,磨平即可。

3. 综合磨法

综合磨法是先用横磨分段粗磨,相邻两段间有 5 ~ 15 mm 重叠量,如图 9.16 所示,然后将留下的 0.01 ~ 0.03 mm 余量用纵磨法磨去。当加工表面的长度为砂轮宽度的 2 ~ 3 倍以上时,可采用综合磨法。

综合磨法能集纵磨法、横磨法的优点于一身,既能提高生产效率,又能提高磨削质量。

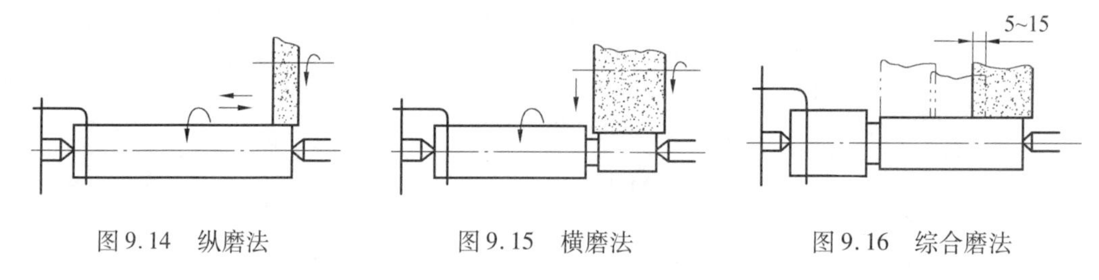

图 9.14　纵磨法　　图 9.15　横磨法　　图 9.16　综合磨法

9.4.2　内圆磨削

内圆磨削方法与外圆磨削相似,只是砂轮的旋转方向与磨削外圆时相反,如图 9.17 所示,操作方法以纵磨法应用最广,且生产率较低,磨削质量较低。原因是由于受零件孔径限制使砂轮直径较小,砂轮圆周速度较低,所以生产率较低。又由于冷却排屑条件不好,砂轮轴伸出长度较长,使得表面质量不易提高。但由于磨孔具有万能性,不需成套刀具,故在单件、小批生产中应用较多,特别是淬火零件,磨孔仍是精加工孔的主要方法。

砂轮在零件孔中的接触位置有两种:一种是与零件孔的后面接触,如图 9.18(a)所示。这时冷却液和磨屑向下飞溅,不影响操作人员的视线和安全。另一种是与零件孔的前面接触,如图 9.18(b)所示,情况正好与上述相反。通常,在内圆磨床上采用后面接触;而在万能外圆磨床上磨孔时应采用前面接触方式,这样可采用自动横向进给。若采用后接触方式,则只能手动横向进给。

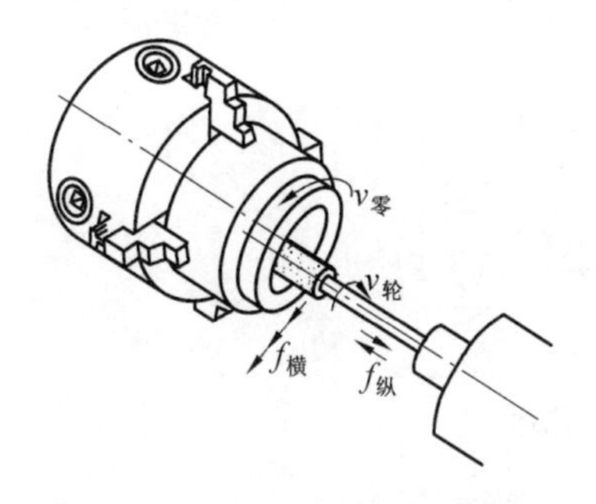

图9.17 四爪单动卡盘安装零件

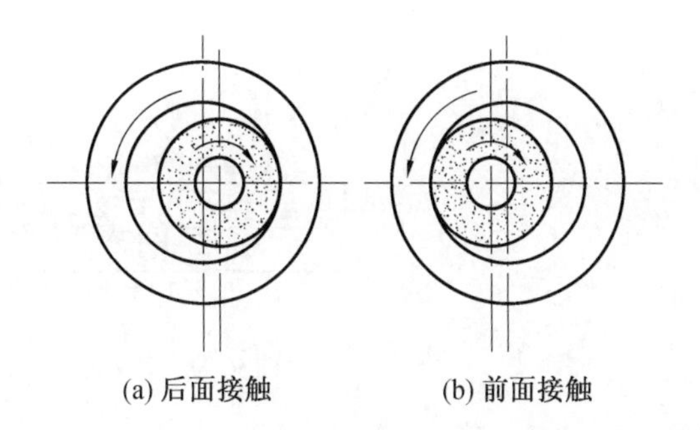

图9.18 砂轮与零件的接触形式

9.4.3 平面磨削

平面磨削常用的方法有周磨(在卧轴矩形工作台平面磨床上以砂轮圆周表面磨削零件)和端磨(在立轴圆形工作台平面磨床上以砂轮端面磨削零件)两种,见表9.2。

表9.2 周磨和端磨的比较

分 类	砂轮与零件的接触面积	排屑及冷却条件	零件发热变形	加工质量	效率	适用场合
周 磨	小	好	小	较高	低	精磨
端 磨	大	差	大	低	高	粗磨

9.4.4 圆锥面磨削

圆锥面磨削通常有转动工作台法和转动头架法两种。

1. 转动工作台法

磨削外圆锥表面如图9.19所示,磨削内圆锥面如图9.20所示。转动工作台法大多用于锥度较小、锥面较长的零件。

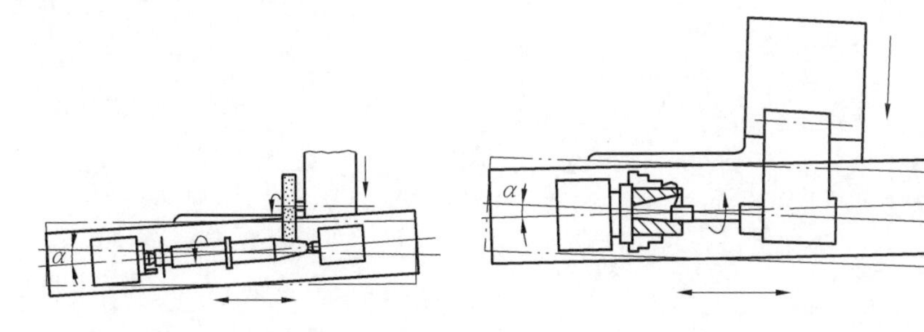

图9.19 转动工作台磨外圆锥面　　图9.20 转动工作台磨内圆锥面

2. 转动头架法

转动头架法常用于锥度较大、锥面较短的内外圆锥面,如图9.21所示为磨削内圆锥面。

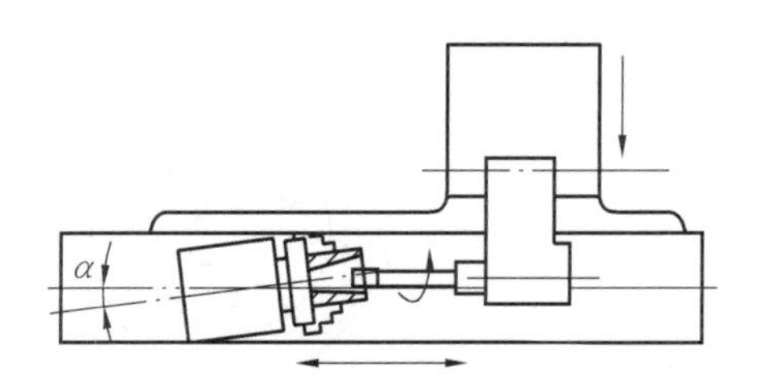

图 9.21　转动头架磨内圆锥面

复习思考题

1. 磨削加工的特点是什么?
2. 万能外圆磨床由哪几部分组成,各有何作用?
3. 磨削外圆时,工件和砂轮需做哪些运动?
4. 磨削用量有哪些? 在磨不同表面时,砂轮的转速是否应改变,为什么?
5. 磨削时需要大量切削液的目的是什么?
6. 常见的磨削方式有哪几种?
7. 平面磨削常用的方法有哪几种,各有何特点,如何选用?
8. 平面磨削时,工件常由什么固定?
9. 砂轮的硬度指的是什么?
10. 表示砂轮特性的内容有哪些?

第10章 数控加工

10.1 数控机床概述

10.1.1 数控机床分类

目前,数控机床品种已经基本齐全,规格繁多,据不完全统计已有400多个品种规格。可以按照多种原则来进行分类。但归纳起来,常见的是以下面3种方法来分类的。

1. 按工艺用途分类

(1)一般数控机床。

这类机床和传统的通用机床种类一样,有数控的车、铣、镗、钻、磨床等,而且每一种又有很多品种,例如数控铣床中就有立铣、卧铣、工具铣、龙门铣等。这类机床的工艺性能和通用机床相似,所不同的是它能加工复杂形状的零件。

(2)数控加工中心机床。

这类机床是在一般数控机床的基础上发展起来的。它是在一般数控机床上加装一个刀库(可容纳10~100多把刀具)和自动换刀装置而构成的一种带自动换刀装置的数控机床(又称多工序数控机床或镗铣类加工中心,习惯上简称为加工中心——Machining Center),这使数控机床更进一步地向自动化和高效化方向发展。

数控加工中心机床和一般数控机床的区别是:工件经一次装夹后,数控装置就能控制机床自动地更换刀具,连续地对工件各加工面自动地完成铣(车)、镗、钻、铰及攻丝等多工序工。这类机床大多以镗铣为主,主要用来加工箱体零件。

(3)特种数控机床。

特种数控机床是通过特殊的数控装置自动进行特种加工的机床,其特种加工的含义主要是指加工手段特殊,零件的加工部位特殊,加工的工艺性能要求特殊等。常见的特种数控机床有数控线切割机床,数控激光加工机床,数控火焰切割机床及数控弯管机床等。

2. 按数控机床的运动轨迹分类

按照能够控制的刀具与工件间相对运动的轨迹,可将数控机床分为点位控制数控机床、点位直线控制数控机床、轮廓控制数控机床等。现分述如下:

(1)点位控制数控机床。

这类机床的数控装置只能控制机床移动部件从一个位置(点)精确地移动到另一个位置(点),即仅控制行程终点的坐标值,在移动过程中不进行任何切削加工,至于两相关点之间的移动速度及路线则取决于生产率。为了在精确定位的基础上有尽可能高的生产率,所以两相关点之间的移动先是以快速移动到接近新的位置,然后降速 1 ~3 级,使之慢速趋近定位点,以保证其定位精度。

这类机床主要有数控坐标镗床、数控钻床、数控冲床和数控测量机等,其相应的数控装置称之为点位控制装置。

(2)点位直线控制数控机床。

这类机床工作时,不仅要控制两相关点之间的位置(即距离),还要控制两相关点之间的移动速度和路线(即轨迹)。其路线一般都由与各轴线平行的直线段组成。它和点位控制数控机床的区别在于:当机床的移动部件移动时,可以沿一个坐标轴的方向(一般地也可以沿 45°斜线进行切削,但不能沿任意斜率的直线切削)进行切削加工,而且其辅助功能比点位控制的数控机床多,例如,要增加主轴转速控制、循环进给加工、刀具选择等功能。

这类机床主要有简易数控车床、数控镗铣床和数控加工中心等。相应的数控装置称为点位直线控制装置。

(3)轮廓控制数控机床。

这类机床的控制装置能够同时对两个或两个以上的坐标轴进行连续控制。加工时不仅要控制起点和终点,还要控制整个加工过程中每点的速度和位置,使机床加工出符合图纸要求的复杂形状的零件。它的辅助功能亦比较齐全。

这类机床主要有数控车床、数控铣床、数控磨床和电加工机床等。其相应的数控装置称之为轮廓控制装置(或连续控制装置)。

3. 按伺服系统的控制方式分类

数控机床按照对被控制量有无检测反馈装置可以分为开环和闭环两种。在闭环系统中,根据测量装置安放的位置又可以将其分为全闭环和半闭环两种。在开环系统的基础上,还发展了一种开环补偿型数控系统。

(1)开环控制数控机床。

在开环控制中,机床没有检测反馈装置(见图 10.1)。

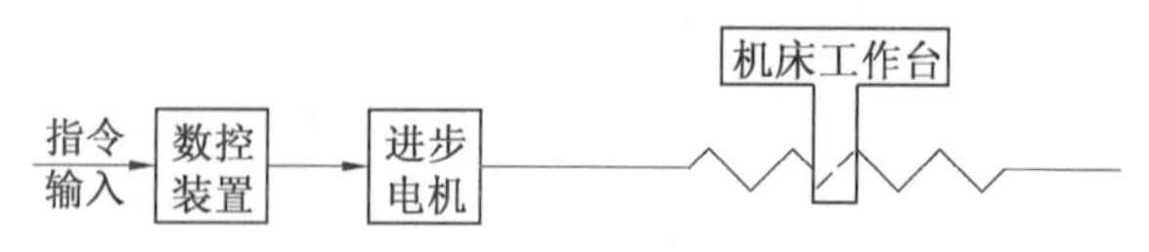

图 10.1　开环控制系统框图

数控装置发出信号的流程是单向的,所以不存在系统稳定性问题。也正是由于信号的单向流程,它对机床移动部件的实际位置不作检验,所以机床加工精度不高,其精度主要取决于伺服系统的性能。工作过程是:输入的数据经过数控装置运算分配出指令脉冲,通过伺服机构(伺服元件常为步进电机)使被控工作台移动。

这种机床工作比较稳定、反应迅速、调试方便、维修简单,但其控制精度受到限制。它适用于一般要求的中、小型数控机床。

(2)闭环控制数控机床。

由于开环控制精度达不到精密机床和大型机床的要求,所以必须检测它的实际工作位置,为此,在开环控制数控机床上增加检测反馈装置,在加工中时刻检测机床移动部件的位置,使之和数控装置所要求的位置相符合,以期达到很高的加工精度。闭环控制系统框图如图10.2所示。图中A为速度测量元件,C为位置测量元件。当指令值发送到位置比较电路时,此时若工作台没有移动,则没有反馈量,指令值使得伺服电机转动,通过A将速度反馈信号送到速度控制电路,通过C将工作台实际位移量反馈回去,在位置比较电路中与指令值进行比较,用比较的差值进行控制,直至差值消除时为止,最终实现工作台的精确定位。这类机床的优点是精度高、速度快,但是调试和维修比较复杂。其关键是系统的稳定性,所以在设计时必须对稳定性给予足够的重视 。

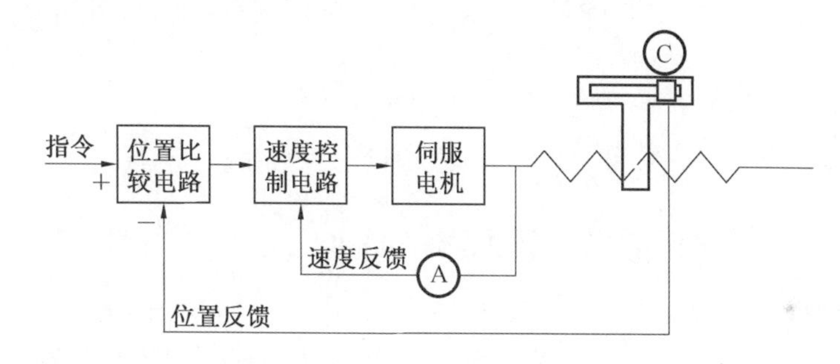

图10.2 闭环控制系统框图

(3)半闭环控制数控机床。

半闭环控制系统的组成如图10.3所示。

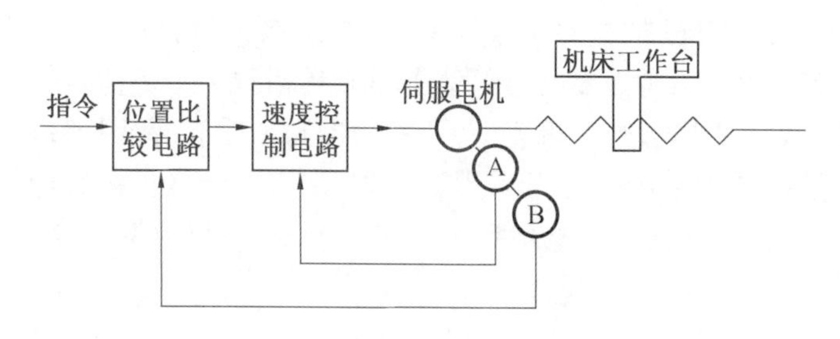

图10.3 半闭环控制系统框图

这种控制方式对工作台的实际位置不进行检查测量,而是通过与伺服电机有联系的测量元件,如测速发电机A和光电编码盘B(或旋转变压器)等间接检测出伺服电机的转角,推算出工作台的实际位移量,用此值与指令值进行比较,用差值来实现控制。由于工作台没有完全包括在控制回路内,因而称之为半闭环控制。这种控制方式介于开环与闭环之间,精度没有闭环高,调试却比闭环方便。

(4)开环补偿型数控机床。

将上述三种控制方式的特点有选择地集中起来,可以组成混合控制的方案。这在大型数控机床中是人们多年研究的题目,现在已成为现实。因为大型数控机床需要高得多的进给速度和返回速度,又需要相当高的精度。如果只采用全闭环的控制,机床传动链和工作台全部置于控制环节中,因素十分复杂,尽管安装调试多经周折,仍然困难重重。为了避开这些矛盾,可以采用混合控制方式。在具体方案中它又可分为两种形式:一是开环补偿型;一是半闭环补偿型。这里仅将开环补偿型控制数控机床加以介绍。图 10.4 为开环补偿型控制方式的组成框图。它的特点是:基本控制选用步进电机的开环控制伺服机构,附加一个校正伺服电路。通过装在工作台上的直线位移测量元件的反馈信号来校正机械系统的误差。

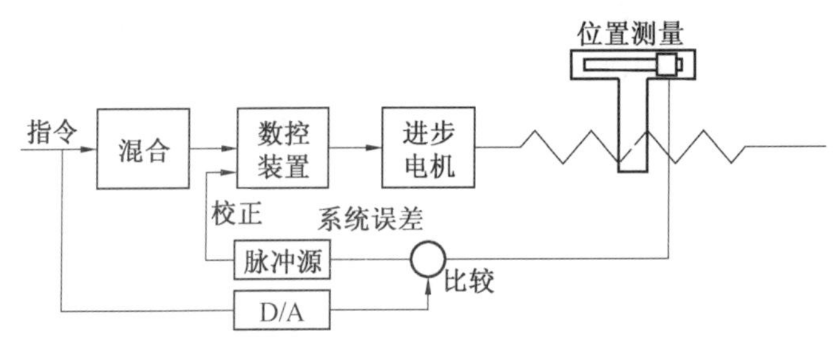

图 10.4 开环补偿型控制框图

10.1.2 数控机床的组成和工作原理

1. 数控机床的组成

数控机床的基本组成包括控制介质、数控装置、伺服系统、反馈装置及机床本体。

(1)控制介质。

数控机床工作时,不要人去直接操作机床,但又要执行人的意图,这就必须在人与数控机床之间建立某种联系,这种联系的中间媒介物称为控制介质。

在普通机床上加工零件时,由工人按图样和工艺要求进行加工。在数控机床加工时,控制介质是存储数控加工所需要的全部动作和刀具相对于工件位置等信息的信息载体,它记载着零件的加工工序。数控机床中,常用的控制介质有穿孔纸带、穿孔卡片、磁带和磁盘或其他可存储代码的载体,至于采用哪一种,则取决于数控装置的类型。早期时,使用的是 8 单位(8 孔)穿孔纸带,并规定了标准信息代码 ISO(国际标准化组织制定)和 EIA(美国电子工业协会制定)两种代码。

(2)数控装置。

数控装置是数控机床的核心。其功能是接受输入装置输入的数控程序中的加工信息,经过数控装置的系统软件或逻辑电路进行译码、运算和逻辑处理后,发出相应的脉冲送给伺服系统,使伺服系统带动机床的各个运动部件按数控程序预定要求动作。一般由输入输出装置、控制器、运算器、各种接口电路、CRT 显示器等硬件以及相应的软件组成。数控装置作为数控机床“指挥系统”,能完成信息的输入、存储、变换、插补运算以及实现各种控制功能。

(3)伺服系统。

机床上的执行部件和机械传动部件组成数控机床的进给系统,它根据数控装置发来的速度和位移指令控制执行部件的进给速度、方向和位移量。每个进给运动的执行部件都配有一套伺服系统。伺服系统的作用是把来自数控装置的脉冲信号转换为机床移动部件的运动,它相当于手工操作人员的手,使工作台(或溜板)精确定位或按规定的轨迹作严格的相对运动,最后加工出符合图样要求的零件。

伺服系统由伺服驱动电动机和伺服驱动装置组成,它是数控系统的执行部分。驱动机床执行机构运动的驱动部件,包括主轴驱动单元(主要是速度控制)、进给驱动单元(主要有速度控制和位置控制)、主轴电动机和进给电动机等。一般来说,数控机床的伺服驱动系统,要求有好的快速响应性能,以及能灵敏且准确地跟踪指令功能。数控机床的伺服系统有步进电动机伺服系统、直流伺服系统和交流伺服系统,现在常用的是后两者,都带有感应同步器、编码器等位置检测元件,而交流伺服系统正在取代直流伺服系统。

(4)反馈装置。

反馈装置是闭环(半闭环)数控机床的检测环节,该装置可以包括在伺服系统中,它由检测元件和相应的电路组成,其作用是检测数控机床坐标轴的实际移动速度和位移,并将信息反馈到数控装置或伺服驱动中,构成闭环控制系统。检测装置的安装、检测信号反馈的位置,决定于数控系统的结构形式。无测量反馈装置的系统称为开环系统。

(5)机床本体。

数控机床中的机床,在开始阶段沿用普通机床,只是在自动变速、刀架或工作台自动转位和手柄等方面作些改变。随着数控技术的发展,对机床结构的技术性能要求更高,在总体布局、外观造型、传动系统结构、刀具系统以及操作性能方面都已经发生很大的变化。因为数控机床除切削用量大、连续加工发热多等影响工件精度外,还由于在加工中自动控制,不能由人工进行补偿,所以其设计要求比通用机床更完善,制造要求比通用机床更精密。数控机床本体包括床身、主轴、进给机构等机械部件,以及辅助运动装置、液压气动系统、冷却装置等部分。

2. 数控机床的工作原理

数控机床加工零件时,首先必须将工件的几何数据和工艺数据等加工信息按规定的代码和格式编制成零件的数控加工程序,这是数控机床的工作指令。将加工程序用适当的方法输入到数控系统,数控系统对输入的加工程序进行数据处理,输出各种信息和指令,控制机床主运动的变速、起停、进给的方向、速度和位移量,以及其他如刀具选择交换、工件的夹紧松开、冷却润滑的开关等动作,使刀具与工件及其他辅助装置严格地按照加工程序规定的顺序、轨迹和参数进行工作。数控机床的运行处于不断地计算、输出、反馈等控制过程中,以保证刀具和工件之间相对位置的准确性,从而加工出符合要求的零件。

10.1.3　数控机床加工的特点及应用

(1)自动化程度高,可以减轻操作者的体力劳动强度。数控加工过程是按输入的程序自动完成的,操作者只需起始对刀、装卸工件、更换刀具,在加工过程中,主要是观察和监督机床运行。但是,由于数控机床的技术含量高,操作者的脑力劳动相应提高。

(2)加工零件精度高、质量稳定。数控机床的定位精度和重复定位精度都很高,较容易保证一批零件尺寸的一致性,只要工艺设计和程序正确合理,加之精心操作,就可以保证零件获得较高的加工精度,也便于对加工过程实行质量控制。

(3)生产效率高。数控机床加工是能再一次装夹中加工多个加工表面,一般只检测首件,所以可以省去普通机床加工时的不少中间工序,如划线、尺寸检测等,减少了辅助时间,而且由于数控加工出的零件质量稳定,为后续工序带来方便,其综合效率明显提高。

(4)便于新产品研制和改型。数控加工一般不需要很多复杂的工艺装备,通过编制加工程序就可把形状复杂和精度要求较高的零件加工出来,当产品改型,更改设计时,只要改变程序,而不需要重新设计工装。所以,数控加工能大大缩短产品研制周期,为新产品的研制开发、产品的改进、改型提供了捷径。

(5)可向更高级的制造系统发展。数控机床及其加工技术是计算机辅助制造的基础。

(6)初始投资较大。这是由数控机床设备费用高,首次加工准备周期较长,维修成本高等因素造成。

(7)维修要求高。数控机床是技术密集型的机电一体化的典型产品,需要维修人员既懂机械,又要懂微电子维修方面的知识,同时还要配备较好的维修装备。

综上所述,对于单件,中小批量生产,形状比较复杂,精度要求较高的零件加工及产品更新频繁,生产周期要求短的加工,大都采用数控机床,可以提高生产质量,降低生产成本,满足用户要求,获得很好的经济效益。

10.2 数控编程概述

10.2.1 数控编程种类

程序的编制可分为手工编程和自动编程两大类。

1. 手工编程

手工编程是由人工完成数控机床程序的各个阶段工作,它包括如下内容和步骤。

(1)分析图样,确定加工工艺过程。确定加工工艺过程时,编程人员要根据图样对工件的形状、尺寸、技术要求进行分析,然后选择加工方案,确定加工顺序、加工路线、装卡方式、刀具及切削参数,同时还要考虑所用数控机床的指令功能,充分发挥机床的效能,加工路线要短,要正确选择对刀点、换刀点,减少换刀次数。

(2)计算刀具轨迹的坐标值。根据零件图的几何尺寸及设定的编程坐标系,计算出刀具中心的运动轨迹,得到全部刀位数据。一般数控系统具有直线插补和圆弧插补的功能,对于形状比较简单的平面形零件(如直线和圆弧组成的零件)的轮廓加工,只需要计算出几何元素的起点、终点、圆弧的圆心(或圆弧的半径)、两几何元素的交点或切点的坐标值。如果数控系统无刀具补偿功能,则要计算刀具中心的运动轨迹坐标值。对于形状复杂的零件(如由非圆曲线、曲面组成的零件),需要用直线段(或圆弧段)逼近实际的曲线或曲面,根据所要求的加工精度计算出其节点的坐标值。

(3)编写零件加工程序。根据加工路线计算出刀具运动轨迹数据和已确定的工艺参数及辅助动作,编程人员可以按照所用数控系统规定的功能指令及程序段格式,逐段编写出零件的加工程序。编写时应注意:第一,程序书写的规范性,应便于表达和交流;第二,在对所用数控机床的性能与指令充分熟悉的基础上,掌握各指令使用的技巧、程序段编写的技巧。

(4)将程序输入数控机床。将加工程序输入数控机床的方式有光电阅读机、键盘、磁盘、磁带、存储卡、连接上级计算机的DNC接口及网络等。目前常用的方法是通过键盘直接将加工程序输入(MDI方式)到数控机床程序存储器中或通过计算机与数控系统的通信接口将加工程序传送到数控机床的程序存储器中,由机床操作者根据零件加工需要进行调用。现在一些新型数控机床已经配置大容量存储卡存储加工程序,当作数控机床程序存储器使用,因此数控程序可以事先存入存储卡中。

(5)程序校验与首件试切。数控程序必须经过校验和试切才能正式加工。在有图形模拟功能的数控机床上,可以进行图形模拟加工,检查刀具轨迹的正确性,对无此功能的数控机床可进行空运行检验。但这些方法只能检验出刀具运动轨迹是否正确,不能查出对刀误差、由于刀具调整不当或因某些计算误差引起的加工误差及零件的加工精度,所以有必要经过零件加工的首件试切的这一重要步骤。当发现有加工误差或不符合图纸要求时,应分析误差产生的原因,以便修改加工程序或采取刀具尺寸补偿等措施,直到加工出合乎图样要求的零件为止。随着数控加工技术的发展,可采用先进的数控加工仿真方法对数控加工程序进行校核。

2. 自动编程

自动编程也称为计算机辅助编程,即程序编制的工作大部分或全部是由计算机通过专门的编程软件完成的。自动编程大大减轻了编程人员的劳动强度,同时解决了手工编程无法解决的许多复杂零件的编程难题。

自动编程的主要类型有数控语言编程(如APT语言)、图形交互式编程(如CAD/CAM软件)和实物模型式自动编程。

10.2.2　数控机床的坐标系统

1. 机床坐标系

为了确定机床的运动方向与运动距离,以描述刀具与工件之间的位置与变化关系,需要建立机床坐标系。

确认机床坐标系应遵循的基本原则是:

(1)刀具相对于静止零件运动原则。

(2)机床坐标系采用右手直角笛卡尔坐标系。右手的大拇指、食指和中指互相垂直时,拇指的方向为X轴的正方向,食指为Y轴的正方向,中指为Z轴的正方向。以X、Y、Z坐标轴线或以与X、Y、Z坐标轴平行的坐标轴线为中心旋转的圆周进给坐标轴分别以A、B、C表示,其正方向由右手螺旋法则确定,如图10.5所示。

机床坐标系各坐标轴确定顺序如下:

①先确定Z轴。与主轴轴线平行或重合的坐标轴为Z轴,以刀具远离工件的方向为正向。

②再确定X轴。平行于工件装夹面,与Z轴垂直的水平方向的坐标轴为X轴,以刀

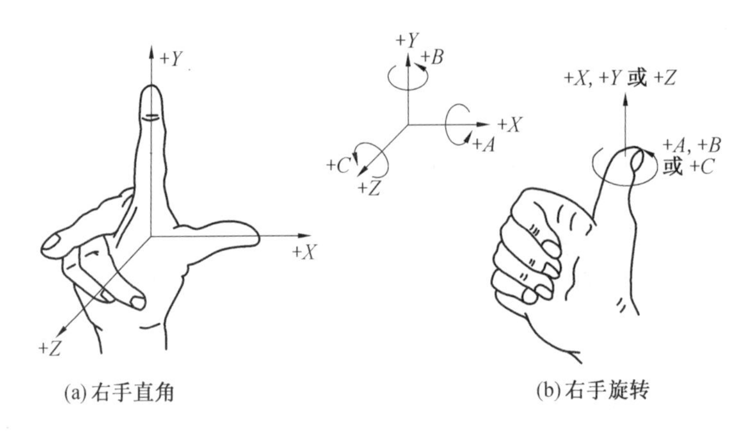

(a) 右手直角　　(b) 右手旋转

图 10.5　机床坐标系

具远离工件的方向为正向。

③最后确定 Y 轴。当 X 轴和 Z 轴确定以后，利用右手法则确定 Y 轴及其正方向。

图 10.6(a)和图 10.6(b)所示分别为卧式车床、卧式铣床的坐标轴及运动方向。

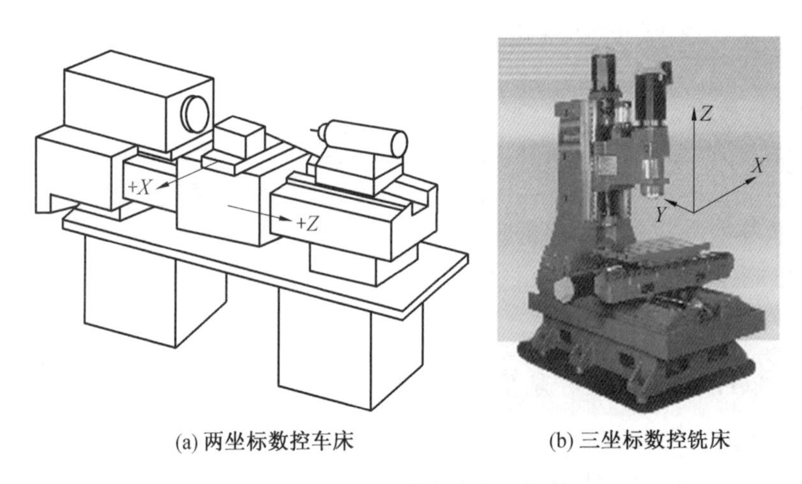

(a) 两坐标数控车床　　(b) 三坐标数控铣床

图 10.6　数据车床和铣床

2. 工件坐标系

工件坐标系是由编程者制定的，以工件上某一个固定点为原点的右手直角坐标系，又称为编程坐标系。其坐标轴的名称和方向与机床坐标系相同，并平行于机床坐标系，它们之间的差别在于原点的位置不同。由于机床坐标系的原点不在工件上，利用机床坐标系去编程是非常困难的。为了有利于编程，需要建立工件坐标系，编程时所有的坐标值都是假设刀具的运动轨迹点在工件坐标系中的位置，而不必考虑工件毛坯在机床上的实际装夹位置。

3. 机床原点与机床参考点

机床坐标系是机床上固有的坐标系，其原点称为机床原点，由厂家设定位置，不允许用户更改。而机床参考点是机床位置测量系统的基准点，一般位于机床各坐标轴正向极限位置的附近，与机床原点的距离是固定的。通常机床原点与参考点重合，每次机床开机后要进行回参考点的操作,目的就是为了确定机床原点的位置,同时建立机床坐标系。

10.2.3 数控加工程序结构

1. 程序的组成

由于每种数控机床的控制系统不同,生产厂家会结合机床本身的特点及编程的需求,规定一定的程序格式。因此,编程人员必须严格按照机床说明书的规定格式进行编程。

一个完整的程序,一般由程序名、程序内容和程序结束三部分组成。

例如:

O0011 (程序名)
N10 T0101;
N20 M03 S400; (程序内容)
N30 G00 X40 Z2;
N40 M30; (程序结束)

(1)程序名。

系统可以存储多个程序,为相互区分,在程序的开始必须冠以程序名。根据采用的标准和数控系统的不同,程序名也不相同。在FANUC系列数控系统中,程序名用英文字母"O"后加4位数字表示,原则上只要不与存储在存储器中的程序名相重,编程人员可任意确定。在SIEMENS系列数控系统中,程序名开始两个字符必须是字母。

(2)程序内容。

程序内容是整个程序的核心,由许多程序段组成,它包括加工前机床状态要求和道具加工零件时的运动轨迹。

(3)程序结束。

程序结束可以用M02和M30表示,它们代表零件加工主程序的结束。此外,M99和M17(SIEMENS常用)也可以用作程序结束标记,但它们代表的是子程序的结束。

2. 程序段格式

数控机床的加工程序,以程序字作为最基本的单位,程序字的集合构成了程序段,程序段的集合构成了完整的加工程序。加工零件不同,数控加工程序也不同,但有的程序段(或程序字)是所有程序都必不可少的,有的却可以根据需要选择使用。程序段的格式见表10.1。

表10.1 程序段的格式

1	2	3	4	5	6	7	8	9	10	11
N	G	X U Q	Y V P	Z W R	I J K R	F	S	T	M	EOB
顺序号	准备功能	坐标字				进给功能	主轴功能	刀具功能	辅助功能	结束符号

(1)程序段序号。

程序段序号简称顺序号,通常由字母N后缀加若干数字组成,例如N05。

在绝大多数的系统中,程序段序号的作用仅仅是作为“跳转”或“程序检索”的目标位置指示,因此它的大小顺序可颠倒,也可以省略,在不同的程序内还可以重复使用。但是在同一程序内,程序段序号不可以重复使用。当程序段序号省略时,该程序段将不能作为“跳转”或“程序检索”的目标程序段。

(2)准备功能。

准备功能简称 G 功能,由地址 G 和其后的 2 位数字组成,该指令的作用是指定数控机床的加工方式,为数控装置的辅助运算、刀补运算、固定循环等作好准备。由于国际上使用 G 代码的标准化程度较低,只有若干个指令在各类数控系统中基本相同,因此必须严格按照具体机床的编程说明书进行编程。一般从 G00 到 G99 共 100 种,有的数控系统也用到了 00 ~99 之外的数字,如 SIEMENS 系统中的 G500(表示取消可设定零点偏置)。

G 代码分为模态代码(又称续效代码)和非模态代码。所谓的模态代码是指该代码一经指定一直有效,直到被同组的其他代码所取代。

例如:

```
N10 G00 X25 Z0;
N20 X13 Z2;                      (G00 有效)
N30 G01 X13 Z-17 F0.1;           (G01 有效)
```

上面程序中,G00 和 G01 为同组的模态 G 代码,N20 程序段中的 G00 可以省略不写,保持有效。N30 程序段中 G01 取代 G00。

(3)坐标字。

坐标字是由坐标地址符和数字组成,按一定的顺序进行排列,各组数字必须具有作为地址代码的字母开头。各坐标轴的地址按下列顺序排列:

X,Y,Z,U,V,W,Q,R,A,B,C,D,E

(4)进给功能。

进给功能由地址符 F 和数字组成,数字表示所选定的刀具进给速度,F 指令为模态指令,即模态代码。有两种方式表示:每分钟进给 *F*(mm/min)即刀具每分钟移动的距离。FANUC 系统车床通过 G98 指令来指定,西门子系统通过 G94 指令来指定;每转进给 F(mm/r)即主轴每转一圈,刀具沿进给方向移动的距离。FANUC 系统车床通过 G99 指令来指定,西门子系统通过 G95 指令来指定。

(5)主轴转速功能。

主轴转速功能由地址符 S 和若干数字组成,有两种方式表示。角速度 S 表示主轴角速度,单位为 r/min。线速度 S 表示切削点的线速度,单位为 m/min。详见数控车床编程部分。

(6)刀具功能。

数控机床上,把选择或指定刀具功能称为刀具功能即 T 功能。T 功能由地址符 T 及后缀数字组成。用于指令加工中所用刀具号及自动补偿编组号,其自动补偿内容主要是刀具的刀位偏差及刀具半径补偿,主要用于数控车床及带有刀库的加工中心。该指令后接两位或四位数字,前半部分为刀具号,后半部分为刀具补偿号。例如 T0202,第一个 02 表示 2 号刀,第二个 02 表示 2 号刀补。

(7)辅助功能。

在数控机床上,把控制机床辅助动作的功能称为辅助功能,简称M功能。M功能由地址符M及后缀数字组成。表10.2为常用的M代码。

表10.2 常用的M代码

代码	功 能	说 明
M00	程序暂停	执行完M00指令后,机床所有动作均被切断。重新按下自动循环启动按钮,使程序继续运行
M01	计划暂停或选择暂停	与M00作用相似,但M01可以用机床"任选停止按钮"选择是否有效;只有当机床操作面板上的"任选停止"开关置于接通位置时,才执行该功能。执行完M01指令后自动停止
M03	主轴顺时针旋转	主轴顺时针旋转
M04	主轴逆时针旋转	主轴逆时针旋转
M05	主轴旋转停止	主轴旋转停止
M06	自动换刀	该指令用于自动换刀或显示待换刀号。自动换刀数控机床的换刀方式有两种:一种是由刀架或多主轴转塔头转位实现换刀,换刀指令可实现主轴停止、刀架脱开、转位等动作;另一种是带有"机械手-刀库"的换刀,换刀过程为换刀和选刀两类动作;换刀是将刀具从主轴取下,换上所选用的刀具。大致过程为:主轴定向停、松开刀具、换刀、锁紧刀具、主轴启动等。对显示换刀号的机床,换刀是用手动实现的
M08	冷却液开	冷却液开
M09	冷却液关	冷却液关
M02	主程序结束	执行指令后,机床便停止自动运转,机床处于复位状态
M30	主程序结束并返回	执行M30后,返回到程序的开头,而M02可用参数设定不返回到程序开头,程序复位到起始位置
M98	调用子程序	调用子程序
M99	子程序返回	子程序结束,返回主程序

(8)程序结束。

FANUC系统中常用";"作为结束符,SIEMENS系统中常用"LF"作为结束符。

10.3 数控车床

数控车床是指用计算机数字控制的车床,主要用于轴类和盘类回转体零件的加工,能够通过程序控制自动完成内外圆柱面、圆锥面、圆弧面、螺纹等的切削加工,并可进行切槽、钻、扩、铰孔和各种回转曲面的加工。数控车床加工效率高,精度稳定性好,劳动强度低,特别适应于复杂形状的零件或中、小批量零件的加工。数控机床是按所编程序自动进行零件加工的，大大减少了操作者的人为误差，并且可以自动地进行检测及补偿，达到非常高的加工精度。

10.3.1 数控车床概述

1. 数控车床分类

随着数控车床制造技术的不断发展，数控车床品种繁多，可采用不同的方法进行分类。按机床的功能分类，可分为经济型数控车床和全功能型数控车床；按主轴的配置形式分类，可分为卧式数控车床和立式数控车床，还有双主轴的数控车床；按数控系统控制的轴数分类，可分为当机床上只有一个回转刀架时实现两坐标轴控制的数控车床和具有两个回转刀架时实现四坐标轴控制的数控车床。

目前，我国使用较多的是中小规格的两坐标连续控制的数控车床。

2. 数控车床的加工对象

数控车床加工精度高，能作直线和圆弧插补，还有部分车床数控装置具有某些非圆曲线插补功能以及在加工过程中能自动变速等特点，因此其工艺范围较普通车床宽得多。它是目前国内使用极为广泛的一种数控机床，约占数控机床总数的25%。同常规的车削加工相比，数控车削加工对象还包括：轮廓形状特别复杂或难于控制尺寸的回转体零件；精度要求高的零件；特殊螺纹和蜗杆等螺旋类零件等。

3. 数控车床的结构特点

与普通车床相比较，数控车床结构仍由主轴箱、进给传动机构、刀架、床身等部件组成，但结构功能与普通车床比较，具有本质上的区别。数控车床分别由两台电动机驱动滚珠丝杠旋转，带动刀架作纵向及横向进给，不再使用挂轮、光杠等传动部件，传动链短、结构简单、传动精度高，刀架也可作自动回转。有较完善的刀具自动交换和管理系统。零件在车床上一次安装后，能自动完成或接近完成零件各个表面的加工工序。

数控车床的主轴箱结构比普通车床要简单得多，机床总体结构刚性好，传动部件大量采用轻拖动构件，如滚珠丝杠副、直线滚动导轨副等，并采用间隙消除机构，进给传动精度高，灵敏度及稳定性好。采用高性能的主轴部件，具有传递功率大、刚度高、抗震性好及热变形小等优点。

另外，数控车床的机械结构还有辅助装置，主要包括刀具自动交换机构、润滑装置、切削液装置、排屑装置、过载与限位保护装置等部分。

数控装置是数控车床的控制核心，其主体是具有数控系统运行功能的一台计算机（包括CPU、存储器等）。

10.3.2 数控车床的编程基础

1. 数控车床的坐标系

在编写零件加工程序时，首先要设定坐标系。数控车床坐标系统包括机床坐标系和零件坐标系（编程坐标系）。两种坐标系的坐标轴规定如下：与车床主轴轴线平行的方向为 Z 轴，且规定从卡盘中心至尾座顶尖中心的方向为正方向。与车床主轴轴线垂直的方向为 X 轴，且规定刀具远离主轴旋转中心的方向为正方向。

机床坐标系是以机床原点 O 为坐标系原点建立的由 Z 轴与 X 轴组成的直角坐标系 XOZ,如图 10.7 所示。而有的机床将机床原点直接设在参考点处。

零件坐标系是加工零件所使用的坐标系,也是编程时使用的坐标系,所以又称编程坐标系。数控编程时,应该首先确定零件坐标系和零件原点。通常把零件的基准点作为零件原点。以零件原点 O_p 为坐标原点建立的 X_p、Z_p 轴直角坐标系,称为零件坐标系,如图 10.8 所示。

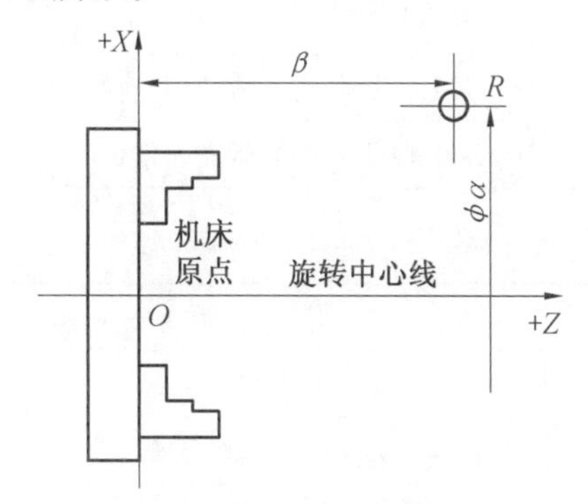

图 10.7 直角坐标系

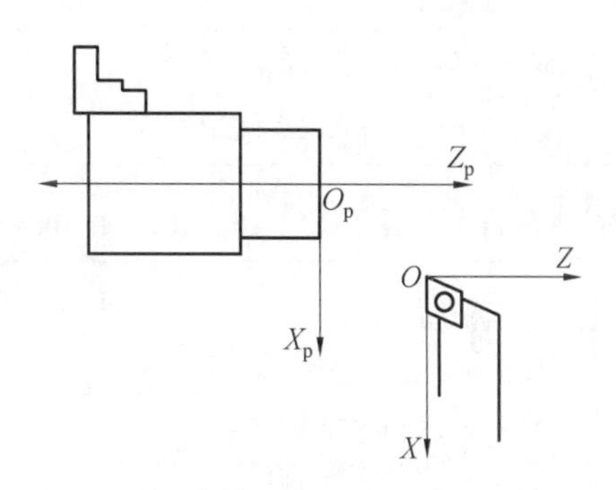

图 10.8 零件坐标系

2. 典型数控车削系统的 G 代码

G 代码虽以国际标准化,但各厂家数控系统 G 代码含义并不完全相同,在编写程序前应参阅系统编程说明书。表 10.3 及表 10.4 给出了 SIEMENS 及 FANUC 车削系统的 G 代码含义。供读者学习参考。

表 10.3 SIEMENS 系统 G 代码

代码	功　　能	代码	功　　能
G00	快速移动	G56	第三可设定零点偏置
G01	直线插补	G57	第四可设定零点偏置
G02	顺时针圆弧插补	G60	准确定位
G03	逆时针圆弧插补	G64	连续路径方式
G04	暂停时间	G70	英制尺寸
G05	中间点圆弧插补	G71	公制尺寸
G09	准确定位,单程序段有效	G74	回参考点
G17	(在加工中心时要求)	G75	回固定点
G18	Z/X 平面	G90	绝对尺寸
G22	半径尺寸	G91	增量尺寸
G23	直径尺寸	G94	进给率 F,单位 mm/min
G25	主轴转速下限	G95	主轴进给率 F,单位 mm/rad
G26	主轴转速上限	G96	恒定切削速度
G33	恒螺距螺纹切削	G97	取消恒定切削速度

续表 10.3

代码	功　　能	代码	功　　能
G40	取消刀尖半径补偿	G158	可编程的偏置
G41	左手刀尖半径补偿	G450	圆弧过渡
G42	右手刀尖半径补偿	G451	等距线的交点
G53	程序段方式取消可设定零点偏置	G500	取消可设定零点偏置
G54	第一可设定零点偏置	G601	在 G60、G09 方式下精准确定位
G55	第二可设定零点偏置	G602	在 G60、G09 方式下粗准确定位

表 10.4　FANUC 系统 G 代码

G 代码	分组	功能	G 代码	分组	功能
G00	01	快速定位	G57	14	选择零件坐标系 4
G01		直线插补	G58		选择零件坐标系 5
G02		顺时针圆弧插补	G59		选择零件坐标系 6
G03		逆时针圆弧插补	G65	00	调用宏程序
G04	00	暂停	G66	12	调用模态宏程序
G10		用程序输入数据	G67		取消调用模态宏程序
G11		取消用程序输入数据	G70	00	精加工复合循环
G20	06	英制输入	G71		外圆粗加工复合循环
G21		米制输入	G72		端面粗加工复合循环
G28	00	返回参考点	G73		固定形状粗加工复合循环
G29		从参考点返回	G74		端面钻孔复合循环
G31		跳步功能	G75		外圆切槽复合循环
G32	01	螺纹切削	G76		螺纹切削复合循环
G40	07	取消刀尖半径补偿	G90	01	外圆切削循环
G41		刀尖半径左补偿	G92		螺纹切削循环
G42		刀尖半径右补偿	G94		端面切削循环
G50	00	①设定坐标系 ②限制主轴最高转速	G96	02	主轴恒限速控制
G54	14	选择零件坐标系 1	G97		取消主轴恒限速控制
G55		选择零件坐标系 2	G98	05	每分钟进给
G56		选择零件坐标系 3	G99		每转进给

(1)直径与半径编程。由于数控车床加工的零件通常为横截面为圆形的轴类零件，因此数控车床的编程可用直径和半径两种编程方式，用哪种方式可事先通过参数设定或

指令来确定。

①直径指定编程。直径指定是指把图样上给出的直径值作为 X 轴的值来指定。

②半径指定编程。半径指定是指把图样上给出的半径值作为 X 轴的值来指定。

(2)绝对值与增量值编程。指令刀具运动的方法,有绝对指令和增量指令两种。

①绝对值编程。绝对值编程是指用刀具移动的终点位置坐标值来编程的方法。

②增量值编程。增量值编程是指直接用刀具移动量编程的方法。

(3)米制与英制编程。数控车床的程序输入方式有米制输入和英制输入两种。我国一般使用米制尺寸,所以机床出厂时,车床的各项参数均以米制单位设定。采用哪种制式编程输入,必须在坐标系确定之前指定,且在一个程序内,不能两种指令同时使用。英制或米制指令断电前后一致,即停机前使用的英制或米制指令,在下次开机时仍有效,除非再重新设定。

10.3.3 数控车床的基本编程方法

本节主要以 SIEMENS 和 FANUC 系统为例阐述数控车床的编程方法。

1. 快速定位(G00)

该功能使刀具以机床规定的快速进给速度移动到目标点,也称为点定位。

指令格式:G00 X(U)_ Z(W)_;

说明:X_ Z_为绝对编程时刀具移动的终点坐标值。U_ W_ 为增量编程时刀具移动的终点相对于始点的相对位移量。

执行该指令时,机床以由系统快进速度决定的最大进给量移向指定位置。它只是快速定位,而无运动轨迹要求,不需规定进给速度。

2. 直线插补(G01)

该指令用于直线或斜线运动。可使数控车床沿 X、Z 方向执行单轴运动,也可以沿 XZ 平面内任意斜率的直线运动。

指令格式:G01 X(U)_ Z(W)_ F_ ;

说明:X_ Z_为绝对指令时刀具移动终点位置的坐标值。U_ W_ 为增量移动时刀具的位移量。F_为刀具的进给速度。

刀具用 F 指令的进给速度沿直线移动到被指令的点,即进给速度由 F 指令决定。F 指令也是模态指令,它可以用 G00 指令取消。

3. 圆弧插补(G02. G03)

G02 顺时针圆弧插补,G03 逆时针圆弧插补。该指令使刀具从圆弧起点,沿圆弧移动到圆弧终点。圆弧顺、逆方向的判断符合直角坐标系的右手定则,如图 10.9 所示。沿(XZ)平面的垂直坐标轴的负方向($-Y$)看去,顺时针方向为 G02,逆时针方向为 G03。

指定圆心的圆弧插补。

指令格式:G02/G03 X(U)_ Z(W)_ I_ K_ F_;

说明:X_ Z_为圆弧终点坐标。U_W_为圆弧终点相对圆弧起点的距离。I_ K_为圆心在 X、Z 轴方向上相对始点的坐标增量。I、K 的数值是从圆弧始点向圆弧中心看的矢量,用增量值指定。请注意 I、K 会因始点相对圆心的方位不同而带有正、负号。

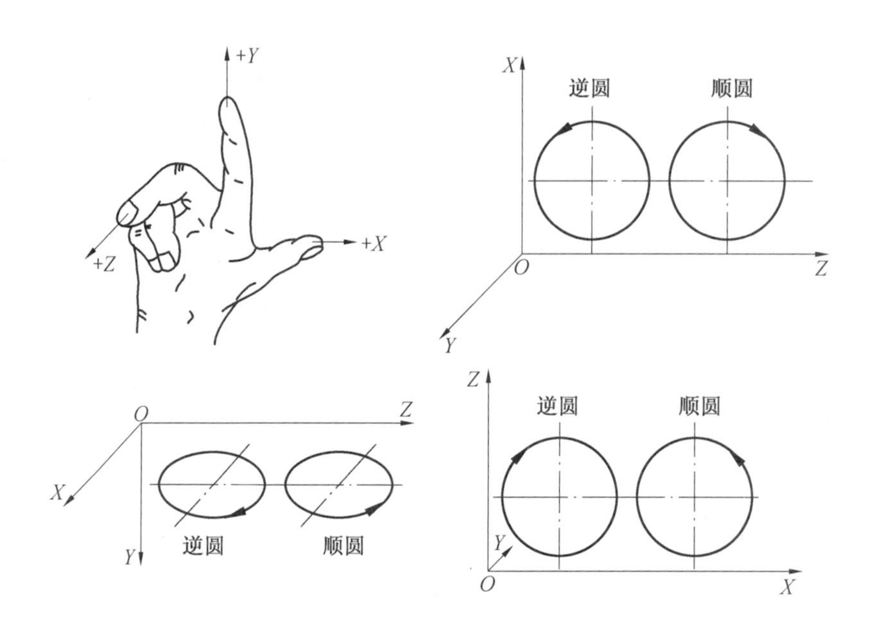

图 10.9　右手定则

指定半径的圆弧插补。

指令格式:G02/G03 X(U)_ Z(W)_ R_ F_;

说明:X_ Z_为圆弧终点坐标。U_ W_ 为圆弧终点相对圆弧起点的距离。R_为圆弧半径。在 SIEMENS 系统中圆弧半径用 CR 表示。

4. 返回参考点

(1)在 FANUC 系统中使指令轴经过中间点自动地返回参考点或经过中间点移动到被指定的位置的移动,称为返回参考点,返回参考点结束后指示灯亮,如图 10.10 所示。

指令格式:G28 X(U)_ Z(W)_;

说明:X(U)_ Z(W)_为中间点的位置指令。

注意:使用 G28 指令时,须预先取消刀具补偿量(T0000),否则会发生不正确的动作。

(2)在 SIEMENS 系统中用 G74 指令实现 NC 程序中回参考点功能,每个轴的方向和速度存储在机床数据中。

G74 需要一独立程序段,并按程序段方式有效。

在 G74 之后的程序段中原先“插补方式”组中的 G 指令(G0,G1,G2, …)将再次生效。例如:N10 G74 X0 Z0,程序段中 X 和 Z 下编程的数值不识别。

5. 程序延时(G04)

(1)在 FANUC 系统中所谓程序延时就是程序暂停。用程序延时指令,经过被指令时间的暂停之后,再执行下一个程序段。

指令格式:G04 X_;G04 U_;G04 P_;

说明:X_为暂停时间,单位为 s(可使用小数点)。U_为暂停时间,单位为 s(可使用小数点)。P_为暂停时间,单位为 ms(不能使用小数点)。

(2)在 SIEMENS 系统中通过在两个程序段之间插入一个 G4 程序段,可以使加工中

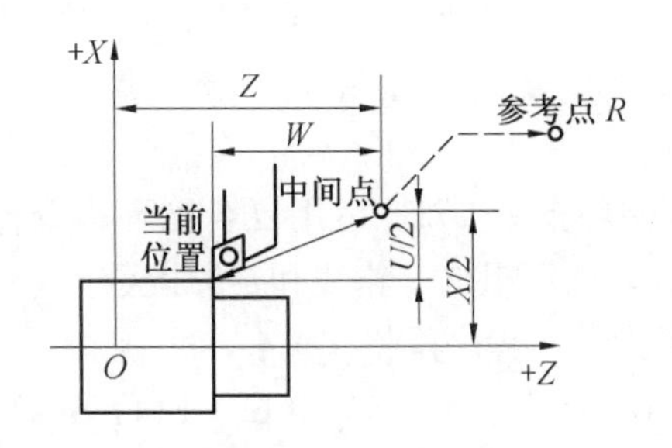

图 10.10 返回参考点

断给定的时间,比如自由切削。G4 程序段(含地址 F 或 S)只对自身程序段有效,并暂停所给定的时间。在此之前程编的进给量 F 和主轴转速 S 保持存储状态。

指令格式:G04 F_;G04 S_;

说明:F_为暂停时间(秒),S_为暂停主轴转数。

6. 刀具补偿

(1)刀具几何补偿与磨损补偿又称为刀具位置补偿或刀具偏移补偿。在数控系统换刀时,采用刀具补偿功能。刀具补偿功能由程序中指定的 T 代码来实现,T 代码后的 4 位数码中,前两位为刀具号,后两位为刀具补偿号。刀具补偿号实际上是刀具补偿寄存器的地址号,该寄存器中放有刀具的几何偏置量和磨损偏置量。刀具补偿号可以是 00 ~ 32 中的任一个数,刀具补偿号为 00 时,表示不进行刀具补偿或取消刀具补偿。

但需要注意以下两点。

刀具补偿程序段内必须有 G00 或 G01 功能才有效。而且偏移量补偿必须在一个程序的执行过程中完成,这个过程是不能省略的。例如 G00 X30.0 Z15.0 T0202 表示调用 2 号刀具,且有刀具补偿,补偿量在 02 号存储器中。

在调用刀具时,必须在取消刀具补偿状态下调用刀具。

(2)刀尖半径补偿。根据刀具轨迹的左右补偿,刀尖半径补偿的指令有如下几种。

①刀尖半径左补偿。顺着刀具运动方向看,刀具在零件的左侧,称为刀尖半径左补偿。用 G41 代码编程。

②刀尖半径右补偿。顺着刀具运动方向看,刀具在零件的右侧,称为刀尖半径右补偿。用 G42 代码编程。

③取消刀尖左右补偿。如需要取消刀尖半径左右补偿,可编入 G40 代码。这时,使假想刀尖轨迹与编程轨迹重合。

指令格式:G41/G42/G40 G01/G00 X(U)_ Z(W)_ ;

说明:X(U)_ Z(W)_为建立或取消刀具补偿段中刀具移动的终点坐标。G41 为激活刀具半径左补偿。G42 为激活刀具半径右补偿。

7. 循环指令

(1)FANUC 系统。

①螺纹切削循环指令 G92。螺纹切削循环 G92 为简单螺纹循环,其作用为简化编程。该指令用于对圆锥或圆柱螺纹的切削循环。

指令格式:G92 X(U)_ Z(W)_ I_ F_ ;

说明:X、Z 为螺纹终点(点 C)的坐标值。U、W 为螺纹终点坐标相对于循环起点的增量坐标。I 为圆锥螺纹起点和终点的半径差,加工圆柱螺纹时 I 为零,可省略。F 为导程(单头螺纹螺距等于导程)。

②内(外)径粗车复合循环指令 G71。运用复合循环指令,只需指定精加工路线和粗加工的背吃刀量,系统会自动计算粗加工路线和走刀次数。

a. 无凹槽加工时,G71 指令的程序段格式为:

G71 U(Δd) R(r) P(ns) Q(nf) X(Δx) Z(Δz) F(f) S(s) T(t)

该指令执行如图 10.10 所示的粗加工和精加工路线,其中精加工路径为 A→A′→B′的轨迹。其中:

Δd: 背吃刀量(每次切削深度),指定时不加符号,方向由矢量 AA′决定。

r:每次退刀量。

ns:精加工路径第一程序段的顺序号。

nf:精加工路径最后程序段的顺序号。

Δx:X 方向精加工余量。

Δz:Z 方向精加工余量。

f,s,t:粗加工时 G71 中编程的 F、S、T 有效,而精加工时处于 ns 到 nf 程序段之间的 F、S、T 有效。

b. 有凹槽加工时,G71 指令的程序段格式为:

G71 U(Δd) R(r) P(ns) Q(nf) E(e) F(f) S(s) T(t)

该指令执行如图 4.32 所示的粗加工和精加工路线,其中精加工路径为 A→A′→B′的轨迹。Δd、r、ns、nf 参数含义同上。

e:精加工余量,其为 X 方向的等高距离,外径切削时为正,内径切削时为负。

(2)SIEMENS 系统。

循环是指用于特定加工过程的工艺子程序,比如用于钻削、坯料切削或螺纹切削等。循环在用于各种具体加工过程时只要改变参数就可以。系统中装有车削所用到的以下几个标准环。

LCYC82　钻削,沉孔加工

LCYC83　深孔钻削

LCYC840　带补偿夹具内螺纹切削

LCYC85　镗孔

LCYC93　切槽切削

LCYC94　退刀槽切削(E 型和 F 型,按 DIN 标准)

LCYC95　毛坯切削(带根切)

LCYC97　螺纹切削

循环中所使用的参数为 R100 …R249。调用一个循环之前必须已经对该循环的传递参数赋值。循环结束以后传递参数的值保持不变。现以 LCYC95 及 LCYC97 为例,讲解循环程序的应用。

①毛坯切削循环。LCYC95,用此循环可以在坐标轴平行方向加工由子程序编程的轮

廓,可以进行纵向和横向加工,也可以进行内外轮廓的加工。可以选择不同的切削工艺方式:粗加工,精加工或者综合加工。只要刀具不会发生碰撞,可以在任意位置调用此循环。调用循环之前,必须在所调用的程序中已经激活刀具补偿参数。循环 LCYC95 的参数见表 10.5。

表 10.5 循环 LCYC95 的参数

参数	含义及数值范围
R105	加工类型 数值 1,…,12
R106	精加工余量,无符号
R108	切入深度,无符号
R109	粗加工切入角,在端面加工时该值必须为零
R110	粗加工时的退刀量
R111	粗切进给率
R112	精切进给率

②螺纹切削。LCYC97 用螺纹切削循环可以按纵向或横向加工形状为圆柱体或圆锥体的外螺纹或内螺纹,并且既能加工单头螺纹也能加工多头螺纹。切削进刀深度可自动设定。左旋螺纹/右旋螺纹由主轴的旋转方向确定,它必须在调用循环之前的程序中编入。在螺纹加工期间,进给修调开关和主轴修调开关均无效。循环 LCYC97 的参数见表 10.6。

表 10.6 循环 LCYC97 的参数

参数	含义及数值范围
R100	螺纹起始点直径
R101	纵向轴螺纹起点
R102	螺纹终点直径
R103	纵向轴螺纹终点
R104	螺纹导程值
R105	加工类型 (1)外螺纹 (2)内螺纹
R106	精加工余量
R109	空刀导入量
R110	空刀退出量
R111	螺纹深度半径方式
R112	起点偏移
R113	粗切数
R114	螺纹头数
R120	退刀距离(*X* 轴:半径方式)
R121	*Z* 轴方向的螺纹退尾距离
R122	*X* 轴方向的螺纹退尾距离
R123	螺纹类型 (1)公制 (2)英制

10.3.4 车削加工实例

1. 零件分析

该零件是手柄,零件的最大外径是 28,所以选取毛坯为 30 的圆棒料,材料为 45 号钢,如图 10.11 所示。

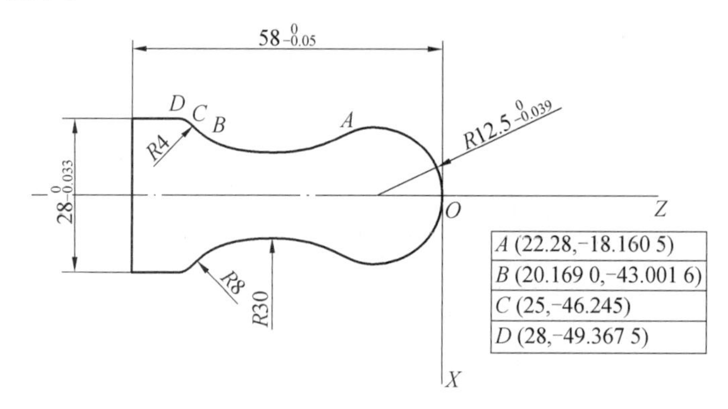

A (22.28,−18.160 5)
B (20.169 0,−43.001 6)
C (25,−46.245)
D (28,−49.367 5)

图 10.11 手柄

2. 工艺分析

该零件分三个工步来完成加工,先全部粗车,再进行表面精车,然后切断。安装时棒料伸出三爪卡盘 70 mm 装卡工件。单边粗车吃刀量 1.4 mm,精车余量 0.5 mm。

3. 工件坐标系的设定

选取工件的右端面的中心点 O 为工件坐标系的原点。

4. 编制加工程序

(1)FANUC 系统编制的程序如下:

选择 01 号外圆车刀(粗车),02 号外圆车刀(精车),03 号切槽刀三把。

```
O0046
N10 G50 X100 Z100                (对刀点,也是换刀点)
N20 T0101 M03 S600 F0.2 M08      (F0.2 是每转进给)
N30 G00 X32 Z2
N40 G01 Z0
N50 X-1
N60 G00 X32 Z2
N70 G73 U7 R5
N80 G73 P90 Q150 U0.5 F0.2
N90 G01 X0 F0.2
N100 Z0
N110 G03 X22.29 Z-18.161 R12.48
N120 G02 X20.169 Z-43.001 R30
N130 G02 X25 Z-46.245 R8
```

```
N140 G03 X27.983 Z-49.368 R4            ;(保证直径28的公差值)
N150 G01 Z-60
N160 G04 X120                           ;(暂停,复位,测量,设定磨耗补偿量)
N170 M03 S1000                          ;(把光标移到M03下方,按启动按钮,精
                                          加工外圆)
N180 G00 X100 Z100
N190 T0202
N200 G70 P90 Q150
N210 G00 X100 Z100
N220 S500 T0303                         ;(切断)
N230 G00 X32 Z-(57.975+切槽刀宽)        ;(保证58长度的公差)
N240 G01 X-1 F0.05
N250 G00 X32
N260 G00 X100 Z100
N270 M05 M09
N280 M30
```

(2)SIEMENS系统编制的程序如下。

选择01号外圆车刀和02号切槽刀共两把刀。

```
SK70.MPF
N10 G54 G90 M42 M03 M08 S500 T01 F0.3
N20 G8 Z50
N30 G00 X32 Z0
N40 G01 X0
N50 G00 X26.2 Z2
N60 G01 Z0
N70 L70 P26
N80 M03 S1000
N90 G01 X1
N100 L70 P1
N110 G00 X50 Z100
N120 T02 M03 S300
N130 G00 X32 Z-(57.975+切槽刀宽)
N140 G01 X-1
N150 G00 X100 Z100
N160 M05
N170 M02

L70.SPF
```

```
N10 G91
N20 G01 X-1Z0
N30 G03 X22.29 Z-18.161 CR=12.5
N40 G02 X-2.121 Z-24.81 CR=30
N50 G02 X4.831 Z3.243 CR=8
N60 G03 X3 Z-3.123 CR=4
N70 G01 Z-8.632
N80 G00 X2
N90 Z58
N100 X-30
N110 G90
N120 M17
```

10.4 数控铣床程序的编制

10.4.1 数控铣床常用的 G 代码及 M 代码

数控铣床常用的 G 代码及 M 代码见表 10.7 和表 10.8。

表 10.7 数控铣床常用的 G 代码

代　码	功　能	说　明
G00	快速定位	后续地址字 X,Z
G01	直线插补	后续地址字 X,Z
G02	顺圆插补	后续地址字 X,Z,I,K,R
G03	逆圆插补	后续地址字 X,Z,I,K,R
G04	暂停	参数 P
G90	绝对编程	
G91	相对编程	
G41	左刀补	
G42	右刀补	
G40	取消刀补	
G43	刀具长度补偿	
G04	暂停	

表 10.8 辅助功能常用 M 代码

M 指令	模态	功 能	M 指令	模态	功 能
M00	非模态	程序暂停	M07	模态	切削液开
M02	非模态	主程序结束	M09	模态	切削液关
M03	模态	主轴正转启动	M30	非模态	主程序结束返回程序起点
M04	模态	主轴反转启动	M98	非模态	调用子程序
M05	模态	主轴停转	M99	非模态	子程序结束
M06	非模态	换刀			

10.4.2 数控铣床编程实例

考虑刀具半径补偿,编图示零件加工程序,要求建立如图 10.12 所示的工件坐标系,按箭头所示的路径进行加工,设加工开始时刀具距离工件上表面 50 mm,切削深度为10 mm。

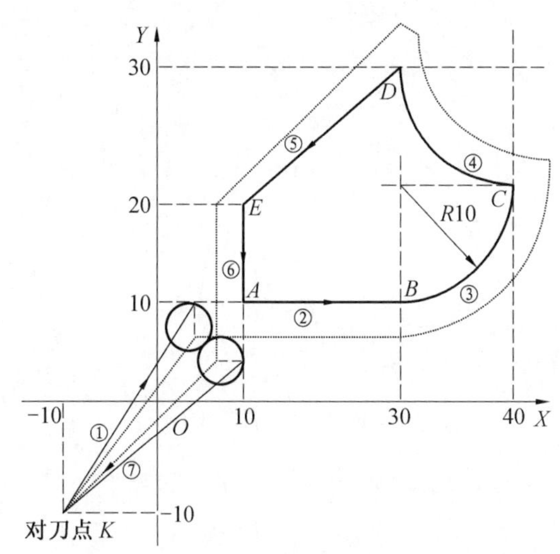

图 10.12 零件轮廓图及走刀路径

1. 工艺分析

由于上图是由直线和圆弧组成,立铣刀中心轨迹路线从对刀点开始,经过路线为 *A*—*B*—*C*—*D*—*E*—*A*,再回到对刀点。

2. 注意

(1)加工前应先用手动方式对刀,将刀具移动到相对于编程原点(-10,-10,50)的对刀点上。

(2)图中带箭头的实线为编程轮廓,不带箭头的虚线为刀具中心的实际路线。

3. 编制程序

O1002

N10 G92 X-10 Y-10 Z50

```
N20 G90 G17
N30 G42 G00 X4 Y10 D01
N40 Z2 M03 S900
N50 G01 Z-10 F800
N60 X30
N70 G03 X40 Y20 I0 J10
N80 G02 X30 Y30 I0 J10
N90 G01 X30 Y30 I0 J10
N100 G01 X10 Y20
N110 Y5
N120 G00 Z50 M05
N130 G40 X-10 Y-10
N140 M02
N150 M05
N160 M30
```

【例 10.1】

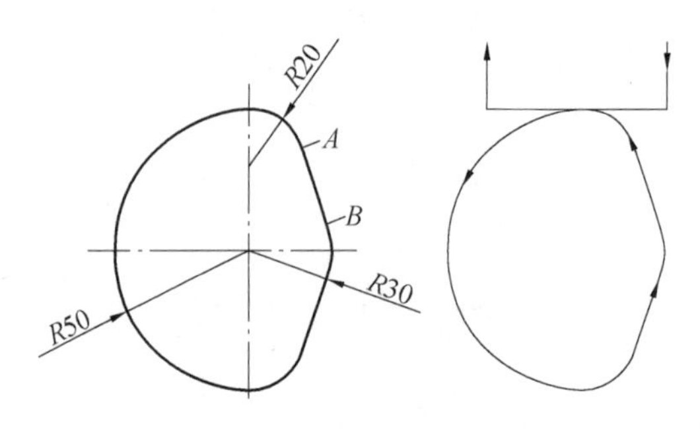

图 10.13　零件轮廓图

```
%2000
N01 G54 G90 G40 G49 G80
N02 M03 S600
N03 G00 X10 Y60
N04 G00 Z10
N05 G01 Z-5 F200
N06 G01 G42 D01 Y50 F200
N07 G03 Y-50 J-50
N08 G03 X18.856 Y-36.667 R20.0
N09 G01 X28.284 Y-10.0
N10 G03 X28.284 Y10.0 R30.0
N11 G01 X18.856 Y36.667
N12 G03 X0 Y50 R20
```

```
N13 G01 X-10
N14 G01 G40 Y60
N15 G00 Z100
N16 M05
N17 M30
```

【例10.2】

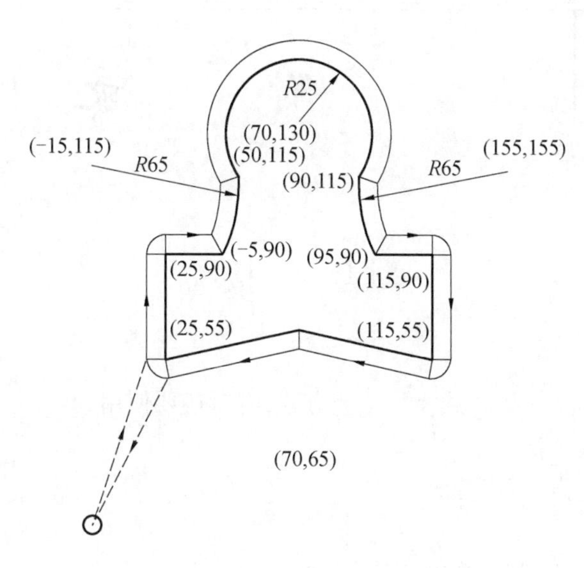

图10.14 零件轮廓图

T1 球头铣刀 ϕ12。

操作方法：

(1)对工件零点。寻边器测量工件零点或在工件大小设置里直接设置。

(2)编程序。

```
N10 G90 G00 G54 X0 Z0 Y0 S100 M03
N20 G41 X25.0 Y55.0 D1
N30 G01 Y90.0 F150
N40 X45.0
N50 G03 X50.0 Y115.0 R65.0
N60 G02 X90.0 R-25.0
N70 G03 X95.0 Y90.0 R65.0
N80 G01 X115.0
N90 Y55.0
N100 X70.0 Y65.0
N110 X25.0 Y55.0
N120 G00 G40 X0 Y0 Z100
N130 M05
N140 M30
```

附　　录

焊　　接

一、填空题

1. 焊接是通过__________或________方式,有时还要使用__________,使焊接形成原子间结合的一种连接方法。

2. 焊接按过程特点,可以分成________、________、________三大类,其中最常用的是________。

3. 和机械连接方法相比,焊接具有专__________、______________、__________的特点。

4. 和胶相比,焊接具有____________、__________等特点。

5. 利用电弧焊作为热源的焊接方法__________。

6. 焊接电弧由________、__________、______________三部分组成,其中________温度最高,可达________K。

7. 手弧焊机按照供应的电流性质可以分为__________、__________两类。

8. 弧焊整流器的接线方式分________和____________两种方式。

9. 电焊条由______________和__________两部分组成。

10. 焊芯的主要作用是______________、______________的填充金属。

11. 药皮的主要作用有________________、__________________、______________等。

12. 焊条按熔渣性质不同,可以分________和____________两大类。

13. 平板材料的焊接接头常见一般有________、____________、____________、________四种类型。

14. 对接接头的坡口形状有________、__________、__________、________。

15. 手工电弧焊接有四种典型的焊接位置,即________、________、________、________。

16. 气焊具有________、__________等优点。

17. 氧乙炔焰按氧和乙炔的混合比例不同,可分为________、__________、__________三种。

18. 气割是利用某些金属可以在________燃烧的原理来实现金属切削的方法。
19. 适合于气割的金属材料其燃点必须___________于熔点。
20. 埋弧自动焊具有________、________、________等优点。
21. 常用的两种气体保护焊方法是________、__________。
22. 电阻焊的基本类型有________、__________、__________三种。
23. 电阻焊具有________、__________、________等优点。
24. 点焊主要适合于________、__________、________等结构。
25. 只有填充材料融化,而被焊接材料不融化的焊接方称__________。

二、解释下列焊条牌号

牌号	酸碱性	焊芯材料	焊缝金属抗拉强度
J422			
J507			

三、气焊工作线路如下图所示,说明图中标号各部分的名称

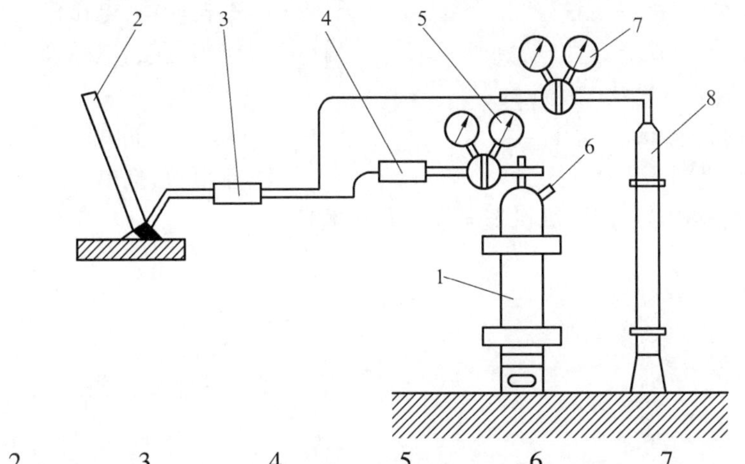

1. ______　2. ______　3. ______　4. ______　5. ______　6. ______　7. ______　8. ______

四、手工电弧焊如下图所示,说明图中标号各部分的名称

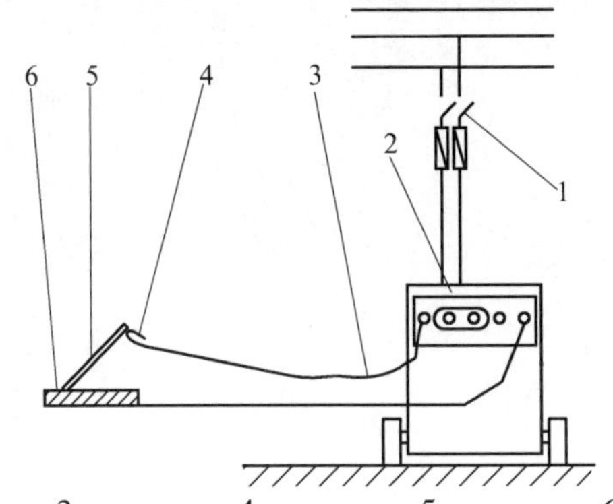

1. ______　2. ______　3. ______　4. ______　5. ______　6. ______

五、判断对错(对的打√,错误的打×)

1. 钎焊时的加热温度低于母材的熔点。(　　)
2. 点焊可以用于焊接有密封要求的薄板结构。(　　)
3. 焊接不锈钢和有色金属可以采用亚弧焊。(　　)
4. 焊条接弧焊整流器的负极称为正极。(　　)
5. 手弧焊机的空载电压一般为 220 V 或是 380 V。(　　)
6. J507 焊条为碱性焊条。(　　)

六、单项选择题

1. 乙炔发生器的作用是(　　)

A. 制造乙炔　　B. 储存乙炔

C. 制造乙炔及储存乙炔　　D. 制造乙炔,储存及运输乙炔

2. 气割焊的条件是(　　)

A. 被割的金属燃点要低于熔点　　B. 被割的金属燃点要高于熔点

3. 弧焊整流器的特点是(　　)

A. 结构简单,电弧稳定性好　　B. 结构简单,电弧稳定性差

C. 结构复杂,电弧稳定性好　　D. 结构复杂,电弧稳定性差

4. 电弧焊接的电流及电压应为(　　)

A. 大电流,高电压　　B. 大电流,低电压

C. 小电流,高电压　　D. 小电流,低电压

七、请写出你实习所用的焊机型号及主要技术参数

热　处　理

一、判断对错(对的打√,错误的打×)

1. 生产中习惯将淬火加高温回火的工艺称为调质理。(　　)

2. 热处理的目的是为了获得零件的各种力学性能。(　　)

3. 热处理是利用金属固态下组织转变来改变其性能的。(　　)

4. 普通热处理工艺过程主要由加热、保温、冷却三个阶段组成。(　　)

5. 热处理退火工艺选用的冷却方法为随炉冷却。(　　)

6. 洛氏 HRC 硬度计主要测量淬火后硬度较高的工作。(　　)

7. 小锤子淬火冷却选用的冷却剂为水。(　　)

8. 热处理工件选用不同的冷却方法,可获得不同的组织和性能。(　　)

二、单项选择题(写出正确的答案标号)

1. 调质的目的是(　　)

A. 改善冷却加工性能　　B. 提高硬度

C. 获得较好的综合力学性能

2. 钳工实习制作的小锤子,为了提高它的硬度和强度,采用的热处理工艺是(　　)

A. 正火　　B. 淬火后低温回火

C. 调质处理　　D. 淬火后中温回火

3. 为了使汽车、拖拉机的变速齿轮获得表硬芯韧的性能,需进行热处理工艺是(　　)

A. 渗碳后淬火后低温回火　　B. 淬火后低温回火

C. 调质处理　　D. 淬火后中温回火

4. 有一批 T12 材料制造的冲头,要测定淬火后的硬度,应选用(　　)

A. 布氏硬度计　　B. 洛氏硬度计

C. 维氏硬度计

三、填空题

1. 热处理实习最主要的四种热处理工艺是__________、__________、__________、__________。

2. 正火工艺选用的冷却方法是工件保温完了后出炉在________冷却。

3. 退火和正火的主要目的是为了细化组织晶粒,降低工件的__________。

4 小锤子的热处理工艺主要由__________和回火组成。

5. 小锤子淬火冷却选用的冷却剂为__________。

6. 小锤子的硬度淬火后比淬火前________。

7. 洛氏 HRC 硬度计主要测量淬火后硬度较高的__________工件。

8. 回火的目的是为了消除工件在淬火过程中产生的____________,降低工件的脆性,使工件达到各种技术要求。

铸　造

一、填空题

1. 铸造是将__________充填__________并冷却凝固的过程。

2. 铸造的优点:能够制造锻造及切削加工不能完成的________的零件,生产成本________、铸件________和________不受限制。

3. 铸造工艺基础包括很多内容,其中__________、__________、________及铸件缺陷等内容最为重要。

4. 影响合金充型能力的因素主要有三个:__________、__________及__________。

5. 合金的__________越好,__________越强,浇注出的铸件轮廓就越清晰。

6. 浇注条件对合金充型能力的影响主要体现在____________和____________两个方面。

7. 铸型条件主要影响因素包括铸型____________、___________及__________。

8. 铸造合金从液态冷却至________的过程中,其体积及尺寸________的现象称为收缩。

9. 合金收缩过程可分为__________、__________及__________三个阶段。

10. 铸件缺陷有________、________、________、变形及________等许多缺陷。

11. 铸造应力又可分为__________和__________两种。

12. 降低铸造应力的措施有__________、__________和____________。

13. 具有残余应力的铸件,厚壁部分受________、薄壁部分受________。

14. 如果铸造内应力超过合金的__________,则会产生裂纹。裂纹可分为________和____________两种。

15. 砂型铸造是利用________和________制造铸型获得铸件的工艺方法。

16. 造型是砂型铸造中最基本、最重要的工序,分为________、________及________三种方法。

17. 分型面是指________相互接触的表面。

18. 手工造型的方法有____________、____________、____________、____________、活块造型、刮板造型。

19. 机器造型的方法有____________、____________、__________、____________、射压造型、____________、______________。

20. 浇注位置是指金属浇注时____________________,它对____________、____________、砂箱尺寸、____________等都有很大影响。

21. 为了使________从砂型中顺利取出,在模样上所有和起模方向________的侧壁上,都必须留出一定斜度,该斜度称起模斜度。

22. 起模斜度的大小取决于______________、______________、______________等因素。

23. 型芯头可分为____________、水平型芯、__________、________________、外型芯

及悬吊型芯等几种形式。

24. 机械加工余量是指在铸件加工表面上留出的、__________的金属层厚度。

25. 熔模铸造是一种用____________代替木材制成模样，然后在模样上涂挂耐火材料的方法。

26. 压力铸造简称压铸，是通过________将熔融金属以________金属铸型，并使金属在压力作用下________的铸造方法。

27. 离心铸造是将液态金属浇入__________的铸型中，使金属液体在________作用下充填铸型并结晶的铸造方法。

28. 陶瓷型铸造主要工序包括：__________、灌浆与硬化、__________、__________、浇注与凝固。

29. 铸造常见的缺陷有____________、____________、______________、__________、粘沙。

二、指出下图中砂型及浇注系统的名称。

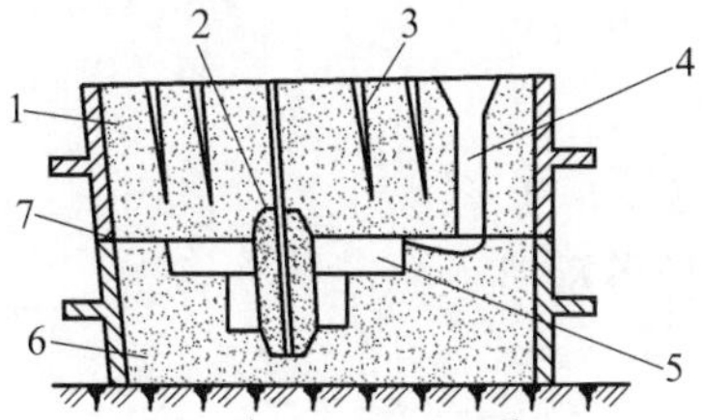

1. ______　2. ______　3. ______　4. ______　5. ______　6. ______　7. ______

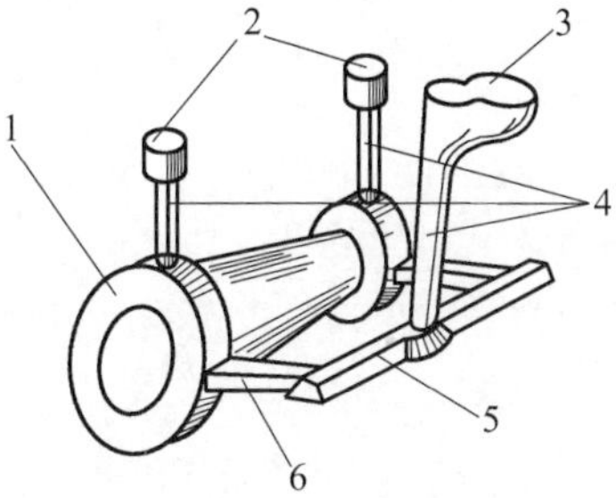

1. ______　2. ______　3. ______　4. ______　5. ______　6. ______

三、是非判断题

1. 砂型铸造用模样外形尺寸比铸件尺寸要小一些。(　　)

2. 为了铸出孔，所用的砂芯的直径比铸件孔的直径大。(　　)

3. 芯盒的内腔与砂芯的形状和尺寸相同。(　　)

4. 对于形状复杂的薄壁铸件，浇注温度应高，浇注速度应慢。(　　)

5. 砂芯中的气体是通过芯头排除的。(　　)

6. 砂芯在铸件中是靠芯头定位和固定的。(　　)

7. 直交道越短，金属液越容易充满铸型型腔。(　　)

8. 铸件分型面应选在最小横截面处。(　　)

9. 侧壁越高，斜度越小；机器造型比手工造型斜度大。(　　)

10. 为保证铸件的应有尺寸，模样尺寸必须比铸件尺寸大一个该合金的收缩量。(　　)

四、简要回答下列问题

1. 合理选择分型面的方法。

2. 铸件的缺陷及其防止措施。

3. 简述手工造型和机器造型的方法及其特点。

4. 简述特种铸造方法的种类及其特点。

锻　　压

一、填空题

1. 锻压包括________和________。

2. 对________施加外力，使之产生________、以改变坯料________、________和________、获得________、________和________的加工方法。

3. 锻压不能加工__________、如铸铁；段压不如铸造加工____________的零件，如内腔特别复杂的零件。

4. 锻造是通过__________、__________等设备或工模具对板料施加压力，是________或________产生__________或________的塑性变形，以获得一定________、________和________的锻件加工方法。

5. 锻造生产的工艺过程主要包括：__________——__________——________——________——热处理——清理——检验——锻件。

6. 金属加热的主要目的是为提高________、降低________、并使内部__________、以便用较小的外力作用获得较大的________而不________的目的。

7. 加热产生的缺陷主要有______________、______________、____________等。

8. 金属开始锻造时的温度称为____________、结束锻造的温度称为____________。

9. 锻造加热炉种类很多，按所用热源不同，锻造加热炉可分为________和________两大类。

10. 坯料加热缺陷：________、________、________、________、________。

11. 冷却是保证锻件质量的重要环节，一般常采用的冷却方法为__________、________、________。

12. 锻件的锻后热处理目的是调整锻件的________、________、改善锻件__________、________。

13. 自由锻造是利用________或________、使金属坯料在__________间各个方向自由变形，不受任何限制而获得所需形状及尺寸和一定机械性能的锻件的一种加工方法。

14. 自由锻造的设备分为________和________两大类。

15. 自由锻基本工序包括________、________、________、________、弯曲、扭转、切割和错移等，前三种工序应用较多。

16. 镦粗是减小________、增大________的锻造工序。

17. 拔长是使坯料____________而__________的工序，也称延伸。

18. 模锻是在________的作用下使金属坯料在模具内产生__________并充满模膛（模具型腔）以获得所需________和________的锻件的锻造方法。

19. 模锻通常按所用的设备不同，分为__________、________________、__________。

20. 典型的锤模锻经过工序有：________、________、________、________、________、________。

21. 常用的胎膜结构有________、__________、________、摔模和弯模等。

22. 冲压设备有________、__________、__________等。

23. 冲模按基本构造可分为________、________和________三类。

24. 冲压工艺一般可分为__________和__________两大类。

二、下面零件是用何种锻造加工方法成型?

1. 钢板(　　)　2. 齿轮(　　)　3. 轴(　　)　4. 金属饭盒(　　)　5. 形状复杂的齿轮毛坯(　　)　6. 汽车覆盖件(　　)　7. 导线(　　)　8. 金属脸盆(　　)　9. 铝合金门窗框架(　　)　10. 角钢、工字钢(　　)

(a)　　(b)

三、指出空气锤的各部分名称并简述其工作原理

1. ________　2. ________　3. ________　4. ________　5. ________　9. ________　10. ________　11. ________　12. ________　13. ________　14. ________　15. ________　16. ________　17. ________　18. ________

工作原理:

四、指出下列图中的加工方法

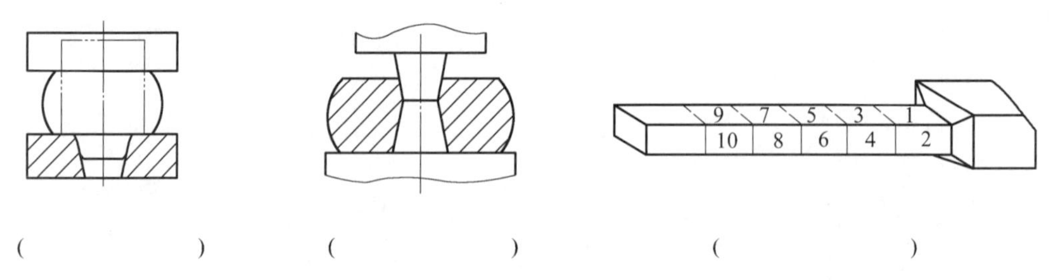

(　　　　)　　(　　　　)　　(　　　　)

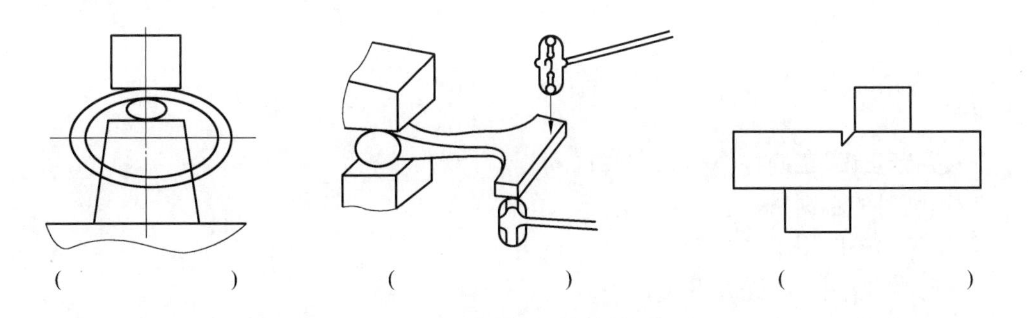

五、下图中锤头用自由锻方法制坯，请编制出其锻造工步

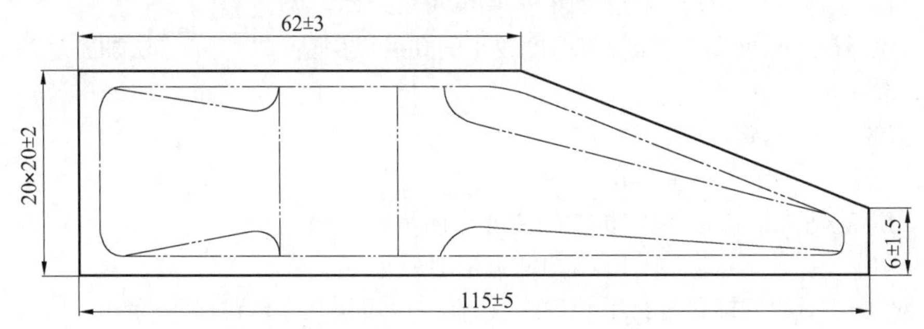

钳　　工

一、判断正误，正确打(√)，错误打(×)

1. 锯削时的起锯角一般为45°左右。(　　)
2. 交叉锉一般用于修光。(　　)
3. 推锉一般用于粗锉大平面。(　　)
4. 锉削铜等软金属，一般选用粗齿锉。(　　)
5. 精加工锉削平键端部半圆弧面，应用滚锉法。(　　)
6. 直径较小，精度要求较高，粗糙度较小的孔可以用钻、扩、铰的方法加工。(　　)

二、选择题

1. 安装手锯时，锯齿应(　　)

A. 向前　　B. 向后

2. 用麻花钻头钻孔时，浇注机油的主要作用是(　　)

A. 润滑　　B. 冷却钻头切削刃

3. 对M10不通的螺孔进行手动攻螺纹时，一般需用几个丝锥(　　)

A. 一个　　B. 二个

4. 下列加工工作哪些属于钳工的工作范围(　　)

A. 工件锉削　　B. 手动攻螺纹　　C. 轴上加工键槽　　D. 工件划线

5. 锯削铜、铝及厚工件，应选用什么锯条？(　　)

A. 细齿锯条　　B. 粗齿锯条　　C. 中齿锯条

6. 粗锉较大的平面时，应用下列什么方法？(　　)

A. 推锉法　　B. 滚锉法　　C. 交叉锉法

三、填空题

1. 平面锉削的基本方法有：(1)__________；(2)____________；(3)__________。要把工件锉平的关键是____。

2. 钻床分为________钻床、________钻床、________钻床三种。

3. 钻孔的主运动是____________________，进给运动是________________________。

4. 孔加工方法中有钻孔、扩孔还有________、________。

5. 麻花钻头的装夹方法，按柄部的不同，直柄钻头用____________装夹，大的锥柄钻头则采用________________装夹。

6. 要用钳工方法套出一个M6×1的螺杆，所用的刀具为________，套螺纹前圆杆的直径应为ϕ________。

7. 要用钳工方法在铸铁上攻出一个M6×1的螺孔，所用的刀具有(1)ϕ____的麻花钻头；(2)M6×1的________，M6的丝锥一套有____支。

8. 我实习的台式钻床型号是______________，它可钻孔的最大直径为____________。

9. 我实习的立式钻床型号是____________，它可钻孔的最大直径为____________。

10. 我实习时所用的划线高度尺测量爪是用合金做成的，除去有测量的功能之外，还可以用于__________。

11. 钻孔时，装夹工件的主要方法有______________、__________________、________________、________________。

12. 锯条的选择应保证至少有三个以上的锯齿同时锯削，并且保证齿沟内要有足够的容屑空间，锯厚工件时要用________锯条，锯薄工件时要用________锯条。

四、制作小锤

划 M10×1.5 螺纹孔时，使用的划线基准在下图中标出。用平口钳装夹，钻孔时，找正时用的是小锤上的哪个面。

(1)划线基准是________________________面。

(2)钻孔时找正用的是___________________面。

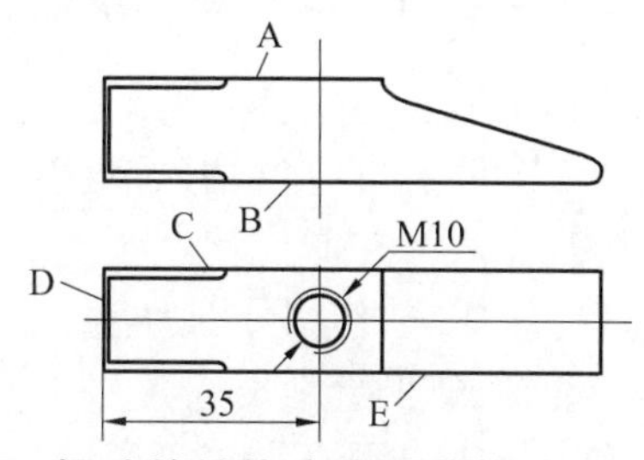

五、工件上螺孔如图所示，螺孔的结构应作哪些修改？画图表示(可在原图上修改)

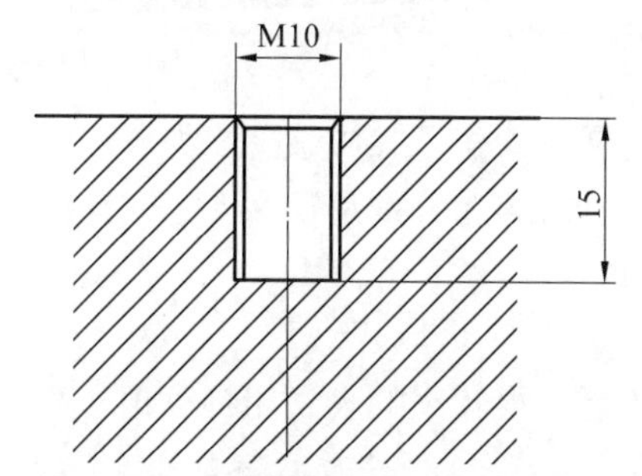

六、锉削图中的方孔，可选用什么类型的锉刀，什么锉削方法？

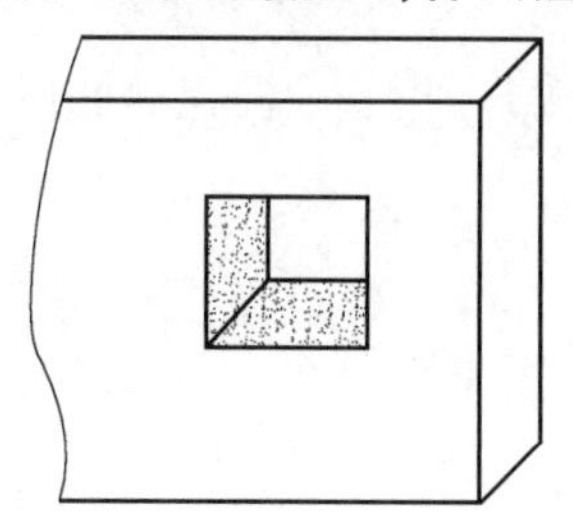

车　　工

1. 操作的车床型号是________，卡盘夹的工件最大回转直径为________。

2. 车床加工精度可达到 IT ________ ~ IT ________，表面粗糙度为________。

3. 车床可加工哪 8 种回转体表面：______________________________。

4. 机床的 2 个运动分别是________和________。

5. 车床所具备的切削三要素分别是________。

6. 车床基础操作是指车________和车________面

7. 顶尖有 2 种分别是________和________。顶尖为一体，________顶尖能转动。顶尖的作用为________。

8. 刀具沿主轴的方向平行移动为________向，是车________圆。它的特点是使工件直径________（增大，减小，不变）长度________（增大，减小，不变）。

9. 车锥体的 4 种加工方法是______________________________。

10. 车刀由________和________组成，作用分别为________。

11. 车刀是由三面两刃一点组成，它们分别是________。

12. 中心钻分为________和________两种。

13. 滚花刀分为________、________和________三种。

14. 滚花刀的作用分别是________、________。

15. 当卡盘旋转时，我要变速请告诉我应该怎么办？________。

16. 车床由哪六大部分组成，用途分别是什么？

17. 车削加工时，怎样才能获得较小的表面粗糙度值？

18. 用三爪自定心卡盘安装工件时，必须注意的问题是什么？

铣　削

一、判断题

1. 进入实习场地必须穿戴工作服,操作时不准戴手套,女同学必须戴上工作帽。(　　)
2. 在主轴运转过程中,进行变换主轴转速时,主轴转速变化不应过大。(　　)
3. 立式铣床的主要特征是主轴与工作台平行。(　　)
4. 铣削过程中的运动分为主运动和进给运动。(　　)
5. 在铣床上,铣刀的进给运动为主运动。(　　)
6. 走刀运动是间歇性的。(　　)
7. 铣削速度是指铣床工作台走动的快慢程度。(　　)
8. 在粗铣平面后,发现两端厚薄不一致,则应把尺寸薄的一端垫高些。(　　)
9. 铣削加工是在铣床上利用铣刀旋转对工件进行切削加工的方法。(　　)
10. 铣床主轴的转速越高,则铣削速度越大。(　　)

二、填空题

1. X5032 型铣床,是__________式铣床。其主要特征是____________________。
2. 工作台手动最大行程(纵向/横向/垂向)分别是________、________和________。
3. 铣削速度计算公式是______________________。
4. 铣刀切削部分的材料应具备的性能有________、________、________和________。
5. 铣床的主运动是指____。
6. 铣床的进给运动是指____。
7. 铣床可以用来加工________、________、________、________、________、________和______。
8. 铣削方式可分为__________和________两种方式。
9. 测量工件及检查刀具时,必须在机床__________时进行。工作台面上__________放置工具、刀具、量具,以免损伤床面及发生事故。
10. 变换切削速度时,必须在机床___________后进行。

三、填图题

注明图中所示的立式铣床各部分名称。

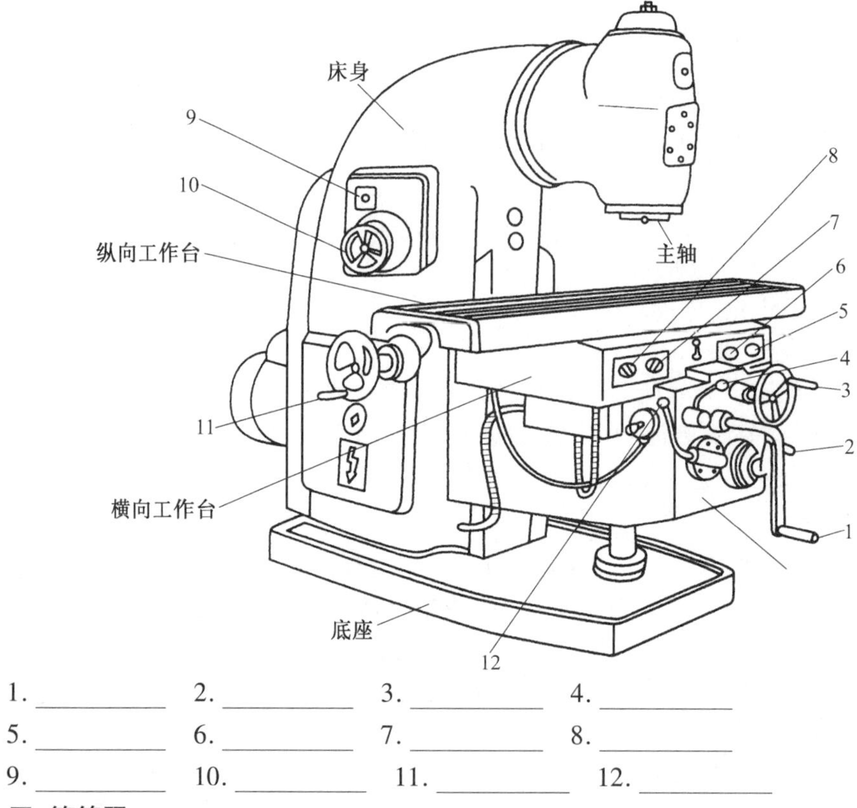

1. ________ 2. ________ 3. ________ 4. ________

5. ________ 6. ________ 7. ________ 8. ________

9. ________ 10. ________ 11. ________ 12. ________

四、简答题

1. 实习使用的铣床型号是什么？请解释该型号的含义。

2. 铣床的主运动是什么？进给运动是什么？

3. 铣床的主要附件有几种，各起什么作用？

4. 端铣时，顺、逆铣的特点各是什么？

磨削加工

一、填空题

1. 磨削加工的尺寸精度可达__________、表面粗糙度 *Ra* 值达____________。

2. 平面磨床主要用于________________、零件安装常采用________________和________________安装两种方式。

3. 万能外圆磨床与普通外圆磨床相比增加了________________、所以万能外圆磨床除可磨削外圆柱面和外圆锥面外，还可磨削________________、________________及________、故万能外圆磨床较普通外圆磨床应用更广。

4. 磨床广泛采用________传动，这是因为____。

5. 在外圆磨床上磨削外圆，零件安装常采用________________、________________和________________三种方式。

6. 内圆磨床主要用于磨削____________、____________、____________等。

7. 砂轮是由________、__________和________三要素组成的。

8. 砂轮的特性包括________、________、________、________、________、________、________和线速度。砂轮常用的磨料有________和________两大类，通常磨削钢件用________类，磨削铸铁件用________类，磨削较硬的材料选用________、磨削较软的材料应选用________。

9. 砂轮常用________进行修整。砂轮修整除用于磨损砂轮外，还用于________________、________________、____________和________________等场合。

10. 砂轮在零件孔中的接触位置有两种：一种是________________；另一种是________________________。

11. 外圆磨削适于________________、常用的方法有________、________和________。

12. 圆锥面磨削通常有________________和________________两种。

13. 外圆与平面磨削时，磨削运动包括________、________________、________________和________________四种形式。

二、判断对错(对的打√，错误的打×)

1. 外圆磨削时横磨法的特点是具有较大适应性，一个砂轮可磨削长度不同、直径不等的各种零件，且加工质量好，但磨削效率较低。(　　)

2. 圆锥面磨削时转动工作台法大多用于锥度较小、锥面较长的零件。(　　)

3. 砂轮疏松组织成形性好，加工质量高，适于成形磨、精密磨和强力磨削。(　　)

4. 粗磨用粗粒度，精磨用细粒度；当工件材料软，塑性大，磨削面积大时，采用粗粒度，以免堵塞砂轮烧伤工件。(　　)

5. 磨床所用顶尖和车床顶尖装夹是相同的，都随零件一起转动。(　　)

6. 磨削加工时主运动是砂轮的高速旋转运动。(　　)

三、磨削时需要大量切削液的目的是什么？

四、根据图示写出磨床各组成部分的名称，并简要说明其作用

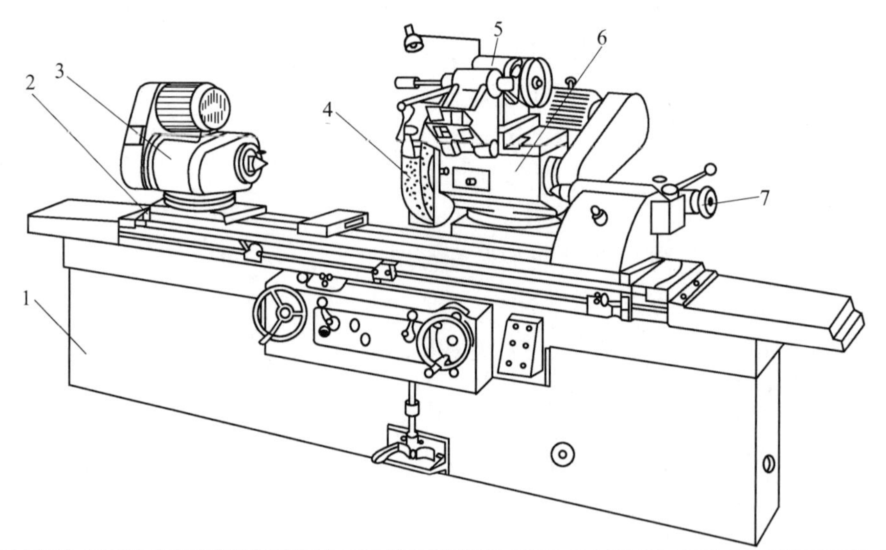

组成部分	名称	作　　　用
1		
2		
3		
4		
5		
6		
7		

五、什么是砂轮的自锐性？

六、请写出你实习所用的磨床型号及型号所代表的含义。

刨削加工

一、填空题

1. 刨削主要用于加工________、________和________等。刨削加工的尺寸精度一般为____________、表面粗糙度 *Ra* 值为________。刨削长度一般不超过 1 000 mm,适合于加工中、小型零件的是________刨床;主要用于加工大型零件或同时加工多个中、小型零件,生产率较高的是________刨床。

2. 牛头刨床的主运动是____________________、通过________机构实现;进给运动是________________________,是由________机构实现。

3. 牛头刨床滑枕的行程长度调整方法是________________________;工作台横向进给量的大小,可通过________________、从而改变________每次拨过________________来调整。

4. 龙门刨床的主运动是________________________________,进给运动是________________________。

5. 插床的主运动是____________________、进给运动有三种,即________________、________________和________________。插床主要用于加工________________、如__________、________、____________和________等。

6. 刨刀刀杆的截面积通常比车刀大________倍,目的是________________、刨刀的前角 γ_0 比车刀________。刨刀的一个显著特点是__________________。

7. 刨床通常采用________________、________或________装夹工件。

8. 刨削平面与水平面间的夹角大于 90°称________;刨削平面与水平面间的夹角小于 90°称________。

9. 刨斜面时________必须按零件所需加工的斜面扳转一定角度,以使________沿斜面方向移动。

10. 刨直槽时用________以________进给完成。

11. 燕尾形零件是________和________的统称。用在机床上起导向作用的燕尾部分,称为________。

二、从给定的符号中选择合适的符号标出下列各工艺简图中的主运动(v_c)和进给运动(f)

符号	运动	符号	运动
↷		→	
- → - →		⇄	
⊙ / ⊗		⊙ ⊗	

例：

牛头刨刨平台

牛头刨刨斜面

牛头刨刨 T 形槽

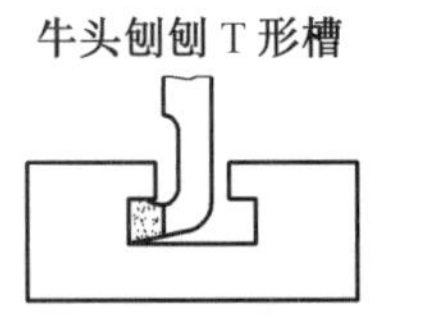

龙门刨刨垂直面

三、判断对错（对的打√，错误的打×）

1. 插削加工孔内表面时，工件的加工部分必须先有一个足够大的孔。（　　）

2. 常用偏刀加工燕尾槽。（　　）

3. 刃磨硬质合金刨刀宜用氧化铝砂轮。（　　）

4. 斜度工件是指两端厚度不一致，且倾斜角较小的工件。（　　）

四、根据图示写出刨床各组成部分的名称，并简要说明其作用。

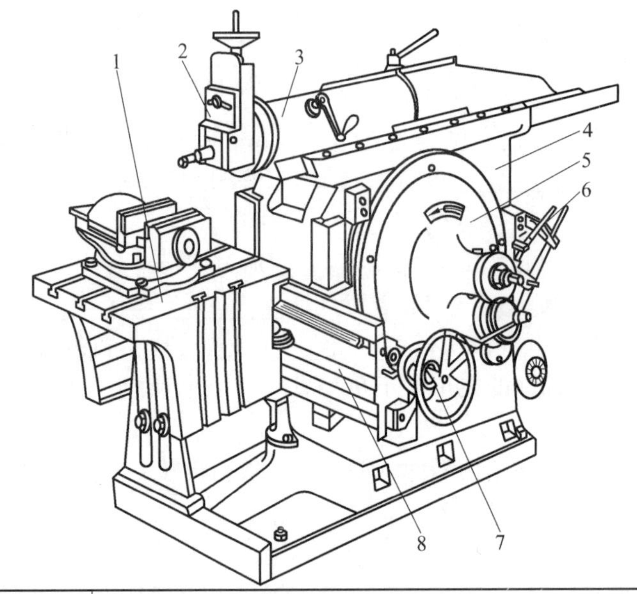

组成部分	名称	作　　　　用
1		
2		
3		
4		
5		
6		
7		
8		

五、计算题

有一工件的大端尺寸 H 为 50 mm，小端尺寸 h 为 30 mm，长度 L 为 400 mm，求：①斜度 S；②工件斜角 β。

六、请写出你实习所用的牛头刨床型号及其最后两位数字代表的含义。

数控车床

一、根据后边的图形编写数控车程序

以下部分要求每位同学在下图中选择一个图形(可按学号排选,不许重复),编写出该图形的G代码程序。并在每条程序后详细注解出其程序的含义,按照尺寸编写粗、精加工工艺过程及数控程序。

已知参数:主轴转数 $S=800$ r/min;主轴正转;刀具进给速度根据不同的加工面选用。刀具号及刀补内存号T0101及其他。

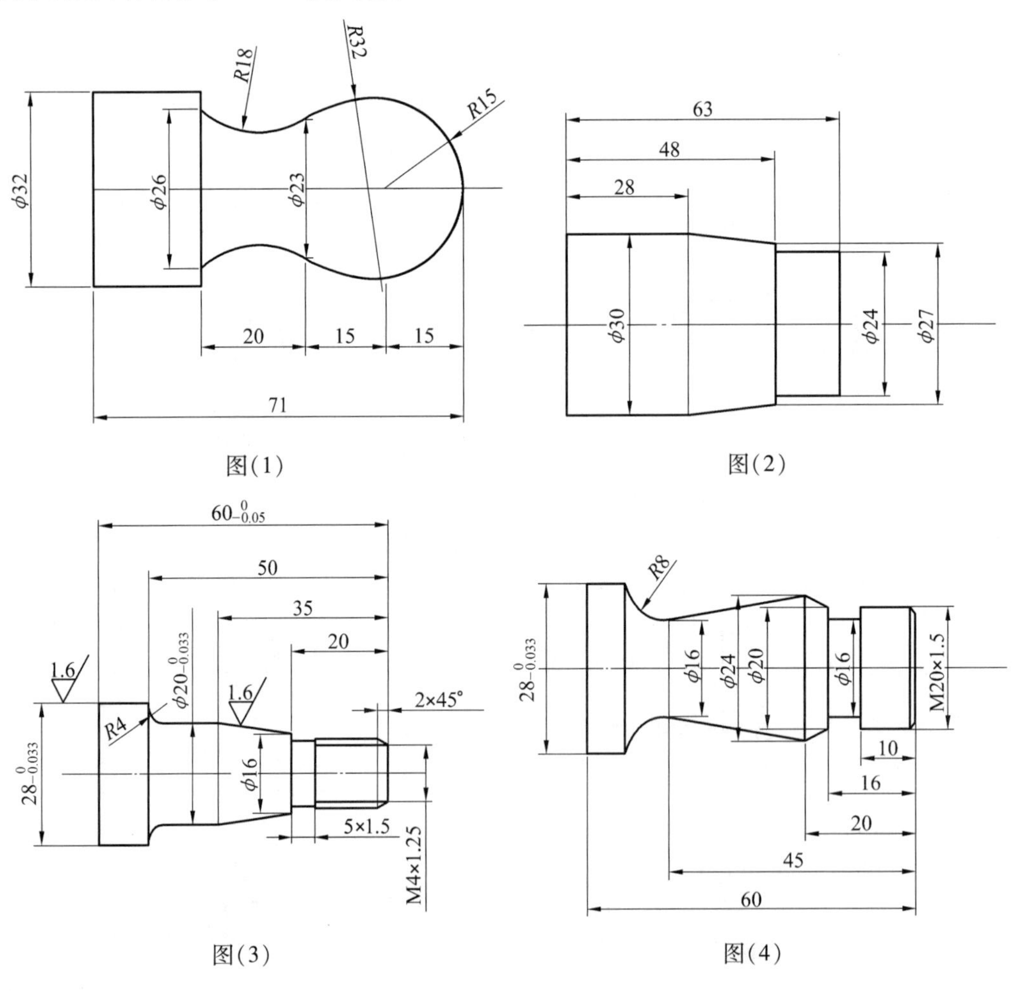

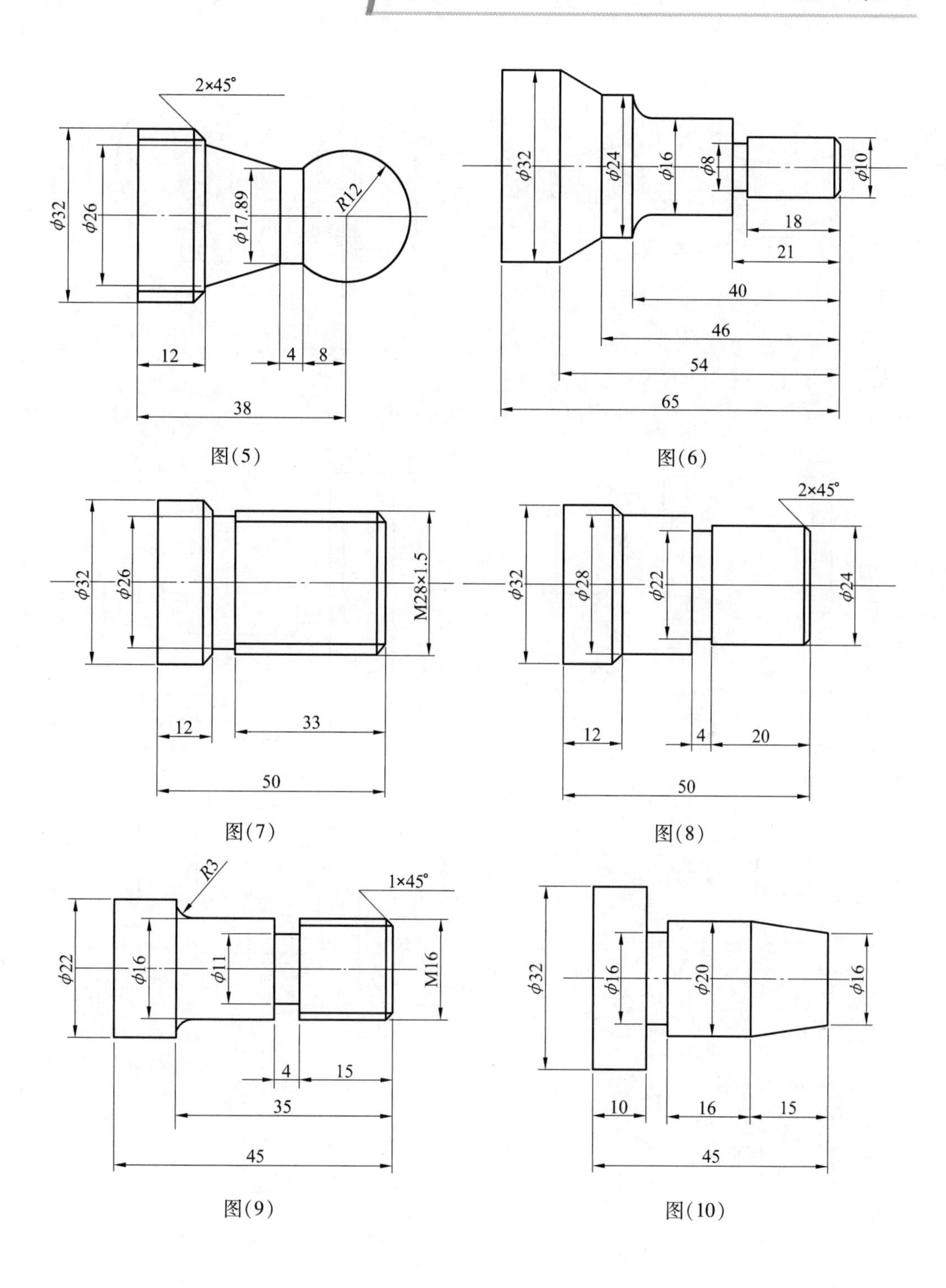

图(5)

图(6)

图(7)

图(8)

图(9)

图(10)

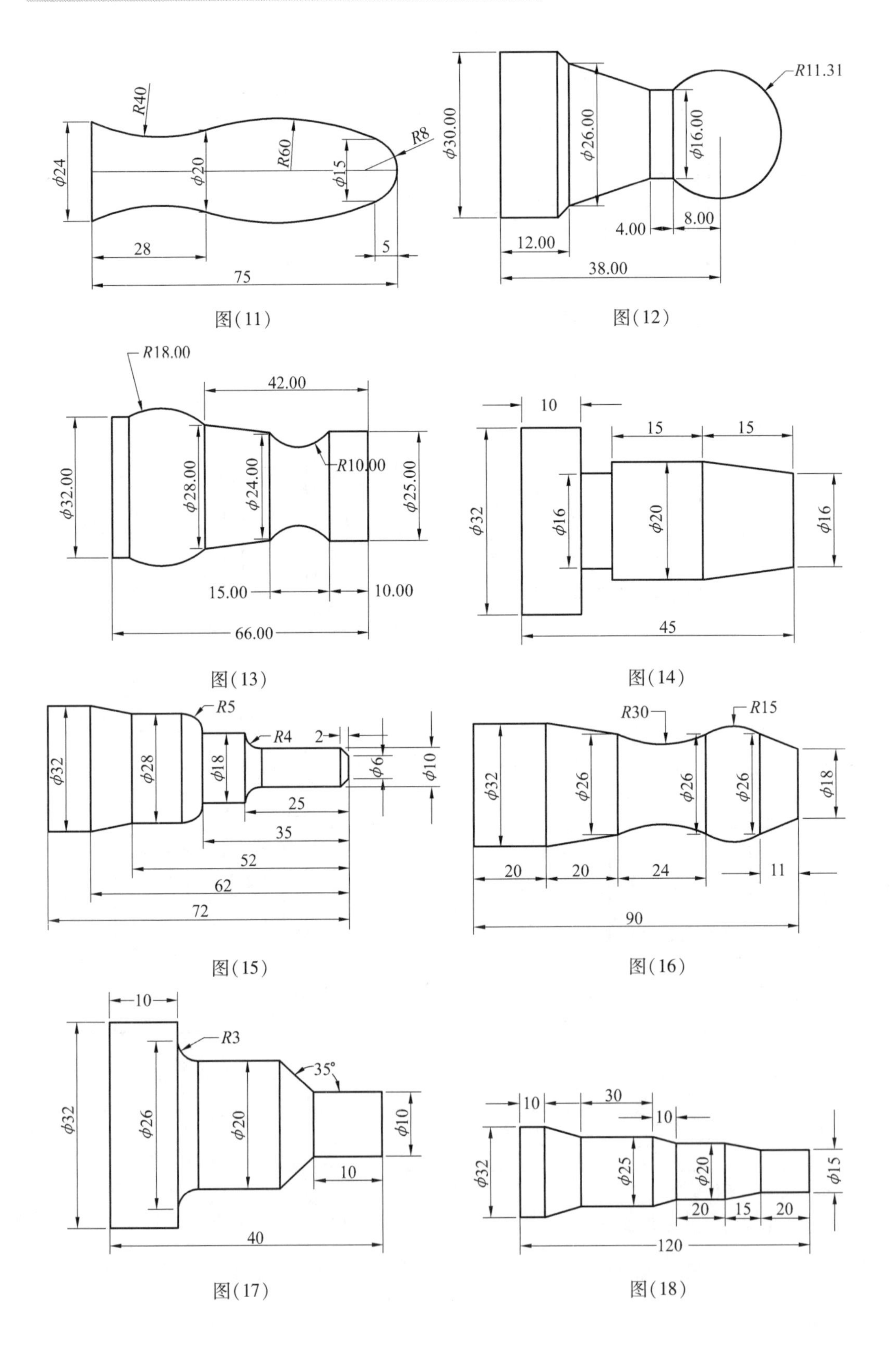

图(11) 图(12)

图(13) 图(14)

图(15) 图(16)

图(17) 图(18)

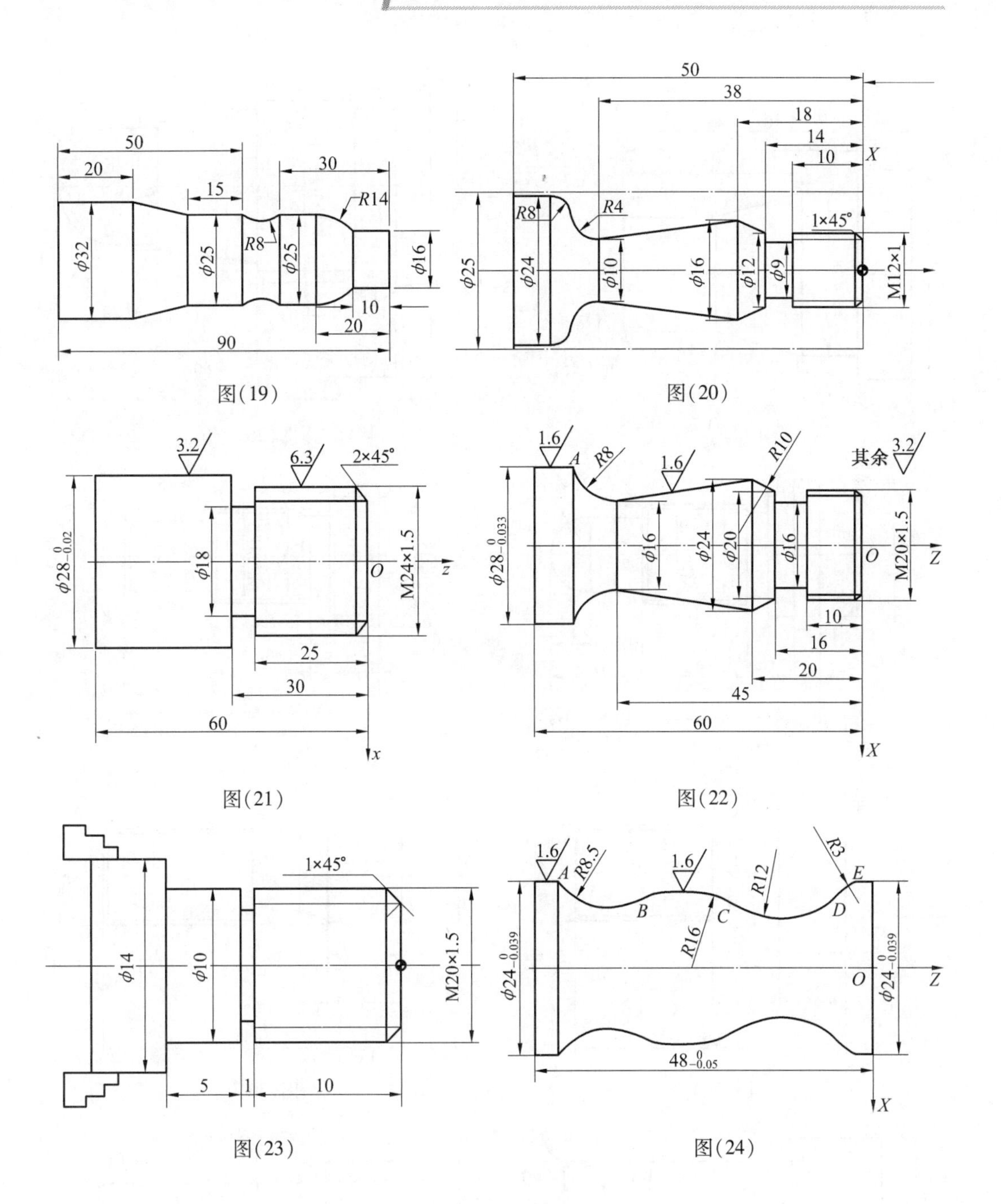
50
20
15
30
R14
R8
φ32
φ25
φ25
φ16
10
20
90
图(19)
50
38
18
14
10
X
R8
R4
1×45°
φ25
φ24
φ10
φ16
φ12
φ9
M12×1
图(20)
3.2
6.3
2×45°
φ28
φ18
M24×1.5
O
z
25
30
60
x
图(21)
1.6
A
R8
1.6
R10
其余 3.2
φ28
φ16
φ24
φ20
φ16
M20×1.5
O
Z
10
16
20
45
60
X
图(22)
1×45°
φ14
φ10
M20×1.5
5
1
10
图(23)
1.6
A
R8.5
1.6
R12
R3
E
B
C
D
R16
φ24
O
φ24
Z
48
X
图(24)

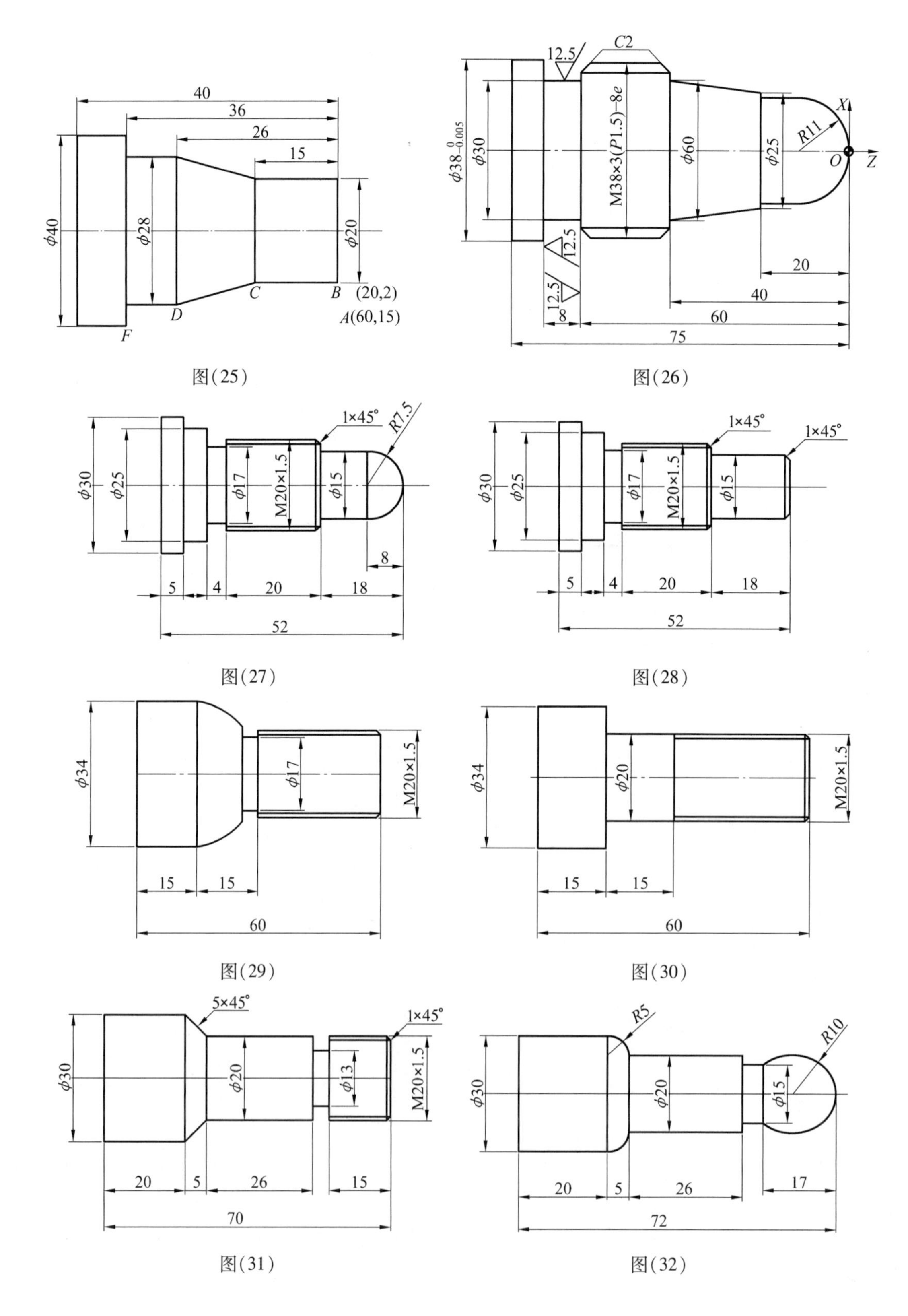

图(25)

图(26)

图(27)

图(28)

图(29)

图(30)

图(31)

图(32)

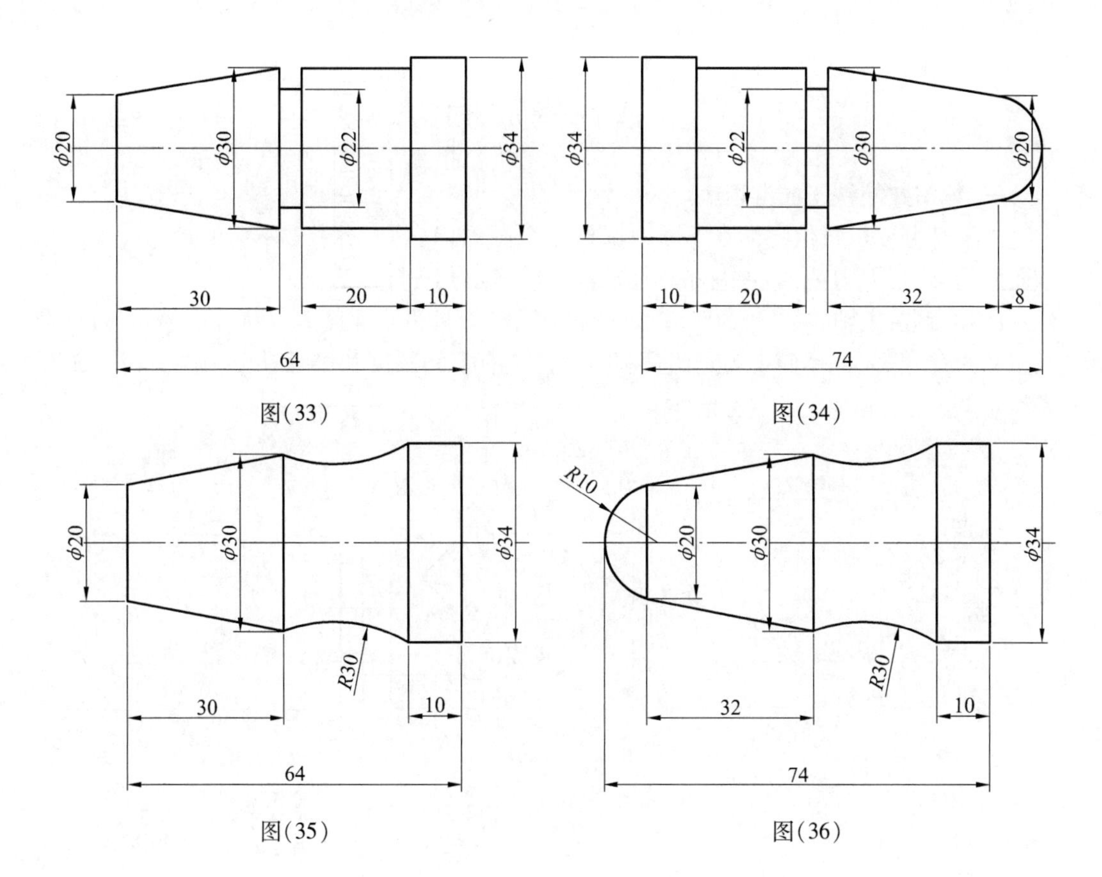

图(33)　图(34)

图(35)　图(36)

数控铣加工

一、编写数控铣床加工程序

以下部分要求每位同学在下图中选择一个图形(可按学号排选,不许重复),编写出该图形的G代码程序。并在每条程序后详细注解出其程序的含义。

已知参数:主轴转数 $S=800$ r/min;主轴正转;刀具进给速度 $F=200$ mm/min;刀具号及刀补内存号T1.1;Z 向下刀进给量18 mm。具有刀具长度和半径补偿功能。(注:圆弧半径用I ________ J ________表示)

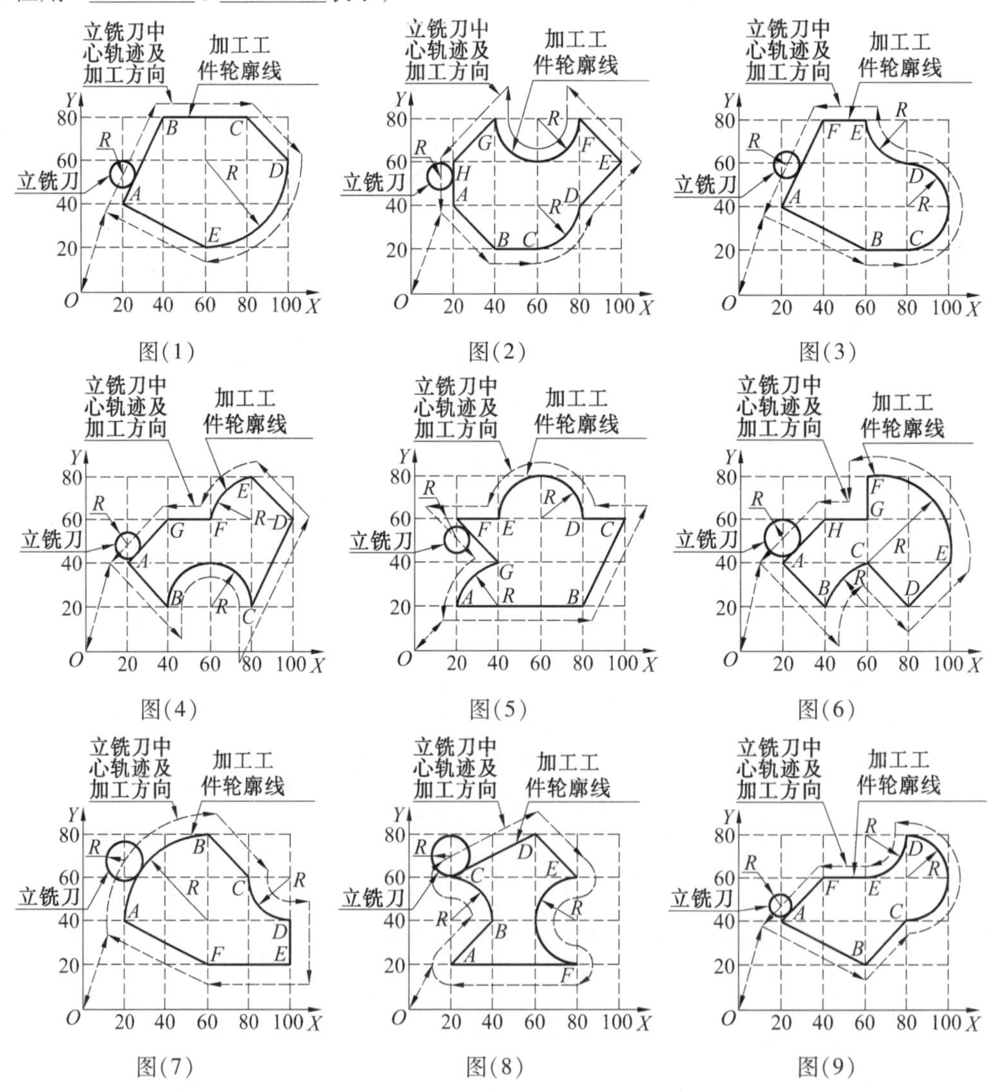

图(1) 图(2) 图(3)

图(4) 图(5) 图(6)

图(7) 图(8) 图(9)

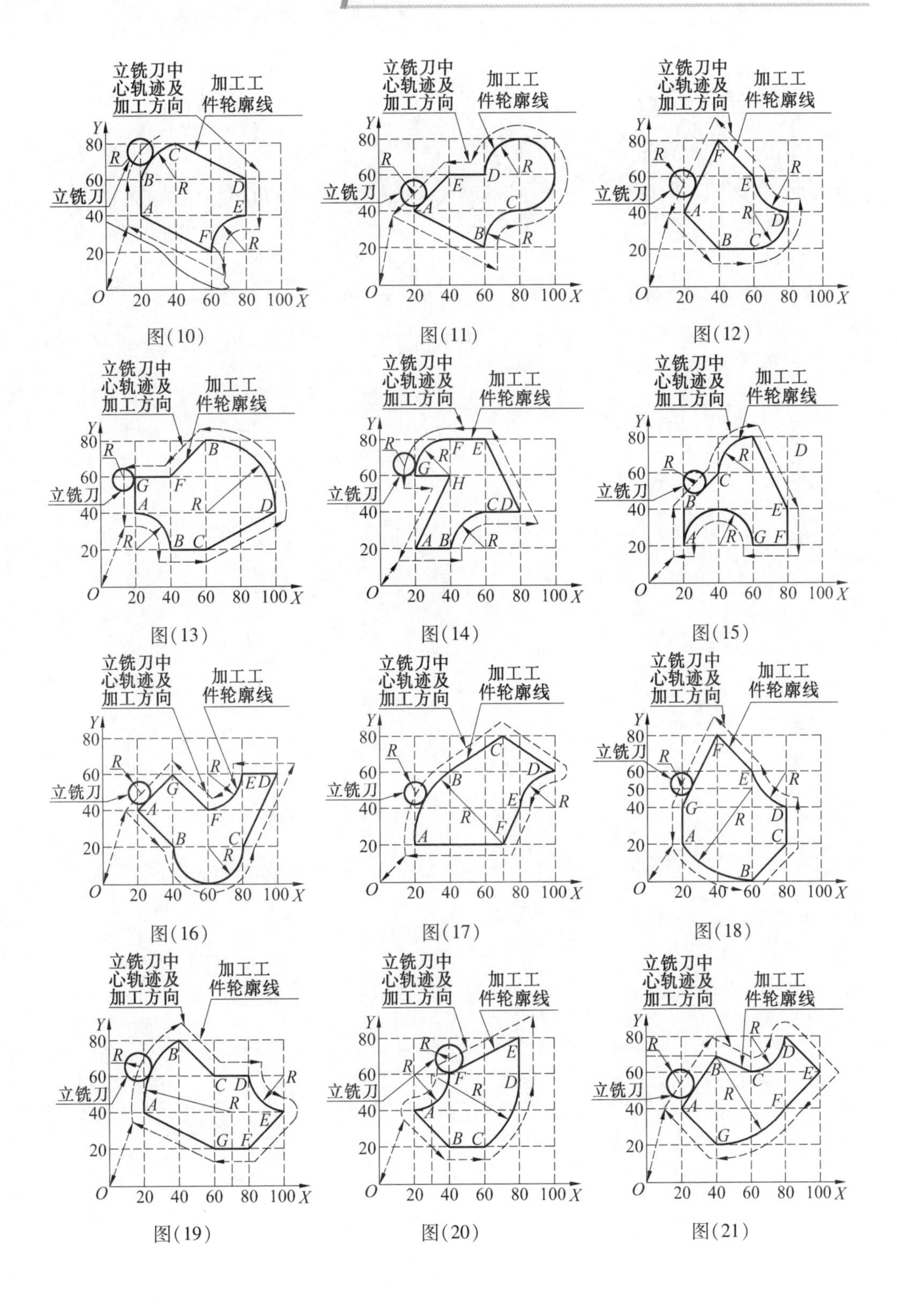

图(10)　图(11)　图(12)

图(13)　图(14)　图(15)

图(16)　图(17)　图(18)

图(19)　图(20)　图(21)

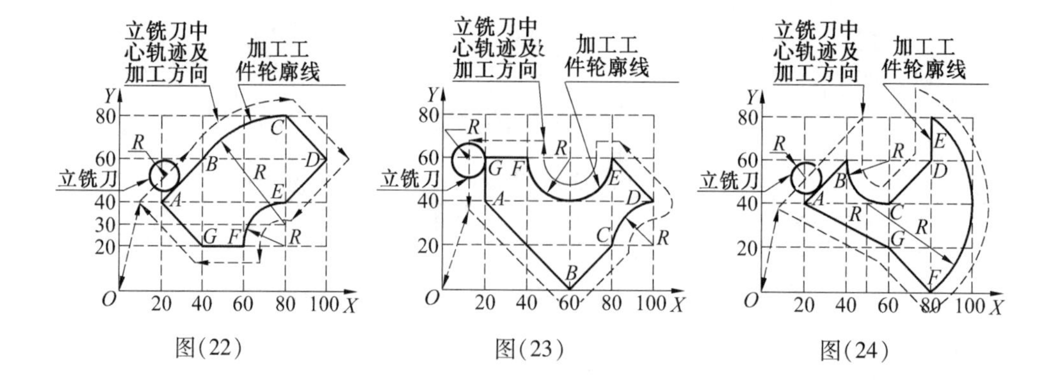

图(22)　　图(23)　　图(24)

参考文献

[1] 王志海,罗继相. 工程实践与训练教程[M]. 武汉:武汉理工大学出版社,2007.
[2] 萧泽新. 金工实习[M]. 广州:华南理工大学出版社,2005.
[3] 张兴华. 制造技术实习[M]. 北京:北京航空航天大学出版社,2005.
[4] 胡大超,张学高. 机械制造工程实训[M]. 上海:上海科学技术出版社,2004.
[5] 吴鹏,迟剑锋. 工程训练[M]. 北京:机械工业出版社,2005.
[6] 金禧德. 金工实习(机械类专业适用)[M]. 北京:高等教育出版社,1992(2001 重印).
[7] 李洪智,王利涛. 数控加工实训教程[M]. 北京:机械工业出版社,2006.
[8] 王永章,杜君文,程国全. 数控技术[M]. 北京:高等教育出版社,2001.
[9] 邱言龙,王兵. 钳工实用技术手册[M]. 北京:中国电力出版社,2007.
[10] 戴胡斌,夏祖印 . 车工实用手册[M]. 合肥:安徽科技出版社,2012.
[11] 吴国良. 铣工实用技术手册[M]. 南京:江苏科学技术出版,2009.
[12] 王东升. 刨工实用手册[M]. 杭州:浙江科学技术出版社,1996.
[13] 邱言龙,李德富. 磨工实用技术手册[M]. 北京:中国电力出版社,2009.
[14] 孟庆桂 . 铸工实用技术手册[M]. 南京:江苏科学技术出版社 ,2003.
[15] 谢懿. 实用锻压技术手册[M]. 北京:机械工业出版社,2003.
[16] 蒋林芳,眭光明. 数控铣实训教程[M]. 北京:航空工业出版社,2012.
[17] 罗来兴 . 数控车实训教程[M]. 北京:北京航空航天大学出版社,2007.
[18] 王英杰. 金属工艺学[M]. 北京:机械工业出版社,2008.
[19] 崔忠圻. 金属学与热处理[M]. 北京:机械工业出版社,2001.
[20] 陆兴. 热处理工程基础[M]. 北京:机械工业出版社,2007.
[21] 黄志明. 金属力学性能[M]. 西安:西安交通大学出版社,1993.
[22] 凌爱林. 工程材料及成形技术基础[M]. 北京:机械工业出版社,2005.
[23] 侯旭明. 工程材料及成形工艺[M]. 北京:化学工业出版社,2003.
[24] 张万昌. 热加工工艺基础[M]. 北京:高等教育出版社,2002.
[25] 陈洪勋,张学仁. 金属工艺学实习教材[M]. 北京:机械工业出版社,1994.
[26] 机械工业职业教育研究中心. 车工技能实战训练[M]. 北京:机械工业出版社,2006.
[27] 王栋臣. 数控机床操作技术要领图解[M]. 济南:山东科学技术出版社,2006.
[28] 大江. 钳工实用技能详解[M]. 北京:中国戏剧出版社,2009.
[29] 薛源顺. 磨工(初级)[M]. 北京:机械工业出版社,2005.